Spline-Funktionen

Theorie und Anwendungen

Von Dr. rer. nat. K. Böhmer
Professor an der Universität Karlsruhe

1974. Mit 14 Abbildungen, 2 Tabellen,
38 Prozeduren, 62 Aufgaben und zahlreichen
Beispielen

B. G. Teubner Stuttgart

Prof. Dr. rer. nat. Klaus Böhmer

Geboren 1936 in Karlsruhe. Von 1956 bis 1962 Studium der Mathematik, Physik und Philosophie an der Technischen Hochschule Karlsruhe und an der Universität Hamburg. 1962 erstes Staatsexamen und Diplom in Mathematik. Vorbereitungsdienst für das höhere Lehramt an Gymnasien. 1964 zweites Staatsexamen. Von 1964 bis 1971 wissenschaftlicher Assistent an der Universität Karlsruhe, 1969 Promotion, 1972 Habilitation und 1973 Professor an der Universität Karlsruhe. 1973 und 1974 visiting associate professor am Mathematics Research Center der Universität von Wisconsin in Madison, USA.

ISBN 3-519-02047-5

Printed in Germany
Druck: J. Beltz, Hemsbach/Bergstr.
Binderei: G. Gebhardt, Ansbach
Umschlaggestaltung: W. Koch, Sindelfingen

Meiner lieben Frau

Vorwort

Seit den ersten Arbeiten über Spline-Funktionen vor rund dreißig Jahren ist die Literatur über dieses Gebiet sehr umfangreich geworden. Eine Einführung wird sich daher von vornherein stark beschränken müssen. Ich habe mich hier für die Spline-Funktionen einer reellen Variablen entschieden und lasse die ganzen Ergebnisse über Splines komplexer und mehrerer reeller Veränderlicher außer Betracht (vgl. z.B. [3, 59 ,312]). Bei dieser Beschränkung bieten sich zwei Wege an: Die Darstellung der für die Numerik besonders wichtigen Polynomsplines oder die der Lg-Splines, deren Theorie bis zu einem gewissen Grad als abgeschlossen gelten kann. Bei der hier dargestellten Theorie der Lg-Splines werden die Beweise z.T. wesentlich einfacher, wenn man die zugrunde liegende Hilbertraumstruktur heranzieht. Aus diesem Grund befassen sich die mehr theoretischen Kapitel mit Splines in Hilberträumen, die mehr numerisch orientierten Teile mit Lg-Splines. Dabei zeigt sich freilich, daß sich der größere Aufwand der Lg-Splines gegenüber gewöhnlichen Polynomsplines i.a. nicht lohnt. Man wird also im "numerischen Alltag" Polynomsplines verwenden, deren Theorie aus diesem Grunde hier ebenfalls behandelt wird.

Nach der Einleitung, die das Interesse des Lesers an Splinefunktionen wecken soll, bringt Kapitel 1 das wichtigste Beispiel, die kubischen Splines, die bereits alle wesentlichen Eigenschaften der Splinefunktionen erkennen lassen. Für den mit der Integrationstheorie, den Hilbertraum-Methoden, den C-Lösungen linearer Differentialgleichungen und der Differenzenrechnung nicht ausreichend vertrauten Leser sind in Kapitel 2 diese Grundlagen kurz und ohne Beweise dargestellt. Die aus diesen Gebieten benötigten Hilfsmittel, die aus dem Rahmen einer einführenden Kursvorlesung herausfallen, sind in Kapitel 3 bewiesen. Kapitel 4 bringt die entscheidenden Existenz- und Charakterisierungseigenschaften, die in Kapitel 5 auf die wichtigsten Spezialfälle, die Lg- und die Polynomsplines angewendet werden. In Kapitel 6 werden die verschiedenen Methoden zur Berechnung von Splines vorgestellt. In den folgenden Kapiteln tritt die Numerik immer stärker in den Vordergrund: Approximation von linearen Funktionalen in Kapitel 7, Konvergenztheorie in 8, Integrationstheorie in 9, und Anwendungen auf Anfangs-, Rand- und Eigenwertprobleme bei gewöhnlichen Differentialgleichungen in

10,11,12. Die Ergebnisse der letzten vier Kapitel sind aus Platzgründen ohne Beweis dargestellt. Für den vor allem an diesen Anwendungen interessierten Leser geben 5.5 und 6.3 eine von der übrigen Theorie unabhängige Einführung in die B-Splines.

Die gesamte Darstellung, einschließlich der Übungsaufgaben, ist aus Vorlesungen über Spline-Funktionen entstanden, die ich mehrfach an der Universität Karlsruhe gehalten habe. Die Programme gehen z.T. auf bereits veröffentlichte ALGOL- und FORTRAN-Programme zurück, zum anderen Teil wurden sie für dieses Buch neu entworfen. Sie entsprechen bis auf zwei Besonderheiten der ALCOR-Konvention: Die dort auftretenden eckigen Indexklammern sind durch runde Klammern ersetzt und es ist möglich, externe Prozeduren mittels 'EXTERNAL' zu vereinbaren.

An dieser Stelle möchte ich sehr herzlich einigen Kollegen danken, die mich bei der Abfassung dieses Buches mit ihrem Rat unterstützt haben, den Herren Professoren Dr.C. de Boor, Madison und Dr.K.Nickel, Karlsruhe, Dr.R.Dussel, Dr.U.Mertins und Dr.H.Weigel, cand.math. U.Hein und P.Kürschner aus Karlsruhe. Die beiden letztgenannten haben den Programmteil übernommen und zusammen mit Frau B.Stüber die Korrekturen gelesen. Ihnen und Fräulein B.Brande, die einen Teil der Figuren gezeichnet hat, sowie meinen Studenten, die mir manche gute Anregung gegeben haben, möchte ich meinen Dank aussprechen. Zu danken habe ich auch dem Mathematics Research Center der Universität von Wisconsin in Madison, USA, für einen Studienaufenthalt, der mir gute Gelegenheit zum Gedankenaustausch mit Kollegen bot. Zu ganz besonderem Dank bin ich Herrn cand.math. H.Meyer verpflichtet, der das vorzügliche Maschinenmanuskript angefertigt hat, und dem Teubner-Verlag für das bereitwillige Eingehen auf alle meine Wünsche und insbesondere die Aufnahme des Buches in seine Studienbuchreihe.

Karlsruhe, im Januar 1974   Klaus Böhmer

Inhalt

Symbolverzeichnis:

o.B.d.A. := ohne Beschränkung der Allgemeinheit

bez. := bezüglich

bzw. := beziehungsweise

s. := siehe

$\{x_i, i \in I\}$ Menge

$\{x_i\}_{i \in I}$ Menge versehen mit der Anordnung von I.

F => G aus der Aussage F folgt die Aussage G

F <=> G die Aussagen F und G sind äquivalent

F :<=> G F ist definitionsgemäß äquivalent zu G

a := b a wird definiert durch b und es ist a = b

c =: d d wird definiert durch c und es ist d = c

$a \simeq b$:<=> a ungefähr gleich b

a<=b :<=> $a \leqq b$

□ Zeichen für Ende eines Beweises

$\mathbb{N}, \mathbb{Z}, \mathbb{Q}, \mathbb{R}, \mathbb{C}$ natürliche, ganze, rationale, reelle, komplexe Zahlen

$\mathbb{R}_+ := \{x \in \mathbb{R} \mid x > 0\}$

$\mathbb{R}^* := \mathbb{R} \cup \{+\infty, -\infty\}$

$\mathbb{N}_m := \{0, 1, \ldots, m\}$

$\mathbb{I}$ Teilmenge von $\mathbb{N}$

$\mathbb{I}_\ell$ s.S.118

0 in $\mathbb{R}$, C oder anderen (Funktionen-) Räumen wird nicht unterschieden

$$\delta_{i,j} := \begin{cases} 1 \text{ für } i = j \\ 0 \text{ für } i \neq j \end{cases}$$

$f, g: [a,b] \to \mathbb{R}$,

$f \leqq g$:<=> $f(x) \leqq g(x)$ für alle $x \in [a,b]$

$$f(x+0) := \lim_{\substack{t \to x \\ t > x}} f(t)$$

$$f(x-0) := \lim_{\substack{t \to x \\ t < x}} f(t)$$

tr f s.S.46

$\omega(h;f)$ s.S.26,46

$C^n[a,b]$, $AC^n[a,b]$ s.S. 45

$D^i f := \frac{d^i f}{dx^i}$ für $i \in \mathbb{N} \cup \{0\}$

$s_x, \sigma_x, \tau_{\rho,x}$ s. Definition 4.4

$\Lambda, \Delta, \overline{\Delta}, \underline{\Delta}$ s.Definitionen 5.2 und 8.1

Ω, Ω_e s.Definition 5.10

X,Y Hilberträume

$L(X,Y)$ Menge der stetigen linearen Operatoren A: $X \to Y$

$N_A := \ker A := \{x \in X \mid Ax = 0\}$

$A^{-1}(y) := \{x \in X \mid Ax = y\}$ = Urbildmenge zu $y \in Y$

$A^{-1}(M) := \{x \in X \mid Ax \in M\}$ = Urbildmenge zu M Y

A^{-1} inverser Operator, impliziert die Existenz

$A|_{X_o}$ = Restriktion von A auf dem Unterraum $X_o \subset X$

$M \setminus N := \{x \mid x \in M$ und $x \notin N\}$ für $M,N \subset X$

$\mathcal{P}(M)$ = Klasse der Teilmengen von M

$[x_1,\ldots,x_n]$:= lineare Hülle der $x_i \in X$, $i = 1(1)n$

$\langle\cdot,\cdot\rangle$, $\langle\cdot,\cdot\rangle_X$ Skalarprodukt, in X

$\|\cdot\|$, $\|\cdot\|_X$ Norm, in X

$\langle\cdot,\cdot\rangle_{e,n}$, $\|\cdot\|_{e,n}$ Skalarprodukt, Norm im euklidischen $\mathbb{R}^n$

$x \perp x' :\Leftrightarrow \langle x,x'\rangle = 0$

$x \perp_+ x' :\Leftrightarrow \langle x',x'\rangle^+ = 0$

$M^\perp := \{x \in X \mid \langle x,m\rangle = 0$ für alle $m \in M\}$

$M^{\perp+} := \{x \in X \mid \langle x,m\rangle^+ = 0$ für alle $m \in M\}$

$X = U \oplus V$: X ist direkte Summe der Untervektorräume $U,V \subset X$

A^* adjungierter Operator zu A

A^+ adjungierter Operator bez. $\langle\cdot,\cdot\rangle^+$

$A_\perp := A|_{N_A^\perp}$

$\overline{M} := M \cup \{$Menge der Häufungspunkte von $M\}$, $M \subset X$

$X \times Y := \{(x,y) \mid x \in X, y \in Y\}$.

In den einzelnen Kapiteln sind Sätze und Definitionen unter Angabe der Kapitelnummern, die Formeln bzw. Aufgaben ohne Kapitelnummer mit arabischen bzw. römischen Zahlen durchgezählt. Bei Verweisen auf andere Kapitel wird in jedem Fall die Kapitelnummer angegeben. Auf Kapitel oder Kapitelteile wird z.T. nur unter Angabe der Ziffer verwiesen.

Logische Abhängigkeit der Kapitel: Kapitel 1 dient als Einführung, die Anwendungskapitel 9 - 12 bauen auf Kapitel 5 auf.

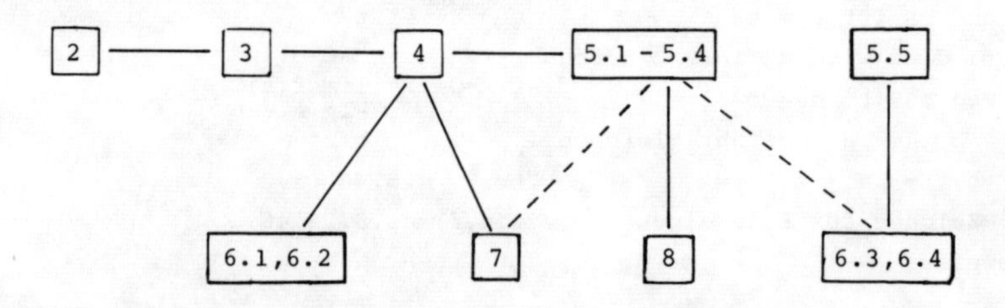

0 Einleitung

Bevor wir uns der Definition und den ersten Sätzen über kubische Splinefunktionen in Kapitel 1 zuwenden, will ich versuchen, diese Funktionen als eine möglichst "natürliche" Funktionenklasse einzuführen.

Eine reellwertige Funktion $f \in C[a,b]$, $a,b \in \mathbb{R}$, soll durch einfachere Funktionen näherungsweise dargestellt werden. D.h. ausgehend von den Funktionswerten von f in gewissen Stützstellen x_i, $a = x_1 < x_2 < \ldots < x_\nu = b$ sucht man eine Funktion g mit

$$g(x_i) = r_i := f(x_i), \; i = 1(1)\nu, \tag{1}$$

und hofft, daß für ein $x \in [a,b]$, $x \neq x_i$, $i = 1(1)\nu$, $g(x)$ und $f(x)$ nicht zu sehr voneinander abweichen.

Aus einer Reihe von guten Gründen wird man g als Polynom wählen. Der Wert eines Polynoms an einer Stelle x läßt sich in sehr einfacher Weise durch Additionen und Multiplikationen berechnen. Die Existenz und Eindeutigkeit eines Polynoms $p_{f,\nu-1}$ vom Grad $\leqq \nu-1$, das (1) löst, läßt sich elementar beweisen und es gibt gute und seit langer Zeit bekannte Algorithmen zur Berechnung von $p_{f,\nu-1}$.

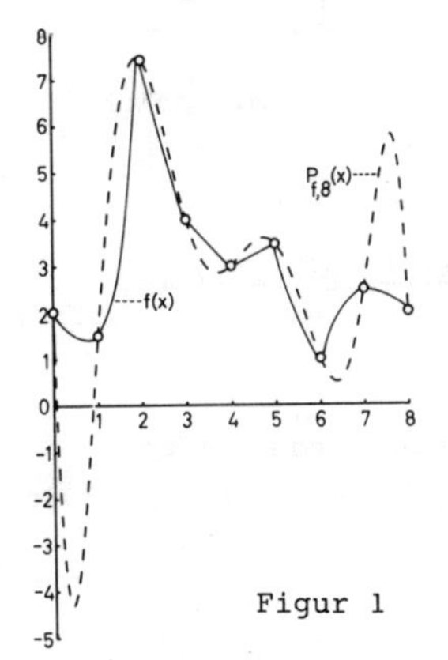

Figur 1

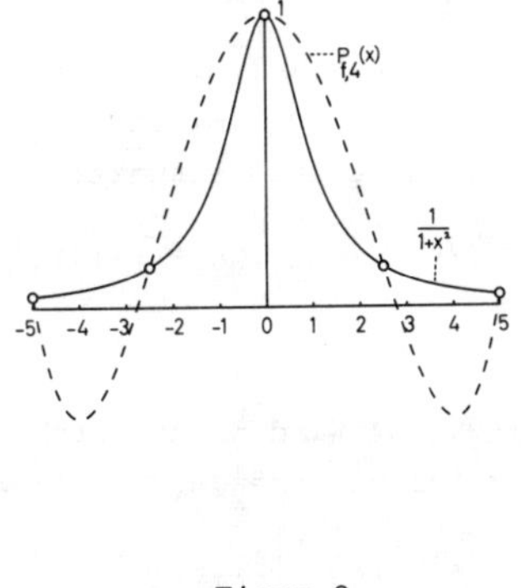

Figur 2

Figur 1 zeigt, daß die Differenz zwischen $f(x)$ und $p_{f,\nu-1}(x)$ außerhalb der Knoten sehr groß sein kann. Der naheliegende Ausweg ist es, mehr Stützstellen x_i einzuführen und entsprechend Interpolationspolynome von höherem Grad heranzuziehen. Daß man auch auf diese Weise keine befriedigenden Ergebnisse erhält, zeigen die folgenden Beispiele: Zu

$$f(x) := \frac{1}{1+x^2}, x \in [-5,5], x_i := -5 + \frac{10(i-1)}{(\nu-1)}, i = 1(1)\nu,$$

sei $p_{f,\nu-1}$ das Interpolationspolynom vom Grad $\nu-1$. Diese auf dem betrachteten Intervall reell-analytische Funktion hat nach Runge [267] die Eigenschaft

$$\|f-p_{f,\nu-1}\|_\infty := \max_{x\in[-5,5]} \{|f(x)-p_{f,\nu-1}(x)|\} \to \infty \text{ für } \nu \to \infty.$$

Die Figuren 2 - 4 geben einen ersten Eindruck von diesem Verhalten.

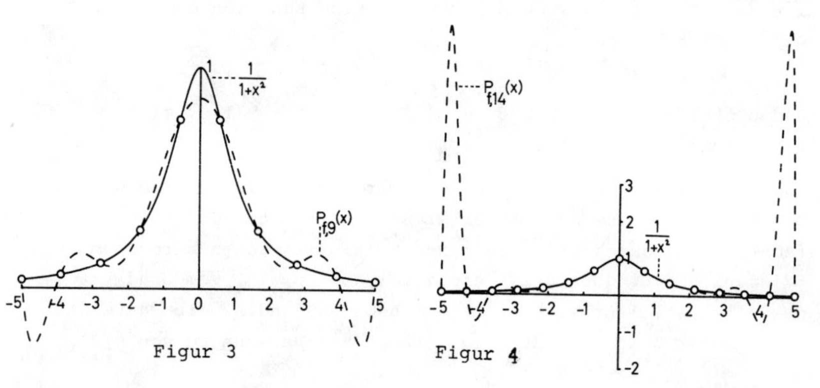

Figur 3 Figur 4

Ein weiteres Beispiel einer ganz einfachen Funktion f mit solcher Diskrepanz zwischen f(x) und $p_{f,\nu-1}(x)$ ist die von Bernstein (vgl. [26]) untersuchte Funktion

$$f(x) := |x|, x \in [-1,1], x_i = -1 + \frac{2(i-1)}{\nu-1}, i = 1(1)\nu,$$

für die die Folge $\{p_{f,\nu-1}(x)\}_{\nu=1}^{\infty}$ für jedes $x \neq 0,\pm 1$ divergiert.

Diese Divergenz wird nicht durch die gleichen Abstände zwischen den Stützstellen erzeugt. Das zeigt das Ergebnis von Faber [150]:

$$\{x_1^{(\nu)}, x_2^{(\nu)}, \ldots, x_\nu^{(\nu)}\}_{\nu=1}^{\infty}$$

sei eine beliebige Folge von Stützstellensystemen mit $a \leqq x_1^{(\nu)} < x_2^{(\nu)} < \ldots < x_\nu^{(\nu)} \leqq b$. Dann gibt es zu diesem System eine Funktion $f \in C[a,b]$, so daß mit dem Interpolationspolynom $p_{f,\nu-1}$ wieder

$$\|f-p_{f,\nu-1}\|_\infty \to \infty \text{ für } \nu \to \infty.$$

Nach diesen negativen Ergebnissen könnte man immer noch hoffen, daß durch Verzicht auf die Konvergenz in "einigen wenigen" Stellen $x \in [a,b]$ bei günstiger Wahl der Knoten für die "restlichen" $x \in [a,b]$ noch gute Ergebnisse zu erwarten sind. Auch das ist nicht der Fall. Wählt man die $x_i^{(\nu)}$, $i = 1(1)\nu$, als Nullstellen des Tschebyscheff-Polynoms T_ν (vgl. [46]), ein für solche Fehlerfragen "optimales" Stützstellensystem, dann gibt es nach M a r c i n k i e w i c z [227] immer noch stetige Funktionen $f \in C[-1,1]$, so daß $\{p_{f,\nu-1}(x)\}_{\nu=1}^{\infty}$ für jedes $x \in (-1,1)$ divergiert. Ähnliche Schwierigkeiten ergeben sich, wenn man $\int_a^b f\,dx$ dadurch approximieren will, daß man $\int_a^b p_{f,\nu-1}\,dx$ bildet (positive Ergebnisse in [26,30]).

Man kommt also nicht umhin, neben den für viele Fragestellungen so bequemen Polynomen andere Approximationsfunktionen einzuführen.

Nun weiß man seit langem, daß man stetige Funktionen mit Polygonzügen approximieren kann. Das benützt man insbesondere bei der Trapezregel zur näherungsweisen Integration. Mit

$$x_i = -1 + \frac{2(i-1)}{\nu-1}, \quad i = 1(1)\nu, \quad f_i := f(x_i) \quad \text{ist}$$

$$\int_{-1}^{1} f\,dx \approx \frac{1}{\nu-1}(f_1 + 2f_2 + \ldots + 2f_{\nu-1} + f_\nu) \; .$$

Eine andere, ebenfalls elementar herleitbare Quadraturformel, die Simpsonregel (vgl. [46])

$$\int_{-1}^{1} f\,dx = \frac{2}{3(2n-1)}(f_1 + 4f_2 + 2f_3 + \ldots + 4f_{2n} + f_{2n+1}) \; ,$$

entsteht dadurch, daß man durch je drei aufeinanderfolgende Punkte $(x_i, f(x_i))$, $i = 1,2,3;3,4,5;\ldots;2n-2,2n-1,2n$, eine quadratische Parabel legt und die Folge dieser Parabeln integriert. Man hat also in diesen beiden Formeln die Funktion $f \in C[a,b]$ durch die in Figur 5 und 6 eingezeichneten Funktionen g_1 und g_2 approximiert.

g_1 und g_2 sind stückweise polynomiale, stetige Kurven. g_1, g_2 haben den Nachteil, zwar stetig, aber nicht differenzierbar zu sein. Geometrisch bedeutsam ist die Stetigkeit der Funktion und ihrer ersten beiden Ableitungen, da dadurch die Stetigkeit des entsprechenden Graphen und seiner Tangentensteigung und Krümmung garantiert sind. Die einfachsten stückweise polynomialen Funktionen s aus $C^2[a,b]$, die keine Polynome sind, sind dann solche mit

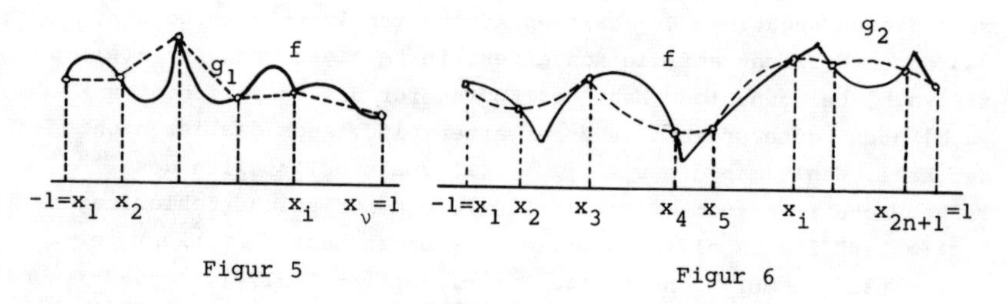

Figur 5

Figur 6

stückweise konstanter dritter Ableitung. Die Sprungstellen dieser Funktionen s wird man gemäß (1) in die Knoten x_i legen.

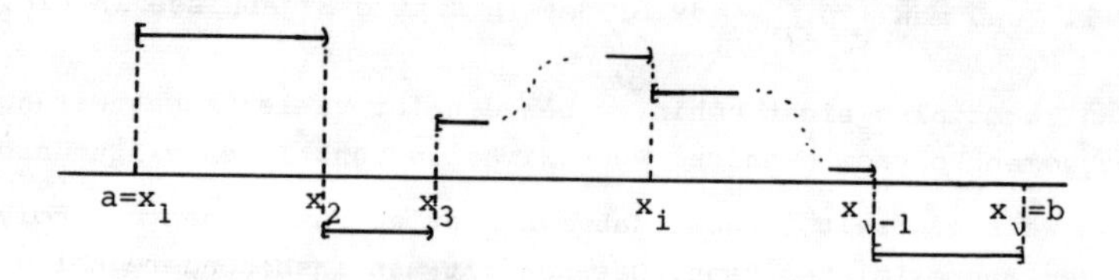

Figur 7

Mit (1) hat man so für die fraglichen Funktionen s die Forderungen

$$(2)\qquad \begin{cases} s \in C^2[a,b] \\ s(x_i) = r_i := f(x_i),\ i = 1(1)\nu \\ D^4 s(x) = 0 \text{ für } x \in [a,b]\setminus\{x_i,\ i = 1(1)\nu\} \text{ mit } D^4 := \dfrac{d^4}{dx^4} \end{cases}$$

Ein anderer Zugang ist von der Mechanik her möglich. Es gibt im Schiffsbau ein uraltes Werkzeug, die Straklatte, im Englischen Spline. Sie dient dazu, den Verlauf der Stringer zu bestimmen und zeichnerisch zu erfassen. Stringer sind die in Längsrichtung des Schiffes, quer zu den Spanten, befestigten Planken, die die Außenwand des Schiffsrumpfes bilden (vgl. Figur 8). Diese Straklatten sind Latten aus möglichst isotropem Material mit konstantem rechteckigem Querschnitt. In der Mechanik spricht man von einem homogenen isotropen Stab. Die Biegelinie, das ist die Längssymmetrieachse des Stabes, gibt den Verlauf des Stabes an. Sie sei durch $y = f(x)$ gegeben. Die Straklatte wird durch Lager, die Kräfte senkrecht zur Biegelinie, nicht aber in Richtung der Biegelinie aufnehmen können (sogenannte normalkraftfreie Einspannungen), in den Punkten (x_i, r_i), $i = 1(1)\nu$, festgehalten. Die Endlage des Stabes ist also dadurch bestimmt, daß auf den Stab nur in den

Punkten (x_i, r_i) Querkräfte Q_i, nirgends jedoch äußere Längskräfte oder äußere Biegemomente M einwirken. Setzt man in einem Punkt $(x, f(x))$ der Biegelinie die Gleichungen für die Querkräfte Q und die Biegemomente M an, so erhält man bei Vernachlässigung höherer

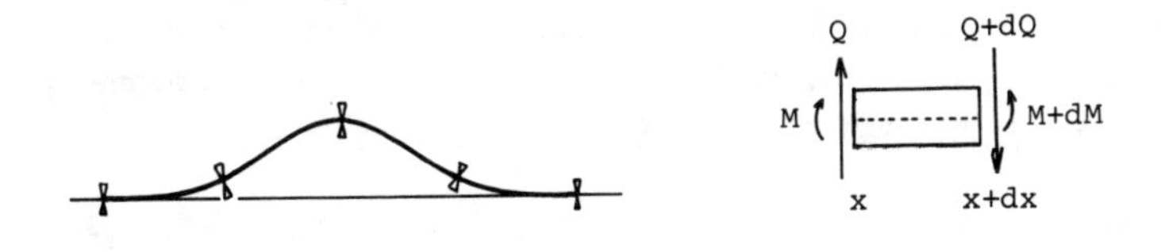

Figur 8 Figur 9

Glieder und für den Fall, daß für ein geeignetes i: $x_i < x < x + dx < x_{i+1}$ ist, die Gleichungen

$$(3) \qquad 0 = Q - (Q + dQ) \qquad \text{oder} \quad Q' = 0$$

$$(4) \qquad 0 = -M + (M + dM) - (Q + dQ)dx = dM - Qdx \quad \text{oder} \quad M' = Q \, .$$

Aus der Funktion $y = f(x)$ für die Biegelinie erhält man mit einer geeigneten Konstanten c (vgl. [20])

$$M = c \frac{f''}{(1 + f'^2)^{3/2}} \qquad \text{und nach (4)} \quad Q = M'.$$

In der Mechanik betrachtet man meist den wesentlich einfacheren linearisierten Fall

$$(5) \qquad M = cf'' \quad \text{und nach (4)} \quad Q = cf''' \, .$$

Nach (3) und (5) hat man also im linearisierten Fall

$$D^4 f(x) = 0 \quad \text{für } x \notin \{x_i \mid i = 1(1)\nu\}.$$

Da man die Straklatte natürlich nicht bis zum Knicken belastet und da an keiner Stelle äußere Biegemomente einwirken, ist $f \in C^2[a,b]$ und $f(x_i) = r_i$, $i = 1(1)\nu$, d.h. die Biegelinie erfüllt die Bedingungen (2).

I.a. wird die Straklatte über das Intervall [a,b] nach rechts und links hinausragen und verläuft außerhalb [a,b] linear, da dort keine äußeren Kräfte einwirken. Man hat somit

(6) $f''(a) = f''(b) = 0$.

Aus diesen Gründen heißt eine Funktion s, die die Eigenschaften (2) besitzt, eine Strakfunktion oder eine Spline-Funktion. (Die Bezeichnung Strakfunktion hat sich trotz mancher Ansätze (vgl. [209]) nie durchgesetzt.) Erfüllt s zu (2) die Randbedingungen (6), so spricht man von einer natürlichen Spline-Funktion.

Um die ursprünglich geradlinige Straklatte in die Endlage zu verbiegen, muß die Biegeenergie

$$E_B = c^* \int_a^b M^2 dx = \hat{c} \int_a^b (f'')^2 dx$$

aufgewendet werden. Die Endlage der Straklatte ist dann, wie in der Mechanik üblich, dadurch ausgezeichnet, daß die aufzuwendende Gesamtenergie, hier E_B, minimal wird unter allen möglichen $g \in C^2[a,b]$ mit $g(x_i) = r_i$, $i = 1(1)\nu$, und $g''(a) = g''(b) = 0$ (vgl. Satz 1.9).

Die ersten Arbeiten über Spline-Funktionen von Quade-Collatz 1938, Courant 1943 und Schoenberg 1946 (hier wird erstmals der Name Spline-Funktion verwendet) gehen von (2) aus. Erst die 1956 von Holladay entdeckte Minimalität (der Biegeenergie) gab den Anstoß zu einer intensiven Untersuchung der Minimaleigenschaften von Splines. In diesem Zusammenhang sind vor allem die Arbeiten von Golomb-Weinberger 1959, in der erstmals Hilbertraummethoden angewandt werden, und von Schoenberg 1964 [291], in der die von Sard 1949 diskutierte beste Approximation von linearen Funktionalen mit Splines in Verbindung gebracht wird. Hier setzen dann die weiteren Verallgemeinerungen ein, die wir z.T. in den folgenden Kapiteln besprechen werden.

1 Kubische Spline-Funktionen

1.1 Definition und Darstellung kubischer Spline-Funktionen

Nach den Motivationen in der Einleitung können wir unmittelbar definieren, was wir unter einer kubischen Spline-Funktion verstehen wollen.

Definition 1.1: *Im Intervall* $[a,b]$, $a,b \in \mathbb{R}$, *seien die Knoten* x_i, $i = 1(1)\nu$ *vorgegeben. Dann heißt* Δ: $a = x_1 < x_2 < \ldots < x_{\nu-1} < x_\nu = b$ *ein Gitter. Weiter sei* $\Pi_n(x_i,x_{i+1})$ *die Menge der Restriktionen von Polynomen vom Grad* $\leqq n$ *auf das Intervall* (x_i,x_{i+1}), $h_i := (x_{i+1}-x_i)$, $i = 1(1)\nu-1$ *und* $D^i := \dfrac{d^i}{dx^i}$, $i \in \mathbb{N}$, $D^0 f := f$ *für* $f \in C^i[a,b]$.

Definition 1.2: s_Δ: $[a,b] \to \mathbb{R}$ *heißt eine kubische Spline-Funktion (oder kurz ein kubischer Spline) bez.* Δ, *wenn*

(1) $$s_\Delta\big|_{(x_i,x_{i+1})} \in \Pi_3(x_i,x_{i+1}),\ i = 1(1)\nu-1,$$

(2) $$s_\Delta \in C^2[a,b].$$

Weiter sei $Sp(4\ ,\Delta) := \{s_\Delta \mid s_\Delta$ *erfüllt* (1),(2)$\}$.

Die Bedingung (1) ist äquivalent zur Forderung, daß s_Δ in (x_i,x_{i+1}) Lösung von $D^4 s_\Delta = D^2(D^2 s_\Delta) = 0$ ist. Darüber hinaus minimiert s_Δ unter geeigneten Randbedingungen $\int_a^b (D^2 f)^2 dx$ unter allen Konkurrenzfunktionen (vgl. 1.4).

Ein besonders einfaches Beispiel für einen kubischen Spline ist die abgeschnittene Potenzfunktion für $m = 3$: Für allgemeines $m \in \mathbb{N} \cup \{0\}$ ist

$$x_+^m := \begin{cases} 0 & \text{für } x < 0 \\ x^m & \text{für } x \geqq 0 \end{cases} \quad (\text{für } m = 0 \text{ ist } 0^0 := 1 \text{ zu setzen}).$$

Mit diesen Forderungen kann man eine Basis des linearen Raumes $Sp(4\ ,\Delta)$ angeben.

Satz 1.1: *Jedes* $s_\Delta \in Sp(4\ ,\Delta)$ *ist eindeutig darstellbar als*

(3) $$s_\Delta(x) = \sum_{j=0}^{2} b_j (x-x_1)_+^j + \sum_{i=1}^{\nu-1} c_i (x-x_i)_+^3$$

<u>Beweis:</u> Nach (1) ist $s_\Delta(x) = \sum_{j=0}^{2} b_j(x-x_1)_+^j + c_1(x-x_1)_+^3$ für $x \in (x_1,x_2)$. Die nach (1) existierenden Polynome $p_i, p_{i+1} \in \Pi_3$ mit

$$s_\Delta(x) = p_i(x) \quad \text{für } x \in (x_i,x_{i+1}) \quad \text{und}$$
$$s_\Delta(x) = p_{i+1}(x) \quad \text{für } x \in (x_{i+1},x_{i+2}) \quad \text{mit}$$
$$p_{i+1}(x) = \alpha_{i+1}+\beta_{i+1}(x-x_{i+1})+\gamma_{i+1}(x-x_{i+1})^2+\delta_{i+1}(x-x_{i+1})^3,$$

$$p_i(x) = \overline{\alpha}_i + \overline{\beta}_i(x-x_{i+1}) + \overline{\gamma}_i(x-x_{i+1})^2 + \overline{\delta}_i(x-x_{i+1})^3$$

genügen nach (2) der Bedingung

$\alpha_{i+1} = \overline{\alpha}_i$, $\beta_{i+1} = \overline{\beta}_i$, $\gamma_{i+1} = \overline{\gamma}_i$ und mit $c_{i+1} := \delta_{i+1} - \overline{\delta}_i$ ist

$$p_{i+1}(x) = p_i(x) + c_{i+1}(x-x_{i+1})^3$$
$$= p_i(x) + c_{i+1}(x-x_{i+1})_+^3 \quad \text{für } x \in (x_{i+1},x_{i+2}).$$

Wendet man dieses Ergebnis $(\nu-2)$-mal an, so erhält man (3).

Daß (3) eindeutig ist, sieht man unmittelbar an den Restriktionen von s_Δ auf (x_i,x_{i+1}), $i = 1(1)\nu-1$. □

Die Darstellung eines kubischen Splines mittels abgeschnittener Potenzfunktionen hat für viele theoretische Überlegungen Vorteile, die vor allem durch die übersichtliche Bauart bedingt sind. Für numerische Anwendungen ist (3) nahezu unbrauchbar. Die entstehenden Gleichungssysteme (vgl. Abschnitt 1.2) sind sehr schlecht konditioniert und kleine Fehler in den c_i, vor allem für die ersten Indizes, wirken sich sehr stark aus.
So wird man in der Praxis entweder mit den $p_i = s_\Delta\big|_{(x_i,x_{i+1})}$ oder mit den in 5.5 besprochenen B-Splines arbeiten.

1.2 Der kubische Interpolationsspline

In (0.1) waren neben den Punkten x_i zu interpolierende Werte r_i vorgegeben, d.h. $s_\Delta(x_i) = r_i$, $i = 1(1)\nu$.

<u>Definition 1.3:</u> *Ein Spline* s_Δ *heißt* <u>*Interpolationsspline*</u> *des* <u>*Ordinatenvektors*</u>

(4) $\qquad r^T := (r_1,\ldots,r_\nu)$

auf dem Gitter Δ*, wenn* $s_\Delta(x_i) = r_i$, $i = 1(1)\nu$. *Wir bezeichnen dieses* s_Δ *als* $s_{\Delta,r}$, *bei festem Gitter auch als* s_r. *Entsteht* r *aus einer Funktion* $f\colon [a,b] \to \mathbb{R}$ *durch* $r^T := (f(x_1),\ldots,f(x_\nu))$, *so bezeichnet man* s_r *als* s_f *und spricht von einem* ***Interpolationsspline der Funktion*** f.

Bevor wir die Existenz von Interpolationssplines beweisen, sollen einige auch in 1.4 gebrauchte Ungleichungen über Matrizen und deren Inverse hergeleitet werden. (Wir wählen in $\mathbb{R}^\nu$ eine feste Basis und unterscheiden nicht zwischen einer Abbildung $\mathbb{R}^\nu \to \mathbb{R}^\nu$ und der eineindeutig dazu bestimmten Matrix.) Für

$$B := \begin{pmatrix} b_{11} & \ldots & b_{1\nu} \\ \vdots & & \\ b_{\nu 1} & \ldots & b_{\nu\nu} \end{pmatrix}, \quad x := \begin{pmatrix} x_1 \\ \vdots \\ x_\nu \end{pmatrix} \quad \text{und } y := Bx := \begin{pmatrix} y_1 \\ \vdots \\ y_\nu \end{pmatrix}$$

sind

$$\|x\|_\infty := \max_{i=1}^{\nu} \{|x_i|\} \quad \text{und} \quad \|B\|_\infty := \max_{i=1}^{\nu} \{\sum_{j=1}^{\nu} |b_{ij}|\}$$

zugeordnete Normen, d.h.

$$(5) \qquad \|B\|_\infty = \sup_{x \neq 0} \frac{\|Bx\|_\infty}{\|x\|_\infty} .$$

Denn wegen

$$|y_i| = |\sum_{j=1}^{\nu} b_{ij}x_j| \leqq \max_{j=1}^{\nu} \{|x_j|\} \cdot \sum_{j=1}^{\nu} |b_{ij}| = \|x\|_\infty \cdot \sum_{j=1}^{\nu} |b_{ij}| \quad \text{ist}$$

$$\|y\|_\infty = \max_{i=1}^{\nu} \{|y_i|\} \leqq \|x\|_\infty \max_{i=1}^{\nu} \{\sum_{j=1}^{\nu} |b_{ij}|\} = \|B\|_\infty \cdot \|x\|_\infty .$$

Zum Beweis von (5) genügt ein x mit $\|y\|_\infty = \|B\|_\infty \cdot \|x\|_\infty$. Ist i^* einer der Zeilenindizes mit $\sum_{j=1}^{\nu} |b_{i^*j}| = \max_{i=1}^{\nu} \{\sum_{j=1}^{\nu} |b_{ij}|\}$, so sei $x^* := (x_1^*,\ldots,x_\nu^*)$ mit $x_j^* := \operatorname{sign} b_{i^*j}$. Dann ist mit $y^* := Bx^*$

$$\|y^*\|_\infty = \|Bx^*\|_\infty = \|x^*\|_\infty \cdot \sum_{j=1}^{\nu} |b_{i^*j}| = \|B\|_\infty \cdot \|x^*\|_\infty .$$

Mit (5) können wir sofort den folgenden Satz beweisen:

<u>Satz 1.2:</u> B *sei eine diagonaldominante Matrix, d.h.*

$$|b_{ii}| > \sum_{\substack{j=1 \\ j \neq i}}^{\nu} |b_{ij}|, \quad i = 1(1)\nu,$$

Dann existiert die inverse Matrix B^{-1} *und*

$$(6) \qquad \|B^{-1}\|_\infty \leqq \max_{i=1}^{\nu} \{(|b_{ii}| - \sum_{\substack{j=1\\ j\neq i}}^{\nu} |b_{ij}|)^{-1}\}.$$

<u>Beweis:</u> Für $y = Bx$ und $\|x\|_\infty = |x_k| \neq 0$ ist

$$(7) \qquad \begin{aligned} \|y\|_\infty &\geqq |b_{kk} + \sum_{j\neq k} b_{kj} \frac{x_j}{x_k}| \cdot \|x\|_\infty \\ &\geqq (|b_{kk}| - \sum_{j\neq k} |b_{kj}|)\ \|x\|_\infty \geqq \min_{i=1}^{\nu} \{|b_{ii}| - \sum_{j\neq i} |b_{ij}|\} \cdot \|x\|_\infty . \end{aligned}$$

Nach Voraussetzung gibt es also kein $x \neq 0$ mit $y = Bx = 0$, d.h. B^{-1} existiert und wegen

$$x = B^{-1}y, \quad \|x\|_\infty \leqq \|B^{-1}\|_\infty \cdot \|y\|_\infty$$

ist (6) nach (7) bewiesen. □

Wir kennen noch keine numerisch befriedigende Basis für $Sp(4,\Delta)$. Daher ist es zweckmäßig, unmittelbar auf die stückweise kubischen Polynome zurückzugehen und Gleichungssysteme entweder für die Steigungen m_i oder die zweiten Ableitungen M_i, auch Momente genannt, in den Stützstellen aufzustellen. Mit den entsprechenden Lösungen kann man dann s_Δ unmittelbar angeben. Wir beginnen mit dem ersten Ansatz, da dieser gewisse Vorteile gegenüber dem zweiten Weg besitzt.

Mit den nach (4) vorgegebenen r_i und den zu bestimmenden m_i, $i = 1(1)\nu$, kann man die $p_i := s_r|_{[x_i,x_{i+1}]}$ als Hermite-Interpolationspolynom zu $(r_i,m_i;r_{i+1},m_{i+1})$ angeben. Nach Konstruktion ist dann $s_r \in C^1[a,b]$. Die Forderung (2) ist daher äquivalent zu $D^2p_i(x_{i+1}-0) = D^2p_{i+1}(x_{i+1}+0)$, $i = 1(1)-2$. Wir stellen die entsprechenden Aussagen im folgenden Hilfssatz (vgl. [88]) zusammen.

<u>Satz 1.3:</u> $q_i \in \Pi_3[a,b]$, $i = 1(1)\nu-1$, *mit* $q_i(x_\mu) = r_\mu$, $Dq_i(x_\mu) = m_\mu$, $\mu = i,i+1$, *läßt sich eindeutig darstellen als* $(h_i := (x_{i+1}-x_i))$

$$(8) \qquad \begin{aligned} q_i(x) = r_i + m_i(x-x_i) &+ [3\,\frac{r_{i+1}-r_i}{h_i^2} - \frac{m_{i+1}+2m_i}{h_i}](x-x_i)^2 \\ &+ [-2\,\frac{r_{i+1}-r_i}{h_i^3} + \frac{m_{i+1}+m_i}{h_i^2}](x-x_i)^3 . \end{aligned}$$

Darüber hinaus ist genau dann $D^2q_i(x_{i+1}) = D^2q_{i+1}(x_{i+1})$ *wenn (man beachte* $q_\mu(x_{i+1}) = r_{i+1}$, $Dq_\mu(x_{i+1}) = m_{i+1}$, $\mu = i,i+1$)

$$(9)\quad h_{i+1}m_i+2(h_i+h_{i+1})m_{i+1}+h_i m_{i+2} = 3\left(h_i\,\frac{r_{i+2}-r_{i+1}}{h_{i+1}}+h_{i+1}\,\frac{r_{i+1}-r_i}{h_i}\right).$$

<u>Beweis:</u> Daß (8) die geforderten Bedingungen $q_i(x_\mu) = r_\mu$, $Dq_i(x_\mu) = m_\mu$, $\mu = i,i+1$, erfüllt, sieht man sofort durch Einsetzen dieser x_μ und Differentiation. Gäbe es neben q_i ein Polynom $\bar{q}_i$ vom Grad 3, so hätte $q_i - \bar{q}_i$ die doppelten Nullstellen x_i, x_{i+1}. Also ist $q_i = \bar{q}_i$. Durch zweimalige Differentiation findet man

$$D^2q_i(x) = 2\left[3\,\frac{r_{i+1}-r_i}{h_i^2}-\frac{m_{i+1}+2m_i}{h_i}\right]+6\left[-2\,\frac{r_{i+1}-r_i}{h_i^3}+\frac{m_{i+1}+m_i}{h_i^2}\right](x-x_i)\,.$$

Indem man $D^2q_i(x_{i+1}) = D^2q_{i+1}(x_{i+1})$ setzt, erhält man

$$\frac{m_i}{h_i}+2m_{i+1}\left(\frac{1}{h_i}+\frac{1}{h_{i+1}}\right)+\frac{m_{i+2}}{h_{i+1}} = 3\left(\frac{r_{i+2}-r_{i+1}}{h_{i+1}^2}+\frac{r_{i+1}-r_i}{h_i^2}\right)$$

und durch Multiplikation mit $h_i \cdot h_{i+1}$ (9).□

Wir wenden nun Satz 1.3 zur Berechnung der $m_i := Ds_r(x_i)$ an. Mit $s_r\big|[x_i,x_{i+1}] = p_i\big|[x_i,x_{i+1}]$, $p_i \in \Pi_3[a,b]$, ist s_r nach Satz 1.3 dann in $C^2[a,b]$ wenn die m_i so bestimmt werden, daß (9) für $i = 1(1)\nu-2$ erfüllt ist.

Um im folgenden bequeme Bezeichnungen zu haben, dividieren wir die Gleichungen (9) durch $h_i + h_{i+1} > 0$ und erhalten mit

$$(10)\quad \rho_{i+1} := \frac{h_{i+1}}{h_i+h_{i+1}},\ \lambda_{i+1} := \frac{h_i}{h_i+h_{i+1}},\ \rho_{i+1}+\lambda_{i+1} = 1,\ i = 1(1)\nu-2$$

$$(11)\quad d_{i+1} := \frac{3}{h_i+h_{i+1}}\left(h_i\,\frac{r_{i+2}-r_{i+1}}{h_{i+1}}+h_{i+1}\,\frac{r_{i+1}-r_i}{h_i}\right)$$

die Gleichungen

$$(12)\quad \rho_{i+1}m_i + 2m_{i+1} + \lambda_{i+1}m_{i+2} = d_{i+1}\,.$$

Dieses so entstandene System von $\nu-2$ Gleichungen für die ν Unbekannten m_i ist nicht eindeutig lösbar. Um Satz 1.2 anwenden zu können, schreibt man zusätzliche Randbedingungen vor. Das ist auf mehrere Arten möglich:

Man kann verlangen, daß der Spline s_r über $[a,b]$ hinaus periodisch mit der Periode b-a fortgesetzt werden soll. Dadurch wäre $m_1 = m_\nu$, $m_2 = m_{\nu+1}$ erzwungen und (9) für $i = 1(1)\nu-1$ ist ein lineares Gleichungssystem mit diagonaldominanter Matrix (vgl. Programm SPLSPI).

Wir wollen uns hier vor allem mit Randbedingungen der Form

(13) $$2m_1 + \lambda_1 m_2 = d_1 \quad \text{und} \quad \rho_\nu m_{\nu-1} + 2m_\nu = d_\nu$$

beschäftigen. Für praktische Anwendungen sind

(14) $$2m_1 = 2y_1', \quad 2m_\nu = 2y_\nu'$$

(15) $$2m_1 + m_2 = 3\,\frac{r_2 - r_1}{h_1} - \frac{h_1}{2}\,y_1'', \quad m_{\nu-1} + 2m_\nu = 3\,\frac{r_\nu - r_{\nu-1}}{h_{\nu-1}} + \frac{h_{\nu-1}}{2}\,y_\nu''$$

wichtig. Dabei sind $y_1', y_1'', y_\nu', y_\nu''$ irgendwelche Näherungen für die ersten bzw. zweiten Ableitungen der gesuchten Spline-Funktion in den Randpunkten.

Nach Satz 1.3 erhält man mit den Randbedingungen (13) zusammen das folgende lineare Gleichungssystem, dessen eindeutige Lösbarkeit äquivalent ist zur eindeutigen Existenz eines kubischen Interpolationssplines:

(16) $$\begin{pmatrix} 2 & \lambda_1 & 0 & 0 & \dots & 0 & 0 & 0 & 0 \\ \rho_2 & 2 & \lambda_2 & 0 & \dots & 0 & 0 & 0 & 0 \\ 0 & \rho_3 & 2 & \lambda_3 & \dots & 0 & 0 & 0 & 0 \\ \vdots & & & & & & & & \\ 0 & 0 & 0 & 0 & \dots & 0 & \rho_{\nu-1} & 2 & \lambda_{\nu-1} \\ 0 & 0 & 0 & 0 & \dots & 0 & 0 & \rho_\nu & 2 \end{pmatrix} \cdot \begin{pmatrix} m_1 \\ m_2 \\ m_3 \\ \vdots \\ m_{\nu-1} \\ m_\nu \end{pmatrix} = \begin{pmatrix} d_1 \\ d_2 \\ d_3 \\ \vdots \\ d_{\nu-1} \\ d_\nu \end{pmatrix}$$

mit den in (10),(11) erklärten $\rho_i > 0$, $\lambda_i > 0$, d_i, $i = 2(1)\nu-1$. Nach Satz 1.2 ist (16) für $|\lambda_1| < 2$, $|\rho_\nu| < 2$ eindeutig lösbar. Damit haben wir den folgenden Satz bewiesen:

<u>Satz 1.4:</u> *Es gibt für* $|\lambda_1| < 2$, $|\rho_\nu| < 2$ *genau einen kubischen Spline* s_r *durch die Punkte* (x_i, r_i), $i = 1(1)\nu$, *der den Randbedingungen* (13) *genügt. Mit den aus* (16) *berechneten* m_i, $i = 1(1)\nu$, *erhält man* s_r *als stückweise kubische Polynomialfunktion durch*

$$s_r\big|_{[x_i,x_{i+1}]} = q_i\big|_{[x_i,x_{i+1}]} \quad \textit{für die } q_i \textit{ aus } (8).$$

Zur Berechnung des Splines auf dem Weg über die Momente M_i beweisen wir analog zu Satz 1.3 und 1.4 die Sätze 1.5, 1.6:

<u>Satz 1.5:</u> $q_i \in \Pi_3[a,b]$, $i = 1(1)\nu-1$, *mit* $q_i(x_\mu) = r_\mu$, $D^2 q_i(x_\mu) = M_\mu$, $\mu = i, i+1$ *läßt sich eindeutig darstellen als* $(h_i = x_{i+1} - x_i)$

(17) $$q_i(x) = \left(r_i - \frac{M_i h_i^2}{6}\right)\frac{x_{i+1}-x}{h_i} + \left(r_{i+1} - \frac{M_{i+1} h_i^2}{6}\right)\frac{x - x_i}{h_i} + M_i \frac{(x_{i+1}-x)^3}{6h_i} + M_{i+1}\frac{(x-x_i)^3}{6h_i}.$$

Weiter ist genau dann $Dq_i(x_{i+1}) = Dq_{i+1}(x_{i+1})$, *wenn mit* $q_i(x_\mu) = r_\mu$, $D^2q_i(x_\mu) = M_\mu$

(18) $$h_iM_i + 2(h_i+h_{i+1})M_{i+1} + h_{i+1}M_{i+2} = 6\left(\frac{r_{i+2}-r_{i+1}}{h_{i+1}} - \frac{r_{i+1}-r_i}{h_i}\right)$$

Beweis: Wie in Satz 1.3 zeigt man, daß (17) die geforderten Interpolationsbedingungen erfüllt. Die Eindeutigkeit beweist man indirekt. Gäbe es zwei Lösungen $q_i \neq \bar{q}_i$, so wäre

$$r(x) := q_i(x) - \bar{q}_i(x) = 0,\ D^2r(x) = 0 \quad \text{für } x = x_i\ x_{i+1}.$$

Damit ist r von der Form

$$r(x) = c(x-x_i)(x-x_{i+1})(x-x_3)$$

mit einem geeigneten $x_3 \in \mathbb{R}$. Für $x_i \neq x_{i+1}$ und $c \neq 0$ sind dann $D^2r(x) = 0$ für $x = x_i, x_{i+1}$ nicht zugleich erfüllbar.

Mit

$$Dq_i(x) = -\frac{1}{h_i}\left(r_i - \frac{M_ih_i^2}{6}\right) + \frac{1}{h_i}\left(r_{i+1} - \frac{M_{i+1}h_i^2}{6}\right) - M_i\frac{(x_{i+1}-x)^2}{2h_i} + M_{i+1}\frac{(x-x_i)^2}{2h_i}$$

folgt aus $Dq_i(x_{i+1}) = Dq_{i+1}(x_{i+1})$ sofort (18).□

Wie oben gehen wir über zu den Gleichungen

(19) $$P_{i+1}M_i + 2M_{i+1} + \Lambda_{i+1}M_{i+2} = D_{i+1} \quad \text{mit}$$

(20) $$P_{i+1} := \frac{h_i}{h_i+h_{i+1}} = \lambda_{i+1},\quad \Lambda_{i+1} := \frac{h_{i+1}}{h_i+h_{i+1}} = \rho_{i+1},\quad P_{i+1} + \Lambda_{i+1} = 1$$

und

(21) $$D_{i+1} := \frac{6}{h_i+h_{i+1}}\left(\frac{r_{i+2}-r_{i+1}}{h_{i+1}} - \frac{r_{i+1}-r_i}{h_i}\right).$$

Durch die Gleichungen (19), $i = 1(1)\nu-2$ sind die M_i nicht eindeutig bestimmt. Man wird auch hier Randbedingungen der Form

$$M_1 = M_\nu,\quad M_2 = M_{\nu+1}$$

für den periodischen Fall (vgl. Programm SPLMPI) oder der Form

(22) $$2M_1 + \Lambda_1M_2 = D_1 \quad \text{und} \quad P_\nu M_{\nu-1} + 2M_\nu = D_\nu$$

vorschreiben. Besonders naheliegend sind auch hier wieder die speziellen Bedingungen

(23) $$2M_1 = 2y_1'',\quad 2M_\nu = 2y_\nu''$$

$$(24)\quad 2M_1 + M_2 = \frac{6}{h_1}\left(\frac{r_2-r_1}{h_1} - y_1'\right),\ M_{\nu-1} + 2M_\nu = \frac{6}{h_{\nu-1}}\left(y_\nu' - \frac{r_\nu - r_{\nu-1}}{h_{\nu-1}}\right)$$

mit Schätzwerten y_1'', y_ν'' bzw. y_1', y_ν' für die zweiten bzw. ersten Ableitungen des Splines in den Randpunkten.

Aus Satz 1.5 und den Randbedingungen (22) erhält man das Gleichungssystem

$$(25)\quad \begin{pmatrix} 2 & \Lambda_1 & \cdots & & & 0 & 0 & 0 & 0 \\ P_2 & 2 & \Lambda_2 & \cdots & & 0 & 0 & 0 & 0 \\ 0 & P_3 & 2 & \Lambda_3 & \cdots & 0 & 0 & 0 & 0 \\ \vdots & & & & & & & & \\ 0 & 0 & 0 & 0 & \cdots & 0 & P_{\nu-1} & 2 & \Lambda_{\nu-1} \\ 0 & 0 & 0 & 0 & \cdots & 0 & 0 & P_\nu & 2 \end{pmatrix} \begin{pmatrix} M_1 \\ M_2 \\ M_3 \\ \vdots \\ M_{\nu-1} \\ M_\nu \end{pmatrix} = \begin{pmatrix} D_1 \\ D_2 \\ D_3 \\ \vdots \\ D_{\nu-1} \\ D_\nu \end{pmatrix}$$

mit den in (20),(21) definierten P_i, Λ_i, D_i. Bis auf den Faktor 6 ist D_i die zweite dividierte Differenz zu den Werten r_{i-1}, r_i, r_{i+1} für $i = 2(1)\nu-1$. Hier gilt analog der

Satz 1.6: *Es gibt für* $|\Lambda_1| < 2$, $|P_\nu| < 2$ *genau einen kubischen Spline* s_r *durch die Punkte* (x_i, r_i), $i = 1(1)\nu$, *der den Randbedingungen* (22) *genügt. Mit den aus* (25) *berechneten* M_i, $i = 1(1)\nu$, *erhält man* s_r *durch*

$$s_r\big|[x_i, x_{i+1}] = q_i\big|[x_i, x_{i+1}] \quad \textit{mit den } q_i \textit{ aus } (17).$$

In der praktischen Rechnung wird man die ursprünglichen Gleichungen (9) und (18) stehen lassen und nicht zu (12) und (19) übergehen. Im Interesse einer guten Konditionierung der Matrizen der Gleichungssysteme wird man dann die Randbedingungen mit h_1 bzw. $h_{\nu-1}$ multiplizieren. Der Übergang zu den Systemen (16) und (25) lohnt sich im Grunde nur für sehr stark variierende Intervalllängen (vgl. [45]). Vom numerischen Standpunkt aus ist die Auflösung der Systeme (16) und (25) gleich günstig. Doch erhält man bei der Berechnung der

$$m := \begin{pmatrix} m_1 \\ \vdots \\ m_\nu \end{pmatrix},\ M := \begin{pmatrix} M_1 \\ \vdots \\ M_\nu \end{pmatrix},\ d := \begin{pmatrix} d_1 \\ \vdots \\ d_\nu \end{pmatrix},\ D := \begin{pmatrix} D_1 \\ \vdots \\ D_\nu \end{pmatrix},$$

i.a. nur Näherungen $\tilde{m} \approx m$ und $\tilde{M} \approx M$. Damit sind (16) und (25) nur nahezu erfüllt und nach Satz 1.4 bzw. Satz 1.6 gilt entsprechend

$$D^2 s_r(x_i-0) \approx D^2 s_r(x_i+0) \text{ bzw. } Ds_r(x_i-0) \approx Ds_r(x_i+0).$$

Damit ist im ersten Fall $s_r \in C^1[a,b]$ und in den Knoten hat man ungefähre Übereinstimmung der zweiten Ableitungen. Bei der Berechnung der Momente erhält man dagegen nur $s_r \in C[a,b]$ mit ungefähr gleichen rechts- und linksseitigen Grenzwerten der Ableitung in den Knoten. In den praktischen Anwendungen wird man aus diesem Grund den Weg über die Steigungen m_i vorziehen.

Nachdem sich die Steigungen m_i bzw. die Momente M_j als gutes Hilfsmittel zur Berechnung von Splines erwiesen haben, liegt die Frage nahe, ob man Splines auch durch Vorgabe von allgemeineren Interpolationsbedingungen bestimmen kann. Darauf werden wir in den Kapiteln 4 und 5 näher eingehen.

1.3 Einige Konvergenzeigenschaften von Splines

Im Gegensatz zu den negativen Ergebnissen über die Konvergenz von Interpolationspolynomen haben die Interpolationssplines sehr gute Konvergenzeigenschaften. Es sei also eine Funktion $f \in C[a,b]$ und eine Folge von Gittern Δ_k auf $[a,b]$

$$(26) \qquad \Delta_k: a = x_{k,1} < x_{k,2} < \dots < x_{k,\nu_k} = b$$

vorgegeben. Mit

$$(27) \qquad r^{(k)} := (f(x_{k,1}), f(x_{k,2}), \dots, f(x_{k,\nu_k}))$$

sei

$$s_k := s_{r^{(k)}}$$

der Interpolationsspline zu f auf dem Gitter Δ_k. Wir werden unten zeigen, daß

$$\|s_k - f\|_\infty := \sup_{x \in [a,b]} \{|s_k(x) - f(x)|\} \to 0 ,$$

falls die maximale Schrittweite in Δ_k gegen Null geht und nicht allzu verschieden ist von der "minimalen" Schrittweite. Unter der Voraussetzung $f \in C^4[a,b]$ läßt sich diese Konvergenz auch für die Ableitungen beweisen.

Um derartige Konvergenzaussagen beweisen zu können, muß man natürlich voraussetzen, daß nicht nur ν_k wächst, sondern daß die Länge der Teilintervalle immer kleiner wird. Es seien

$$(28)\qquad \overline{\Delta}_k := \max_{i=1}^{\nu_k-1} \{|x_{k,i+1} - x_{k,i}|\}, \qquad \underline{\Delta}_k := \min_{i=1}^{\nu_k-1} \{|x_{k,i+1} - x_{k,i}|\}$$

die <u>maximale</u> bzw. die <u>minimale Gitterweite</u> von Δ_k. Weiter heißt für eine Funktion $f: [a,b] \to \mathbb{R}$

$$\omega(f;h) := \sup \{|f(x+t) - f(x)| \;\big|\; x, x+t \in [a,b],\ |t| \leqq h\}$$

<u>Stetigkeitsmodul</u> von f, und f ist genau dann stetig auf [a,b] (damit auch gleichmäßig stetig), wenn zu jedem $\varepsilon > 0$ ein $h > 0$ existiert mit $\omega(f;h) < \varepsilon$. Insbesondere heißt f <u>Hölder-stetig von der Ordnung</u> $\alpha \in (0,1]$, wenn $\omega(f;h) \leqq Ch^\alpha$ für $C \in \mathbb{R}_+$.

Bezeichnet A die Matrix von (25), so gilt nach Satz 1.2 für die zu willkürlichem $z \in \mathbb{R}^\nu$ eindeutig bestimmte Lösung $x \in \mathbb{R}^\nu$ von

$$Ax = z, \quad x, z \in \mathbb{R}^\nu$$

wegen $|P_i| + |\Lambda_i| = 1$, $i = 2(1)\nu-1$, die Ungleichung

$$(29)\qquad \|x\|_\infty \leqq \max\{1, (2-|\Lambda_1|)^{-1}, (2-|P_\nu|)^{-1}\} \cdot \|z\|_\infty .$$

Nun sind wir in der Lage, die Konvergenzaussagen zu beweisen.

<u>Satz 1.7:</u> $f \in C[a,b]$ *und eine Folge* $\{\Delta_k\}_{k=1}^\infty$ *von Gittern* Δ_k *mit* $\overline{\Delta}_k/\underline{\Delta}_k \leqq \beta < \infty$ *seien vorgegeben. Der Interpolationsspline* s_k *von* f *auf dem Gitter* Δ_k *genüge den Randbedingungen*

$$2M_{k,1} + \Lambda_{k,1} M_{k,2} = D_{k,1}, \quad P_{k,\nu_k} M_{k,\nu_{k-1}} + 2M_{k,\nu_k} = D_{k,\nu_k}$$

mit

$$(30)\qquad \sup\{\Lambda_{k,1}, P_{k,\nu_k} \mid k \in \mathbb{N}\} < 2 \text{ und } \overline{\Delta}_k^2(|D_{k,1}| + |D_{k,\nu_k}|) \to 0 \quad \text{für } k \to \infty.$$

Dann gilt

$$(31)\qquad \lim_{k\to\infty} \|f - s_k\|_\infty = 0 .$$

Ist f *zusätzlich Hölder-stetig von der Ordnung* $\alpha \in (0,1]$ *und* $(\overline{\Delta}_k)^{2-\alpha}(|D_{k,1}| + |D_{k,\nu_k}|) \to 0$, *so gilt schärfer*

$$(32)\qquad \|f - s_k\|_\infty \leqq C \cdot (\overline{\Delta}_k)^\alpha .$$

Beweis: Wir unterdrücken zunächst den Gitterindex k. Nach Satz 1.6 und (17) gilt dann für $x \in [x_{j-1},x_j]$ und $f_i := f(x_i) = r_i$

$$
\begin{aligned}
s_k(x)-f(x) = {} & M_{j-1}\frac{x_j-x}{6h_{j-1}}[(x_j-x)^2-h_{j-1}^2] + M_j\frac{x-x_{j-1}}{6h_{j-1}}[(x-x_{j-1})^2-h_{j-1}^2] \\
(33)\qquad & + [\frac{f_j+f_{j-1}}{2} - f(x)] - (f_j-f_{j-1})\frac{x_j+x_{j-1}-2x}{2h_{j-1}} .
\end{aligned}
$$

Mit dem oben eingeführten Stetigkeitsmodul $\omega(f;\delta)$ gilt für $x \in [x_{j-1},x_j]$

$$\left|\frac{f_j+f_{j-1}}{2} - f(x)\right| \leqq \omega(f;\bar{\Delta}) ,$$

$$\left|(f_j-f_{j-1})\frac{x_j+x_{j-1}-2x}{2h_{j-1}}\right| \leqq \frac{|f_j-f_{j-1}|}{2} \leqq \frac{1}{2}\,\omega(f;\bar{\Delta}) ,$$

$$\left|\frac{x_j-x}{6h_{j-1}}[(x_j-x)^2 - h_{j-1}^2]\right| \leqq 3^{-5/2}h_{j-1}^2$$

$$\left|\frac{x-x_{j-1}}{6h_{j-1}}[(x-x_{j-1})^2 - h_{j-1}^2]\right| \leqq 3^{-5/2}h_{j-1}^2 .$$

Die letzten beiden Ungleichungen bestätigt man sofort durch Bestimmung des Maximums auf $[x_{j-1},x_j]$. Nach (33) genügt zum Beweis von (31) eine geeignete Abschätzung von $h_{j-1}^2\cdot(|M_{j-1}| + |M_j|)$. Wegen $Ah_{j-1}^2M = h_{j-1}^2D$ und

$$|h_{j-1}^2D_i| = \frac{6h_{j-1}^2}{h_{i-1}+h_i}\left|\frac{f_{i+1}-f_i}{h_i} - \frac{f_i-f_{i-1}}{h_{i-1}}\right| \leqq 6\beta^2\omega(f;\bar{\Delta}),\ i = 2(1)\nu-1$$

$$|h_{j-1}^2D_i| \leqq |(\bar{\Delta})^2D_i| \to 0 ,\quad i = 1,\nu$$

hat man insgesamt

$$
\begin{aligned}
h_{j-1}^2(|M_{j-1}| + |M_j|) & \leqq 2\,\|A^{-1}\|_\infty\cdot\|h_{j-1}^2D\|_\infty \\
& \leqq 2\,\|A^{-1}\|_\infty\{6\beta^2\omega(f;\bar{\Delta}) + \bar{\Delta}^2(|D_1| + |D_\nu|)\}.
\end{aligned}
$$

Führen wir nun den Gitterindex k wieder ein, so folgt mit (29) und (33)

$$
\begin{aligned}
\|s_k-f\|_\infty \leqq {} & 3^{-5/2}\cdot 2\{6\beta^2\omega(f;\bar{\Delta}) + \bar{\Delta}^2(|D_{k,1}| + |D_{k,\nu_k}|)\cdot \\
& \cdot\max\{1,(2-|\Lambda_{k,1}|)^{-1},(2-|P_{k,\nu_k}|)^{-1} + \frac{3}{2}\cdot\omega(f;\bar{\Delta}) .
\end{aligned}
$$

Damit ist (31) bewiesen. Unter den zusätzlichen Voraussetzungen kann man in dieser Abschätzung rechts den Faktor $(\bar{\Delta})^\alpha$ abspalten und erhält einen beschränkten zweiten Faktor, d.h. (32).□

Der Zusatz über Hölder-stetige Funktionen f zeigt, daß stärkere Stetigkeitsbedingungen die Konvergenz verbessern. Das wird im folgenden Satz noch deutlicher (vgl. Aufgabe I).

<u>Satz 1.8:</u> $f \in C^4[a,b]$ *und eine Folge* $\{\Delta_k\}_{k=1}^{\infty}$ *von Gittern mit* $\overline{\Delta}_k/\underline{\Delta}_k \leqq \beta < \infty$ *seien vorgegeben. Der Interpolationsspline* s_k *von* f *auf* Δ_k *genüge den Randbedingungen* (24) *mit* $y_1' := f'(a)$, $y_{\nu_k}' := f'(b)$. *Dann gibt es von* Δ_k *und* f *unabhängige Konstanten* C_i, $i = O(1)3$ *mit*

$$(34) \qquad \|f^{(i)} - s_k^{(i)}\|_\infty \leqq C_i \beta \|f^{(4)}\|_\infty \cdot (\overline{\Delta}_k)^{4-i}, i = O(1)3.$$

Dabei ist $\|f^{(3)} - s_k^{(3)}\|_\infty := \max_{i=1}^{\nu_k - 1} \{ \|f^{(3)} - s_k^{(3)}\|_\infty$ *auf dem Intervall* $x \in (x_{k,i}, x_{k,i+1})\}$. *Für* $i = 4$ *erhält man mit einer analogen Definition* $\|f^{(4)}\|_\infty = \|f^{(4)} - s_k^{(4)}\|_\infty \leqq \|f^{(4)}\|_\infty$, d.h. (34) für i = 4.

<u>Beweis:</u> Wir leiten zunächst die Aussagen für die dritten Ableitungen her und unterdrücken vorerst den Gitterindex k. Mit

$$F := \begin{pmatrix} f''(x_1) \\ \vdots \\ f''(x_\nu) \end{pmatrix}, \ D := \begin{pmatrix} D_1 \\ \vdots \\ D_\nu \end{pmatrix}, \ e := D - AF$$

genügt M - F dem Gleichungssystem $A(M-F) = e$. Nach (29) ist wegen der Randbedingungen (24) $\|A^{-1}\|_\infty \leqq 1$, d.h.

$$\|M - F\|_\infty \leqq \|A^{-1}\|_\infty \cdot \|e\|_\infty \leqq \|e\|_\infty .$$

wir müssen also $\|e\|_\infty$ abschätzen: Durch Taylorentwicklung findet man mit $\tau_i, \zeta_i \in (x_i, x_{i+1})$, $\eta_i, \xi_i \in (x_{i-1}, x_i)$

$$|e_1| = \left|\frac{6}{h_1}\left(\frac{f_2 - f_1}{h_1} - f_1'\right) - 2f_1'' - f_2''\right| =$$

$$= \left|\frac{6}{h_1}\left(f_1' + f_1''\frac{h_1}{2} + f_1'''\frac{h_1^2}{3!} + f^{(4)}(\tau_1)\frac{h_1^3}{4!} - f_1'\right) - 2f_1'' - f_1'' - f_1'''h_1 - f^{(4)}(\zeta_1)\frac{h_1^2}{2}\right|$$

$$= \left|\frac{h_1^2}{4} f^{(4)}(\tau_1) - \frac{h_1^2}{2} f^{(4)}(\zeta_1)\right| \leqq \frac{3}{4} \|f^{(4)}\|_\infty \cdot (\overline{\Delta})^2 .$$

Analog $|e_\nu| \leqq \frac{3}{4} \|f^{(4)}\|_\infty \cdot (\overline{\Delta})^2$.

$$|e_i| = |D_i - P_i f_{i-1}'' - 2f_i'' - \Lambda_i f_{i+1}''|, \ i = 2(1)\nu-1 ,$$

$$= \left|\frac{6}{h_{i-1}+h_i}\left(\frac{f_{i+1}-f_i}{h_i} - \frac{f_i - f_{i-1}}{h_{i-1}}\right) - \frac{h_{i-1}}{h_{i-1}+h_i} f_{i-1}'' - 2f_i'' - \frac{h_i}{h_{i-1}+h_i} f_{i+1}''\right|$$

$$= \frac{1}{h_{i-1}+h_i}\left|\left[6\{f_i' + f_i''\frac{h_i}{2} + f_i'''\frac{h_i^2}{3!} + f^{(4)}(\tau_i)\frac{h_i^3}{4!} - f_i' + f_i''\frac{h_{i-1}}{2} - \right.\right.$$

$$- f_i'''\frac{h_{i-1}^2}{3!} + f^{(4)}(\eta_i)\frac{h_{i-1}^3}{4!}\}$$

$$- h_{i-1}(f_i'' - f_i''' h_{i-1} + f^{(4)}(\xi_i)\frac{h_{i-1}^2}{2})$$

$$- 2f_i''(h_{i-1} + h_i)$$

$$\left.\left. - h_i(f_i'' + f_i''' h_i + f^{(4)}(\zeta_i)\frac{h_i^2}{2})\right]\right|$$

$$= \frac{1}{h_{i-1}+h_i}\left|\frac{h_i^3}{4} f^{(4)}(\tau_i) - \frac{h_i^3}{2} f^{(4)}(\zeta_i) + \frac{h_{i-1}^3}{4} f^{(4)}(\eta_i) - \frac{h_{i-1}^3}{2} f^{(4)}(\xi_i)\right|$$

$$\leqq \frac{3}{4}\,\frac{h_{i-1}^3+h_i^3}{h_{i-1}+h_i}\,\|f^{(4)}\|_\infty \leqq \frac{3}{4}\,\|f^{(4)}\|_\infty(\bar{\Delta})^2.$$

Insgesamt erhalten wir so

$$(35) \qquad \|M - F\|_\infty \leqq \|e\|_\infty = \frac{3}{4}\,\|f^{(4)}\|_\infty(\bar{\Delta})^2.$$

Für ein willkürliches $x \in (x_i, x_{i+1})$ folgt daraus durch Taylorentwicklung

$$|s'''(x) - f'''(x)| = \left|\frac{M_{i+1}-M_i}{h_i} - f'''(x)\right|$$

$$= \left|\frac{M_{i+1}-f''(x_{i+1})}{h_i} - \frac{M_i-f''(x_i)}{h_i} + \frac{f''(x_{i+1})-f''(x)-(f''(x_i)-f''(x))}{h_i} - f'''(x)\right|$$

$$\leqq \frac{3}{2}\,\|f^{(4)}\|_\infty\frac{(\bar{\Delta})^2}{h_i} + \frac{1}{h_i}\left|(x_{i+1}-x)f'''(x) + \frac{(x_{i+1}-x)^2}{2} f^{(4)}(\bar{\tau}_i) - \right.$$

$$\left. - (x_i-x)f'''(x) - \frac{(x_i-x)^2}{2} f^{(4)}(\bar{\eta}_i) - h_i f'''(x)\right|$$

$$\leqq \frac{3}{2}\,\|f^{(4)}\|_\infty\,\beta\cdot\bar{\Delta} + \frac{1}{2}\|f^{(4)}\|_\infty\frac{(\bar{\Delta})^2}{h_i} = 2\beta\,\|f^{(4)}\|_\infty\bar{\Delta},$$ d.h. (34) für i=3.

Die restlichen Behauptungen folgen daraus durch Integration: Zu x sei x_i so gewählt, daß $|x-x_i| \leqq \frac{1}{2}\bar{\Delta}$. Dann ist nach (35) mit $\beta \geqq 1$

$$|s''(x) - f''(x)| = |s''(x_i) - f''(x_i) + \int_{x_i}^{x}(s''' - f''')\,dt|$$

$$\leqq \frac{3}{4}\,\|f^{(4)}\|_\infty(\bar{\Delta})^2 + \frac{1}{2}\,\bar{\Delta}\cdot 2\beta\,\|f^{(4)}\|_\infty\bar{\Delta} \leqq \frac{7}{4}\beta\,\|f^{(4)}\|_\infty\cdot(\bar{\Delta})^2.$$

Nach dem Rolleschen Satz (vgl. Satz 3.21) gibt es wegen $s(x_j) = f(x_j)$, $j = 1(1)\nu$, $\xi_i \in (x_i, x_{i+1})$ mit $s'(\xi_i) = f'(\xi_i)$. Wie oben folgt

$$|s'(x)-f'(x)| = |\int_{\xi_i}^{x}(s''-f'')dt| \leqq \frac{7}{4}\beta\|f^{(4)}\|_\infty(\bar{\Delta})^3 \quad \text{und}$$

$$|s(x)-f(x)| = |\int_{x_i}^{x}(s'-f')dt| \leqq \frac{7}{8}\beta\|f^{(4)}\|_\infty(\bar{\Delta})^4 . \quad \square$$

Nachdem wir durch den Übergang von $C[a,b]$ zu $C^4[a,b]$ in den Sätzen 1.7 und 1.8 die Konvergenzordnung wesentlich verbessert haben, könnte man vermuten, daß für noch glattere Funktionen die Konvergenz weiter verbessert wird. Daß das nicht stimmt, zeigt der folgende

Satz 1.9: *Es sei* $f \in C^4[a,b]$ *und für ein* $\mu \in \mathbb{R}_+$ *und eine Gitterfolge* $\{\Delta_k\}$ *mit* $\bar{\Delta}_k/\underline{\Delta}_k \leqq \beta < \infty$ *gelte*

$$\|f-s_k\|_\infty \leqq C(\bar{\Delta}_k)^{4+\mu} .$$

Dann ist $D^4f(x) = 0$ *für* $x \in [a,b]$, *d.h.* $f \in \Pi_3[a,b]$.

Beweis: Wie in den vorigen Beweisen unterdrücken wir den Gitterindex k. Das Gitter Δ mit den Knoten x_i unterteilen wir äquidistant:

$$x_i =: x_{i,o} < x_{i,1} < \ldots < x_{i,4} := x_{i+1}.$$

Für die durch

$$f[x_{i,\nu}] := f(x_{i,\nu}),\ \nu = 0(1)4,\ \mu = \nu+1(1)4$$

$$f[x_{i,\nu},\ldots,x_{i,\mu}] := \frac{f[x_{i,\nu+1},\ldots,x_{i,\mu}]-f[x_{i,\nu},\ldots,x_{i,\mu-1}]}{x_{i,\mu}-x_{i,\nu}}$$

definierten dividierten Differenzen (vgl. auch Kapitel 2.4) gilt

$$f[x_{i,o},\ldots,x_{i,\nu}] = \frac{1}{\nu!} f^{(\nu)}(\xi_\nu) \text{ mit } \xi_\nu \in (x_{i,o},x_{i,\nu}).$$

Nach Voraussetzung ist

$$|(f-s_f)[x_{i,\nu}]| = |(f-s)(x_{i,\nu})| \leqq C(\bar{\Delta})^{4+\mu}$$

und mit $x_{i,\mu}-x_{i,\nu} = (\mu-\nu)\cdot\frac{h_i}{4}$, $h_i := x_{i+1}-x_i$, $(f-s_f)[x_{i,o}] =$ $= (f-s_f)(x_i) = 0$ folgt $|4!h_i^4(f-s_f)[x_{i,o},\ldots,x_{i,4}]| \leqq$

$$\leqq |(f-s_f)[x_{i,o}]| + 4|(f-s_f)[x_{i,1}]| + 6|(f-s_f)[x_{i,2}]| +$$
$$+ 4|(f-s_f)[x_{i,3}]| + |(f-s_f)[x_{i,4}]|$$
$$\leqq 14C(\bar{\Delta})^{4+\mu}$$

Damit hat man ein $\xi_i \in (x_{i,o},x_{i,4}) = (x_i,x_{i+1})$ mit

$|D^4 f(\xi_i)| = |D^4(f-s_f)(\xi_i)| \leqq 14C\beta^4(\bar{\Delta})^\mu$.

Nun sei $\varepsilon > 0$ vorgegeben. Wegen $f \in C^4[a,b]$ kann man zu ε ein $\delta > 0$ so angeben, daß $|f^{(4)}(x) - f^{(4)}(\bar{x})| < \frac{\varepsilon}{2}$ für $|x-\bar{x}| < \delta$. Nun sei $\bar{\Delta} < \delta$ so gewählt, daß $16C\beta^4(\bar{\Delta})^\mu < \frac{\varepsilon}{2}$ ist. Dann gibt es zu $x \in [a,b]$ mit $x \in [x_i,x_{i+1})$ ein $\xi_i \in (x_i,x_{i+1})$ mit $|x-\xi_i| < \bar{\Delta}$, d.h.

$$|D^4 f(x)| \leqq |D^4 f(x) - D^4 f(\xi_i)| + |D^4 f(\xi_i)| < \varepsilon$$

oder $\quad \|D^4 f\|_\infty < \varepsilon$ für alle $\varepsilon > 0$. □

Wir haben hier nun drei aus einer großen Fülle von Konvergenzresultaten für kubische Splines angegeben. Weitere Ergebnisse findet man in [3,78,81,82,206,207]. Das analoge Resultat zu Satz 1.7 zu Randbedingungen der Form (14) ist in [78] bewiesen. Darüber hinaus behandeln wir im Kapitel 8 die Konvergenztheorie der Lg-Splines, die eine unmittelbare Verallgemeinerung der kubischen Splines sind.

1.4 Charakterisierung kubischer Splines durch ein Extremalproblem

Die Entwicklung der Splinefunktionen begann mit der Definition als stückweise polynomiale Funktion mit gewissen Stetigkeits- und Differenzierbarkeitsbedingungen in den Knoten (vgl. [257,287]). Die Extremalitätseigenschaften wurden erst relativ spät entdeckt [180] und sind in der Zwischenzeit der Hauptansatzpunkt für die Verallgemeinerung von Splines geworden. Als Motivation für die in Kapitel 4 zu besprechenden Verallgemeinerungen, wollen wir hier die zentrale Extremalitätseigenschaft der kubischen Splines besprechen, die wir bereits in der Einleitung 1.1 angedeutet haben.

Satz 1.10: Δ: $a = x_1 < x_2 < \ldots < x_\nu = b$, $\nu \geqq 2$ *und* $r^T = (r_1,\ldots,r_\nu)$ *seien vorgegeben. Dann ist der natürliche Interpolationsspline* s_r, *d.h.* $s_r(x_i) = r_i$, $D^2 s_r(a) = D^2 s_r(b) = 0$, *die eindeutig bestimmte Lösung des folgenden Extremalproblems:*

$$(36)\quad \begin{cases} \left(\int_a^b (D^2 s_r)^2 dx\right)^{1/2} = \inf\limits_{g \in A^{-1}(r)} \left(\int_a^b (D^2 g)^2 dx\right)^{1/2} \quad \textit{mit} \\ A^{-1}(r) := \{g \in C^2[a,b] \mid g(x_i) = y_i,\ i = 1(1)\nu\}, \\ s_r \in A^{-1}(r). \end{cases}$$

($A^{-1}(r)$ wird in Kapitel 3 gedeutet als Urbild von r bez. eines geeigneten Interpolationsoperators.)

Beweis: Unter den angegebenen Voraussetzungen ist

$$(37)\quad \begin{cases} \int_a^b (f''-s_r'')^2dx = \int_a^b (f'')^2dx - 2\int_a^b f''s_r''\,dx + \int_a^b (s_r'')^2dx \\ = \int_a^b (f'')^2dx - 2\int_a^b (f''-s_r'')s_r''\,dx - \int_a^b (s_r'')^2dx \end{cases}$$

und $\int_a^b (f''-s_r'')s_r''dx = \sum_{j=2}^{\nu} \int_{x_{j-1}}^{x_j} (f''-s_r'')s_r''\,dx$.

Es genügt also, zunächst die einzelnen Summanden zu untersuchen:

$$\int_{x_{j-1}}^{x_j} (f''-s_r'')s_r''\,dx = [(f'(x)-s_r'(x))s_r''(x)]_{x_{j-1}}^{x_j} - \int_{x_{j-1}}^{x_j} (f'-s_r')s_r'''\,dx .$$

Nun ist $s_r'''(x)$ = constant für $x \in (x_{j-1},x_j)$ und $f(x_\nu) = s_r(x_\nu)$

$$= [(f'(x)-s_r'(x))s_r''(x)]_{x_{j-1}}^{x_j} - [(f(x)-s_r(x))s_r'''(x)]_{x_{j-1}}^{x_j} + 0$$

$$= [(f'(x)-s_r'(x))s_r''(x)]_{x_{j-1}}^{x_j} .$$

Da $(f'-s_r')s_r'' \in C[a,b]$ und $s_r''(a) = s_r''(b) = 0$ ist, folgt durch Summation

$$\int_a^b (f''-s_r'')s_r''dx = \sum_{j=2}^{\nu} [(f'(x)-s_r'(x))s_r''(x)]_{x_{j-1}}^{x_j}$$

$$= [(f'(x)-s_r'(x))s_r''(x)]_a^b = 0 .$$

Damit folgt aus (37)

$$\int_a^b (f'')^2dx - \int_a^b (s_r'')^2dx = \int_a^b (f''-s_r'')^2dx \geqq 0 ,$$

d.h. s_r ist Lösung des Extremalproblems und zwei Lösungen s_r und $g_o \in A^{-1}(r)$ von (36) haben wegen $s_r-g_o \in C^2[a,b]$ identische zweite Ableitungen, d.h.

$$s_r(x) = g_o(x) + cx + d \quad \text{mit} \quad c,d \in \mathbb{R} .$$

Aus $g_o,s_r \in A^{-1}(r)$, d.h. z.B.

$$s_r(a) = g_o(a) + ca + d$$
$$s_r(b) = g_o(b) + cb + d$$

folgt wegen $\nu \geqq 2$, d.h. $a \neq b$, $c = d = 0$ oder $s_r(x) \equiv g_o(x)$.□

Wir können also gewisse kubische Interpolationssplines unter den interpolierenden Funktionen einer Klasse, hier $C^2[a,b]$, durch

Minimalbedingungen charakterisieren. Dabei läßt sich $(\int_a^b (D^2f)^2 dx)^{1/2}$ als <u>Pseudonorm</u> ρ deuten. In diesem Fall ist das eine Abbildung

$$\rho: C^2[a,b] \to \mathbb{R}_+ \cup \{0\} \text{ mit}$$
$$\rho(f) \geqq 0,\ \rho(\lambda f) = |\lambda|\rho(f),\ \rho(f+g) \leqq \rho(f) + \rho(g)\ .$$

Die Menge der kubischen Splines, die den in Satz 1.10 angegebenen Randbedingungen $s''(a) = s''(b) = 0$ genügen, bezeichnen wir als $Sp(D^2,\Delta)$.

Mögliche Verallgemeinerungen gehen davon aus, allgemeinere Pseudonormen auf umfassenderen Funktionsräumen unter verallgemeinerten Interpolationsbedingungen zu minimieren. Die notwendigen Hilfsmittel stellen wir in Kapitel 2 und 3 zusammen.

<u>Aufgaben:</u>

I) Man teste die angegebenen ALGOL-Programme an den folgenden Beispielen:

α) $f_1(x) := |x|,\ [a,b] := [-1,1]$

β) $f_2(x) := \sin x,\ [a,b] := [-\pi,\pi]$

γ) $f_3(x) := \sin(|x|^3),\ [a,b] := [-\sqrt[3]{\pi/2},\sqrt[3]{\pi/2}]$

Insbesondere berechne man die folgenden Zahlen für äquidistante Gitter und die Schrittweiten h = 1/4, 1/8, 1/16, 1/32, 1/64:

$$\max_{j=2}^{\nu} \{|f_i(\tfrac{x_{j-1}+x_j}{2}) - s_i(\tfrac{x_{j-1}+x_j}{2})|\},\ i = 1,2,3\ ,$$

$$\max_{j=2}^{\nu} \{|f_i'(\tfrac{x_{j-1}+x_j}{2}) - s_i'(\tfrac{x_{j-1}+x_j}{2})|\},\ i = 1,2,3\ ,$$

$$\max_{j=2}^{\nu} \{|f_i''(\tfrac{x_{j-1}+x_j}{2}) - s_i''(\tfrac{x_{j-1}+x_j}{2})|\},\ i = 1,2,3\ .$$

Man setze dabei $f_1'(0) = f_1''(0) = 0$. Diese Zahlen sind mit Satz 1.7 und 1.8 zu vergleichen.

II) Die kubischen <u>Fundamentalsplines</u> (vgl. auch Definition 4.6) s_j zum Gitter Δ (aus Definition 1.1) sind durch

$$s_j(x_k) = \delta_{j,k},\ j,k = 1(1)\nu,\ s_j''(a) = s_j''(b) = 0$$

definiert. Für ein äquidistantes Gitter Δ mit $x_{i+1} := a + ih$, $h := \frac{b-a}{\nu-1} \in \mathbb{R}_+$, $i = 0(1)\nu-1$, erhält man die Momente $M_i^{(j)}$ für s_j, $j \neq 1,2,\nu-1,\nu$, durch (vgl. [3])

$$M_1^{(j)} = M_\nu^{(j)} = 0,\ M_i^{(j)} = -\frac{1}{\rho_i} M_{i+1}^{(j)},\ i = 2(1)j-2\ ,$$

$$M_i^{(j)} = -\frac{1}{\rho_{\nu-i}} M_{i-1}^{(j)},\ i = j+2(1)\nu-1,\ M_j^{(j)} = -\frac{6}{h^2}\,\frac{2+1/\rho_{j-1}+1/\rho_{\nu-j-1}}{4-1/\rho_{j-1}-1/\rho_{\nu-j-1}}\ ,$$

$$M_{j-1}^{(j)} = \frac{1}{\rho_{j-1}}(6h^{-2}-M_j^{(j)}),\ M_{j+1}^{(j)} = \frac{1}{\rho_{\nu-j-1}}(6h^2-M^{(j)})\ .$$

Dabei sind die Zahlen ρ_i rekursiv definiert als $\rho_1 := 4$ und

$$\rho_i := 4 - 1/\rho_{i-1},\ i=2,3,4,\ldots\ .$$

Weiter beweise man die Ungleichungen

$$4 = \rho_1 > \rho_2 > \ldots > \rho_i > 2 + \sqrt{3}\ ,\ \text{d.h. } 0.25 < 1/\rho_i < 0.3\ .$$

Nach Satz 1.5 kann man aus den $M_i^{(j)}$ unmittelbar die s_j berechnen. Eine Basis für $Sp(D^2,\Delta)$ erhält man dadurch, daß man die soeben definierten $\{s_j\}_{j=3}^{\nu-2}$ und die anschließend definierten $s_1, s_2, s_{\nu-1}, s_\nu$ zusammennimmt (vgl. (2.17) und (5.62)).

$$s_1(x) := \frac{1}{h^2}((x_1-x)_+^3 - 2(x_2-x)_+^3 + (x_3-x)_+^3)$$

$$s_2(x) := \frac{1}{h^3}(-(x_1-x)_+^3 + 3(x_2-x)_+^3 - 3(x_3-x)_+^3 + (x_4-x)_+^3)$$

$$s_{\nu-1}(x) := \frac{1}{h^3}((x-x_{\nu-3})_+^3 - 3(x-x_{\nu-2})_+^3 + 3(x-x_{\nu-1})_+^3 - (x-x_\nu)_+^3)$$

$$s_\nu(x) := \frac{1}{h^2}((x-x_{\nu-2})_+^3 - 2(x-x_{\nu-1})_+^3 + (x-x_\nu)_+^3)$$

Eine Basis für $Sp(4,\Delta)$ erhält man dadurch, daß man Δ um äquidistante Punkte x_{-2}, x_{-1}, x_0 nach links und $x_{\nu+1}, x_{\nu+2}, x_{\nu+3}$ nach rechts erweitert und die

$$M_{i,4} := \frac{1}{h^4}((x_i-x)_+^3 - 4(x_{i+1}-x)_+^3 + 6(x_{i+2}-x)_+^3 - 4(x_{i+3}-x)_+^3 + (x_{i+4}-x)_+^3)$$

für $i = -2,-1,0,\nu+1,\nu+2,\nu+3$ hinzunimmt (vgl. (2.17) und (5.50)).

III) Unter den Annahmen von Aufgabe II) zeige man:
Für $j = 3,4,\ldots,\nu-2$ und $x \in [x_i, x_{i+1}]$, $j+1 \leq i \leq \nu-1$ oder $x \in [x_{i-1}, x_i]$, $1 \leq i \leq j-1$ gilt $|s_j(x)| \leq \frac{h^2}{8}|M_i|$

IV) Zu $r, \bar{r} \in \mathbb{R}^\nu$ mit $r_i = \bar{r}_i$ für $i = 1(1)\nu$, $i \neq j$, $r_j \neq \bar{r}_j$ seien s_r und $s_{\bar{r}} \in Sp(D^2,\Delta)$ als Interpolationssplines zu einem äquidistanten Gitter bestimmt. Man schätze $|(s_{\bar{r}}-s_r)(x)|$ in Abhängigkeit von x ab.

2 Grundlagen

Hier werden die für die weiteren Überlegungen nötigen Grundlagen aus der Theorie der Lebesgue-Integration, der Hilbert-Räume, der Differentialgleichungen und der Differenzenrechnung bereitgestellt. Wir begnügen uns damit, die für uns wichtigen Grundideen und Ergebnisse zu referieren. Die für den Aufbau der Theorie der Splines nötigen Sätze, die in den üblichen Kursvorlesungen nicht erwähnt werden, kommen in Kapitel 3 zur Sprache. Kapitel 2 kann also von dem mit den nötigen Grundlagen vertrauten Leser übersprungen werden und gibt dem weniger gut informierten Leser eine kurze Einführung in diese Gebiete. Die einzelnen Teilkapitel sind voneinander unabhängig und enthalten Hinweise auf weiterführende Literatur.

2.1 Aus der Lebesgueschen Integrationstheorie

Diese Theorie ist durch gewisse Unzulänglichkeiten des klassischen Riemannschen Integrals $\int_I f\,dx$ nötig geworden: Die Klassen der zulässigen Integranden f und der Integrationsmengen I sind innerhalb der Riemannschen Theorie nicht sehr umfangreich und lassen sich nur verhältnismäßig umständlich charakterisieren. Wenn eine Folge $\{f_n\}_{n=1}^{\infty}$ von Funktionen gegen eine Funktion f in irgendeinem Sinne, z.B. punktweise, konvergiert, so ist die Konvergenz der Integrale $\int_I f_n dx \to \int_I f\,dx$ nur unter sehr einschränkenden Bedingungen gesichert. Die Lebesguesche Theorie eliminiert zum großen Teil diese Schwierigkeiten. Das läßt sich natürlich nur dadurch erreichen, daß zunächst einige Vorüberlegungen durchgeführt werden, die vor allem die Struktur der zulässigen Integrationsmengen I betreffen (vgl. [9,11,41]).

Das Lebesguesche Maß in $\mathbb{R}^{*n}$

$\mathbb{R}^*$ sei die Menge $\mathbb{R} \cup \{-\infty,\infty\}$. Neben den üblichen Rechenregeln in $\mathbb{R}$ erklärt man hier naheliegenderweise: $a + (\pm\infty) := \pm\infty$, $a - (\pm\infty) := \mp\infty$ für $a \in \mathbb{R}$, $b\cdot(\pm\infty) := \pm\infty$ für $b \in \mathbb{R}_+$, $c\cdot(\pm\infty) := \mp\infty$ für $c \in \mathbb{R}_-$, $+\infty + (+\infty) := +\infty$, $-\infty + (-\infty) := -\infty$. Den Erfordernissen der Integrationstheorie entsprechend setzt man $0\cdot(\pm\infty) := 0$, $(+\infty)\cdot(+\infty) := +\infty$, $(+\infty)\cdot(-\infty) := -\infty$. $(+\infty) + (-\infty)$ und $(+\infty) - (+\infty)$ sind nicht erklärt. Im übrigen gelten für diese sogenannten "kompaktifizierten reellen Zahlen" die üblichen Kommutativ-, Assoziativ- und Distributivgesetze. Entsprechend ist $\mathbb{R}^{*n}$ die Menge der n-Tupel von Elementen aus $\mathbb{R}^*$ mit im Vergleich zu $\mathbb{R}^n$ modifizierten Rechenregeln.

Das Ziel der folgenden Überlegungen ist es, ausgehend von einer Familie von Mengen, denen man in naheliegender Weise ein Maß zuordnen kann, für möglichst allgemeine Mengen ein Maß zu definieren. Dabei soll das neudefinierte Maß für die Ausgangsmengen mit dem Ausgangsmaß übereinstimmen. Es ist <u>zweckmäßig, sich bei den folgenden Überlegungen an den halboffenen Intervallen des $\mathbb{R}^{*n}$ zu orientieren</u>: Mit $a,b \in \mathbb{R}^{*n}$, $a^T := (a_1,\dots,a_n) \leqq b^T := (b_1,\dots,b_n)$, d.h. $a_i \leqq b_i$, $i = 1(1)n$, ist $[a,b) := \{x \in \mathbb{R}^{*n} \mid x^T := (x_1,\dots,x_n) \wedge a_i \leqq x_i < b_i,\ i = 1(1)n\}$ und man wird setzen

$$\text{Maß von } [a,b) := \mu([a,b)) := (b_1-a_1)\cdot\ldots\cdot(b_n-a_n).$$

$X \neq \emptyset$ sei eine vorgegebene Teilmenge von $\mathbb{R}^{*n}$. Eine Klasse $\mathcal{T} \neq \emptyset$ von Teilmengen von X heißt <u>Semiring</u>, wenn $\emptyset \in \mathcal{T}$, mit $E,F \in \mathcal{T}$ auch $E \cap F \in \mathcal{T}$ und es zu $E,F \in \mathcal{T}$ eine disjunkte Folge $\{G_\nu \in \mathcal{T}\}_{\nu=1}^{p}$ gibt mit $E - F = \bigcup_{\nu=1}^{p} G_\nu$, $p < \infty$. Man sieht sofort, daß die Menge der halboffenen Intervalle ein Semiring ist ($\emptyset = [a,a)$) und die oben definierte Abbildung

$$\mu: \begin{cases} \mathcal{T} \to \mathbb{R}^* \\ [a,b) \mapsto (b_1-a_1)\cdot\ldots\cdot(b_n-a_n) \end{cases}$$

hat die folgenden Eigenschaften

(m_1) $\mu(E) \geqq 0$ für $E \in \mathcal{T}$

(m_2) $\mu(\emptyset) = 0$

(m_3) μ ist <u>σ-additiv</u>, d.h. für jede abzählbare disjunkte Folge $\{E_\nu \in \mathcal{T}\}_{\nu=1}^{\infty}$ mit $E = \bigcup_{\nu=1}^{\infty} E_\nu \in \mathcal{T}$ ist

$$\mu(E) = \mu\Big(\bigcup_{\nu=1}^{\infty} E_\nu\Big) = \sum_{\nu=1}^{\infty} \mu(E_\nu)\ .$$

Eine Abbildung $\mu: \mathcal{T} \to \mathbb{R}^*$ eines beliebigen Semirings $\mathcal{T}$ mit diesen Eigenschaften heißt ein <u>Maß auf $\mathcal{T}$</u>.

Um auch Mengen nicht aus $\mathcal{T}$ "messen" zu können, wird für beliebige Teilmengen von X ein <u>äußeres Maß μ^*</u> definiert:

$$\mu^*: \begin{cases} \mathcal{P}(X) \to \mathbb{R}^* \\ A \mapsto \inf\{\sum_1^\infty \mu(E_\nu) \mid A \subset \bigcup_1^\infty E_\nu,\ E_\nu \in \mathcal{J}\} & \text{oder} \\ A \mapsto +\infty \text{ falls keine Folge } \{E_\nu\} \text{ mit } A \subset \bigcup_1^\infty E \text{ existiert.} \end{cases}$$

Das äußere Maß μ^* hat die folgenden Eigenschaften:

(a_1) $\mu^*(\emptyset) = 0$, $\mu^*(A) \geqq 0$ für $A \in \mathcal{P}(X)$ (nichtnegativ)

(a_2) $\mu^*(A) \leqq \mu^*(B)$ für $A \subset B \subset X$ (monoton)

(a_3) $\mu^*(\bigcup_{\nu=1}^\infty E_\nu) \leqq \sum_{\nu=1}^\infty \mu^*(E_\nu)$, $E_\nu \in \mathcal{P}(X)$ (σ-subadditiv)

Der Vergleich mit dem obigen Maß zeigt folgende Unterschiede: $\mathcal{P}(X)$ ist zwar auch ein Semiring, doch statt (m_3) gilt hier nur (a_2), (a_3) (aus (m_1), (m_3) folgen für $\mathcal{P}(X)$ (a_2) und (a_3)). Wir werden also versuchen, eine möglichst große Unterklasse von $\mathcal{P}(X)$ so auszuzeichnen, daß sie ein Semiring wird, auf dem (m_3) gilt.

Man kann zeigen, daß für $A_1, A_2 \in \mathcal{P}(X)$ mit

$$\operatorname{dist}(A_1,A_2) := \inf\left\{\|x-y\|_\infty := \max_{i=1}^{n}\{|x_i-y_i|\} \;\middle|\; x \in A_1,\ y \in A_2\right\} > 0$$

$\mu^*(A_1 \cup A_2) = \mu^*(A_1) + \mu^*(A_2)$ gilt. Daß die Eigenschaft (m_3) für das äußere Maß nicht gilt, hat demnach damit zu tun, daß beliebige disjunkte Teilmengen von X sehr stark "ineinander verzahnt" sein können. Solche "unangenehmen" Konstellationen scheiden wir dadurch aus, daß wir nur noch "μ^*-meßbare" Mengen $A \subset X$ zulassen: Eine Teilmenge $A \subset X$ heißt <u>μ^*-meßbar</u>, wenn für alle $L \subset X$ $\mu^*(L) = \mu^*(L \cap A) + \mu^*(L \setminus A)$. Wegen $L = (L \cap A) \cup (L \setminus A)$ ist diese Bedingung nach (m_3) notwendig, wenn wir unser Ziel erreichen wollen.

Figur 10

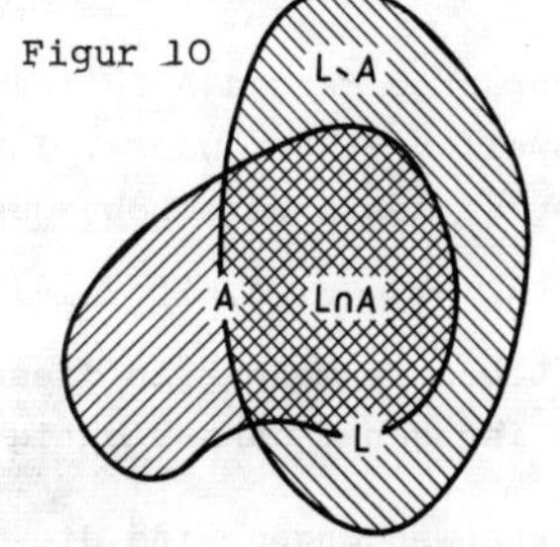

Die Klasse der μ^*-meßbaren Mengen bezeichnen wir mit $\mathfrak{M}_{\mu^*}$ oder kurz $\mathfrak{M}$. Es sind die gesuchten <u>Lebesgue-meßbaren</u> (auch L-meßbaren) Mengen. Die Restriktion von μ^* auf $\mathfrak{M}$ ergibt das gesuchte <u>Lebesguesche-Maß</u>.

Zwei wichtige Sätze klären die Struktur von $\mathfrak{M}$ (Satz 2.1) und die Frage, wie das Ausgangsmaß μ für Intervalle mit der durch Restriktion von μ^* auf $\mathfrak{M}$ entstehenden Mengenfunktion $\lambda := \mu^*|_{\mathfrak{M}}$ zusammenhängt (Satz 2.2).

Satz 2.1 (Carathéodory): *Ist* μ^* *ein äußeres Maß, so ist* $\mathfrak{M}_{\mu^*} = \mathfrak{M}$ *eine* *σ-Algebra* *(d.h.* $\mathfrak{M}$ *ist ein Semiring mit den zusätzlichen Eigenschaften:* $X \in \mathfrak{M}$, *mit* $E,F \in \mathfrak{M}$ *ist* $E \setminus F \in \mathfrak{M}$; *damit ist auch* $\emptyset \in \mathfrak{M}$; *mit* $\{E_\nu \in \mathfrak{M}\}_{\nu=1}^{\infty}$ *ist* $\bigcup_1^\infty E_\nu \in \mathfrak{M}$ *und* $\bigcap_1^\infty E_\nu \in \mathfrak{M}$) *und* $\lambda := \mu^*|_{\mathfrak{M}}$ *ist σ-additiv, also ist* λ *ein Maß.*

Die oben geforderte Meßbarkeitsbedingung hat sich damit als notwendig und hinreichend erwiesen.

Das Tripel $(X,\mathfrak{M},\lambda)$ heißt ein Maßraum und dieser Lebesguesche Maßraum ist vollständig, d.h. jede Teilmenge einer Menge vom Maß 0 ist wieder meßbar und hat das Maß 0.

Satz 2.2 (Fortsetzungssatz von Hahn-Carathéodory): $\mathfrak{S}$ *sei ein Semiring in* X *und* μ *ein Maß auf* $\mathfrak{S}$. μ^* *sei das von* μ *erzeugte äußere Maß. Dann ist* $\mathfrak{S} \subset \mathfrak{M}_{\mu^*}$, *d.h. jedes Element von* $\mathfrak{S}$ *ist meßbar und mit* $\lambda := \mu^*|_{\mathfrak{M}_{\mu^*}}$ *ist* $\lambda|_{\mathfrak{S}} = \mu$, *d.h. für jedes* $E \in \mathfrak{S}$ *ist* $\lambda(E) = \mu(E)$. *Die Fortsetzung des Lebesgueschen Maßes* λ *von* μ *ist eindeutig bestimmt.*

Damit haben wir das oben formulierte Ziel erreicht.

Für beschränkte Mengen A definiert man die Lebesguesche Meßbarkeit bisweilen etwas anders: Ist $[a,b)$ ein Intervall, das A enthält, so ist das innere Lebesgue-Maß $\mu_*(A)$ erklärt durch

$$\mu_*(A) = \mu([a,b)) - \mu^*([a,b) \setminus A) .$$

A heißt Lebesgue-meßbar in diesem zweiten Sinn, wenn $\mu_*(A) = \mu^*(A)$ ist. Das ist genau dann richtig, wenn A im obigen Sinn meßbar ist.

Für viele Anwendungen sind die Borelschen Mengen wichtig, das sind die Elemente der von den offenen Intervallen in $\mathbb{R}^n$ erzeugten σ-Algebra. Die Borelschen Mengen sind Lebesgue-meßbar. Doch ist nicht jede Lebesgue-meßbare Menge eine Borelsche Menge.

In vielen Zusammenhängen begegnet man "fast überall"-Aussagen: eine Aussage P gilt fast überall, f.ü. (= allmost everywhere = a.e.) oder für fast alle $x \in X$, f.a., wenn die Menge $\{x \in X \mid P(x)$ ist falsch} meßbar ist und das Maß 0 besitzt.

Mißt man $[a,b)$ nicht durch $(b_1-a_1)\cdot\ldots\cdot(b_n-a_n)$, sondern mit einer reellwertigen, nichtnegativen, monoton wachsenden, linksseitig stetigen Funktion α mit $\alpha(0) = 0$, $\alpha(x) > 0$ für $x > 0$, durch $\mu([a,b)) := \alpha(b_1-a_1)\cdot\ldots\cdot\alpha(b_n-a_n)$, so kommt man zum Lebesgue-Stieltjes-Maß und alle Sätze, speziell Satz 2.16, bleiben richtig.

Lebesgue-meßbare Funktionen

Bei der Definition der Lebesgue-meßbaren (oder kürzer der meßbaren) Funktionen geht das Lebesgue-Maß λ nicht explizit ein. Wir gehen aus von der Grundmenge X ($X \subset \mathbb{R}^{*n}$) und einer σ-Algebra $\mathfrak{M}$ auf X. Im Fall der Lebesgue-Meßbarkeit wird man die σ-Algebra $\mathfrak{M}$ der Lebesgue-meßbaren Teilmengen von X wählen.

Eine Funktion $f: X \to \mathbb{R}^*$ heißt meßbar, wenn für jedes $\alpha \in \mathbb{R}^*$ die Menge $\{f > \alpha\} := \{x \in X \mid \alpha < f(x) \leqq +\infty\}$ zu $\mathfrak{M}$ gehört, also meßbar ist. Statt $\{f > \alpha\}$ kann man auch $\{f \geqq \alpha\}$, $\{f < \alpha\}$, $\{f \leqq \alpha\}$ mit $\alpha \in \mathbb{R}$ bzw. $\alpha \in \mathbb{R}^*$ zur Definition heranziehen. All diese Definitionen sind äquivalent.

Gewissermaßen die "einfachsten" meßbaren Funktionen sind die sogenannten Treppenfunktionen $f: X \to \mathbb{R}^*$ mit
$f = c_1\chi_{E_1} + c_2\chi_{E_2} + \ldots + c_n\chi_{E_n}$, $c_\nu \in \mathbb{R}$, E_ν sind disjunkte meßbare Mengen und

$$\chi_{E_\nu}(x) = \begin{cases} 0 \text{ für } x \notin E_\nu \\ 1 \text{ für } x \in E_\nu \end{cases}$$

die charakteristischen Funktionen. Einige weitere Aussagen über meßbare Funktionen fassen wir zusammen in

Satz 2.3: (a) *Ist* $f: X \to \mathbb{R}^*$ *stetig (jede Umgebung von* $\pm\infty$ *ist von der Form* $a < x \leqq +\infty$ *bzw.* $-\infty \leqq x < b$, $a,b \in \mathbb{R}$*), so ist* f *meßbar.*
(b) *Ist* $f(x) = g(x)$ f.ü. *und* f *meßbar, so ist auch* g *meßbar.*
(c) *Sind* f *und* g *meßbar und* $\alpha \in \mathbb{R}$, $p \in \mathbb{R}_+$, *so sind auch* $\alpha\cdot f$, $|f|^p$, $f_+ := \max\{f,0\}: x \mapsto \max\{f(x),0\}$, $f_- := \max\{-f,0\}$, $f+g$ *(falls die Summe f.ü. definiert ist:* $+\infty + (-\infty)$ *ist z.B. nicht definiert!),* $f\cdot g$ *und* $\frac{1}{f}$ *(falls* $f(x) \neq 0$ f.ü. *für* $x \in X$*) meßbare Funktionen.*

Daß die Verallgemeinerung des Begriffs der meßbaren gegenüber den stetigen Funktionen zweckmäßig ist, wird in den folgenden Sätzen deutlich:

<u>Satz 2.4:</u> *Ist* $\{f_n\}_{n=1}^{\infty}$ *eine Folge meßbarer Funktionen* $f_n\colon X \to \mathbb{R}^*$, *so sind auch* $\sup_n \{f_n\}\colon x \mapsto \sup_n \{f_n(x)\}$, $\inf_n \{f_n\}$, $\overline{\lim}_n \sup \{f_n\}$, $\lim\limits_{n\to\infty} \inf \{f_n\}$ *meßbare Funktionen.*

<u>Satz 2.5:</u> *Ist* $f\colon X \to \mathbb{R}^*$ *meßbar, dann gibt es eine Folge* $\{f_n\}_{n=1}^{\infty}$ *von Treppenfunktionen* f_n, $\lambda\{f_n \neq 0\} < +\infty$, *die punktweise gegen* f *konvergieren. Diese* f_n *kann man für* $f \geqq 0$ *so wählen, daß* $0 \leqq f_n \leqq$ $\leqq f_{n+1}$ *ist.*

<u>Satz 2.6 (Egoroff):</u> *Sind* $f, f_1, f_2, \ldots$ *f.ü. endlichwertige, meßbare Funktionen auf* X *mit* $\lambda(X) < +\infty$, $\lim\limits_{\nu\to\infty} f_\nu(x) = f(x)$ *f.ü., so gibt es zu jedem* $\varepsilon > 0$ *eine meßbare Menge* $E \subset X$ *mit* $\lambda(E) < \varepsilon$, *so daß* $\{f_\nu\}_{\nu=1}^{\infty}$ *auf* $X \setminus E$ *gleichmäßig gegen* f *konvergiert.*

Wieder ändert sich nichts, wenn wir statt der Lebesgue-meßbaren Mengen Lebesgue-Stieltjes-meßbare Mengen zugrunde legen.

Definition des Lebesgue-Integrals

Wir gehen aus von einem Lebesgue-Maßraum $(X, \mathfrak{M}, \lambda)$ und betrachten <u>zunächst nur nichtnegative meßbare</u> Funktionen $f\colon X \to \mathbb{R}_+^* \cup \{0\}$. Um das Lebesgue-Integral von f über X zu erklären (die Integration über meßbare Teilmengen von X wird in Satz 2.8 eingeführt), gehen wir aus von einer Zerlegung $\Pi = \{E_1, \ldots, E_m\}$ von X in disjunkte, meßbare Teilmengen, d.h. $X = \bigcup\limits_{i=1}^{m} E_i$, $E_i \cap E_j = \emptyset$ für $i \neq j$. Wegen $X \in \mathfrak{M}$ gibt es solche Zerlegungen. Eine Zerlegung $\Pi' = \{F_1, \ldots, F_p\}$ heißt <u>Verfeinerung</u> von Π oder <u>feiner als</u> Π, Schreibweise $\Pi \prec \Pi'$, wenn zu jedem $F_j \in \Pi'$ ein $E_i \in \Pi$ gehört mit $F_j \subset E_i$. Zu zwei beliebigen Zerlegungen $\Pi = \{E_1, \ldots, E_m\}$ und $\Pi^* = \{E_1^*, \ldots, E_{m^*}^*\}$ gibt es eine gemeinsame Verfeinerung $\Pi' \succ \Pi$, $\Pi' \succ \Pi^*$, nämlich $\Pi' :=$ $\{G_k \mid G_k := E_i \cap E_j^* \text{ mit } E_i \cap E_j^* \neq \emptyset,\ i = 1(1)m,\ j = 1(1)m^*\}$. Die Menge der Zerlegungen ist also durch $\prec$ gerichtet.

Für eine beliebige meßbare Funktion $f\colon X \to \mathbb{R}_+^* \cup \{0\}$ ist

$$s(\Pi,f) = \sum_1^m \lambda(E_\nu) \inf\{f(E_\nu)\}$$

ein Netz, d.h. eine auf einer gerichteten Menge erklärte Funktion. Für solche Funktionen kann man einen Netzlimes einführen: Man sagt, ein Netz, hier $s\colon \Pi \to \mathbb{R}^*$, konvergiert, wenn es ein $s_o \in \mathbb{R}^*$ gibt und zu jeder Umgebung $U(s_o)$ ein Π_U existiert, so daß $s(\Pi) \in U(s_o)$ für $\Pi \succ \Pi_U$. s_o heißt dann Netzlimes und man schreibt $\lim_\Pi s(\Pi) = s_o$. In naheliegender Weise definiert man monotone Netze ($s(\Pi) \geqq s(\Pi^*)$ für $\Pi \succ \Pi^*$) und zeigt sofort, daß monotone Netze konvergieren.

In unserem Fall ist für meßbare $f\colon X \to \mathbb{R}_+^* \cup \{0\}$ das oben definierte Netz monoton und damit existiert der Netzlimes (Aufgabe I)

$$\int_X f\,dx := \lim_\Pi s(\Pi,f) = \lim_\Pi \sum_{\nu=1}^m \inf\{f(E_\nu)\}\lambda(E_\nu) .$$

Dieser Limes heißt das <u>Lebesgue-Integral von f über X</u>. Neben dieser Bezeichnung, in der dx die Integrationsvariable x angibt, verwenden wir die Schreibweise

$$\int_X f(x)dx := \int_X f\,dx$$

und analoge Arten für die Integrationsvariablen y, z und t. Wir integrieren hier nur bez. des oben definierten Lebesgue-Maßes λ oder bez. des weiter unten eingeführten Lebesgue-Stieltjes-Maßes μ. Um Verwechslungen zu vermeiden, verzichten wir auf die übliche Bezeichnung

$$\int_X f\,d\lambda := \int_X f\,dx ,$$

in der das Lebesgue-Maß λ explizit auftritt, und bezeichnen die Lebesgue-Stieltjes-Integrale als

$$\int_X f\,d\mu \quad \text{oder auch} \quad \int_X f\,d\mu(x),\ \int_X f(x)d\mu(x) .$$

Für f.ü. beschränkte meßbare Funktionen f auf Mengen X von endlichem Maß wollen wir diese Definition weiter entfalten: Ist $0 \leqq m \leqq f(x) \leqq M$ f.ü., $m,M \in \mathbb{R}$, so wähle man eine beliebige Zerlegung $m = y_o < y_1 < \ldots < y_r = M$. Dann sind die Mengen $F_\nu := \{y_\nu \leqq f < y_{\nu+1}\}$, $0 \leqq \nu \leqq r-1$, wegen der Meßbarkeit von f meßbare Mengen, $\tilde{\Pi} = \{F_o,\ldots,F_{r-1}\}$ ist eine disjunkte meßbare Zerlegung von X und es ist

$$s(\tilde{\Pi}) = \sum_0^{r-1} \lambda(F_\nu)\cdot y_\nu,\ y_\nu = \inf\{f(F_\nu)\}.$$

Neben dieser <u>Untersumme</u> $s(\tilde{\Pi})$ kann man die <u>Obersumme</u> $S(\tilde{\Pi})$ definieren als

$$S(\tilde{\Pi}) := \sum_{0}^{r-1} \lambda(F_\nu)\cdot y_{\nu+1} \; ; \quad y_{\nu+1} = \sup\{f(F_\nu)\}$$

und für meßbare Funktionen f ist

$$0 \leqq S(\tilde{\Pi}) - s(\tilde{\Pi}) = \sum_{0}^{r-1} |y_{\nu+1} - y_\nu| \cdot \lambda(F_\nu) \; .$$

Mit $\bar{\Delta} := \max\limits_{\nu=0}^{r-1} |y_{\nu+1} - y_\nu|$ und $\sum\limits_{0}^{r-1} \lambda(F_\nu) = \lambda(X) < +\infty$ erhält man

$$0 \leqq S(\tilde{\Pi}) - s(\tilde{\Pi}) \leqq \lambda(X)\cdot\bar{\Delta} \; .$$

Für genügend kleines $\bar{\Delta}$ ist somit die Differenz zwischen Ober- und Untersumme beliebig klein, und da für $\tilde{\Pi} \prec \tilde{\Pi}'$

$$s(\tilde{\Pi}) \leqq s(\tilde{\Pi}') \leqq S(\tilde{\Pi}') \leqq S(\tilde{\Pi}) \; ,$$

existieren beide Netzgrenzwerte und stimmen überein.

In vielen Darstellungen wird zunächst das Integral nur für beschränkte meßbare Funktionen $f: X \to \mathbb{R}_+ \cup \{0\}$ mit $\mu\{f > 0\} < \infty$ definiert. Dann werden beliebige meßbare Funktionen $f: X \to \mathbb{R}_+^* \cup \{0\}$ durch nichtnegative Treppenfunktionen f_n mit $\mu\{f_n > 0\} < \infty$ approximiert und das Integral als Grenzwert definiert (vgl. Satz 2.5). Daß man auf diese Weise zu keinen anderen Ergebnissen kommt, zeigt der

<u>Satz 2.7 (L e v i):</u> *Ist* $\{f_n\}_{n=1}^{\infty}$ *eine monoton wachsende Folge nichtnegativer meßbarer Funktionen mit* $\mu\{f_n > 0\} < \infty$ *und* $\lim\limits_{n\to\infty} f_n(x) = f(x)$ f.ü., *so gilt*

$$\int_X (\lim_{n\to\infty} f_n)dx = \lim_{n\to\infty} \int_X f_n\,dx \; .$$

Insbesondere kann also $\lim\limits_{n\to\infty} \int_X f_n dx = +\infty$ sein und f ist in diesem Fall summierbar (vgl. unten).

Ist $f: X \to \mathbb{R}^*$ eine <u>beliebige reelle meßbare</u> Funktion, und

$$f_+(x) := \max\{0, f(x)\}, \; f_-(x) := \max\{0, -f(x)\} \text{ für } x \in X,$$

so heißt f <u>Lebesgue-integrierbar</u> oder kurz <u>integrierbar</u>, wenn die beiden Integrale $\int_X f_+\,dx$ und $\int_X f_-\,dx$ <u>endlich</u> sind, und man definiert

$$\text{(1)} \qquad \int_X f\,dx := \int_X f_+\,dx - \int_X f_-\,dx \; .$$

Die Menge aller im Lebesgueschen Sinne integrierbaren Funktionen wird als $\mathcal{L}(\lambda)$ bezeichnet. Ist höchstens eines der Integrale rechts in (1) $+\infty$, so heißt f summierbar und der Integralwert wird wieder durch (1) bestimmt.

Wir wollen an dieser Stelle das Lebesgue-Stieltjes-Integral kurz erwähnen: Wir gehen aus von einer reellwertigen, linksseitig stetigen Funktion μ von beschränkter Variation. μ läßt sich durch zwei spezielle linksseitig stetige monoton wachsende Funktionen α_1, α_2 darstellen als $\mu = \alpha_1 - \alpha_2$. Durch $|\mu| = \alpha_1 + \alpha_2$ ist ein Lebesgue-Stieltjes-Maß erklärt. Wir lassen nur $|\mu|$-meßbare Funktionen zu. Diese Funktionen sind auch α_1- und α_2-meßbar und mit

$$\int_X f\, d\alpha_i(x) := \lim_\Pi \sum_0^{m-1} \alpha_i(E_\nu)\{\inf E_\nu)\}, \quad , \quad i = 1,2$$

ist

$$\int_X f\, d\mu(x) := \int_X f\, d\alpha_1(x) - \int_X f\, d\alpha_2(x) \quad .$$

Von den im Anschluß für das Lebesgue-Integral hergeleiteten Eigenschaften übertragen sich alle Gleichheitsaussagen auf dieses allgemeinere Integral.

Eigenschaften des Lebesgue-Integrals

Satz 2.8: (a) *Ist* $f: X \to \mathbb{R}$ *meßbar und beschränkt und* $\lambda(X) < \infty$, *so ist mit* $m := \inf f(X)$, $M := \sup f(X)$

$$m \cdot \lambda(X) \leqq \int_X f\, dx \leqq M \cdot \lambda(X) \qquad \textit{(Mittelwertsatz).}$$

(b) *Ist* $f: X \to \mathbb{R}_+^* \cup \{0\}$ *integrierbar und* $\int_X f\, dx = 0$, *so ist* $f(x) = 0$ f.ü.

(c) *Ist* f *integrierbar und* $f(x) = g(x)$ f.ü. *so ist* g *integrierbar und* $\int_X f\, dx = \int_X g\, dx$.

(d) *Ist* f *integrierbar,* g *meßbar und* $|g(x)| \leqq f(x)$ f.ü., *so ist* g *integrierbar und* $\int_X g\, dx \leqq \int_X f\, dx$.

(e) *Sind* f *und* g *integrierbar und* $\alpha, \beta \in \mathbb{R}$, *so ist* $\alpha f + \beta g$ *integrierbar und* $\int_X (\alpha f + \beta g) dx = \alpha \int_X f\, dx + \beta \int_X g\, dx$.

(f) *Ist* f *integrierbar und* $E \subset X$ *eine meßbare Teilmenge, so ist* f *über* E *integrierbar und* $\int_E f\, dx = \int_X f \cdot \chi_E\, dx$, χ_E *die charakteristische Funktion von* E.

Die entscheidenden Vorteile des Lebesgueschen gegenüber dem Riemannschen Integral werden in den folgenden Sätzen ausgesprochen.

Satz 2.9 (Lebesgues Satz von der majorisierten Konvergenz): *Die Folge* $\{f_n\}_{n=1}^{\infty}$ *meßbarer reellwertiger Funktionen* $f_n: X \to \mathbb{R}$ *konvergiere* f.ü. *gegen* f *und es existiere eine nichtnegative integrierbare Funktion* g *mit* $|f_n| \leq g$ f.ü. *für alle* n. *Dann gilt*

$$\lim_{n\to\infty} \int_X f_n\,dx = \int_X \lim_{n\to\infty} f_n\,dx = \int_X f\,dx \quad \textit{und}$$

$$\lim_{n\to\infty} \int_X |f_n - f|\,dx = 0 .$$

Satz 2.10 (σ-Additivität): $\{E_\nu\}_{\nu=1}^{\infty}$ *sei eine Folge disjunkter meßbarer Mengen* $E_\nu \subset X$ *und* $E := \bigcup_1^{\infty} E_\nu$. f *sei integrierbar über jedes* E_ν. *Dann ist* f *integrierbar über* E *genau dann, wenn*

$$(2) \qquad \sum_1^{\infty} \int_{E_\nu} |f|\,dx < +\infty .$$

Ist (2) *erfüllt, so ist*

$$\int_E f\,dx = \int_{\overset{\infty}{\underset{1}{\bigcup}} E_\nu} f\,dx = \sum_1^{\infty} \int_{E_\nu} f\,dx .$$

Satz 2.11 (Zusammenhang zwischen Riemann- und Lebesgue-Integral): $E \subset \mathbb{R}$ *sei ein beschränktes Intervall und* f *eine beschränkte Riemann-integrierbare Funktion. Dann ist* f *auch Lebesgue-integrierbar und beide Integrale sind gleich. Eine auf einem beschränkten Intervall meßbare und beschränkte Funktion* f *ist genau dann Riemann-integrierbar, wenn die Menge der Unstetigkeitspunkte von* f *eine Menge vom Lebesgue-Maß* 0 *bildet* (vgl. Aufgabe II).

Einige weitere Eigenschaften gruppieren sich um den Begriff der absolut stetigen (Mengen)-Funktion: Eine Funktion $\mathcal{F} : \mathfrak{M} \to \mathbb{R}$ heißt absolut stetige Mengenfunktion, wenn zu jedem $\varepsilon > 0$ ein $\delta > 0$ so existiert, daß $|\mathcal{F}(E)| < \varepsilon$ ist für alle $E \in \mathfrak{M}$ mit $\lambda(E) < \delta$.

Im folgenden sei $\mathcal{Q} \subseteq \mathbb{R}^*$ eine zusammenhängende Menge und mit $a,b \in \mathbb{R}$ ist $\mathcal{Q} := (-\infty,a)$, $(-\infty,a]$, $[a,b)$, $[a,b]$, $(a,b]$, (a,b), $[b,\infty)$, (b,∞). Für reellwertige Funktionen $f: \mathcal{Q} \to \mathbb{R}$ ist die absolute Stetigkeit etwas anders definiert: f heißt <u>absolut stetig</u>, wenn zu jedem $\varepsilon > 0$ ein $\delta > 0$ so existiert, daß für jedes <u>endliche</u> System von Teilintervallen $[a_i, b_i] \subset \Omega$ mit $[a_i, b_i) \cap [a_j, b_j) = \emptyset$ für $i \neq j$ und

$$\sum_{i=1}^{m} \lambda([a_i, b_i]) = \sum_{i=1}^{m} |a_i - b_i| < \delta$$

$$\sum_{i=1}^{m} |f(a_i) - f(b_i)| < \varepsilon$$

ist. Entsprechend den Bezeichnungen $C(\Omega)$ und $C^{\nu}(\Omega)$ für stetige und ν-mal stetig differenzierbare Funktionen führen wir die Bezeichnungen

$$AC(\Omega) := \{f: \Omega \to \mathbb{R} \mid f \text{ ist absolut stetig auf } \Omega\} \quad \text{und}$$

$$AC^{\nu}(\Omega) := \{f: \Omega \to \mathbb{R} \mid f^{(i)} \text{ ist absolut stetig auf } \Omega,\ i = 0(1)\nu\}$$

ein.

<u>Satz 2.12:</u> *Ist* f *integrierbar, so ist* $\mathcal{F} : \begin{cases} \mathfrak{M} \to \mathbb{R} \\ E \mapsto \int_E f\,dx \end{cases}$ *eine absolut stetige Mengenfunktion und für* $X := [c,d]$, $c,d \in \mathbb{R}^*$, *und mit* $c', x' \in [c,d]$ *ist* $g(x') := \int_{c'}^{x'} f\,dx$ *eine absolut stetige Funktion von* x' *in* $[c,d]$.

In gewissem Sinn eine Umkehrung ist

<u>Satz 2.13 (Hauptsatz der Differential- und Integralrechnung):</u>
$f: [a,b] \to \mathbb{R}^*$ *sei absolut stetig,* $a,b \in \mathbb{R}$. *Dann ist* f *beschränkt und* f.ü. *differenzierbar im elementaren Sinn, d.h.*
$\lim_{h\to 0} (f(x+h) - f(x))/h$ *existiert für* f.a. $x \in [a,b]$, *und für* $a', x \in [a,b]$ *ist*

$$\int_{a'}^{x} f'\,dx = f(x) - f(a') \quad .$$

Aus Satz 2.13 folgt unmittelbar

<u>Satz 2.14:</u> *Es sei* X *zusammenhängend in* $\mathbb{R}$ *und* $+\infty, -\infty \notin X$ *(d.h.* $X = \mathbb{R}$ *oder* $[a,b]$, $(-\infty,b]$, $[a,\infty)$, (a,b) *usw. für* $a,b \in \mathbb{R}$*). Ferner sei* $f: X \to \mathbb{R}$ *absolut stetig und* $f'(x) = 0$ f.ü. *Dann ist* f *konstant. Ist* $g(x) := \int_c^x h\,dx$ *für* $c \in X$ f.ü. *differenzierbar, so ist* $g'(x) =$

$= h(x)$ f.ü.

<u>Satz 2.15 (Taylorscher Satz):</u> *Ist* $f: [a,b] \to \mathbb{R}$, $a,b \in \mathbb{R}$, *in* $[a,b]$ $(n-1)$*-mal absolut stetig differenzierbar (d.h.* $f \in AC^{n-1}[a,b]$*), so ist* f f.ü. n*-mal differenzierbar und für* $x,x_o \in [a,b]$ *gilt* ($f^{(n)}$ *ist integrierbar)*

$$f(x) = f(x_o) + f'(x_o)(x-x_o) + \ldots + \frac{f^{(n-1)}(x_o)}{(n-1)!}(x-x_o)^{n-1} +$$

$$+ \frac{1}{(n-1)!}\int_{x_o}^{x} (x-t)^{n-1} f^{(n)}(t)dt$$

$f: X \to \mathbb{R}^*$ sei eine vorgegebene Funktion. Dann heißt die abgeschlossene Hülle der Menge $\{x \in X \mid f(x) \neq 0\}$ der <u>Träger der Funktion f</u> und man schreibt

$$\text{tr } f := \overline{\{x \in X \mid f(x) \neq 0\}} \, .$$

Weiter heißt

$$\omega(f,h) := \sup \{ |f(x)-f(x+t)| \; \big| \; x,x+t \in X, \; |t| \leq h\}$$

der <u>Stetigkeitsmodul von f</u> und f ist genau dann gleichmäßig stetig auf X, wenn $\lim_{h\to 0} \omega(f,h) = 0$.

Der folgende Satz von Fubini führt unter gewissen Bedingungen die Integration im $\mathbb{R}^{*k} := \mathbb{R}^{*p+q}$ auf Integrationen in $\mathbb{R}^{*p}$ und $\mathbb{R}^{*q}$ zurück: Z sei eine meßbare Teilmenge des $\mathbb{R}^{*k}$, die sich mit meßbaren Teilmengen $X \subset \mathbb{R}^{*p}$ und $Y \subset \mathbb{R}^{*q}$ darstellen läßt als $Z = X \times Y$. Die Lebesgue-Maße in $Z \subset \mathbb{R}^{*k}$, $X \subset \mathbb{R}^{*p}$ und $Y \subset \mathbb{R}^{*q}$ bezeichnen wir mit $\lambda_Z, \lambda_X, \lambda_Y$. Dann gilt für die Maßräume $(Z, \mathfrak{M}_Z, \lambda_Z)$, $(X, \mathfrak{M}_X, \lambda_X)$ und $(Y, \mathfrak{M}_Y, \lambda_Y)$ und $A \in \mathfrak{M}_X$, $B \in \mathfrak{M}_Y$ die Aussage $A \times B \in \mathfrak{M}_Z$ und $\lambda_Z(A \times B) = \lambda_X(A) \cdot \lambda_Y(B)$. Doch läßt sich natürlich nicht jedes $C \in \mathfrak{M}_Z$ als $C = A \times B$ mit $A \in \mathfrak{M}_X$ und $B \in \mathfrak{M}_Y$ darstellen.

<u>Satz 2.16 (Fubini):</u> $f: Z \to \mathbb{R}^*$ *sei eine* λ_Z*-meßbare Funktion und mit* $x \in X$, $y \in Y$, $z = (x,y)$ *sei* $f(z) = f(x,y)$.
Wenigstens eines der drei Integrale

$$\int_Z |f|dz; \; \int_X(\int_Y |f(x,y)|dy)dx; \; \int_Y(\int_X |f(x,y)|dx)dy$$

sei endlich. Dann ist f *über* Z λ_Z*-integrierbar und*

(a) $f_y: x \mapsto f(x,y)$ *ist* λ_X*-meßbar für* f.a. $y \in Y$

(b) $f_x: y \mapsto f(x,y)$ *ist* λ_Y*-meßbar für* f.a. $x \in X$

(c) $g: \quad y \mapsto \int_X f(x,y)dx$ *existiert für* f.a. $y \in Y$ *und ist* λ_Y*-meßbar*

(d) $h: \quad x \mapsto \int_Y f(x,y)dy$ *existiert für* f.a. $x \in X$ *und ist* λ_X*-meßbar*

(e) $\int_Z f(z)dz = \int_X(\int_Y f(x,y)dy)dx = \int_Y(\int_X f(x,y)dx)dy.$

Die L^p-Räume

Wir gehen aus vom Maßraum $(X,\mathfrak{M},\lambda)$, $X \subset \mathbb{R}^{*n}$, p sei eine reelle Zahl, $p \geq 1$. $\mathcal{L}^p(X)$ sei die Menge der auf X meßbaren Funktionen f (damit ist auch $|f|^p$ meßbar), für die $|f|^p$ integrierbar ist. $\mathcal{L}^p(X)$ ist wegen $|f+g|^p \leq 2^p\{|f|^p + |g|^p\}$, $|cf|^p \leq |c|^p \cdot |f|^p$ ein linearer Raum.

Für $p = \infty$ gehen wir etwas anders vor: Eine meßbare Funktion $f: X \to \mathbb{R}^*$ heißt im wesentlichen beschränkt (bez. λ), wenn es ein $M \in \mathbb{R}_+$ gibt mit $\lambda(\{|f| > M\}) = 0$. $\mathcal{L}^\infty(X)$ ist der Raum all dieser Funktionen. Auch $\mathcal{L}^\infty(X)$ ist ein linearer Raum.

Beim Versuch, in $\mathcal{L}^p(X)$ eine Norm zu definieren, stößt man auf die folgende Schwierigkeit. $\|f\|_p := (\int_X |f|^p d\lambda)^{1/p}$ wäre als Norm sehr zweckmäßig, doch gibt es von der Nullfunktion verschiedene Funktionen $f \neq 0$ mit $\|f\|_p = 0$. Das sind nach Satz 2.8 (b) genau die $f \in \mathcal{L}^p(X)$ mit $f(x) = 0$ f.ü. in X. Diese Schwierigkeit umgeht man dadurch, daß man mittels der Äquivalenzrelation

$$f \sim g :\Longleftrightarrow f(x) = g(x) \text{ f.ü. in } X$$

Äquivalenzklassen $[f] := \{\bar{f} \in \mathcal{L}^p(X) \mid f(x) - \bar{f}(x) = 0 \text{ f.ü. in } X\}$ einführt und den Raum $L^p(X)$ dieser Äquivalenzklassen betrachtet: $L^p(X) := \{[f] \mid f \in \mathcal{L}^p(X)\}$. Durch

$$(3) \quad \begin{cases} \|[f]\|_p := \|f\|_p := (\int_X |f|^p d\lambda)^{1/p} & \text{für } 1 \leq p < \infty \\ \|[f]\|_\infty := \|f\|_\infty := \sup^o_{x \in X}\{|f(x)|\} := \inf_M \{M \mid \lambda(\{|f| > M\}) = 0\} & \end{cases}$$

wird in $L^p(X)$ eine Norm definiert: Nach Satz 2.8 (c) sind $\int_X [f]dx$ und $\|[f]\|_p$ repräsentantenunabhängig. Im weiteren wollen wir nicht mehr zwischen $\mathcal{L}^p(X)$ und $L^p(X)$ unterscheiden. Das bedeutet je nach Zusammenhang, daß $f \in L^p(X)$ entweder eine Funktion

$f \in \mathcal{L}^p(X)$ oder eine Klasse $[f] \in L^p(X)$ darstellt, d.h.

$$\|f\|_{p,X} := \|f\|_p := \|[f]\|_p, 1 \leqq p \leqq \infty.$$

Die Dreiecksungleichung für (3) (Ungleichung von Minkowski)

(4) $$\|f+g\|_p \leqq \|f\|_p + \|g\|_p \quad \text{für } f,g \in L^p(X)$$

folgt auf bekannte Weise aus

<u>Satz 2.17 (Ungleichungen von Hölder und Schwarz):</u> *Für* $p,q \in [1,\infty]$, $\frac{1}{p} + \frac{1}{q} = 1$ *und* $f \in L^p(X)$, $g \in L^q(X)$ *ist* $f\cdot g \in L^1(X) = L(X)$ *und*

(5) $$\int_X |f\cdot g|dx \leqq \|f\|_p \cdot \|g\|_q \,.$$

Für $p = q = 2$ *erhält man insbesondere die Ungleichung von Schwarz*

$$\int_X |f\cdot g|dx \leqq \|f\|_2 \cdot \|g\|_2 \quad \textit{für } f,g \in L^2(X).$$

Hier steht das Gleichheitszeichen genau dann, wenn zu f,g *Konstanten* $\alpha,\beta \in \mathbb{R}$, $\alpha^2 + \beta^2 > 0$, *existieren mit* $(\alpha f + \beta g)(x) = 0$ f.ü..

Ein Raum heißt <u>vollständig</u> bzw. eine Teilmenge eines Raumes heißt <u>abgeschlossen</u> bez. einer Norm $\|\cdot\|$, wenn jede Cauchy-Folge $\{f_\nu\}_{\nu=1}^\infty$ der Norm nach gegen ein Element des Raumes bzw. der Teilmenge konvergiert.

<u>Satz 2.18:</u> *Die Räume* $L^p(X)$ *sind bez.* $\|\cdot\|_p$ *vollständig. Für* $1 \leqq p \leqq \infty$ *ist demnach* $L^p(X)$ *ein Banachraum, für* $p = 2$ *sogar ein Hilbertraum. Für* $\lambda(X) < \infty$ *und* $1 \leqq r \leqq p$ *ist* $L^p(X) \subseteq L^r(X)$ *und für* $f \in L^p(X)$ *gilt die Abschätzung*

$$\|f\|_r \leqq (\lambda(X))^{\frac{p-r}{p\cdot r}} \|f\|_p$$

Dabei wird für $p = \infty$ *der Bruch* $\frac{p-r}{p\cdot r} = \frac{\infty - r}{\infty\cdot r} := \frac{1}{r}$ *gesetzt.*

Der Zusatz für $p = 2$ folgt unmittelbar aus der Schwarzschen Ungleichung: Mit $p = q = 2$ und $f,g \in L^2(X)$ ist $f\cdot g \in L(X)$, und

$$\langle f,g\rangle_2 := \int_X f\cdot g \, dx$$

ist ein Skalarprodukt in $L^2(X)$.

Wir werden fast ausschließlich den Raum $L^2(X)$ brauchen. Um die verschiedenen Normen für die $L^p(X)$ und für die in Kapitel 3 besprochenen Sobolev-Räume $W^{m,2}$ unterscheiden zu können, seien $\|\cdot\|_p$ die Normen von $L^p(X)$, speziell $\|\cdot\|_2$ und $\|\cdot\|_\infty$ für $p = 2$ und $p = \infty$ und $\|\cdot\|_m$ die Normen für $W^{m,2}$ und speziell für $m = 2$ $\|\cdot\|_{m:=2}$.

2.2 Aus der Hilbertraum-Theorie

X sei im weiteren immer ein <u>reeller Vektorraum</u>. Auf X sei eine positiv definite Bilinearform

$$f: \begin{cases} X \times X \to \mathbb{R} \\ (x_1,x_2) \mapsto f(x_1,x_2) := \langle x_1,x_2\rangle \end{cases},$$

das sogenannte Skalar- oder Innenprodukt, erklärt. Durch

$$\|x\| := \sqrt{\langle x,x\rangle} \tag{6}$$

ist auf X eine Norm erklärt. Einen Zusammenhang zwischen Norm und Innenprodukt zeigt die bekannte Ungleichung von Cauchy und Schwarz

$$|\langle x_1,x_2\rangle|^2 \leqq \|x_1\|^2 \cdot \|x_2\|^2$$

mit = genau dann, wenn x_1 und x_2 linear abhängig sind. Aus dieser Ungleichung folgt insbesondere die Stetigkeit des Skalarprodukts bez. beider Argumente.

Sind X,Y reelle Hilberträume mit den Skalarprodukten $\langle\cdot,\cdot\rangle_X$ und $\langle\cdot,\cdot\rangle_Y$ bzw. den Normen $\|\cdot\|_X$ und $\|\cdot\|_Y$, so heißt ein linearer Operator $T: X \to Y$ <u>stetig</u> (oder <u>beschränkt</u>) genau dann, wenn

$$\|T\| := \sup_{x \neq 0} \left\{ \frac{\|Tx\|_Y}{\|x\|_X} \right\} = \sup_{\|x\|_X=1} \{\|Tx\|_Y\} < \infty.$$

Wir schreiben dann $T \in L(X,Y)$. In diesem Fall ist durch

$$\langle Tx,y\rangle_Y = \langle x,T^*y\rangle_X \text{ für alle } (x,y) \in X \times Y$$

eindeutig ein stetiger linearer Operator $T^*: Y \to X$ mit $\|T\| = \|T^*\|$ erklärt. T^* heißt der zu T <u>adjungierte Operator</u>, und es gilt für $T_1: X \to Y$, $T_2: X \to Y$ und $T_3: X \to Y$, $T_4: Y \to Z$

$$(\alpha_1 T_1 + \alpha_2 T_2)^* = \alpha_1 T_1^* + \alpha_2 T_2^* \;,\; (T_4 \cdot T_3)^* = T_3^* \cdot T_4^*$$

$$T^{**} := (T^*)^* = T \;,\; (T^{-1})^* = T^{*-1}, \text{ falls } T^{-1} \text{ existiert.}$$

Insbesondere heißt ein Operator $T\colon X \to X$ selbstadjungiert, wenn

$$\langle Tx,x'\rangle_X = \langle x,Tx'\rangle_X \text{ für alle } (x,x') \in X \times X.$$

Ein normierter Raum, dessen Norm nach (6) definiert ist, heißt Innenprodukt- oder Prähilbertraum. Ist X bez. $\|\cdot\|$ vollständig, so heißt X Hilbert-Raum (vgl. [1,11,40,47]).

Eine Teilmenge $K \subset X$ heißt konvex, wenn mit $x,y \in K$ und $\alpha,\beta \in \mathbb{R}_+$, $\alpha+\beta = 1$ auch $\alpha x + \beta y \in K$. $L \subseteq X$ heißt lineare Mannigfaltigkeit, wenn mit $x,y \in L$, $\alpha,\beta \in \mathbb{R}$, $\alpha+\beta = 1$ auch $\alpha x + \beta y \in L$. $U \subseteq X$ heißt linearer Unterraum, wenn mit $\alpha,\beta \in \mathbb{R}$ auch $\alpha x + \beta y \in U$. Die Abgeschlossenheit linearer Mannigfaltigkeiten oder linearer Unterräume ist also nicht in die Definition aufgenommen. Sie muß gegebenenfalls extra verlangt werden.

Zwei Elemente $x,y \in X$ heißen orthogonal genau dann, wenn $\langle x,y\rangle = 0$, Schreibweise $x \perp y$. Die Orthogonalität spielt in der Hilbertraumtheorie eine zentrale Rolle, insbesondere auch bei der Bestimmung von kürzesten Abständen von Teilmengen von X.

Ist $U \subset X$ ein linearer Unterraum, so ist

$$U^\perp := \{x \in X \mid \forall\, y \in U\colon \langle x,y\rangle = 0\}$$

ein abgeschlossener linearer Unterraum und heißt orthogonales Komplement zu U. Ist U selbst schon abgeschlossen, so gilt $U = (U^\perp)^\perp = U^{\perp\perp}$ und $X = U \oplus U^\perp$, d.h. $U \cap U^\perp = \{0\}$ und jedes $x \in X$ läßt sich eindeutig darstellen als $x = x' + x_\perp$ mit $x' \in U$, $x_\perp \in U^\perp$.

Nun sei $y_o \in X$ und eine Menge $K \subset X$ vorgegeben. Dann heißt

$$\delta := \inf_{x \in K} \{ \|x - y_o\| \}$$

Abstand von y_o zu K. Gibt es einen Punkt $x_o \in K$ mit

$$\|x_o - y_o\| = \delta = \inf_{x \in K} \{ \|x - y_o\| \},$$

so heißt x_o Projektion von y_o auf K.

Satz 2.19: $y_o \in X$ *und eine abgeschlossene konvexe Menge* $K \subset X$ *seien vorgegeben. Dann gibt es genau eine Projektion* x_o *von* y_o

auf K. x_o *ist genau dann Projektion von* y_o *auf* K, *wenn für alle* $x \in K$ $\langle y_o - x_o, x - x_o \rangle \leq 0$ *ist. Ist* K *ein abgeschlossener linearer Unterraum* U, *so ist* x_o *durch* $\langle y_o - x_o, x \rangle = 0$ *für alle* $x \in U$ *charakterisiert.*

Die Beweise ergeben sich als leichte Varianten von [1, S.9 ff.].

Gibt man einen festen abgeschlossenen linearen Unterraum U vor, so ist durch die oben beschriebene Projektion auf U eine sogenannte orthogonale Projektion P definiert:

Satz 2.20: U *sei ein abgeschlossener linearer Unterraum von* X,

$$P: \begin{cases} X \to U \\ y_o \mapsto x_o \end{cases}$$

ordne jedem y_o *die Projektion* x_o *auf* U *zu*,

$$I: \begin{cases} X \to X \\ x \mapsto x \end{cases}$$

sei die identische Abbildung. Dann ist P *ein stetiger linearer Operator mit* $P^2 := PP = P$. *Für* $x = x' + x_\perp$, $x' \in U$, $x_\perp \in U^\perp$ *ist* $Px = x'$. *Darüber hinaus ist* $I - P$ *die orthogonale Projektion auf* $U^\perp$ *und* $(I - P)x = x_\perp$ *(vgl. Aufgabe V).*

Weil der Begriff der Projektion eine ganz wesentliche Rolle spielt, sei der kurze Beweis für diesen Satz ausnahmsweise angegeben:

Beweis: Die Linearität von P folgt aus der Charakterisierung von $x_o = Py_o$ aus Satz 2.19: $\langle y_o - x_o, x \rangle = 0$ für alle $x \in U$, $P^2 = P$ folgt aus der Definition. Die Stetigkeit erhält man wegen

$$y_o - y_1 = y' + y_\perp, \; y' \in U, \; y_\perp \in U^\perp$$

$$\|y_o - y_1\|^2 = \|y'\|^2 + \|y_\perp\|^2$$

aus

$0 = \langle y_o - x_o, x \rangle = \langle y_1 + y' + y_\perp - x_o, x \rangle = \langle y_1 - (x_o - y'), x \rangle = 0$ für alle $x \in U$.

Danach ist nämlich

$x_1 := Py_1 = x_o - y'$ oder $\|P(y_1 - y_o)\| = \|x_1 - x_o\| = \|y'\| \leq \|y_1 - y_o\|$,

d.h. P ist stetig.

Die letzten Aussagen sind trivial. □

Satz 2.21: $P: X \to X$ *sei ein selbstadjungierter stetiger linearer Operator mit* $P^2 = P$ *(idempotent). Dann ist* P *eine orthogonale Projektion.*

Ein für viele unserer weiteren Überlegungen wichtiges Resultat ist der

Satz 2.22 (Riesz): *Jedes stetige lineare Funktional* $\phi: X \to \mathbb{R}$ *ist von der Form*

$$\phi x = \langle x, x_o \rangle \quad mit \quad x_o \in X$$

x_o *ist durch* ϕ *eindeutig bestimmt, und es ist* $\|\phi\| = \|x_o\|$.

Eines der wichtigsten Ergebnisse der Funktionalanalysis ist der

Satz 2.23 (über die offene Abbildung): *Sind* X,Y *Hilberträume und* T: X → Y *ein stetiger linearer Operator auf, dann ist das Bild* T(G) *jeder in* X *offenen Menge* G *in* Y *offen.*

Daraus folgt sofort

Satz 2.24 (über die stetige Umkehrabbildung): *Eine bijektive stetige lineare Abbildung* T: X → Y *ist ein Homöomorphismus, d.h. auch* T^{-1} *ist stetig.*

In vielen Fällen ist es zweckmäßig, in abgeschlossenen linearen Unterräumen U von X eine induzierte Hilbertraumstruktur einzuführen. Mit dem Skalarprodukt

$$\langle x,y \rangle_U := \langle x,y \rangle \quad \text{für } x,y \in U$$

ist U ein Hilbertraum. Ist insbesondere $T \in L(X,Y)$ mit $TX = Y$ vorgegeben, so erfüllt mit $N_T := \ker T := \{x \in X \mid Tx = 0\}$, $N_T^\perp := (N_T)^\perp$

(7) $$T_\perp := T|_{N_T^\perp} : N_T^\perp \to Y$$

die Voraussetzungen von Satz 2.24, $T_\perp$ ist also ein Homöomorphismus.

Ein Korollar des Satzes von Hahn-Banach über die Fortsetzbarkeit von linearen Funktionalen ist

Satz 2.25: *M sei ein abgeschlossener linearer Unterraum eines Hilbertraumes* X *und* $x_o \in X \setminus M$. *Dann gibt es ein stetiges lineares Funktional* $\lambda: X \to \mathbb{R}$ *mit* $\lambda(x_o) \geqq 1$ *und* $\lambda(M) = \{0\}$.

Eine Menge $\{x_\rho\}_{\rho \in P} \subset X$ heißt orthonormale Menge in X genau dann, wenn $\langle x_\rho, x_\sigma \rangle = \delta_{\rho,\sigma}$ ist für $\rho, \sigma \in P$. $\{x_\gamma\}_{\gamma \in \Gamma} \subset X$ heißt vollständige orthonormale Menge oder Orthonormalbasis in X, wenn $\langle x, x_\gamma \rangle = 0$ für alle $\gamma \in \Gamma$ nur für $x = 0$ möglich ist. In einem Hilbertraum kann man eine beliebige orthonormale Menge stets zu einer Orthonormalbasis ergänzen und es gilt

Satz 2.26: $\{x_\gamma\}_{\gamma \in \Gamma} \subset X$ *sei eine orthonormale Menge im Hilbertraum* X. *Dann gilt*

$\langle x, x_\gamma \rangle \neq 0$ *für festes* $x \in X$ *höchstens für abzählbar viele* $\gamma \in \Gamma$;

$\sum_{\gamma \in \Gamma} \langle x, x_\gamma \rangle^2 \leqq \|x\|^2$ *für* $x \in X$ *(Besselsche Ungleichung);*

$\{x_\gamma\}_{\gamma \in \Gamma}$ *ist Orthonormalbasis genau dann, wenn für alle* $x \in X$

$$\sum_{\gamma \in \Gamma} \langle x, x_\gamma \rangle^2 = \|x\|^2 \quad \textit{(Parsevalsche Gleichung).}$$

Für eine Orthonormalbasis ist $x = \sum_{\gamma \in \Gamma} \langle x, x_\gamma \rangle x_\gamma$ *für* $x \in X$, *d.h. die Reihe konvergiert und hat unabhängig von der Summationsreihenfolge den Grenzwert* x.

Im Anschluß an die Definition der (Orthonormal-)Basis definiert man die Dimension eines (Hilbert-)Raumes X bzw. eines Unterraumes $U \subset X$. Die Zahl der Basiselemente eines Raumes X bzw. U heißt die Dimension von X bzw. U und sie wird als dim X bzw. dim U bezeichnet. Hat Γ unendlich viele Elemente, so bezeichnet man bisweilen die sogenannte "Kardinalzahl" von Γ als Dimension von X. Wir werden hier nur von endlicher bzw. unendlicher Dimension sprechen. In unendlichdimensionalen Räumen gibt bisweilen die Dimension des orthogonalen Komplements eines Unterraumes U mehr Aufschluß als dim U selbst. Man führt deshalb die Codimension ein: codim U := dim $(U^\perp)$.

Räume endlicher Dimension oder endlicher Codimension sind stets abgeschlossen.

2.3 Aus der Theorie der linearen Differentialgleichungen

Die hier referierten Ergebnisse findet man in [9,14,29,44]. Ω sei eine zusammenhängende abgeschlossene Teilmenge von $\mathbb{R}^*$, d.h.

$\mathcal{Q} = [-\infty,b]$ oder $[a,b]$ oder $[a,\infty]$ mit $a,b \in \mathbb{R}$ (die Umgebungen von $-\infty$ bzw. $+\infty$ sind die Mengen $[-\infty,-c)$ bzw. $(c',\infty]$ mit beliebig großen $c,c' \in \mathbb{R}_+$. Dementsprechend heißt eine Funktion f stetig in $\mathcal{Q} := [-\infty,b]$, wenn sie in jedem endlichen Punkt stetig ist im üblichen Sinn und wenn $\lim_{c\to-\infty} f(c)$ existiert und $= f(-\infty) \neq \pm\infty$ ist. Dann heißt

$$(8) \qquad L: \begin{cases} C^m(\mathcal{Q}) \to C(\mathcal{Q}) \\ f \mapsto \sum_{j=0}^{m} a_j D^j f \text{ mit } a_j \in C(\mathcal{Q}),\ a_m(x) \geqq \omega \in \mathbb{R}_+ \text{ für } x \in \mathcal{Q} \\ D^j: f \mapsto D^j f := \frac{d^j f}{dx^j},\ j = 0(1)m,\ D^j = D\, D^{j-1} \end{cases}$$

ein (<u>regulärer</u>) <u>linearer Differentialoperator der Ordnung m</u>.

<u>Satz 2.27:</u> *Zu* $r \in C(\mathcal{Q})$, $x_o \in \mathcal{Q} \cap \mathbb{R}$ *und* $y_\nu \in \mathbb{R}$, $\nu = 0(1)m-1$, *gibt es genau eine Lösung* $u \in C^m(\mathcal{Q})$ *des Anfangswertproblems*

$$(9) \qquad Lu = r,\ D^\nu u(x_o) = y_\nu,\ \nu = 0(1)m-1 .$$

Dieses Anfangswertproblem für die inhomogene Gleichung $Lu = r$ kann man <u>für beschränkte</u> $\mathcal{Q} := [a,b]$ $(a,b \in \mathbb{R})$ mit der Greenschen Funktion auf das Anfangswertproblem der homogenen Gleichung zurückführen: Die <u>Greensche Funktion</u> G des linearen Differentialoperators L aus (8) <u>für das Anfangswertproblem (9)</u> ist eine Funktion G: $[a,b] \times [a,b] \to \mathbb{R}$ mit der Eigenschaft, daß

$$(10) \qquad u(\cdot) := \int_a^b G(\cdot,\xi)r(\xi)d\xi \in C^m[a,b]$$

eine Lösung für das Anfangswertproblem (9) für $y_\nu=0$, $\nu=0(1)m-1$ ist.

<u>Satz 2.28:</u> *die Greensche Funktion* G *ist durch die folgenden Bedingungen charakterisiert:*

(11)

(α) $G(x,y) = 0$ *für* $a \leqq x < y \leqq b$

(β) *Für jedes feste* $y \in [a,b]$ *ist* G *in* $[y,b]$ *bez. der ersten Variablen* x *Lösung von* $Lu = 0$, *d.h.*

$\sum_{j=0}^{m} a_j(x) \frac{\partial^j G(x,y)}{\partial x^j} = 0$ *und* G *genügt den Anfangsbedingungen* $G(y,y) = \left.\frac{\partial G(x,y)}{\partial x}\right|_{x=y} = \dots = \left.\frac{\partial^{m-2}G(x,y)}{\partial x^{m-2}}\right|_{x=y} = 0$ *und* $\left.\frac{\partial^{m-1}G(x,y)}{\partial x^{m-1}}\right|_{x=y} = 1.$

Der bisherige "klassische" Lösungsbegriff ist für unsere Zwecke zu speziell. Im Anschluß an die Lebesgue-Theorie liegt der Gedanke nahe, die Gleichheit $Lu(x) = r(x)$ nur für f.a. $x \in Q$ zu verlangen und auch die Forderungen an die Koeffizienten a_j abzuschwächen. Dementsprechend sei

$$V_L^2(Q) := \{f: Q \to \mathbb{R} \mid f \in AC^{m-1}(Q) \text{ und } f^{(m)}(x) \text{ existiert f.ü. und } Lf \in L^2(Q)\}$$

und

$$(12) \qquad \begin{array}{l} a_j \in L^2[c',c''] \text{ für jedes } [c',c''] \subset Q \ (c',c'' \in \mathbb{R}), \\ a_m(x) \geqq \omega \in \mathbb{R}_+ \text{ f.ü., } r \in L^2(Q). \end{array}$$

Dann nennt man ein $u \in V_L^2(Q)$ eine Lösung der <u>Differentialgleichung</u> $Lu = r$ <u>im Sinn von Carathéodory</u> (kurz eine <u>C-Lösung</u> oder eine <u>schwache Lösung</u>) genau dann, wenn $Lu(x) = r(x)$ f.ü. in Q (vgl. [9]).

Analog wird man die Greensche Funktion verallgemeinern: Die in (10) definierte Funktion u wird nur noch als Element von $V_L^2[a,b]$ vorausgesetzt und es ist f.ü. $Lu(x) = r(x)$. Entsprechend ist G bei fester zweiter Variabler bez. der ersten Variablen nur f.ü. Lösung der homogenen Differentialgleichung. Dann gilt der

<u>Satz 2.29:</u> *Zu* $r \in L^2(Q)$, $x_o \in Q \cap \mathbb{R}$ *und* $y_\nu \in \mathbb{R}$, $\nu = 0(1)m-1$, *gibt es unter der Voraussetzung* (12) *genau eine* C-*Lösung* $u \in V_L^2(Q)$ *für das Anfangswertproblem* (9). *Man erhält diese Lösung mit der soeben modifizierten Greenschen Funktion aus* (10). *Sind in* (12) *die* $r, a_j \in C(Q)$ *bzw.* $V^2_{D^mL}[a,b]$ *für* $a,b \in \mathbb{R}$ *bzw.* $C^m(Q)$, *so ist die* C-*Lösung* u *von* $Lu = r$ *klassische Lösung mit* $u \in C^m(Q)$ *bzw.* $V^2_{D^mL}[a,b]$ *bzw.* $C^{2m}(Q)$ *mit* $D^mL := \sum_j a_j D^{m+j}$ *(vgl.* (8)*).*

Die Frage, unter welchen Bedingungen eine Lösung von $Lu = 0$, $a_j \in C[a,b]$, identisch verschwindet, hängt eng zusammen mit dem Problem der Eindeutigkeit von Interpolationssplines. Eine wenigstens teilweise Antwort geben die folgenden Ergebnisse von Pòlya [250], deren Beweis wir hier übergehen:

Bezeichnet man die Wronskische Determinante als

$$W(f_1,f_2,\ldots,f_n) := \begin{vmatrix} f_1, f_1', \ldots\ldots, f_1^{(n-1)} \\ f_2, f_2', \ldots\ldots, f_2^{(n-1)} \\ \vdots \quad \vdots \qquad\quad \vdots \\ f_n, f_n', \ldots\ldots, f_n^{(n-1)} \end{vmatrix},$$

so definieren wir: Der durch (8) bestimmte Operator <u>L hat im Intervall $Q := [a,b]$ die Eigenschaft W</u> genau dann, wenn m-1 Integrale $h_1,\dots,h_{m-1}$ von $Lu = 0$ existieren mit

$$W(h_1(x)) = h_1(x) > 0,\ W(h_1(x),h_2(x)) > 0,\ \dots\dots,$$
$$W(h_1(x),\dots,h_{m-1}(x)) > 0 \quad \text{für } x \in (a,b).$$

Wie üblich heißt x_o <u>k-facher Punkt</u> eines Interpolationsproblems, wenn für die interpolierende Funktion f die Werte $(D^j f)(x_o) = c_{o,j}$, $j = 0(1)k-1$, vorgeschrieben sind.

<u>Satz 2.30:</u> *Besitzt* L, $a_j \in C[a,b]$, *im Intervall* $[a,b]$ *die Eigenschaft* W, *dann gibt es genau eine Lösung von* $Lu = 0$, *die* m *vorgegebene Werte in* m *vorgegebenen Punkten aus* (a,b) *interpoliert. Dabei sind mehrfache Punkte zugelassen.*

Eine Umkehrung dieses Satzes ist

<u>Satz 2.31:</u> *Wenn jede Lösung von* $Lu = 0$, $a_j \in C[a,b]$, *die in* m *Punkten des Intervalls* $[a,b)$ *verschwindet, identisch Null ist, so hat* L *die Eigenschaft* W *in* $[a,b]$.

2.4 Aus der Differenzenrechnung

Wir referieren hier Ergebnisse, die z.B. in [21,39,46] bewiesen sind.

$$\Omega_{o,p}: t_o < t_1 < \dots < t_j < \dots < t_p$$

sei ein Gitter reeller Zahlen mit $a \leq t_o$, $t_p \leq b$ und $f \in C[a,b]$. Dann heißen die rekursiv definierten Zahlen

$$(13)\quad \begin{cases} f[t_i] := f(t_i),\ i = 0(1)p \\ f[t_i,\dots,t_{i+j}] := \dfrac{f[t_{i+1},\dots,t_{i+j}] - f[t_i,\dots,t_{i+j-1}]}{t_{i+j} - t_i}, \\ \qquad\qquad i = 0(1)p-j,\ j = 0(1)p \end{cases}$$

<u>0-te</u> bzw. <u>j-te dividierte Differenzen</u> oder <u>0-te</u> bzw. <u>j-te Differenzenquotienten</u>.

Diese dividierten Differenzen kann man auf eine zweite Weise erhalten: Man bestimme das Lagrange-Interpolationspolynom $p_{i,j}$ vom

Grad $\leqq$ j, das die Punkte

$$(t_\nu, f(t_\nu)), \quad \nu = i(1)i+j$$

interpoliert. Dann ist

$$f[t_i,\ldots,t_{i+j}] = \frac{1}{j!} D^j p_{i,j} \,.$$

Schematisch berechnet man diese dividierten Differenzen anhand der folgenden Tabelle, die Spalte für Spalte aufzubauen ist:

$$(14)\quad \left\{\begin{array}{lll} t_o & f(t_o) = f[t_o] & \\ & & f[t_o,t_1] = (f[t_1]-f[t_o])/(t_1-t_o) \\ t_1 & f(t_1) = f[t_1] & \\ & & f[t_2,t_1] = (f[t_2]-f[t_1])/(t_2-t_1) \\ t_2 & f(t_2) = f[t_2] & \\ & & f[t_3,t_2] = (f[t_3]-f[t_2])/(t_3-t_2) \\ t_3 & f(t_3) = f[t_3] & \\ \vdots & & \vdots \\ t_p & & \end{array}\right.$$

Im Falle einfacher Knoten kann man unmittelbar eine geschlossene Formel zur Berechnung der dividierten Differenzen angeben:

$$(15)\qquad f[t_i,\ldots,t_{i+j}] = \sum_{\nu=i}^{i+j} \frac{f(x_\nu)}{\prod\limits_{\substack{\mu=i\\ \mu\neq\nu}}^{i+j} (t_\nu - t_\mu)}$$

In vielen Fällen sind die Punkte t_i äquidistant, d.h.

$$t_i = t_o + i\cdot h \quad \text{mit } h \in \mathbb{R}_+,\ i = 0(1)p.$$

Dann ist es günstiger, mit den Differenzen selbst zu arbeiten. Wir führen hier nun die rückwärts genommenen oder absteigenden Differenzen ein: Es sei

$$\nabla^0 f_i := f(t_i) \qquad\qquad , \ i = 0(1)p$$

$$\nabla^j f_i := \nabla^{j-1} f_i - \nabla^{j-1} f_{i-1} \ , \ j = 1(1)p \ , \ i = j(1)p$$

Bilden die t_i ein äquidistantes Gitter, so ist

$$(16)\qquad f[t_{i-j},\ldots,t_i] = \frac{1}{j!h^j} \nabla^j f_i, \ i = 0(1)p-j, \ j = 0(1)p$$

Auch hier kann man die $f[t_i,\ldots,t_{i+j}]$ auf einfache Weise angeben (äquidistante Punkte t_ℓ!):

$$\text{(17)}\qquad f[t_i,\dots,t_{i+j}] = \frac{1}{h^j}\sum_{\ell=0}^{j}(-1)^{j-\ell}\binom{j}{\ell}f(t_{i+\ell}) .$$

Wir haben oben einfache Knoten ($t_i < t_{i+1}$, $i = 0(1)p-1$) angenommen. Ein großer Teil der Aussagen ist auch für "mehrfache" Knoten möglich.

$$\text{(18)}\qquad \Omega_{i,j}:\ t_i \leqq t_{i+1} \leqq t_{i+2} \leqq \dots \leqq t_{i+j},\ a \leqq t_i,\ t_{i+j} \leqq b$$

sei ein vorgegebenes Punktegitter, in dem ω_{i_1}-mal der Punkt $x_{i_1} := t_i = \dots = t_{i+\omega_{i_1}}$, ω_{i_2}-mal der Punkt $x_{i_2} := t_{i+\omega_{i_1}+1} = \dots = t_{i+\omega_{i_1}+\omega_{i_2}}$, ... , ω_{i_ν}-mal der Punkt $x_{i_\nu} := t_{i+j-\omega_{i_\nu}+1} = \dots = t_{i+j}$ auftritt, d.h.

$$\text{(19)}\qquad \Omega_{i,j}:\ \underbrace{x_{i_1} = \dots = x_{i_1}}_{\omega_{i_1}\text{-mal}} < \underbrace{x_{i_2} = \dots = x_{i_2}}_{\omega_{i_2}\text{-mal}} < \dots < \underbrace{x_{i_\nu} = \dots = x_{i_\nu}}_{\omega_{i_\nu}\text{-mal}}$$

Weiter sei mit $\tau := \max_{\kappa=1}^{\nu}\{\omega_{i_\kappa}\}$ eine Funktion $f \in C^{\tau-1}[a,b]$ vorgegeben, mindestens seien aber die in (20) rechts auftretenden Ableitungen erklärt. Dann bestimme man das Hermite-Interpolationspolynom $p_{\Omega_{i,j}}$ vom Grad $\leqq j$ durch die Forderungen

$$\text{(20)}\qquad D^\mu p_{\Omega_{i,j}}(x_{i_\kappa}) = D^\mu f(x_{i_\kappa}),\ \kappa = 1(1)\nu,\ \mu = 0(1)\omega_{i_\kappa}-1 .$$

Satz 2.32: *Zu einem beliebigen Gitter* $\Omega_{i,j}$ *der Form* (18) *oder* (19) *und* $f \in C^{\tau-1}[a,b]$ *gibt es genau ein Interpolationspolynom* $p_{\Omega_{i,j}} \in \Pi_j[a,b]$, *das* (20) *löst und*

$$f[t_i,t_{i+1},\dots,t_{i+j}] := \frac{1}{j!}D^j p_{\Omega_{i,j}} ,$$

die j-te dividierte Differenz von f ist eine von der Reihenfolge der $x_{i_1},\dots,x_{i_\nu}$ *unabhängige Zahl. Sind die* t_ℓ, $\ell = i(1)i+j$ *wie in* (18) *angeordnet, so erhält man die* $f[t_i,\dots,t_{i+j}]$ *durch folgende Rekursionsformel*

$$
(21)\quad \begin{cases} f[t_i] := f(t_i) \\ f[t_i,t_{i+1},\ldots,t_{i+j}] := \\ = \begin{cases} \dfrac{f[t_{i+1},\ldots,t_{i+j}] - f[t_i,\ldots,t_{i+j-1}]}{t_{i+j} - t_i} & \textit{für } t_i \neq t_{i+j} \\ \dfrac{1}{j!} D^j f(t_i) \ \textit{für } t_i = t_{i+1} = \ldots = t_{i+j} . \end{cases} \end{cases}
$$

Die in diesem Satz angegebene Rekursionsformel zeigt zugleich eine praktische Berechnungsmöglichkeit, die analog zur Tabelle (14) verläuft: Man trägt die Punkte x_{i_κ} gemäß ihrer Vielfachheit in die erste Spalte ein und schreibt in die zweite Spalte die zugehörigen Funktionswerte. Die dritte Spalte nimmt, soweit nach (20) bekannt, die ersten Ableitungen, die vierte Spalte $\frac{1}{2!}$ mal die zweiten Ableitungen auf usw. Erst nachdem alle "bekannten" Funktions- und Ableitungswerte eingetragen sind (die letzteren sind in der Tabelle kursiv geschrieben), berechnet man die fehlenden Differenzenquotienten nach (21). Zur ersten Spalte von (22) siehe (19).

$$
(22)\quad \begin{array}{lllllll}
 & x_{i_1} & f(x_{i_1}) & & & & \\
 & \parallel & \vdots & f'(x_{i_1}) & & & \\
 & \vdots & \vdots & \vdots & f''(x_{i_1})/2! & & \\
\omega_{i_1} & \vdots & \vdots & \vdots & \vdots & \ldots & D^{\omega_{i_1}-1} f(x_{i_1})/(\omega_{i_1}-1)! \\
 & \vdots & \vdots & \vdots & f''(x_{i_1})/2! & & \\
 & \parallel & \vdots & f'(x_{i_1}) & & & \cdot \cdot \cdot \\
 & x_{i_1} & f(x_{i_1}) & & & \cdot \cdot & \\
 & \wedge & & f[t_{i+\omega_{i_1}+1}, t_{i+\omega_{i_1}}] & \vdots & & \\
 & x_{i_2} & f(x_{i_2}) & & & \cdot \cdot & \\
 & \parallel & \vdots & f'(x_{i_2}) & & & \cdot \cdot \cdot \\
\omega_{i_2} & \vdots & \vdots & \vdots & & & D^{\omega_{i_2}-1} f(x_{i_2})/(\omega_{i_2}-1)! \\
 & \parallel & \vdots & f'(x_{i_2}) & & & \\
 & x_{i_2} & f(x_{i_2}) & & & & \\
 & \wedge & & & & & \\
 & \vdots & & & & & \\
 & \wedge & & & & & \\
 & x_{i_\nu} & f(x_{i_\nu}) & & & & \\
 & \parallel & \vdots & f'(x_{i_\nu}) & & & \\
\omega_{i_\nu} & \vdots & \vdots & \vdots & & & D^{\omega_{i_\nu}-1} f(x_{i_\nu})/(\omega_{i_\nu}-1)! \\
 & \parallel & \vdots & f'(x_{i_\nu}) & & & \\
 & x_{i_\nu} & f(x_{i_\nu}) & & & &
\end{array}
$$

Für $f \in C^1[a,b]$ ist $f[t_1,t_2] = f'(\zeta)$ mit $\zeta \in (t_1,t_2)$. Diese Aussage läßt sich verallgemeinern:

<u>Satz 2.33:</u> *Für* $f \in C^j[a,b]$ *und den zum Gitter* $\Omega_{i,j}$ *aus* (18) *gebildeten Differenzenquotienten ist*

$$(23) \qquad f[t_i,\ldots,t_{i+j}] = \frac{1}{j!} D^j f(\zeta) \text{ mit } \zeta \in \left(\min_{\ell=i}^{i+j} \{t_\ell\}, \max_{\ell=i}^{i+j} \{t_\ell\}\right)$$

Insbesondere ist für $p \in \Pi_k$ $\quad p[t_i,\ldots,t_{i+j}] = 0,\ j > k.$

Analog zur Leibniz-Regel für $D^j(u\cdot v)$ gilt hier

<u>Satz 2.34 (Leibniz-Regel):</u> *Für ein Gitter* $\Omega_{i,j}$ *nach* (18) *und Funktionen* $f,g \in C[a,b]$, $h := f\cdot g$ *gilt*

$$h[t_i,\ldots,t_{i+j}] = \sum_{r=0}^{j} f[t_i,\ldots,t_{i+r}]g[t_{i+r},\ldots,t_{i+j}].$$

<u>Aufgaben:</u>

I) Man zeige: Ist s ein monotones Netz, dann existiert der Netzlimes $\lim_\pi s(\pi) \in \mathbb{R}^*$. Für nicht meßbare $f\colon X \to \mathbb{R}_+^* \cup \{0\}$ existiert $\int_X f\,dx$, hat jedoch nur für meßbare f die gewünschten Eigenschaften.

II) Die Funktionen f und g seien folgendermaßen definiert:

$$f\colon \begin{cases} [0,1] \to [0,1] \\ x \in \mathbb{Q} \text{ mit } x = \frac{p}{q},\ (p,q) = 1 \mapsto f(x) := \frac{1}{q} \\ x \in \mathbb{R} \setminus \mathbb{Q} \mapsto f(x) = 0 \end{cases}$$

$$g\colon \begin{cases} [0,1] \to [0,1] \\ x \in \mathbb{Q} \mapsto f(x) = 1 \\ x \in \mathbb{R} \setminus \mathbb{Q} \mapsto f(x) = 0. \end{cases}$$

Man zeige, daß f, nicht aber g die Bedingung für Riemann-Integrierbarkeit aus Satz 2.11 erfüllt. Man bestimme, soweit möglich, die Riemann- und die Lebesgue-Integrale von f und g über [0,1].

III) Man beweise die Sätze 2.3 und 2.8 (2.8(e) ist etwas komplizierter!).

IV) Zwei <u>Normen</u> $\|\cdot\|$ und $\|\cdot\|^+$ in einem Hilbertraum X heißen <u>äquivalent</u>, wenn es Konstanten C und $C^+ \in \mathbb{R}_+$ gibt mit

$$\|x\| \leqq C \cdot \|x\|^+ \quad \text{und} \quad \|x\|^+ \leqq C^+ \|x\| \quad \text{für alle } x \in X .$$

Man zeige: Je zwei beliebige Normen des $\mathbb{R}^p$ sind äquivalent.

V) Die folgende Abbildung Q entsteht aus P in Satz 2.20 durch Änderung des Zielraumes: Es sei

$$Q: \begin{cases} X \to X \\ y_o \mapsto x_o := Py_o \end{cases} .$$

Dann ist Q selbstadjungiert.

VI) Man beweise die Formel (15) und Satz 2.34 durch vollständige Induktion.

3 Hilfsmittel

Um die ab Kapitel 4 besprochene Theorie der Spline-Funktionen möglichst klar darstellen zu können, wollen wir hier die notwendigen Hilfsaussagen beweisen. Es handelt sich um Ergebnisse über Hilberträume, vor allem um Abgeschlossenheitsaussagen, um die Einführung der Sobolev-Räume und die dadurch mögliche Verallgemeinerung des Lösungsbegriffs linearer Differentialgleichungen.

3.1 Abgeschlossenheitsaussagen

Neben den in 2.2 bereitgestellten Grundlagen über Hilberträume brauchen wir für die Existenzbeweise in Kapitel 4 vor allem Aussagen über die Abgeschlossenheit von Mengen. Die entsprechenden Sätze (3.7 und 3.11) sind das Hauptziel dieses Abschnitts. Wir machen die generelle Voraussetzung

(1) X, Y, Z reelle Hilberträume .

Definition 3.1: *Eine Folge* $\{x_\nu\}_{\nu=1}^\infty \subset X$ *heißt schwach konvergent gegen* $x \in X$ *(Schreibweise* $x_\nu \rightharpoonup x$*) genau dann, wenn für jedes* $z \in X$ $\lim_{\nu\to\infty} \langle x_\nu, z\rangle = \langle x, z\rangle$. x *heißt dann schwacher Grenzwert von* $\{x_\nu\}_{\nu=1}^\infty$.
Die Konvergenz einer Folge $\{x_\nu\}_{\nu=1}^\infty \subset X$ *im Sinn der Norm gegen ein* $x \in X$, *d.h.* $\lim_{\nu\to\infty} \|x_\nu - x\| = 0$, *heißt demgegenüber starke Konvergenz (Schreibweise* $x_\nu \to x$*).*

Natürlich ist nach der Cauchy-Schwarzschen Ungleichung jede stark konvergente Folge auch schwach konvergent. Umgekehrt gilt: Ist $\{x_\nu\}_{\nu=1}^\infty$ schwach konvergent gegen x und $\{\|x_\nu\|\}_{\nu=1}^\infty \subset \mathbb{R}$ in $\mathbb{R}$ konvergent gegen $\|x\|$, so konvergiert $\{x_\nu\}_{\nu=1}^\infty$ im Sinn der Norm gegen x, denn

$$\|x_\nu - x\|^2 = \langle x_\nu - x, x_\nu - x\rangle = \|x_\nu\|^2 + \|x\|^2 - 2\langle x, x_\nu\rangle \to 0 .$$

Zum Beweis von Satz 3.2 brauchen wir einen Spezialfall des Satzes von Banach-Steinhaus.

Satz 3.1: $\{\lambda_n\}_{n=1}^\infty$ *sei eine Folge von stetigen linearen Funktionalen* $\lambda_n: X \to \mathbb{R}$ *mit* $\|\lambda_n\| \leq C \in \mathbb{R}_+$, *die auf einer in* X *dichten Teilmenge* X_0 *punktweise konvergieren. Dann gibt es ein stetiges lineares Funk-*

tional $\lambda: X \to \mathbb{R}$, *so daß für alle* $x \in X$ $\lim_{n\to\infty} \lambda_n x = \lambda x$.

Beweis: Zu jedem $\varepsilon > 0$ und jedem $x \in X$ gibt es ein $x_o \in X_o$ mit $\|x_o - x\| < \varepsilon$ und zu diesem x_o ein $n(\varepsilon)$ mit $|\lambda_n x_o - \lambda_m x_o| < \varepsilon$ für $n,m > n(\varepsilon)$. Dann ist

$$|\lambda_n x - \lambda_m x| \leqq |\lambda_n x - \lambda_n x_o| + |\lambda_n x_o - \lambda_m x_o| + |\lambda_m x_o - \lambda_m x|$$
$$\leqq \varepsilon + 2C \|x_o - x\| < (1 + 2C)\varepsilon \ .$$

Wegen der Vollständigkeit von $\mathbb{R}$ existiert also zu jedem $x \in X$ ein $r \in \mathbb{R}$ mit $\lambda(x) := r := \lim_{n\to\infty} \lambda_n x$. Man sieht sofort, daß λ ein lineares Funktional ist und mit

$$|\lambda x| = |\lim_{n\to\infty} \lambda_n x| \leqq C \|x\|$$

ist der Satz bewiesen. □

Satz 3.2: *Jede beschränkte Folge* $\{x_\nu\}_{\nu=1}^\infty$ *eines Hilbertraumes enthält eine schwach konvergente Teilfolge.*

Beweis: Aus $\|x_\nu\| \leqq C$, $\nu = 1,2,\ldots$, folgt $|<x_\nu,x_1>| \leqq \|x_\nu\| \cdot \|x_1\| \leqq C^2$. Also gibt es eine Teilfolge $\{x_{1\nu}\}_{\nu=1}^\infty \subseteq \{x_\nu\}_{\nu=1}^\infty$, für die $\{<x_{1\nu},x_1>\}_{\nu=1}^\infty$ konvergiert. Wieder gibt es wegen $|<x_{1\nu},x_2>| \leqq C^2$ eine Teilfolge $\{x_{2\nu}\}_{\nu=1}^\infty \subseteq \{x_{1\nu}\}_{\nu=1}^\infty$, für die $\{<x_{2\nu},x_2>\}_{\nu=1}^\infty$ konvergiert. Durch Wiederholung dieses Prozesses findet man für jedes n eine Teilfolge $\{x_{n\nu}\}_{\nu=1}^\infty \subseteq \{x_\nu\}_{\nu=1}^\infty$, für die $\{<x_{n\nu},x_n>\}_{\nu=1}^\infty$ konvergiert. Die Diagonalfolge $\{y_n := x_{nn}\}_{n=1}^\infty$ hat demnach die Eigenschaft

$$\lim_{n\to\infty} <y_n,x_m> \text{ konvergiert für jedes } m \in \mathbb{N} .$$

Mit

$$\phi_n(x) := <x,y_n>, \text{ also } \|\phi_n\| = \|y_n\| \leqq C ,$$

konvergieren diese stetigen linearen Funktionale ϕ_n für jedes $x \in [x_1,x_2,\ldots,x_n,\ldots]$, d.h. für jedes x aus der linearen Hülle der $x_1,x_2,\ldots,x_n,\ldots$. Nach Kapitel 2.2 ist

$$M := \overline{[x_1,x_2,\ldots,x_n,\ldots]} \subseteq X ,$$

die abgeschlossene lineare Hülle von $[x_1,x_2,\ldots,x_n,\ldots]$, selbst ein Hilbertraum. Nach Satz 3.1 gibt es ein stetiges lineares Funktional $\phi: M \to \mathbb{R}$ mit

$$\phi_n(x) = \langle x, y_n \rangle \to \phi(x) =: \langle x, z \rangle .$$

Das nach Satz 2.22 zu ϕ bestimmte $z \in M$ ist somit der schwache Grenzwert der Folge $\{y_n\}_{n=1}^{\infty}$ in M. Für M = X ist also Satz 3.2 bewiesen. Andernfalls sei $X = M \oplus M^{\perp}$. Dann gilt wegen $y_n, z \in M$ für ein beliebiges $x \in X$ mit $x = x' + x_{\perp}$, $x' \in M$, $x_{\perp} \in M^{\perp}$

$$\langle y_n, x \rangle = \langle y_n, x' + x_{\perp} \rangle = \langle y_n, x' \rangle + 0 \quad \text{und}$$

$$\langle z, x \rangle = \langle z, x' + x_{\perp} \rangle = \langle z, x' \rangle ,$$

d.h. z ist schwacher Grenzwert von $\{y_n\}_{n=1}^{\infty}$ in ganz X. □

Eine Menge Q eines Hilbertraumes heißt schwach folgenkompakt, wenn jede Folge aus Q eine schwach konvergente Teilfolge enthält. Man erhält aus Satz 3.2 (übrigens gilt auch die Umkehrung von Satz 3.3)

Satz 3.3: *In einem Hilbertraum* X *sind die beschränkten Mengen* Q *schwach folgenkompakt.*

Mit Satz 3.3 gelingt folgende Verallgemeinerung des Satzes 2.19

Satz 3.4: Q *und* R *seien abgeschlossene Teilmengen von* X, *und* Q *sei beschränkt. Dann gibt es* $q_o \in Q$, $r_o \in R$ *mit*

$$\|q_o - r_o\| = d := \inf_{(q,r) \in Q \times R} \{\|q - r\|\} .$$

Beweis: Da Q beschränkt ist, genügt es, zur Bestimmung von d eine beschränkte Teilmenge $R_o \subset R$ heranzuziehen. Nach Definition von d gibt es eine Folge $\{(q_\nu, r_\nu)\}_{\nu=1}^{\infty} \subset Q \times R_o$ mit $\lim_{\nu\to\infty} \|q_\nu - r_\nu\| = d$. Nach Satz 3.3 gibt es eine Teilfolge $\{(q_{1\nu}, r_{1\nu})\}_{\nu=1}^{\infty} \subset \{(q_\nu, r_\nu)\}_{\nu=1}^{\infty}$, in der $\{q_{1\nu}\}_{\nu=1}^{\infty}$ und $\{r_{1\nu}\}_{\nu=1}^{\infty}$ schwach gegen Elemente $q' \in Q$ und $r' \in R_o \subset R$ konvergieren. Dann ist

$$\lim_{\nu\to\infty} \langle q_{1\nu} - r_{1\nu}, q' - r' \rangle = \langle \lim_{\nu\to\infty} q_{1\nu} - \lim_{\nu\to\infty} r_{1\nu}, q' - r' \rangle = \|q' - r'\|^2$$

und wegen

$$|\langle q_{1\nu} - r_{1\nu}, q' - r' \rangle| \leq \|q_{1\nu} - r_{1\nu}\| \cdot \|q' - r'\| \leq (d+\varepsilon) \|q' - r'\| \quad \text{ist}$$

$$\|q' - r'\|^2 \leq (d+\varepsilon) \|q' - r'\| , \text{ d.h. } d \leq \|q' - r'\| \leq d + \varepsilon \quad \text{und}$$

$q_o := q'$, $r_o := r'$ sind die gesuchten Punkte. □

Aus Satz 3.4 folgt unmittelbar

Satz 3.5: *In* X *seien eine abgeschlossene beschränkte Menge* M, *ein abgeschlossener Unterraum* U *gegeben und die Orthogonalprojektion* $P_U: X \to U$ *auf* U *definiert. Dann ist* $P_U M$ *abgeschlossen und beschränkt.*

Beweis: Nach Satz 2.20 ist P_U stetig. Aus der Beschränktheit von M folgt damit die Beschränktheit von $P_U M$. Als Antithese zur Behauptung des Satzes nehmen wir an, $P_U M$ sei nicht abgeschlossen. Dann gibt es eine Cauchy-Folge

$$\{u'_\nu\}_{\nu=1}^{\infty} \subset P_U M \subset U \text{ mit } u'_o := \lim_{\nu\to\infty} u'_\nu \in U \setminus P_U M .$$

Zu dem mit diesem u'_o definierten $V := u'_o + U^\perp$ und M gibt es nach Satz 3.4 ein Paar $(v_o, m_o) \in V \times M$ mit $\|v_o - m_o\| = d(V,M) > 0$, denn andernfalls wäre $v_o = m_o$ und wegen $u'_o, v_o \in V$ wäre $u'_o = P_U v_o \in P_U M$ im Widerspruch zur Definition von u'_o.

Mit der oben definierten Folge $\{u'_\nu\}_{\nu=1}^{\infty}$ und einer Folge von Urbildern $\{u_\nu\}_{\nu=1}^{\infty} \subset M$, $u'_\nu = P_U u_\nu$ sei $\hat{u}_\nu := u_\nu + (u'_o - u'_\nu) = u'_o + (u_\nu - u'_\nu) \in u'_o + U^\perp = V$. Damit ist $d(M,V) \leq \|u_\nu - \hat{u}_\nu\| = \|u'_o - u'_\nu\| \to 0$ im Widerspruch zu $d(M,V) > 0$. □

Satz 3.6: M *sei eine abgeschlossene Menge,* U *ein abgeschlossener linearer Unterraum in* X. *Dann gilt*

$M + U$ *abgeschlossen in* X $\iff$ $(M+U) \cap U^\perp$ *abgeschlossen in* X.

Beweis: Ist $M + U$ abgeschlossen in X, so ist auch $(M + U) \cap U^\perp$, als Durchschnitt abgeschlossener Mengen, abgeschlossen in X. Zum Beweis der Umkehrung sei $\{x_\nu := m_\nu + u_\nu\}_{\nu=1}^{\infty} \subset X$ eine Cauchy-Folge mit $m_\nu \in M$, $u_\nu \in U$, $P_U: X \to U$ sei die Orthogonalprojektion auf U, $I: X \to X$ die Identität. Nun gibt es ein $c := \lim_{\nu\to\infty} x_\nu \in X$ und es ist nach Satz 2.20 $(I - P_U)x_\nu \in U^\perp$ und mit $u^*_\nu := P_U m_\nu \in U$

$$(I - P_U)x_\nu = (I - P_U)m_\nu = m_\nu - u^*_\nu \in (M+U) \cap U^\perp .$$

Aus der Abgeschlossenheit von $(M+U) \cap U^\perp$ folgt die Existenz von

$$c^* := \lim_{\nu\to\infty} (I - P_U)x_\nu \in (M+U) \cap U^\perp, \text{ d.h. } c^* = m + u ,$$

mit $m \in M$, $u \in U$. Andererseits gilt wegen der Stetigkeit der Operatoren I, P_U und $I - P_U$

$$c^* = m + u = \lim_{\nu\to\infty} x_\nu - P_U \lim_{\nu\to\infty} x_\nu = c - P_U c \text{ , d.h.}$$

$$c = c^* + P_U c = m + (u + P_U c) \in M + U \text{ .} \quad \square$$

Bevor wir den ersten für die Existenz von Splines wichtigen Satz 3.7 formulieren und beweisen, führen wir zwei dauernd gebrauchte Bezeichnungen ein.

<u>Definition 3.2:</u> *Unter der Voraussetzung* (1) *sei* B *ein stetiger linearer Operator von* X *nach* Y. *Die Menge all dieser Operatoren bezeichnen wir mit* $L(X,Y)$. *Weiter sei*

$$N_B := \ker B := \{x \in X \mid Bx = 0\}$$

der <u>Nullraum</u> oder <u>Kern von B</u> , $N_B^\perp := (N_B)^\perp$ *und*

$$B_\perp := B|_{N_B^\perp} : \begin{cases} N_B^\perp \to Y \\ x \mapsto Bx \end{cases}$$

die <u>Restriktion von</u> B *<u>auf das orthogonale Komplement des Kerns</u> von* B. *Ist* $M \subset Y$ *eine beliebige Teilmenge, so sei*

$$B^{-1}(M) := \{x \in X \mid Bx \in M\}$$

die <u>Urbildmenge</u> von M *bez.* B *und*

$$B^{-1} : \begin{cases} B(X) \to X \\ y \mapsto x_y \text{ mit } Bx_y = y \end{cases} , \text{ für } N_B = \{0\}$$

der im Fall $N_B = \{0\}$ *existierende <u>inverse Operator</u> zu* B.

Nun seien (wir nehmen (1) in (2α) und (3α) auf, um später leichter zitieren zu können)

(2)
- (α) X,Y reelle Hilberträume
- (β) $T \in L(X,Y)$ stetig, linear, auf
- (γ) $M' \neq \emptyset$, M' eine abgeschlossene beschränkte Teilmenge von X; U ein abgeschlossener linearer Unterraum von X
- (δ) $U + N_T$ abgeschlossen in X

bzw.

(3)
- (α) X,Y,Z reelle Hilberträume
- (β) $T \in L(X,Y)$, $A \in L(X,Z)$ stetig, linear, auf
- (γ) $M \neq \emptyset$, M eine abgeschlossene beschränkte Teilmenge von Z
- (δ) $N_A + N_T$ abgeschlossen in X

Satz 3.7: *Unter der Voraussetzung* (2) *bzw.* (3) *sind* $T(M'+U)$ *bzw.* $TA^{-1}(M)$ *abgeschlossen in* Y.
Reduzieren sich M' *bzw.* M *auf einen Punkt, d.h.* $M' := \{x_o\}$, $M = \{z_o\}$, *so gilt unter der Voraussetzung* $(2\alpha,\beta,\gamma)$ *bzw.* $(3\alpha,\beta,\gamma)$:

$$T(x_o+U) \text{ abgeschlossen in } Y \iff U+N_T \text{ abgeschlossen in } X$$
$$TA^{-1}(z_o) \text{ abgeschlossen in } Y \iff N_A+N_T \text{ abgeschlossen in } X.$$

Beweis: Nach Satz 3.6 und (2.7) genügt es wegen

$$T(M'+U) = T(M'+U+N_T) = T_\perp((M'+U+N_T)\cap N_T^\perp) ,$$

die Abgeschlossenheit von $M'+U+N_T$ zu beweisen. Mit der orthogonalen Projektion $P_1: X \to (U+N_T)^\perp$ (auf) ist

$$M'+U+N_T = P_1(M')+U+N_T$$

nach (2δ) und Satz 3.5 abgeschlossen, denn $P_1(M') \subseteq (U+N_T)^\perp$.
Für $M' := \{x_o\}$ ist mit der orthogonalen Projektion x_o' von x_o auf $N_T^\perp$

$$(x_o+U+N_T)\cap N_T^\perp = x_o' + (U+N_T)\cap N_T^\perp$$

nach Satz 3.6 genau dann abgeschlossen in X, wenn $U+N_T$ abgeschlossen ist in X.
Damit sind die (2) betreffenden Aussagen bewiesen. Die Behauptungen bez. (3) führt man durch die Substitutionen $U := N_A$, $M' := A_\perp^{-1}(M)$, also $A^{-1}(M) = A_\perp^{-1}(M)+N_A = M'+U$ und $TA^{-1}(M) = T(M'+U)$ auf den Fall (2) zurück. □

In einigen Fällen ist es bequem, Abgeschlossenheitsaussagen für den adjungierten Operator herzuleiten. Dann ist der folgende Satz besonders wertvoll:

Satz 3.8 (vom abgeschlossenen Wertebereich): X,Y *seien Hilberträume und* $T: X \to Y$ *ein stetiger linearer Operator mit* $TX \neq \{0\}$. *Dann sind die Aussagen* $(\alpha),(\beta),(\gamma),(\delta)$ *in* (4) *äquivalent.*

$$(4)\quad \begin{cases} (\alpha)\ TX \text{ abgeschlossen in } Y \\ (\beta)\ T^*Y \text{ abgeschlossen in } X \\ (\gamma)\ TX = N_{T^*}^\perp \\ (\delta)\ T^*Y = N_T^\perp \end{cases}$$

Beweis: Aus $T^{**} = T$ folgt, daß es genügt, die Inklusion $(\alpha) \Rightarrow (\delta)$ zu beweisen. Denn durch die Substitution von T^* für T erhält man (γ) aus (β), (β) ist aber nach (δ) erfüllt.

Man hat also, wenn (α) => (δ) bewiesen ist, die folgende Inklusionskette

$$(\alpha) \Rightarrow (\delta) \Rightarrow (\beta) \Rightarrow (\gamma) \Rightarrow (\alpha) .$$

Unter der Voraussetzung (α) sei zunächst $y \in Y$. Dann gilt für alle $x \in N_T$

$$\langle x, T^* y\rangle_X = \langle Tx, y\rangle_Y = \langle 0, y\rangle_Y, \text{ d.h. } T^* y \in N_T^\perp \text{ oder } T^* Y \subseteq N_T^\perp .$$

Zum Beweis der umgekehrten Inklusion definieren wir für $x^* \in N_T^\perp$ ein stetiges lineares Funktional

$$\lambda : \begin{cases} TX = T(N_T^\perp) \to \mathbb{R} \\ y = Tx \mapsto \langle x, x^*\rangle_X = \lambda(y) \end{cases}$$

λ ist wohldefiniert, denn für $y = Tx = Tx'$ ist $x - x' \in N_T$ und damit

$$\langle x-x', x^*\rangle_X = \langle x, x^*\rangle_X - \langle x', x^*\rangle_X = 0 \text{ wegen } x^* \in N_T^\perp .$$

Die Linearität von λ ist trivial. Zum Beweis der Stetigkeit zeigen wir, daß

$$\|\lambda\| := \sup_{y \in TX\setminus\{0\}} \frac{|\lambda(y)|}{\|y\|_Y} < \infty$$

Nun ist nach (2.7) $T_\perp := T\big|_{N_T^\perp} : N_T^\perp \to T(N_T^\perp) = TX$ ein Homöomorphismus. Also ist für $y \in TX$ und $x_\perp \in N_T^\perp$

$$y = Tx_\perp = T_\perp x_\perp \Rightarrow x_\perp = T_\perp^{-1} y \Rightarrow \|x_\perp\|_X \leqq \|T_\perp^{-1}\| \cdot \|y\|_Y \Rightarrow$$

$$\|y\|_Y \geqq \|T_\perp^{-1}\|^{-1} \cdot \|x\|_X \quad \text{oder}$$

$$\|\lambda\| := \sup_{y \in TX\setminus\{0\}} \frac{|\lambda(y)|}{\|y\|_Y} = \sup_{y \in TX\setminus\{0\}} \frac{|\langle x_\perp, x^*\rangle_X|}{\|y\|_Y}$$

$$\leqq \sup_{x_\perp \neq 0} \frac{\|x_\perp\|_X \cdot \|x^*\|_X}{\|T_\perp^{-1}\|^{-1} \cdot \|x_\perp\|_X} = \|x^*\|_X \cdot \|T_\perp^{-1}\| .$$

Mit dem nach Satz 2.22 zu λ bestimmten $y_\lambda \in TX$ und nach Definition des adjungierten Operators folgt dann

$$\langle x, x^*\rangle_X = \lambda(Tx) = \langle Tx, y_\lambda\rangle_Y = \langle x, T^* y_\lambda\rangle_X \text{ für alle } x \in X,$$

d.h. $\quad x^* = T^* y_\lambda$ mit $y_\lambda \in TX \subset Y$,

also $\quad x^* \in T^*(TX) \subset T^* Y$ oder $N_T^\perp \subset T^* Y$. □

Zum Beweis des nächsten zentralen Satzes 3.11 sind einige weitere Vorüberlegungen nötig: Es sei U ein abgeschlossener linearer Unterraum und $P_U : X \to U$ die orthogonale Projektion auf U, $I_U := I\big|_U$. Dann folgt für $u \in U$, $x \in X$ aus

$$<I_U u,x>_X = <u,P_U x+(I-P_U)x>_X = <u,P_U x>_U ,$$

daß

$$P_U^* = I_U \quad \text{und} \quad I_U^* = P_U .$$

Ist $S \in L(X_1,X_2)$, und sind X_1,X_2 Hilberträume, so erhält man mit

$$S_U := S|_U = SI_U \qquad S_U^* = I_U^* S^* = P_U S^* .$$

Damit und mit Satz 3.8 können wir den folgenden Satz beweisen (vgl. Aufgaben I und II).

<u>Satz 3.9:</u> U,V *seien abgeschlossene lineare Unterräume in* X. *Dann gilt*

$$U+V \textit{ abgeschlossen in } X \Longleftrightarrow U^\perp+V^\perp \textit{ abgeschlossen in } X.$$

<u>Beweis:</u> P_U: $X \to U$ sei die Orthogonalprojektion auf U und $S := P_U|_{V^\perp} = P_U I_{V^\perp}$: $V^\perp \to U \in L(V^\perp,U)$. Nun ist $S(V^\perp) = P_U(V^\perp) = P_U((V^\perp + U^\perp) \cap U)$ nach (2.7) und Satz 3.6 genau dann abgeschlossen, wenn $V^\perp + U^\perp$ in X abgeschlossen ist. Nach Satz 3.8 sind aber die Wertebereiche von S und S^* zugleich abgeschlossen. Da mit der Orthogonalprojektion $P_{V^\perp}$: $X \to V^\perp$ (auf)

$$S^* = (P_U I_{V^\perp})^* = I_{V^\perp}^* P_U^* = P_{V^\perp} I_U = P_{V^\perp}|_U : U \to V^\perp$$

ist, gilt wie oben

$$S^*(U) = P_{V^\perp}((U+V) \cap V^\perp),$$

d.h. nach den Sätzen 3.6 und 3.8 ist U+V genau dann abgeschlossen in X, wenn $U^\perp+V^\perp$ abgeschlossen ist. □

<u>Satz 3.10:</u> U,V *seien abgeschlossene lineare Unterräume von* X *und wenigstens ein Teilraum sei von endlicher Dimension oder endlicher Codimension. Dann ist* $U+V$ *abgeschlossen in* X.

<u>Beweis:</u> Nach Satz 3.9 können wir uns auf $\dim U < \infty$ beschränken. Mit $P_{V^\perp}$: $X \to V^\perp$, der orthogonalen Projektion auf $V^\perp$ ist auch $\tilde{U} := P_{V^\perp}(U) = (U+V) \cap V^\perp$ von endlicher Dimension und es ist $U+V = \tilde{U}+V$. Für eine Cauchy-Folge $\{x_\nu\}_{\nu=1}^\infty \subset U+V$ erhält man mit $\tilde{U} \subseteq V^\perp$ und

$$x_\nu = x_\nu' + x_{\nu\perp},\ x_\nu' \in V,\ x_{\nu\perp} \in \tilde{U} \subseteq V^\perp$$

$$\|x_\nu - x_\mu\|^2 = \|x_\nu' - x_\mu'\|^2 + \|x_{\nu\perp} - x_{\mu\perp}\|^2 .$$

Damit sind $\{x_\nu'\}_{\nu=1}^\infty \subset V$ und $\{x_{\nu\perp}\}_{\nu=1}^\infty \subset \tilde{U}$ Cauchy-Folgen und mit $x' := \lim_{\nu\to\infty} x_\nu' \in V$, $x_\perp := \lim_{\nu\to\infty} x_{\nu\perp} \in \tilde{U}$ ist $x_o := x' + x_\perp \in U+V$ Grenzwert der Folge $\{x_\nu\}_{\nu=1}^{\infty}$. □

Unter der Voraussetzung (3α,β) sei mit $\rho \in \mathbb{R}_+$

$$(5)\quad \begin{cases} W := Y \times Z = \{(y,z) \mid y \in Y,\ z \in Z\} \\ \langle w',w''\rangle_W := \langle y',y''\rangle_Y + \rho\langle z',z''\rangle_Z \text{ für } w' := (y',z'),\ w'' := (y'',z'') . \end{cases}$$

Man sieht sofort, daß der in (5) definierte Raum W bez. $\langle\cdot,\cdot\rangle_W$ ein Hilbertraum ist und daß

$$(6)\qquad S: \begin{cases} X \to W \\ x \to Sx := (Tx,Ax) \end{cases}$$

eine stetige Abbildung ist.

<u>Satz 3.11:</u> U *sei ein abgeschlossener linearer Unterraum von* X *und* (3α,β) *sei erfüllt. Dann ist*

(7) SX *abgeschlossen in* W $\iff N_A + N_T$ *abgeschlossen in* X

(8) SU *abgeschlossen in* W $\iff (N_A \cap U) + (N_T \cap U)$ *abgeschlossen in* X.

<u>Beweis:</u> Wir betrachten zunächst SX. Nach Satz 3.8 genügt es, die Abgeschlossenheit von S^*W in X zu diskutieren. Nun ist

$$\langle Sx,w\rangle_W = \langle (Tx,Ax),(y,z)\rangle_W = \langle Tx,y\rangle_Y + \rho\langle Ax,z\rangle_Z$$
$$= \langle x,T^*y+\rho A^*z\rangle_X = \langle x,S^*w\rangle_X \quad \text{oder}$$
$$S^*w = S^*(y,z) = T^*y + \rho A^*z .$$

Daraus folgt nach Satz 3.8

$$S^*W = T^*Y + \rho A^*Z = N_T^\perp + N_A^\perp .$$

Mit Satz 3.9 und (3α,β) folgt daraus die Abgeschlossenheit von S^*W genau dann, wenn (3δ) erfüllt ist.
Die zweite Aussage folgt durch Restriktionen: Wegen TX = Y, AX = Z sind TU und AU nach Satz 2.24 abgeschlossen in Y bzw. Z. Ersetzt man nun in (3) Y bzw. Z durch TU bzw. AU, so erhält man die Abgeschlossenheit von SU genau für abgeschlossenes $(N_T \cap U) + (N_A \cap U)$. □

Die beiden folgenden Sätze spielen bei der Berechnung von Splines eine Rolle. Dazu geben wir zuerst die

<u>Definition 3.3:</u> *Zu* $x_i \in X$, $i = 1(1)n$, *definiert man die* <u>*Gramsche Matrix*</u> *als*

$$G(x_1,\dots,x_n) := \begin{pmatrix} \langle x_1,x_1\rangle, \langle x_1,x_2\rangle, \dots, \langle x_1,x_n\rangle \\ \langle x_2,x_1\rangle, \langle x_2,x_2\rangle, \dots, \langle x_2,x_n\rangle \\ \vdots \\ \langle x_n,x_1\rangle, \langle x_n,x_2\rangle, \dots, \langle x_n,x_n\rangle \end{pmatrix} .$$

Satz 3.12: U *und* V *seien abgeschlossene lineare Unterräume von* X. *Dann gilt*

$$\dim U + \dim (V \cap U^{\perp}) = \dim V + \dim (U \cap V^{\perp}) .$$

Beweis: P_U: $X \to U$ sei die Orthogonalprojektion auf U. Dann ist U darstellbar als

$$U = P_U(V) \oplus U'' \quad \text{mit } U'' \perp P_U(V) .$$

Nun ist aber $P_U(V) = U \cap (V + U^{\perp})$. Damit ist ein $x \in U$ genau dann in U'', wenn $x \perp (V + U^{\perp})$ und wegen $x \perp U^{\perp}$ genau für $x \in V^{\perp}$, d.h.

$$U'' = U \cap V^{\perp}.$$

Die Restriktion $\phi := P_U|_V$ hat den Nullraum $N_\phi = U^{\perp} \cap V$ und den Wertebereich $U' := \phi(V) = P_U(V)$. Nach dem Dimensionssatz für Abbildungen ($\infty + \infty = \infty$!) ist

$$\dim V = \dim N_\phi + \dim \phi(V) = \dim (U^{\perp} \cap V) + \dim U'.$$

Nach der Definition von U' und der Darstellung von $U'' = U \cap V^{\perp}$ folgt mit demselben Argument

$$\dim U = \dim U' + \dim U'' = \dim U' + \dim (U \cap V^{\perp}).$$

Aus diesen beiden Gleichungen erhält man zunächst für $\dim (U \cap V^{\perp}) < \infty$ und $\dim (V \cap U^{\perp}) < \infty$ die Behauptung. Falls einer dieser Räume doch unendliche Dimension besitzt, so tritt auch auf der jeweils anderen Seite ein Raum unendlicher Dimension auf. □

Satz 3.13: *Sind* $x_i \in X$, $i = 1(1)n$, *so ist* $G(x_1,\dots,x_n)$ *positiv semidefinit, d.h. für* $\alpha^T := (\alpha_1,\dots,\alpha_n) \in \mathbb{R}^n$ *ist* $\alpha^T G(x_1,\dots,x_n)\alpha \geqq 0$. $G(x_1,\dots,x_n)$ *ist genau dann positiv definit, d.h.* $\alpha^T G(x_1,\dots,x_n)\alpha > 0$ *für* $\alpha \neq 0$, *wenn die* x_i, $i = 1(1)n$, *linear unabhängig sind.*

Beweis: Mit $x_o := \sum_{i=1}^{n} \alpha_i x_i$ ist $\alpha^T G(x_1,\dots,x_n)\alpha = \sum_{i,j=1}^{n} \alpha_i \langle x_i,x_j\rangle \alpha_j = \langle \sum_{i=1}^{n} \alpha_i x_i, \sum_{j=1}^{n} \alpha_j x_j\rangle = \|x_o\|_X^2 \geqq 0$ für alle $\alpha \in \mathbb{R}^n$. Das = 0 tritt genau dann auf, wenn $x_o = 0$. Das ist für $\alpha \neq 0$ genau für linear abhängige x_i, $i = 1(1)n$, möglich. □

3.2 Sobolev-Räume

In der Theorie der Spline-Funktionen spielen Sobolev-Räume eine große Rolle. Die in Kapitel 1 angekündigte Charakterisierung von Splines als Lösungen von Extremalproblemen gelingt in diesen Räumen. Wir legen hier nicht die ursprüngliche distributionstheoretische Definition zugrunde, sondern wählen die nach dem Sobolevschen Lemma (vgl. [47]) dazu äquivalente Definition 3.4, die sich auf die Ableitungen im elementaren Sinn stützt.

Definition 3.4: *$\mathcal{Q} \subseteq \mathbb{R}^*$ sei eine zusammenhängende abgeschlossene Menge, L der Differentialoperator (vgl. Kapitel 2.3)*

(9) $$L := \sum_{j=0}^{m} a_j D^j, \; a_j \in L^2[c',c''] \text{ für jedes } [c',c''] \subset \mathcal{Q}, \quad c',c'' \in \mathbb{R},\; a_m(x) \geqq \theta \in \mathbb{R}_+ \text{ f.ü.}$$

und $V^{0,2}(\mathcal{Q}) := L^2(\mathcal{Q})$,

(10) $$V^{m,2}(\mathcal{Q}) := \{f\colon \mathcal{Q} \to \mathbb{R}^* \mid f \in AC^{m-1}(\mathcal{Q}) \text{ und } f^{(m)}(x) \text{ existiert f.ü. in } \mathcal{Q} \text{ und } f^{(m)} \in L^2(\mathcal{Q})\}$$

(11) $$V_L^2(\mathcal{Q}) := \{f\colon \mathcal{Q} \to \mathbb{R}^* \mid f \in AC^{m-1}(\mathcal{Q}) \text{ und } f^{(m)} \text{ existiert f.ü. in } \mathcal{Q} \text{ und } Lf \in L^2(\mathcal{Q})\}.$$

Mit

(12) $$\begin{cases} \langle f,g\rangle_m := \sum_{i=0}^{m-1} f^{(i)}(a)g^{(i)}(a) + \int_{\mathcal{Q}} f^{(m)}g^{(m)}dx & \text{für } a \in \mathcal{Q} \cap \mathbb{R} \text{ und } f,g \in V^{m,2}(\mathcal{Q}) \\ \|f\|_m := \left(\sum_{i=0}^{m-1} (f^{(i)}(a))^2 + \int_{\mathcal{Q}} (f^{(m)})^2 dx\right)^{1/2}, \end{cases}$$

(13) $$\begin{cases} \langle f,g\rangle_\int := \sum_{i=0}^{m} \int_a^b f^{(i)}g^{(i)}dx, & \text{für } \mathcal{Q} := [a,b],\; a,b \in \mathbb{R} \text{ und } f,g \in V^{m,2}[a,b] := V^{m,2}(\mathcal{Q}) \\ \|f\|_\int := \left(\sum_{i=0}^{m} \int_a^b (f^{(i)})^2 dx\right)^{1/2}, & \text{auch } \|f\|_{\int,m} := \|f\|_\int, \end{cases}$$

(14) $$\begin{cases} \langle f,g\rangle_L := \sum_{i=0}^{m-1} f^{(i)}(a)g^{(i)}(a) + \int_{\mathcal{Q}} Lf\, Lg\, dx & \text{für } a \in \mathcal{Q} \cap \mathbb{R} \text{ und } f,g \in V_L^2(\mathcal{Q}) \\ \|f\|_L := \left(\sum_{i=0}^{m-1} (f^{(i)}(a))^2 + \int_{\mathcal{Q}} (Lf)^2 dx\right)^{1/2} \end{cases}$$

seien (vgl. Bemerkung am Schluß von Abschnitt 2.1)

$W^{m,2}(\mathcal{Q})$:= *Raum* $V^{m,2}(\mathcal{Q})$ *mit dem Skalarprodukt* (12),

$W_\int^{m,2}[a,b]$:= *Raum* $V^{m,2}[a,b]$ *mit dem Skalarprodukt* (13),

$W_L^2(\Omega)$:= *Raum* $V_L^2(\Omega)$ *mit dem Skalarprodukt* (14).

Dann nennt man $W^{m,2}(\Omega)$, $W_\int^{m,2}[a,b]$ *und* $W_L^2(\Omega)$ *Sobolevsche Räume.*

Bevor wir zeigen, daß die Sobolevräume Hilberträume sind, beweisen wir zwei Ungleichungen.

Satz 3.14: *Für* $f \in V^{m,2}[a,b]$, $a,b \in \mathbb{R}$, $i \in \mathbb{N}_{m-1} := \{0,1,\ldots,m-1\}$ *und* $c \in [a,b]$ *gibt es Konstanten* $C_i, C^* \in \mathbb{R}_+$ *mit* ($\|\cdot\|_2$ *und* $\|\cdot\|_\infty$ *bez. des Intervalls* $[a,b]$)

$$(15) \qquad \|D^i f\|_2^2 = \int_a^b (D^i f)^2 dx \leqq C_i \left(\sum_{j=i}^{m-1} (D^j f(a))^2 + \|D^m f\|_2^2 \right) \quad \text{und}$$

$$(16) \qquad \begin{aligned} |D^i f(c)|^2 &\leqq C \left(\|D^i f\|_2^2 + \|D^{i+1} f\|_2^2 \right) \quad \text{und} \\ \|D^i f\|_\infty^2 &\leqq C^* \left(\|D^i f\|_2^2 + \|D^{i+1} f\|_2^2 \right). \end{aligned}$$

Beweis: Man bestätigt sofort, daß für $f \in V^{m,2}[a,b]$

$$f(x) = f(a) + f'(a)(x-a) + \ldots + f^{(m-1)}(a)\frac{(x-a)^{m-1}}{(m-1)!} + \int_a^x \int_a^{t_1} \ldots \int_a^{t_{m-1}} f^{(m)}(t_m)dt_m\, dt_{m-1} \ldots dt_1 .$$

Daraus folgt durch i-malige Differentiation und Integration

$$\int_a^b (D^i f)^2 dx = \int_a^b \left(\sum_{j=i}^{m-1} D^j f(a) \frac{(x-a)^{j-i}}{(j-i)!} + \int_a^x \int_a^{t_{i+1}} \ldots \int_a^{t_{m-1}} D^m f(t_m)dt_m \ldots dt_{i+1} \right)^2 dx .$$

Nun ist nach Satz 2.18

$$\left| \int_a^x \int_a^{t_{i+1}} \ldots \int_a^{t_{m-1}} D^m f(t_m)dt_m \ldots dt_{i+1} \right| \leqq \int_a^x \int_a^{t_{i+1}} \ldots \int_a^{t_{m-1}} |D^m f(t_m)| dt_m \ldots dt_{i+1}$$

$$\leqq \int_a^x \int_a^{t_{i+1}} \ldots \int_a^{t_{m-2}} \|D^m f\|_2 \cdot |b-a|^{\frac{1}{2}} dt_{m-1} \ldots dt_{i+1}$$

$$\leqq \|D^m f\|_2 \cdot |b-a|^{m-i-1/2} .$$

Nach der Hölderschen Ungleichung für reelle Zahlen ([5]) folgt daraus (15).

Zum Beweis von (16) führen wir eine Funktion $w: [a,b] \times [a,b] \to \mathbb{R}$ mit folgenden Eigenschaften ein $(Dw(x;t) := \frac{\partial}{\partial x} w(x;t))$:

$$D^2 w(x;t) - w(x;t) = 0 \text{ für } a \leqq x < t \text{ oder } t < x \leqq b,$$

$$w(\cdot;t) \in C[a,b] \text{ für jedes } t \in [a,b],$$

$$\lim_{\varepsilon\to+0}\{Dw(t-\varepsilon;t) - Dw(t+\varepsilon;t)\} = 1,$$

$$Dw(a;t) = Dw(b;t) = 0 .$$

Mit $w_1(x) := e^{(x-a)} + e^{-(x-a)} = 2\cosh(x-a)$, $w_2(x) := e^{(x-b)} + e^{-(x-b)} = 2\cosh(x-b)$ und $W(x) := (Dw_1(x))\cdot w_2(x) - w_1(x)(Dw_2(x)) = 4\sinh(a-b)$ ist

$$w(x;t) := \begin{cases} -\dfrac{w_1(x)w_2(t)}{W(t)} & \text{für } a \leqq x < t \\ -\dfrac{w_1(t)w_2(x)}{W(t)} & \text{für } t < x \leqq b \end{cases}$$

eine derartige Funktion. Durch partielle Integration findet man für eine Funktion $g \in V^{1,2}[a,b]$

$$\int_a^b Dw(x;t)Dg(x)dx =$$

$$= \lim_{\varepsilon\to+0}\left\{\int_a^{t-\varepsilon} Dw(x;t)Dg(x)dx + \int_{t+\varepsilon}^b Dw(x;t)Dg(x)dx\right\}$$

$$= \lim_{\varepsilon\to+0}\left\{g(x)Dw(x;t)\Big|_a^{t-\varepsilon} + g(x)Dw(x;t)\Big|_{t+\varepsilon}^b - \int_a^{t-\varepsilon} D^2w(x;t)g(x)dx - \int_{t+\varepsilon}^b D^2w(x;t)g(x)dx\right\}$$

$$= g(x)Dw(x;t)\Big|_a^b + g(t) - \int_a^b w(x;t)g(x)dx$$

$$= g(t) - \int_a^b w(x;t)g(x)dx .$$

Insgesamt ist somit

$$g(t) = \int_a^b (Dw(x;t)Dg(x) + w(x;t)g(x))\, dx.$$

Für jedes feste $(x,t) \in [a,b]\times[a,b]$ ist nach der Cauchyschen Ungleichung

$$|Dw(x;t)Dg(x) + w(x;t)g(x)| \leqq$$

$$\leqq (|Dw(x;t)|^2 + |w(x;t)|^2)^{1/2}\cdot(|Dg(x)|^2 + |g(x)|^2)^{1/2}$$

und damit nach der Hölderschen Ungleichung Satz 2.17

$$|g(t)| \leqq \left(\int_a (|Dw(x;t)|^2+|w(x;t)|^2)dx\right)^{1/2}\cdot\left(\int_a (|Dg(x)|^2+|g(x)|^2)dx\right)^{1/2}$$

$$\leqq K(t)\left(\int_a^b(|Dg(x)|^2 + |g(x)|^2)dx\right)^{1/2} .$$

Nach der obigen Formel für w(x;t) gibt es eine von t unabhängige Konstante $C^* := \max_{t\in[a,b]} \{K(t)\}$. Für $t := c$ und $g := D^i f$, $f \in V^{m,2}[a,b]$, $i \in \mathbb{N}_{m-1}$ erhält man zunächst die erste Zeile von (16) und weil C^* von c unabhängig ist, folgt damit die zweite Zeile von (16). □

Satz 3.15: *Q sei eine zusammenhängende abgeschlossene Teilmenge von $\mathbb{R}^*$ (d.h. mit $a,b \in \mathbb{R}$ ist $Q = [-\infty,b]$ oder $[a,b]$ oder $[a,\infty]$). Dann sind $W^{m,2}(Q)$, $W_\int^{m,2}[a,b]$ und $W_L^2(Q)$ Hilberträume.*

Beweis: Die Bilinearität der in (12),(13),(14) definierten $\langle\cdot,\cdot\rangle_m$, $\langle\cdot,\cdot\rangle_\int$ und $\langle\cdot,\cdot\rangle_L$ sieht man unmittelbar ein. Ferner ist z.B. $\|f\|_L \geqq 0$ und $= 0$ genau für $f^{(i)}(a) = 0$, $i = 0(1)m-1$ und $Lf(x) = 0$ f.ü. Nach Satz 2.29 ist damit $f = 0$. $\|\cdot\|_m$ und $\|\cdot\|_\int$ werden ganz analog behandelt.

Wir beweisen zunächst die Vollständigkeit von $W^{m,2}(Q)$ und $W_L(Q)$. $\{f_\nu\}_{\nu=1}^\infty$ sei eine Cauchy-Folge bez. $\|\cdot\|_m$. Dann sind nach (12) die Folgen $\{f_\nu^{(i)}(a)\}_{\nu=1}^\infty$, $i = 0(1)m-1$, bzw. $\{f_\nu^{(m)}\}_{\nu=1}^\infty$ Cauchy-Folgen in $\mathbb{R}$ bzw. $L^2(Q)$ und bez. der entsprechenden Normen existieren die Grenzwerte $\lim_{\nu\to\infty} f_\nu^{(i)}(a) \in \mathbb{R}$, $\lim_{\nu\to\infty} f_\nu^{(m)} \in L^2(Q)$. Mit

$$f^{(i)}(a) := \lim_{\nu\to\infty} f_\nu^{(i)}(a),\ i = 0(1)m-1,\ g := \lim_{\nu\to\infty} f_\nu^{(m)} \in L^2(Q) \tag{17}$$

folgt aus (12) unmittelbar, daß

$$\begin{aligned} f: x \mapsto f(x) &:= f(a) + f'(a)(x-a) + \ldots + f^{(m-1)}(a)\frac{(x-a)^{m-1}}{(m-1)!} \\ &+ \int_a^x \int_a^{t_1} \ldots \int_a^{t_{m-1}} g(t_m)dt_m \ldots . dt_1 \end{aligned} \tag{18}$$

der Grenzwert von $\{f_\nu\}_{\nu=1}^\infty$ bez. $\|\cdot\|_m$ ist.

Ist $\{f_\nu\}_{\nu=1}^\infty$ Cauchy-Folge bez. $\|\cdot\|_L$, so ist $\{Lf_\nu\}_{\nu=1}^\infty$ Cauchy-Folge in $L^2(Q)$, also existiert $g^* := \lim_{\nu\to\infty} Lf_\nu \in L^2(Q)$. Mit den in (17) definierten $f^{(i)}(a)$ sei h die nach Satz 2.29 eindeutig bestimmte Lösung des Anfangswertproblems $Lh = g^*$, $h^{(i)}(a) = f^{(i)}(a)$, $i = 0(1)m-1$. Dann ist dieses h Grenzwert der Folge $\{f_\nu\}_{\nu=1}^\infty$ bez. $\|\cdot\|_L$.

Die in (18) und gerade eben definierten Funktionen f und h sind nach Konstruktion Elemente von $W^{m,2}(\mathcal{Q})$ und $W_L^2(\mathcal{Q})$. Diese beiden Räume sind somit vollständig, also Hilberträume.

Um die Vollständigkeit von $W_\int^{m,2}[a,b]$ zu zeigen, genügt es, daß für $\mathcal{Q} := [a,b]$, $a,b \in \mathbb{R}$, die <u>Normen</u> $\|\cdot\|_m$ und $\|\cdot\|_\int$ <u>äquivalent</u> sind, d.h.
es gibt $C_m, C_\int \in \mathbb{R}_+$ mit $\|f\|_m \leqq C_\int \|f\|_\int$ und $\|f\|_\int \leqq C_m \|f\|_m$ für $f \in V^{m,2}[a,b]$.
Das ist jedoch eine unmittelbare Folgerung aus Satz 3.14. □

<u>Satz 3.16:</u> *$\mathcal{Q} \subseteq \mathbb{R}^*$ sei eine zusammenhängende abgeschlossene Menge, $c \in \mathcal{Q} \cap \mathbb{R}$, $\mathcal{Q}_o$ eine beschränkte meßbare Teilmenge von $\mathcal{Q}$ und $\mu_j: \mathcal{Q}_o \to \mathbb{R}$, $j \in \mathbb{N}_{m-1}$ seien Funktionen von beschränkter Variation. Dann sind die folgenden linearen Funktionale stetig:*

$$(19)\quad \begin{cases} \ell_1: \begin{cases} W_\int^{m,2}[a,b] \to \mathbb{R} & j \in \mathbb{N}_{m-1} \\ f \mapsto (D_c^j)f := (D^j f)(c) & c \in \mathcal{Q} := [a,b] \end{cases} \\ \ell_2: \begin{cases} W^{m,2}(\mathcal{Q}) \to \mathbb{R} & j \in \mathbb{N}_{m-1} \\ f \mapsto (D_c^j)f := (D^j f)(c) & c \in \mathcal{Q} \cap \mathbb{R} \end{cases} \\ \ell_3: \begin{cases} W^{m,2}(\mathcal{Q}) \to \mathbb{R} & j \in \mathbb{N}_m,\ \mathcal{Q}_o \subseteq \mathcal{Q} \\ f \mapsto \int_{\mathcal{Q}_o} f^{(j)} dx & \lambda(\mathcal{Q}_o) < \infty \end{cases} \\ \ell_4: \begin{cases} W^{m,2}(\mathcal{Q}) \to \mathbb{R} & j \in \mathbb{N}_{m-1},\ \lambda(\mathcal{Q}_o) < \infty,\ \mu_j \text{ von} \\ f \mapsto \int_{\mathcal{Q}_o} f^{(j)} d\mu_j & \text{beschr. Variation auf } \mathcal{Q}_o. \end{cases} \end{cases}$$

Insbesondere ist eine Menge von stetigen linearen Funktionalen $\{(D^{j_i})_{c_i} \mid i = 1(1)r\}$ der Form ℓ_1 oder ℓ_2 genau dann linear unabhängig über $W_\int^{m,2}[a,b]$ oder $W^{m,2}(\mathcal{Q})$, wenn $(j_\iota, c_\iota) \neq (j_\kappa, c_\kappa)$ ist für $\iota \neq \kappa$ und $\iota, \kappa = 1(1)r$.

<u>Beweis:</u> Die Stetigkeit von ℓ_1 folgt unmittelbar aus (16):

$$|D^i f(c)| \leqq C^* (\|D^i f\|_2^2 + \|D^{i+1} f\|_2^2)^{1/2} \leqq C^* \|f\|_\int .$$

Aus (16) und (15) folgt weiter für ein $[a,b] \subseteq \mathcal{Q} \cap \mathbb{R}$ und $c \in [a,b]$

$$\begin{aligned} |D^i f(c)|^2 &\leqq C^* (\|D^i f\|_2^2 + \|D^{i+1} f\|_2^2) \\ &\leqq C^* (C_i + C_{i+1}) (\sum_{j=i}^{m-1} (D^j f(a))^2 + \|D^m f\|_2^2) \\ &\leqq C^* (C_i + C_{i+1}) \|f\|_m^2 , \end{aligned}$$

d.h. die Stetigkeit von ℓ_2.
Aus Satz 2.18 folgt

$$\left|\int_{\mathcal{Q}_o} D^j f\, dx\right| \leq \int_{\mathcal{Q}_o} |D^j f| dx \leq (\lambda(\mathcal{Q}_o))^{1/2} \|D^j f\|_2, (\|\cdot\|_2 \text{ auf } \mathcal{Q}_o)$$
$$\leq (\lambda(\mathcal{Q}_o))^{1/2} \|f\|_m .$$

Nun sei $\mathcal{Q}_o \subseteq [a,b] \subseteq \mathcal{Q} \cap \mathbb{R}$. Dann ist nach (16) (mit $\|\cdot\|_2$ auf $[a,b]$)

$$\sup_{c\in\mathcal{Q}_o} \{|D^j f(c)|^2\} \leq \max_{c\in[a,b]} \{|D^j f(c)|^2\} \leq C^*(\|D^j f\|_2^2 + \|D^{j+1} f\|_2^2)$$

$\leq C^*(C_j + C_{j+1}) \|f\|_m^2$ oder mit endlichem $\int_{\mathcal{Q}_o} |d\mu_j|$

$$\left|\int_{\mathcal{Q}_o} D^j f d\mu_j\right| \leq \max_{x\in[a,b]} \{|D^j f(x)|\} \int_{\mathcal{Q}_o} |d\mu_j| \leq (C''(C_j + C_{j+1}))^{1/2} \cdot$$
$$\cdot \int_{\mathcal{Q}_o} |d\mu_j| \cdot \|f\|_m .$$

Da man stets Funktionen $f_i \in W_\int^{m,2}[a,b]$ angeben kann mit $(D^{j_\ell} f_i)(c_\ell) = \delta_{i,\ell}$, ist auch der Zusatz über die lineare Unabhängigkeit der entsprechenden Funktionale bewiesen. □

Unter der Bedingung (2.12) ist für zusammenhängende meßbare $\mathcal{Q} \subset \mathbb{R}^*$ der Operator

$$L: \begin{cases} W_L^2(\mathcal{Q}) \to L^2(\mathcal{Q}) \\ f \mapsto Lf \end{cases}$$

nach Satz 2.29 und (14) trivialerweise ein stetiger linearer surjektiver Operator. Unter zusätzlichen Bedingungen gilt das auch für die anderen Räume.

<u>Satz 3.17:</u> *Es sei* $\mathcal{Q} := [a,b] \subset \mathbb{R}$ *und für die Koeffizienten* a_j *von* L *gelte*

(20) $a_j \in L^2[a,b]$, $a_m \in L^\infty[a,b]$, $a_m(x) \geq \omega \in \mathbb{R}_+$ *für* f.a. $x \in [a,b]$.

Dann ist

$$(21) \qquad L: \begin{cases} W_\int^{m,2}[a,b] \to L^2[a,b] \\ f \mapsto Lf = \sum_{j=0}^{m} a_j D^j f \end{cases}$$

ein stetiger, surjektiver linearer Operator.

<u>Beweis:</u> Es ist

$$\|Lf\|_2^2 = \int_a^b \Big(\sum_{j=0}^m a_j D^j f\Big)^2 dx \leqq \sum_{i,j=0}^m \int_a^b |a_i a_j\, D^i f\, D^j f|\,dx \quad .$$

Für i,j < m hat man nach (16)

$$\int_a^b |a_i a_j\, D^i f\, D^j f|\,dx \leqq C^*(\|D^i f\|_2^2 + \|D^{i+1} f\|_2^2)^{1/2}(\|D^j f\|_2^2 + \|D^{j+1} f\|_2^2)^{1/2} \cdot \int_a^b |a_i a_j|\,dx \;,$$

für i < m = j

$$\int_a^b |a_i a_m\, D^i f\, D^m f|\,dx \leq \|a_m\|_\infty \cdot (\|D^i f\|_2^2 + \|D^{i+1} f\|_2^2)^{1/2} \cdot \|a_i\|_2 \cdot \|D^m f\|_2 \;,$$

für i = j = m

$$\int_a^b (a_m D^m f)^2 dx \leqq \|a_m\|_\infty^2 \cdot \|D^m f\|_2^2 \;,$$

oder insgesamt

$$\|Lf\|_2^2 \leqq \hat{C}\, \|f\|_\int^2 \text{ für ein geeignetes } \hat{C} \in \mathbb{R}_+ .$$

Die Surjektivität folgt aus Satz 2.29. □

<u>Satz 3.18:</u> *Für* $Q := [a,b] \subset \mathbb{R}$ *und unter der Voraussetzung* (20) *sind die Normen der Räume* $W^{m,2}[a,b]$, $W_\int^{m,2}[a,b]$ *und* $W_L^2[a,b]$ *äquivalent. Damit bleiben die linearen Funktionale* $\ell_1,\dots,\ell_4$ *aus Satz* 3.16 *stetig, wenn man* $W_\int^{m,2}[a,b]$ *bzw.* $W^{m,2}[a,b]$ *durch einen beliebigen der Räume* $W^{m,2}[a,b]$, $W_\int^{m,2}[a,b]$, $W_L^2[a,b]$ *ersetzt.*

<u>Beweis:</u> Daß die Normen (12) und (13) für $Q := [a,b]$ äquivalent sind, folgt unmittelbar aus Satz 3.14. Da nach Satz 3.16 und 3.17 die Funktionale

$$\ell_{2,j}: \begin{cases} W_\int^{m,2}[a,b] \to \mathbb{R} \\ f \mapsto (D^j f)(c), c \in [a,b] \end{cases} , \; j = 0(1)m-1$$

linear unabhängig und stetig sind und der Operator (21) stetig ist, sind nach Satz 4.10 somit die Normen (13) und (14) und damit die Normen (12),(13),(14) äquivalent. Die Äquivalenz von (13),(14) läßt sich natürlich auch unmittelbar, allerdings nur mit einigem Aufwand beweisen. Da Kapitel 4 unabhängig von Kapitel 3.2 und 3.3 entwickelt wird, ist der Vorgriff auf Satz 4.12 statthaft. Aus der Äquivalenz der Normen folgt die Aussage über die Stetigkeit der linearen Funktionale. □

Satz 3.19 (Ungleichung von R a y l e i g h - R i t z - W i r t i n g e r):
Für $f \in W^{1,2}[a,b]$ *mit* $f(a) = f(b) = 0$ *gilt die Ungleichung* $(a < b)$

$$(22)\qquad \int_a^b f^2dx \leqq \left(\frac{b-a}{\pi}\right)^2 \int_a^b (Df)^2dx, \text{ d.h. } \|f\|_2 \leqq \frac{b-a}{\pi} \|Df\|_2 .$$

Besitzt $f \in W^{1,2}[a,b]$ *nur in* a *oder in* b *eine Nullstelle, so hat man* $\frac{b-a}{\pi}$ *durch* $2\frac{b-a}{\pi}$ *zu ersetzen.*

Beweis: Statt (22) beweisen wir für $v \in W^{1,2}[a,b]$ mit $v(a) = 0$ oder $v(b) = 0$ eine Ungleichung, bei der rechts ein zusätzlicher Faktor 4 auftritt. Es genügt, den Fall $v(a) = 0$ zu diskutieren. Mit $u(x) := \cot\left(\frac{\pi}{2}\frac{x-a}{b-a}\right)$ hat man

$$D\{2\frac{b-a}{\pi} v^2u\} = 4\frac{b-a}{\pi} vv'u - v^2(1+u^2) \text{ f.ü.}$$

und durch quadratische Ergänzung

$$= 4\left(\frac{b-a}{\pi}\right)^2 v'^2 - v^2 - \{2\frac{b-a}{\pi} v' - vu\}^2 .$$

Da alle rechts und links stehenden Funktionen über $(a+\varepsilon,b)$, $0 < \varepsilon < b-a$, quadratisch integrierbar sind, ist

$$(23)\qquad \begin{aligned} &2\frac{b-a}{\pi}v^2(b)\cot\frac{\pi}{2} - 2\frac{b-a}{\pi}v^2(a+\varepsilon)\cot\frac{\pi}{2}\frac{\varepsilon}{b-a} = 0 - 2\frac{b-a}{\pi}v^2(a+\varepsilon)\cot\frac{\pi}{2}\frac{\varepsilon}{b-a} \\ &= \int_{a+\varepsilon}^b \{4\left(\frac{b-a}{\pi}\right)^2 v'^2 - v^2\}dx - \int_{a+\varepsilon}^b \{2\frac{b-a}{\pi} v' - vu\}^2 dx \end{aligned}$$

Für $v \in W^{1,2}[a,b]$, $v(a) = 0$ gibt es zu jedem $\varepsilon' > 0$ ein $x(\varepsilon') > 0$, so daß aus der Schwarzschen Ungleichung für $0 < x < x(\varepsilon')$ folgt

$$(v(a+x))^2 = \left(\int_a^{a+x} v'dt\right)^2 \leqq x \int_a^{a+x} v'^2dt \leqq x\cdot\varepsilon' .$$

Damit ist

$$0 \leqq \lim_{x\to 0} v^2(a+x)\cdot\cot\frac{\pi}{2}\frac{x}{b-a} \leqq \varepsilon' \lim_{x\to 0} x\cdot\cot\frac{\pi}{2}\frac{x}{b-a} \leqq \varepsilon'\cdot\frac{2(b-a)}{\pi}$$

für jedes beliebig kleine $\varepsilon' > 0$, d.h.

$$(24)\qquad \lim_{x\to 0} v^2(a+x)\cdot\cot\frac{\pi}{2}\frac{x}{b-a} = 0 .$$

Da v'^2 und v^2 über $[a,b]$ integrierbar sind, existiert wegen (24) auch

$$\lim_{\varepsilon\to 0} \int_{a+\varepsilon}^b \{2\frac{b-a}{\pi} v' - vu\}^2 dx \geqq 0$$

und nach (23) ist

$$\int_a^b v^2 dx \leqq 4\left(\frac{b-a}{\pi}\right)^2 \int_a^b v'^2 dx.$$

Indem man diese Ungleichung auf f und das Intervall $(a,\frac{a+b}{2})$ bzw. $(\frac{a+b}{2},b)$ anwendet, erhält man die behauptete Ungleichung (22). □

$\bar\lambda: W^{m,2}[a,b] \to \mathbb{R}$ sei ein stetiges lineares Funktional. In vielen Fällen läßt sich $\bar\lambda f$ für $f \in W^{m,2}[a,b]$ nur schwer auswerten. Demgemäß ersetzt man $\bar\lambda f$ durch $\lambda_o f$. Eines der Hauptprobleme der numerischen Mathematik ist es, zu $\bar\lambda$ solche λ_o anzugeben. Dabei verlangt man in vielen Fällen, daß

$$\bar\lambda p = \lambda_o p \quad \text{für} \quad p \in \Pi_{m-1}$$

mit geeignetem m. Der folgende Satz zeigt, daß schon durch diese Bedingung der Fehler

$$\lambda f := \bar\lambda f - \lambda_o f = (\bar\lambda - \lambda_o) f$$

bestimmt ist. Dazu sei λ von der Form

$$\lambda f = \sum_{i=0}^{m-1} \int_a^b D^i f \, d\mu_i, \quad \mu_i: [a,b] \to \mathbb{R} \text{ von beschränkter Variation.}$$

Dann gilt der

Satz 3.20 (Satz über den P e a n o - Kern): *Das stetige lineare Funktional* $\lambda: W^{m,2}[a,b] \to \mathbb{R}$ *sei von der oben angegebenen Form und es sei* $\lambda p = 0$ *für* $p \in \Pi_{m-1}$. *Dann gilt*

$$(25) \qquad \lambda f = \int_a^b \lambda_x \frac{(x-t)_+^{m-1}}{(m-1)!} D^m f(t)dt = \int_a^b K(t) D^m f(t)dt$$

mit

$$(26) \qquad K(t) := \lambda_x \frac{(x-t)_+^{m-1}}{(m-1)!} \quad \text{für } t \in [a,b];$$

dabei bedeutet λ_x, *daß* λ *auf* $\frac{(x-t)_+^{m-1}}{(m-1)!}$ *als Funktion der Variablen* x *bei festgehaltenem Parameter* t *anzuwenden ist.*

Die in (26) definierte Funktion $K: [a,b] \to \mathbb{R}$ heißt Peano-Kern.

Beweis: Die Stetigkeit von λ folgt unmittelbar aus

$$\left|\int_a^b g\, d\mu\right| \leqq \|g\|_\infty \cdot \int_a^b d|\mu|$$

für $g \in C[a,b]$ und μ: $[a,b] \to \mathbb{R}$ von beschränkter Variation. Nach dem Taylorschen Satz 2.15 ist für $f \in W^{m,2}[a,b]$ und $x \in [a,b]$

$$f(x) = f(a) + Df(a)(x-a) + \ldots + D^{m-1}f(a)\frac{(x-a)^{m-1}}{(m-1)!} + \int_a^x \frac{(x-t)^{m-1}}{(m-1)!}D^m f(t)dt.$$

Mit der abgeschnittenen Potenzfunktion

$$(x-t)_+^{m-1} = \begin{cases} (x-t)^{m-1} & \text{für } x \geqq t \\ 0 & \text{für } x < t \end{cases}$$

kann man den letzten Summanden umformen und erhält

$$f(x) = f(a) + Df(a)(x-a) + \ldots + D^{m-1}f(a)\frac{(x-a)^{m-1}}{(m-1)!} + \int_a^b \frac{(x-t)_+^{m-1}}{(m-1)!}D^m f(t)dt.$$

Wegen $\lambda p = 0$ für $p \in \Pi_{m-1}$ ist

$$\lambda f = \lambda_x \int_a^b \frac{(x-t)_+^{m-1}}{(m-1)!} D^m f(t)dt .$$

Zu zeigen bleibt, daß die Integration und die Anwendung des Funktionals λ vertauschbar sind. Es genügt, den Fall

$\lambda g := \int_a^b D^i g\, d\mu$, μ: $[a,b] \to \mathbb{R}$ von beschränkter Variation, $i \in \mathbb{N}_{m-1}$,

zu betrachten. Mit

$$h(x,t) := \frac{(x-t)^{m-1}}{(m-1)!}D^m f(t), \quad \frac{\partial^j h(x,t)}{\partial x^j} = \frac{(x-t)^{m-1-j}}{(m-1-j)!}D^m f(t)$$

ist in unserem Fall

$$g(x) := \int_a^b \frac{(x-t)_+^{m-1}}{(m-1)!}D^m f(t)dt = \int_a^x h(x,t)dt \qquad \text{und}$$

$$D^i g(x) = \left.\frac{\partial^{i-1}h(x,t)}{\partial x^{i-1}}\right|_{t=x} + \int_a^x \frac{\partial^i h(x,t)}{\partial x^i}dt = \int_a^x \frac{(x-t)^{m-1-i}}{(m-1-i)!}D^m f(t)dt.$$

Damit ist $D^i g$: $[a,b] \to \mathbb{R}$ eine stetige Funktion, existiert $\int_a^b D^i g\, d\mu$, und nach dem Satz 2.16 von Fubini ist

$$\lambda_x \int_a^b \frac{(x-t)_+^{m-1}}{(m-1)!}D^m f(t)dt = \int_a^b D^i g\, d\mu = \int_a^b D_x^i \int_a^b \frac{(x-t)_+^{m-1}}{(m-1)!}D^m f(t)dt\, d\mu(x)$$

$$= \int_a^b \int_a^b D_x^i \frac{(x-t)_+^{m-1}}{(m-1)!} d\mu(x) D^m f(t)dt = \int_a^b (\lambda_x \frac{(x-t)_+^{m-1}}{(m-1)!}) D^m f(t)dt . \quad \square$$

Wir beschließen Kapitel 3.2 mit einem elementaren Satz, der nicht zur Theorie der Soboleväume gehört.

Satz 3.21 (Verallgemeinerter Satz von R o l l e): $g \in C^{m-1}[a,b]$ *habe die Nullstellen* $\xi_\kappa^{(o)}$, $\kappa = 1(1)n_o$, $\xi_1^{(o)} < \xi_2^{(o)} < \ldots < \xi_{n_o}^{(o)}$, *mit den Vielfachheiten* $\omega(\xi_\kappa^{(o)}) > 0$ *und* $\omega_o := \sum_{\kappa=1}^{n_o} \omega(\xi_\kappa^{(o)}) \geqq k$. $g^{(j)} \in C^{m-1-j}[a,b]$, $j \in \mathbb{N}_{m-1}$, *habe die Nullstellen* $\xi_1^{(j)} < \xi_2^{(j)} < \ldots < \xi_{n_j}^{(j)}$ *mit den Vielfachheiten* $\omega(\xi_\kappa^{(j)}) > 0$.

Dann gelten mit

$$\xi_o^{(j)} := a,\ \xi_{n_j+1}^{(j)} := b \text{ und } \overline{\Delta}_j := \max_{i=0}^{n_j} \{|\xi_{i+1}^{(j)} - \xi_i^{(j)}|\}$$

die Abschätzungen

$$\omega_j := \sum_{\kappa=1}^{n_j} \omega(\xi_\kappa^{(j)}) \geqq k-j \quad \text{und} \quad \overline{\Delta}_j \leqq (j+1)\overline{\Delta}_o .$$

Beweis: In $\xi_\kappa^{(o)}$ hat $g^{(j)}$ eine Nullstelle der Vielfachheit $\geqq \omega(\xi_\kappa^{(o)})-j$, ($>$ für $\omega(\xi_\kappa^{(o)}) < j$).Zusätzlich gibt es nach dem Satz von Rolle in jedem Intervall $(\xi_\kappa^{(o)},\xi_{\kappa+1}^{(o)})$ mindestens j Nullstellen von $g^{(j)}$. So ergibt sich

$$\omega_j \geqq \sum_{\kappa=1}^{n_o} (\omega(\xi_\kappa^{(o)}) - j) + (n_o - 1)j = k - j.$$

Zum Beweis von $\overline{\Delta}_j \leqq (j+1)\overline{\Delta}_o$ seien $\xi_\kappa^{(j)}$, $\xi_{\kappa+1}^{(j)}$ zwei aufeinanderfolgende Nullstellen von $g^{(j)}$. $\xi_\iota^{(o)}$ sei die größte Nullstelle von g, die $\leqq \xi_\kappa^{(j)}$ ist oder, wenn eine derartige Nullstelle nicht existiert, sei $\xi_\iota^{(o)} = a = \xi_o^{(o)}$. Entsprechend sei $\xi_\mu^{(o)}$ die kleinste Nullstelle von g mit $\xi_\mu^{(o)} \geqq \xi_{\kappa+1}^{(j)}$ oder $\xi_\mu^{(o)} = b$. Aus dem Satz von Rolle folgt sofort, daß g in $(\xi_\kappa^{(j)},\xi_{\kappa+1}^{(j)})$ höchstens j Nullstellen besitzen kann, d.h. $|\xi_{\kappa+1}^{(j)} - \xi_\kappa^{(j)}| \leqq |\xi_\mu^{(o)} - \xi_\iota^{(o)}| \leqq (j+1)\overline{\Delta}_o$. Ganz analog zeigt man $|a - \xi_1^{(j)}| \leqq (j+1)\overline{\Delta}_o$ und $|b - \xi_{n_j}^{(j)}| \leqq (j+1)\overline{\Delta}_o$, d.h. insgesamt $\overline{\Delta}_j \leqq (j+1)\overline{\Delta}_o$. □

3.3 Verallgemeinerte Lösungen linearer Differentialgleichungen

Um von der Theorie der Splines in Hilberträumen zu den Lg-Splines in Kapitel 5 übergehen zu können, müssen wir einen weiteren Lösungsbegriff einführen.

Definition 3.5: *Der zum Differentialoperator* L *aus* (9) *formal (oder im Sinn von L a g r a n g e) adjungierte Differentialoperator* L^* *ist definiert durch*

$$(27)\qquad L^*: \begin{cases} W^{m,2}[a,b] \to L^2[a,b], & a_j \in W^{j,2}[a,b] \cap C[a,b], j=0(1)m \\ u \mapsto \sum_{j=0}^{m} (-1)^j D^j(a_j u), & a_m(x) \geqq \omega \in \mathbb{R}_+ . \end{cases}$$

Mit der Menge von Testfunktionen

$$W^{m,2}_{c,0}[a,b] := \{\psi \in W^{m,2}[a,b] \mid \operatorname{tr} \phi \subset (a,b)\}$$

heißt $u \in L^2[a,b]$ *verallgemeinerte Lösung von* $L^*y = 0$ *genau dann, wenn*

$$(28)\qquad \langle u, L\psi\rangle_2 = 0 \textit{ für alle } \psi \in W^{m,2}_{c,0}[a,b] .$$

Dieser Lösungsbegriff hängt eng mit dem Begriff der Distributionslösung der Gleichung $Ly = 0$ zusammen. Dort werden jedoch i.a. $a_j \in C^\infty[a,b]$ und Testfunktionen $\psi \in C^\infty[a,b]$ vorausgesetzt.

Wir haben hier nur verallgemeinerte Lösungen von $L^*y = 0$ definiert. Für den inhomogenen Fall $Ly = r$ ist rechts in (28) die Null zu ersetzen durch $\langle r,\psi\rangle_2$. Wegen $(L^*)^* = L$ (vgl. Aufgabe IV) ist u verallgemeinerte Lösung von $Lu = 0$, wenn

$$\langle u, L^*\psi\rangle_2 = 0 \text{ für alle } \psi \in W^{m,2}_{c,0}[a,b].$$

Satz 3.22 (G r e e n sche Formel): *Für* $u,v \in W^{m,2}[a,b]$ *und den Differentialoperator* L *aus* (9) *gilt mit* $a_j \in W^{j,2}[a,b]$, $\alpha,\beta \in [a,b]$ *und*

$$(29)\qquad O_j v := \sum_{i=0}^{m-j-1} (-1)^{i+1} D^i(a_{i+j+1}v)$$

$$\int_\alpha^\beta (vLu - uL^*v)\,dx = - \sum_{j=0}^{m-1} (D^j u) O_j v \Big|_\alpha^\beta .$$

Beweis: Durch mehrfache partielle Integration erhält man für u,v $\in W^{m,2}[a,b]$, $\nu \in \mathbb{N}_{m-1}$

$$\int_\alpha^\beta (D^\nu v)u\,dx = (D^{\nu-1}v)u\Big|_\alpha^\beta - \int_\alpha^\beta D^{\nu-1}v\,Du\,dx$$

$$= \sum_{\substack{p+q=\nu-1\\ p\leq p_o-1}} (-1)^p (D^p u)(D^q v)\Big|_\alpha^\beta + (-1)^{p_o}\int_\alpha^\beta (D^{p_o}u)(D^{\nu-p_o}v)dx.$$

Daraus folgt für $p_o := \nu$ und $a_\nu \in W^{\nu,2}[a,b]$, $u,v \in W^{m,2}[a,b]$

$$(30)\quad (-1)^\nu \int_\alpha^\beta D^\nu(a_\nu v)u\,dx = \int_\alpha^\beta a_\nu v D^\nu u\,dx - \sum_{p+q=\nu-1} (-1)^q (D^p u) D^q(a_\nu v)\Big|_\alpha^\beta .$$

Durch Summation über $\nu = 0(1)m$ und mit $\int_\alpha^\beta a_o vu\,dx = \int_\alpha^\beta a_o vu\,dx$ für $\nu = 0$ erhält man

$$\int_\alpha^\beta u \sum_{\nu=0}^m (-1)^\nu D^\nu(a_\nu v)dx = \int_\alpha^\beta v \sum_{\nu=0}^m a_\nu D^\nu u\,dx - \sum_{\nu=1}^m \sum_{p+q=\nu-1} (-1)^q D^q(a_\nu v)D^p u\Big|_\alpha^\beta$$

oder

$$\int_\alpha^\beta (vLu - uL^*v)dx = \sum_{\nu=1}^m \sum_{p+q=\nu-1} (-1)^q D^q(a_\nu v)D^p u\Big|_\alpha^\beta =$$

$$= \sum_{p=0}^{m-1} D^p u \sum_{\nu=p+1}^m (-1)^{\nu-1-p} D^{\nu-1-p}(a_\nu v)\Big|_\alpha^\beta = -\sum_{p=0}^{m-1} D^p u \sum_{i=0}^{m-p-1} (-1)^{i+1} D^i(a_{i+p+1}v)\Big|_\alpha^\beta$$

.□

Wir wollen zeigen, daß für genügend glatte Koeffizienten die verallgemeinerten Lösungen i.w. mit C-Lösungen übereinstimmen. Dazu brauchen wir den

Satz 3.23: *Es sei* $a_j \in W^{j,2}[a,b]$ *und* $\phi \in W^{m,2}_{c,O}[a,b] \cap N_L^\perp$. *Dann ist* ϕ *darstellbar als*

$$\phi = L^*\psi \text{ mit } \psi \in W^{m,2}_{c,O}[a,b].$$

Beweis: Nach Satz 2.29 gibt es ein $\psi \in W^{m,2}[a,b]$ mit

$$(31)\qquad \phi = L^*\psi \text{ zu } \phi \in W^{m,2}_{c,O}[a,b]$$

das den Anfangsbedingungen

$$(32)\qquad \psi^{(\nu)}(a) = 0,\ \nu = 0(1)m-1$$

genügt. Nach (31) gibt es ein $\varepsilon > 0$ mit $\phi(x) = 0$ für $x \in [a,a+\varepsilon]$, d.h. nach (31),(32) ist auch $\psi(x) = 0$ für $x \in [a,a+\varepsilon]$. Der Satz wäre bewiesen, wenn man zu (32) auch

(33) $\psi^{(\nu)}(b) = 0, \ \nu = 0(1)m-1$

zeigen könnte.
Nun gilt für $\psi \in W^{m,2}[a,b]$ und $u \in N_L$ nach Satz 3.22

$$0 = \int_a^b \psi\, Lu\, dx = \int_a^b u\, L^*\psi\, dx + \sum_{j=0}^{m-1} (D^j u) O_j \psi \Big|_a^b .$$

Mit (31),(32) folgt daraus

(34) $0 = \left(\sum_{j=0}^{m-1} (D^j u) O_j \psi \right)(b) .$

Wir wählen nun die $u_i \in N_L$ speziell so, daß $(D^j u_i)(b) = \delta_{ji}$, $i,j = 0(1)m-1$, und erhalten aus (34)

$$0 = O_j \psi(b) \ , \quad j = 0(1)m-1.$$

Beginnend mit $j = m-1$ erhält man durch Induktion mit $a_m(b) \geqq \omega \in \mathbb{R}_+$ der Reihe nach $\psi(b) = \psi'(b) = \ldots = \psi^{(m-1)}(b) = 0$, d.h. (23). □

<u>Satz 3.24:</u> $u \in L^2[a,b]$ *sei verallgemeinerte Lösung von* $L^*y = 0$ *und* $a_j \in W^{j,2}[a,b]$. *Dann gibt es ein* $u_0 \in W^{m,2}[a,b]$ *mit* $u(x) = u_0(x)$ f.ü. *und* $u_0 \in N_{L^*}$, *d.h.* u_0 *ist C-Lösung von* $L^*y = 0$.

<u>Beweis:</u> Wir verwenden die Sätze 2.25 und 3.23, um die anschließende Inklusion (35) für das u aus Satz 3.24 zu beweisen:

(35) $\lambda \in L(L^2[a,b],\mathbb{R}) = (L^2[a,b])^*$ mit $N_{L^*} \subseteq N_\lambda \Rightarrow u \in N_\lambda$.

Wenn (35) richtig ist, muß es das im Satz behauptete u_0, $u_0(x) = u(x)$ f.ü. geben. Andernfalls könnte man zum endlichdimensionalen und daher abgeschlossenen Teilraum $N_{L^*} \subset L^2[a,b]$ und zu $u \in L^2[a,b] \setminus N_{L^*}$ nach Satz 2.25 ein λ_0 angeben mit
$\lambda_0 \in L(L^2[a,b],\mathbb{R}) = (L^2[a,b])^*$ mit $N_{L^*} \subseteq N_{\lambda_0}$ und $\lambda_0 u \geqq 1$, d.h. $u \notin N_{\lambda_0}$. Das widerspricht (35).

Nach Satz 3.23 ist jedes

$$\phi \in W^{m,2}_{c,0}[a,b] \cap N^{\perp}_{L^*}$$

darstellbar als

$$\phi = (L^*)^*\psi = L\psi \quad \text{mit } \psi \in W^{m,2}_{c,0}[a,b].$$

Aus der Definition der verallgemeinerten Lösung folgt

(36) $\langle u,\phi\rangle_2 = \langle u,L\psi\rangle_2 = 0$ für alle $\phi \in W^{m,2}_{c,0}[a,b] \cap N^{\perp}_{L^*}$.

Nach Satz 2.22 gibt es zu λ ein eindeutig bestimmtes $h \in L^2[a,b]$ mit

$$\lambda f = \langle f,h\rangle_2 \quad \text{für} \quad f \in L^2[a,b].$$

Danach genügt es, statt (35) die folgende Inklusion zu beweisen:

(37) $\qquad h \in N^{\perp}_{L^*} \Rightarrow u \perp h$.

Nun sei $\{u_i\}_1^m$ bez. $\langle\cdot,\cdot\rangle_2$ eine Orthonormalbasis von N_{L^*}. Man überlegt sich sofort, daß es zu jedem $\varepsilon > 0$ und u_i ein $\phi_i \in W^{m,2}_{c,0}[a,b]$ gibt mit $\|u_i - \phi_i\|_2 < \varepsilon$, $i = 1(1)m$. Für genügend kleines $\varepsilon > 0$ ist mit

$$(\langle u_i,u_j\rangle_2)_{i,j=1}^{m} = (\delta_{ij})_{i,j=1}^{m}$$

auch

(38) $\qquad (a_{ij} := \langle\phi_i,u_j\rangle_2)_{i,j=1}^{m}$

regulär und besitzt eine inverse Matrix

(39) $\qquad (b_{ij})_{i,j=1}^{m} := ((a_{ij})_{i,j=1}^{m})^{-1}$.

Nun wählen wir eine gegen h konvergente Cauchy-Folge $\{h_\nu\}_{\nu=1}^{\infty} \subset W^{m,2}_{c,0}[a,b]$ bez. $\|\cdot\|_2$. Für

$$g_\nu := h_\nu - \sum_{i,j=1}^{m} b_{ij}\langle h_\nu,u_i\rangle_2\phi_j$$

gilt nach (38),(39) und für $k = 1(1)m$

$$\langle g_\nu,u_k\rangle_2 = \langle h_\nu,u_k\rangle_2 - \sum_{i=1}^{m}\langle h_\nu,u_i\rangle_2 \sum_{j=1}^{m} b_{ij}a_{jk} = 0 ,$$

d.h. $g_\nu \in N^{\perp}_{L^*} \cap W^{m,2}_{c,0}[a,b]$, und nach (36) ist

(40) $\qquad \langle g_\nu,u\rangle_2 = 0$.

Aus der Definition von $\{h_\nu\}$ und wegen $h \in N^{\perp}_{L^*}$ folgt

$$\lim_{\nu\to\infty}\langle h_\nu,u_k\rangle_2 = \langle h,u_k\rangle_2 = 0 \text{ für } k = 1(1)m,$$

$$\|g_\nu - h\|_2 \leq \|h_\nu - h\|_2 + \Big\|\sum_{i,j=1}^{m} b_{ij}\langle h_\nu,u_i\rangle_2\phi_j\Big\|_2$$

$$\leqq \|h_\nu - h\|_2 + M \sum_{i=1}^{m} |\langle h_\nu, u_i\rangle_2| \to 0 .$$

Mit (40) erhält man schließlich (37), denn

$$\langle u,h\rangle_2 = \langle u, \lim_{\nu\to\infty} g_\nu\rangle_2 = \lim_{\nu\to\infty} \langle u,g_\nu\rangle_2 = 0 . \qquad \square$$

Aufgaben:

I) X sei ein Hilbertraum und U,V zwei abgeschlossene lineare Unterräume von X mit $U \cap V = \{0\}$. Dann ist $U+V$ genau dann abgeschlossen in X, wenn es ein $d > 0$ gibt mit $\|u-v\| \geqq d$ für alle $u \in V$, $v \in V$ und $\|u\| = \|v\| = 1$ (vgl. [40] S.243).

II) Unter den Voraussetzungen aus I ist die dort angegebene Bedingung genau dann erfüllt, wenn c, $0 < c < 1$, existiert mit $|\langle u,v\rangle| < 1-c$ für alle $\|u\| = \|v\| = 1$.

III) $\{x_\nu\}_{\nu=1}^{\infty}$ sei Orthonormalbasis in einem Hilbertraum X. Dann ist $\{x_\nu\}_{\nu=1}^{\infty}$ schwach nach 0 konvergent.

IV) Für $a_j \in W^{j,p}[a,b]$, $1 \leqq p \leqq \infty$ zeige man $L^{**} = L$.

Anleitung (vgl. [24]): Für zwei lineare Differentialoperatoren L,M der Ordnung n,m zeige man zunächst $(L+M)^* = L^* + M^*$. Durch Diskussion der Einzelsummanden $(a_j D^j y)$ zeige man mittels der Formeln (α), (β), daß $(a_j D^j y)^{**} = (a_j D^j y)$ ist

$$(\alpha) \quad \sum_{\nu=\mu}^{\kappa} (-1)^\nu \binom{\kappa}{\nu}\binom{\nu}{\mu} = (-1)^\mu \binom{\kappa}{\mu} \sum_{\nu=0}^{\kappa-\mu} (-1)^\nu \binom{\kappa-\mu}{\nu}$$

$$(\beta) \quad 0 = (1-1)^{\kappa-\mu} = \sum_{\nu=0}^{\kappa-\mu} (-1)^\nu \binom{\kappa-\mu}{\nu}, \quad \kappa \neq \mu$$

4 Splines in Hilberträumen (H-Splines)

In Kapitel 1 haben wir unter recht allgemeinen Bedingungen die Existenz und Eindeutigkeit von kubischen Splines nachgewiesen. Diese Splines lassen sich, einfache Randbedingungen vorausgesetzt (vgl. Satz 1.10), durch folgendes Extremalproblem charakterisieren: Zur Konkurrenz sind alle auf [a,b] zweimal stetig differenzierbaren Funktionen f zugelassen ($f \in C^2[a,b]$), die den Bedingungen $f(x_j) = r_j$ genügen ($j = 1(1)\nu$). Dabei sind in Δ: $x_1 < x_2 < \ldots < x_\nu$ die x_j aus [a,b] und r_j vorgegebene Zahlen. Dann ist

$$\int_a^b |S_\Delta''|^2 dx \leq \int_a^b |f''|^2 dx,$$

oder nach Kapitel 2.1

$$\|S_\Delta''\|_2 \leq \|f''\|_2$$

für alle zulässigen Funktionen.

4.1 Existenz und Charakterisierung von Splines

Mit den in Kapitel 2 und 3 bereitgestellten Hilfsmitteln läßt sich dieses Problem wesentlich verallgemeinern: Wir ersetzen $C^2[a,b] \subset W^{2,2}[a,b]$ durch einen beliebigen Hilbertraum X. Statt des Differentialoperators $D^2 = \frac{d^2}{dx^2}$ wählen wir einen stetigen linearen Operator $T: X \to Y$ auf den Hilbertraum Y. Die in Kapitel 1 betrachteten Interpolationsfunktionale

$$\lambda_i: \begin{cases} W^{2,2}[a,b] \to \mathbb{R} \\ f \mapsto f(x_i) \end{cases}, \quad i = 1(1)\nu$$

sind nach Satz 3.16 stetige lineare Funktionale, die für $x_i \neq x_j$ bei $i \neq j$ linear unabhängig sind. Also ist

$$A: \begin{cases} W^{2,2}[a,b] \to \mathbb{R}^\nu \\ f \mapsto (\lambda_1 f, \ldots, \lambda_\nu f) \end{cases}$$

ein stetiger linearer Operator auf $\mathbb{R}^\nu$. Wir wählen dementsprechend hier einen stetigen linearen Operator A von X auf einen Hilbertraum Z. Nach Satz 3.10 ist in Kapitel 1 $N_{D^2} + N_A$ abgeschlossen. Hier müssen wir diese Bedingung zusätzlich fordern. Für die weiteren Überlegungen setzen wir, soweit nichts anderes ausdrücklich erwähnt ist, z.B. in Satz 4.1, immer (1),(2) voraus.

$$(1)\qquad \begin{cases} X,Y,Z \text{ reelle Hilberträume} \\ T \in L(X,Y),\ A \in L(X,Z) \text{ stetig, linear, auf} \\ \emptyset \neq K \subset Z,\ K \text{ beschränkt, abgeschlossen} \end{cases}$$

$$(2)\qquad N_A + N_T \text{ abgeschlossen in } X\ .$$

Die in (1) geforderte Bedingung TX = Y, AX = Z könnte man ersetzen durch

TX abgeschlossen in Y, AX abgeschlossen in Z.

Dann sind aber bereits TX bzw. AX mit den induzierten Skalarprodukten Hilberträume. Aus diesem Grund setzen wir von vornherein (1) voraus. Einen wesentlichen Schritt weiter stellt [275,276] dar. Dort wird auf die Abgeschlossenheit von TX und AX verzichtet.

Definition 4.1: $s \in X$ *heißt Interpolationsspline zu* $z \in Z$ *bez.* T,A *(Bezeichnung* $s := s(T,A,z)$*) genau dann, wenn*

$$(3)\qquad \begin{cases} \|Ts\|_Y = \min\limits_{s,x \in A^{-1}(z)} \{\|Tx\|_Y\} \quad \textit{mit} \\ A^{-1}(z) := \{x \in X \mid Ax = z\}\ . \end{cases}$$

Wir verwenden in diesem Buch die Schreibweise $A^{-1}(z)$, wenn das Urbild eines Elements gesucht ist. Die Schreibweise $A^{-1}(z)$ besagt, daß der zu A inverse Operator A^{-1} existiert und auf z anzuwenden ist.

Die scharfe Interpolationsforderung As = z ist numerisch unbefriedigend, denn i.a. ist z nicht exakt bekannt. Um dieser Schwierigkeit zu entkommen, hat man zwei Wege eingeschlagen:

Statt des Wertes $z \in Z$ gibt man eine Menge $K \subset Z$ vor, die im Unterschied zu (1) i.a. konvex ist:

$$(4)\qquad \emptyset \neq K \subset Z,\ K \text{ konvex, abgeschlossen und beschränkt}$$

und erhält (vgl. [17,70,193,210,264])

Definition 4.2: $\sigma \in X$ *heißt Spline auf der nichtleeren, abgeschlossenen und beschränkten Menge* $K \subset Z$ *bez.* T,A *(Bezeichnung* $\sigma := \sigma(T,A,K)$*) genau dann, wenn*

$$(5)\quad \begin{cases} \|T\sigma\|_Y = \min\limits_{\sigma, x \in A^{-1}(K)} \{\|Tx\|_Y\} \quad \textit{mit} \\ A^{-1}(K) := \{x \in X \mid Ax \in K\}. \end{cases}$$

Die zweite Möglichkeit besteht darin, den Ansatz der Ausgleichsrechnung mit den Splines zu kombinieren. Zur besseren Anpassungsfähigkeit an vorliegende Probleme wird ein "Steuer"-Parameter ρ verwendet (vgl. [64,86,166,259,292]).

<u>Definition 4.3:</u> $\tau_\rho \in X$ *heißt* <u>*Ausgleichsspline*</u> *zu* $z \in Z$ *bez.* T,A,ρ, $\rho \in \mathbb{R}_+$ *(*<u>*Bezeichnung*</u> $\tau_\rho := \tau_\rho(T,A,z)$*) genau dann, wenn*

$$(6)\qquad \|T\tau_\rho\|_Y^2 + \rho\|A\tau_\rho - z\|_Z^2 = \min_{x \in X} \{\|Tx\|_Y^2 + \rho\|Ax - z\|_Z^2\}.$$

Das Extremalproblem (6) läßt sich folgendermaßen umdeuten: Nach Kapitel 3.1 ist

$$W := Y \times Z = \{(y,z) \mid y \in Y \wedge z \in Z\}$$

bez. des Innenprodukts

$$\langle w',w''\rangle_W := \langle y',y''\rangle_Y + \rho\langle z',z''\rangle_Z \text{ mit } w' := (y',z'),\ w'' := (y'',z'')$$

und der zugehörigen Norm

$$\|w\|_W^2 := \|y\|_Y^2 + \rho\|z\|_Z^2 \text{ mit } w := (y,z)$$

ein Hilbertraum und

$$S: \begin{cases} X \to W \\ x \mapsto (Tx,Ax) \end{cases}$$

eine stetige lineare Abbildung mit $SX = \{w = (Tx,Ax) \mid x \in X\}$. Für $p := (0,z) \in W$ ist dann

$$\|Tx\|_Y^2 + \rho\|Ax - z\|_Z^2 = \|Sx - p\|_W^2,$$

d.h. man hat nach Definition 4.3 die Aussage

$$(7)\quad \begin{cases} \tau_\rho \in X \textit{ ist Ausgleichsspline zu } z \in Z \textit{ bez. } T,A,\rho \textit{ genau} \\ \textit{dann, wenn } \|S\tau_\rho - p\|_W = \min\limits_{x \in X}\{\|Sx - p\|_W\} \textit{ mit } p := (0,z) \in W. \end{cases}$$

Das Problem (3) enthält das in Satz 1.10 formulierte Extremalproblem als Spezialfall: Setzt man $X := W^{2,2}[a,b]$ und betrachtet nur den Teilraum $C^2[a,b]$ von $W^{2,2}[a,b]$, $Y := L^2[a,b]$ mit dem Teilraum

$C[a,b]$, $Z := \mathbb{R}^\nu$ mit den Operatoren $T := D^2$ und $A: f \mapsto (f(x_1),\dots,f(x_\nu))$, so entsteht das dortige Spezialproblem durch Restriktion der Konkurrenzmenge. In dieser Form geht (3) zurück auf Schoenberg [287]. Das hier besprochene allgemeine Problem (3) untersuchte nach Ansätzen von Golomb-Weinberger [163] und Andeutungen von de Boor-Lynch [102] und Ahlberg-Nilson-Walsh [56] erstmals Atteia [68]. Auf ihn [70] geht auch das allgemeinere Problem (5) zurück, für das Ritter [264] und Laurent [210] Algorithmen angegeben haben. Angeregt durch eine Arbeit von Whittaker [351] diskutierte Schoenberg [292] einen Spezialfall von (6), der allgemeine Fall findet sich bei Anselone-Laurent [64]. In fast allen älteren Arbeiten über Splines wird

$$N_A \quad N_T = \{0\}$$

vorausgesetzt, eine Bedingung, die i.w. die eindeutige Lösbarkeit der Probleme (3) und (6) sichert (Ausnahmen [17,70,193]). Wir werden hier die Existenz und Berechnung von Splines ohne diese Einschränkung behandeln.

In den folgenden Sätzen sind die zentralen Ergebnisse über Existenz und Eindeutigkeit zusammengefaßt.

Satz 4.1: *Unter der Voraussetzung* (1) *sind die Probleme* (3),(5),(6) *genau dann für alle* $z \in Z$ *bzw.* $K \subset Z$ *lösbar, wenn* $N_A + N_T$ *in* X *abgeschlossen ist.*

Weiter gilt

(8) $\quad s$ *löst* (3) $\iff s \in A^{-1}(z)$ *und* $Ts \in (TN_A)^\perp$, *d.h.* $\langle Ts, Tx\rangle_Y = 0$ *für alle* $x \in N_A$;

(9) $\quad \sigma$ *löst* (5) *für* (4) $\iff \sigma \in A^{-1}(K)$ *und* $\langle T\sigma, T(\sigma - x)\rangle_Y \leqq 0$ *für alle* $x \in A^{-1}(K)$;

(10) $\quad \tau_\rho$ *löst* (6) $\iff S\tau_\rho \in SX$ *und* $S\tau_\rho - p \in (SX)^\perp$, *d.h.* $\langle S\tau_\rho - p, Sx\rangle_W = 0$ *für alle* $x \in X$.

Beweis: Wir beweisen zunächst die Lösbarkeit der Probleme (3),(5),(6) und die Charakterisierungen (8) - (10) unter der Voraussetzung (2). Um die Notwendigkeit von (2) für die Lösbarkeit von (3),(6) für alle $z \in Z$ bzw. von (5) für alle $K \subset Z$ nachzuweisen, genügt es, für nichtabgeschlossenes $N_A + N_T$ ein $z \in Z$ anzugeben, für das (3) bzw. (6) nicht lösbar ist. Für das spezielle $K = \{z\}$ ist dann auch (5) unlösbar. Es soll noch darauf hingewiesen werden, daß zwar die Charakterisierung (9), nicht aber die Lösbarkeit des Problems (5) an die Konvexität von K gebunden ist.

Wir zeigen zunächst (9), daraus folgt (8) und schließlich wird (10) bewiesen. Zum Existenzbeweis ziehen wir die Sätze 2.19, 3.4, 3.7 und 3.11 heran. Dazu sind (6) bzw. (7) umzudeuten als Abstandsprobleme, d.h. $\|Tx\|_Y = \|Tx - 0\|_Y$ bzw. $\|Sx - p\|_W$ sind darzustellen als Abstände von Elementen gewisser Teilmengen eines Hilbertraumes von 0 bzw. von p.

Beweis von (9): Man sieht sofort, daß die Probleme (5) und

$$(11) \qquad \|\eta\|_Y = \min_{\eta, y \in TA^{-1}(K)} \{\|y\|_Y\}$$

zugleich lösbar sind. Denn zu jeder Lösung η von (11) gibt es ein $\sigma \in A^{-1}(K)$ mit $T\sigma = \eta$ und dieses σ löst (5) und umgekehrt. Nach Satz 3.7 ist unter der Voraussetzung (1),(2) $TA^{-1}(K)$ abgeschlossen und beschränkt. Aus Satz 3.4 folgt somit die Existenz einer Lösung für (11). Ist K konvex, also auch $TA^{-1}(K)$ konvex, so ist diese Lösung nach Satz 2.19 charakterisiert durch

$$\langle \eta, \eta - y \rangle_Y \leqq 0 \quad \text{für alle } y \in TA^{-1}(K) \quad \text{oder}$$

$$\langle T\sigma, T(\sigma - x) \rangle_Y \leqq 0 \text{ für alle } x \in A^{-1}(K).$$

Ist umgekehrt ein $\sigma \in A^{-1}(K)$ gegeben, das dieser letzten Ungleichung genügt, so ist für alle $x \in A^{-1}(K)$

$$(12) \qquad \begin{aligned} \|Tx\|_Y^2 = \|T\sigma - T(\sigma - x)\|_Y^2 &= \|T\sigma\|_Y^2 + \|T(\sigma - x)\|_Y^2 - 2\langle T\sigma, T(\sigma - x)\rangle_Y \\ &\geqq \|T\sigma\|_Y^2 + \|T(\sigma - x)\|_Y^2 , \end{aligned}$$

d.h. σ ist Lösung von (5).

Beweis von (8): K := {z} erfüllt die Voraussetzung (4), d.h. (9) ist auf (3) anwendbar, die Existenz einer Lösung $s \in A^{-1}(z)$ ist somit gesichert. Da mit $x, s \in A^{-1}(z)$ auch $2s - x \in A^{-1}(z)$, folgt aus (9) (oder unmittelbar aus Satz 2.19)

$$\langle Ts, T(s-x) \rangle_Y \leqq 0 \text{ und } \langle Ts, T(s-(2s-x)) \rangle_Y = -\langle Ts, T(s-x) \rangle_Y \leqq 0$$

und mit $N_A = \{s - x \mid x, s \in A^{-1}(z)\}$ die Behauptung (8).

Beweis von (10): Nach (7) betrachten wir

$$(13) \qquad \|S\tau_\rho - p\|_W = \min_{\tau_\rho, x \in X} \{\|Sx - p\|_W\} ,$$

d.h. mit $\xi_\rho := S\tau_\rho$ und $\xi := Sx \in SX$

$$\|\xi_\rho - p\|_W = \min_{\xi_\rho, \xi \in SX} \{\|\xi - p\|_W\}.$$

Unter der Voraussetzung (1),(2) existiert nach Satz 3.11 und 2.19 eine Lösung $\xi_\rho = S\tau_\rho$, die durch (10) charakterisiert ist.

Beweis der Notwendigkeit von (2) für die allgemeine Lösbarkeit: Wäre (2) nicht erfüllt, so wären nach den Sätzen 3.7 und 3.11 auch $TA^{-1}(z)$ und SX nicht abgeschlossen. Wir beschränken uns zunächst auf das Problem (3). Es sei TN_A nicht abgeschlossen. Dann gibt es ein $y_o \in \overline{TN_A} \setminus TN_A$, und wegen der Surjektivität von T und A gibt es ein $x_o \in N_A^\perp$ mit $y_o = Tx_o$, $Ax_o = A_\perp x_o = z_o$, d.h. $y_o = TA_\perp^{-1} z_o$. Damit ist $0 = y_o - y_o \in \overline{TN_A} - TA_\perp^{-1} z_o = \overline{TA^{-1}(-z_o)}$ aber $0 \notin TA^{-1}(z_o)$, d.h.

$$0 = \inf_{y \in TA^{-1}(-z_o)} \{\|y\|_Y\} \quad \text{aber} \quad 0 \notin TA^{-1}(-z_o)\ .$$

Das Problem (3) ist also nicht für alle $z \in Z$ lösbar. Ersetzt man 0 durch p und $TA^{-1}(z)$ durch SX, so erhält man die Behauptung für (6). □

Wir vereinbaren folgende Schreibweise:

Definition 4.4: *Mit den in Definition* 4.1 - 4.3 *erklärten* $s(T,A,z)$, $\sigma(T,A,K)$, $\tau_\rho(T,A,z)$ *sei*

$$Sp(T,A,z) := \bigcup\{s(T,A,z)\}$$

$$\Sigma(T,A,K) := \bigcup\{\sigma(T,A,K)\}$$

$$\Theta_\rho(T,A,z) := \bigcup\{\tau_\rho(T,A,z)\}$$

$$Sp(T,A) := \bigcup_{z \in Z} Sp(T,A,z)$$

$$s_x := s(T,A,Ax)$$

$\sigma_x := \sigma(T,A,K_x)$ *mit* K_x *nach* (4) *und* $Ax \in K_x$

$$\tau_{\rho,x} := \tau_\rho(T,A,Ax)$$

Jedes Element von Sp(T,A) *heißt* *Spline*, *auch* *Splinefunktion*, *wenn* X *ein Funktionenraum ist,* Sp(T,A) *selbst heißt* *Splineraum*.

Nachdem der Raum der Splinefunktionen eingeführt ist, liegt der folgende Satz nahe:

Satz 4.2: *Es gilt*

(a) $x \in Sp(T,A) \iff Tx \in (TN_A)^\perp$

(b) $\sigma(T,A,K) \in Sp(T,A)$

(c) $\tau_\rho(T,A,z) \in Sp(T,A)$.

Beweis: (a) Ist $x \in Sp(T,A)$, so folgt aus (8), daß $Tx \in (TN_A)^\perp$. Ist umgekehrt ein $Tx \in (TN_A)^\perp$ vorgegeben, so gibt es wegen $A: X \to Z$ (auf) ein $z \in Z$ mit $Ax = z$ und nach (8) ist x der Interpolationsspline $x = s(T,A,z) + x_o$, $x_o \in N_A \cap N_T$.

(b) und (c): Mit $z_\sigma := A\sigma(T,A,K)$ bzw. $z_\tau := A\tau_\rho(T,A,z)$ sind $\sigma \in Sp(T,A,z_\sigma)$ bzw. $\tau_\rho \in Sp(T,A,z_\tau)$. Andernfalls hätte man einen Widerspruch zur Minimalität von σ bzw. τ_ρ. □

Wir haben die Splines als Lösungen von Extremalproblemen eingeführt. Daraus ergeben sich mehr oder weniger direkt weitere Extremaleigenschaften. Sie sind im anschließenden Satz 4.3 und in den Sätzen 4.6 und 7.1 formuliert.

Satz 4.3: *Für ein festes* $x \in X$ *mit* K_x *gemäß* (4) *und* $Ax \in K_x$, $p_x := (0,Ax)$ *gelten die folgenden Normrelationen:*

$$(14)\quad \begin{cases} \|Tx\|_Y^2 = \|Ts_x\|_Y^2 + \|T(s_x - x)\|_Y^2 \\ \|Tx\|_Y^2 \geqq \|T\sigma_x\|_Y^2 + \|T(\sigma_x - x)\|_Y^2 \\ \|Sx - p_x\|_W^2 = \|S\tau_{\rho,x} - p_x\|_W^2 + \|S(\tau_{\rho,x} - x)\|_W^2 . \end{cases}$$

Beweis: Die Ungleichung folgt unmittelbar aus (12), die Gleichungen aus (8) bzw. (10). □

Die erste Gleichung in (14) bezeichnet man in der Literatur (vgl. [3,94]) als zweite Minimaleigenschaft, für die im nächsten Kapitel besprochenen Lg-Splines auch als erste Integralrelation.

Aus Satz 4.3 folgt unmittelbar der Eindeutigkeitssatz.

Satz 4.4: *Sind für feste* T,A,z,K,ρ *die Elemente* $s^0,\sigma^0,\tau_\rho^0 \in X$ *spezielle Lösungen von* (3),(5),(6), *so erhält man die allgemeinen Lösungen* s,σ,τ_ρ *als*

$$(15)\quad \begin{cases} s = s^0 + x_o \; mit \; x_o \in N_A \cap N_T \\ \sigma = \sigma^0 + x_1 \; mit \; x_1 \in N_T \cap \{x' - \sigma^0 \mid x' \in A^{-1}(K)\} \\ \tau_\rho = \tau_\rho^0 + x_o \; mit \; x_o \in N_A \cap N_T . \end{cases}$$

(3) *und* (6) *sind genau dann eindeutig lösbar, wenn* $N_A \cap N_T = \{0\}$. (5) *ist für ein festes* $K \subset Z$ *genau dann eindeutig lösbar, wenn mit einer speziellen Lösung* σ^0 *von* (5) $N_T \cap \{x' - \sigma^0 \mid x' \in A^{-1}(K)\} = \{0\}$. *Das ist sicher dann richtig, wenn mit* $K - K := \{z \in Z \mid z := z_1 - z_2,\ z_1, z_2 \in K\}$ *gilt:* $N_T \cap A^{-1}(K-K) = \{0\}$.

Beweis: Wir diskutieren (6),(5) und (3) in dieser Reihenfolge. Sind τ_ρ und τ_ρ^0 zwei Lösungen von (6), so ist nach (14)

$$\|S(\tau_\rho - \tau_\rho^0)\|_W = 0, \text{ d.h. } T(\tau_\rho - \tau_\rho^0) = 0 \text{ und } A(\tau_\rho - \tau_\rho^0) = 0$$

oder $\tau_\rho - \tau_\rho^0 \in N_A \cap N_T$ und umgekehrt.

Zwei Lösungen σ und σ^0 von (5) erfüllen nach (14) notwendigerweise $\sigma - \sigma^0 \in N_T$ und $\sigma - \sigma^0 \in \{x' - \sigma^0 \mid x' \in A^{-1}(K)\}$ und umgekehrt. Wegen $\{x' - \sigma^0 \mid x' \in A^{-1}(K)\} \subseteq \{x' - x'' \mid x', x'' \in A^{-1}(K)\} = A^{-1}(K-K)$ ist $N_T \cap A^{-1}(K-K) = \{0\}$ hinreichend für die Eindeutigkeit von (5). Für $K := \{z\}$ ist $K - K = \{0\}$ und $N_T \cap N_A = \{0\}$ notwendig und hinreichend für die Eindeutigkeit von (3). □

Die Normrelationen (14) sind zu (8),(9),(10) in folgendem Sinn äquivalent: Für festes $x \in X$ gilt für alle $x' \in A^{-1}(Ax)$ nach Satz 4.4 $s_x = s_{x'} + x_o$, $x_o \in N_A \cap N_T$ und nach (14)

$$\|Tx\|_Y^2 = \|Ts_x\|_Y^2 + \|T(s_x - x)\|_Y^2 \quad \text{und}$$
$$\|Tx'\|_Y^2 = \|Ts_x\|_Y^2 + \|T(s_x - x')\|_Y^2 ,$$

d.h. s_x löst (3) und erfüllt nach Satz 4.1 die Bedingung (8), und umgekehrt haben wir ja schon (14) aus (8) hergeleitet. Analog sind die anderen Äquivalenzaussagen zu verstehen.

Wenn das Problem (3) eindeutig lösbar ist, folgt aus Satz 4.2 unmittelbar, daß der Interpolationsspline s_s eines Splines s dieser Spline s selbst ist. Man hat also

$$\text{für } N_A \cap N_T = \{0\} \text{ und } P: \begin{cases} X \to Sp(T,A) \\ x \mapsto s_x = s(T,A,Ax) \end{cases}$$

die Aussage $P^2x := P(Px) = Px$ oder $P^2 = P$, d.h. P ist ein Projektionsoperator (vgl. Satz 4.16). Im Augenblick sehen wir von der Bedingung $N_A \cap N_T = \{0\}$ ab und erhalten die entsprechend schwächeren Aussagen von

Satz 4.5: (a) Sp(T,A) *ist ein abgeschlossener linearer Unterraum von* X *mit* $N_T \subseteq \mathrm{Sp}(T,A)$.

(b) TSp(T,A) *und* TN_A *sind orthogonale Komplemente bez.* Y, *also* $Y = TX = T\mathrm{Sp}(T,A) \oplus TN_A$ *mit abgeschlossenen* $T\mathrm{Sp}(T,A)$, $TN_A = (T\mathrm{Sp}(T,A))^{\perp}$.

(c) *Für* $\alpha',\alpha'' \in \mathbb{R}$, $x',x'' \in X$ *gilt*

$$s_{\alpha'x'+\alpha''x''} = \alpha' s_{x'} + \alpha'' s_{x''} + x_0, \quad \tau_{\rho,\alpha'x'+\alpha''x''} = \alpha'\tau_{\rho,x'} + \alpha''\tau_{\rho,x''} + x_0, \quad x_0 \in N_A \cap N_T .$$

(d) *Mit*

$$\mathrm{Sp}(T,A)_0 := \mathrm{Sp}(T,A) \cap (N_A \cap N_T)^{\perp}, \quad \mathrm{Sp}(T,A) = \mathrm{Sp}(T,A)_0 \oplus (N_A \cap N_T)$$

sind

$$A_0 := A\big|_{\mathrm{Sp}(T,A)_0} : \begin{cases} \mathrm{Sp}(T,A)_0 \to Z \\ s(T,A,z) \mapsto z \end{cases}$$

und

$$B_0 : \begin{cases} \mathrm{Sp}(T,A)_0 \to Z \\ \tau_\rho(T,A,z) \mapsto z \end{cases}$$

Homöomorphismen und $\dim \mathrm{Sp}(T,A) = \dim \mathrm{Sp}(T,A)_0 + \dim (N_A \cap N_T) = \dim Z + \dim (N_A \cap N_T)$.

Die hier definierten Operatoren A_0 und B_0 werden in den Sätzen 4.16 und 4.17 für $N_A \cap N_T = \{0\}$ noch einmal untersucht.

Beweis (a): Die Linearität von Sp(T,A) folgt unmittelbar aus (8). $\{s_\nu\}_{\nu=1}^{\infty}$ sei eine Cauchy-Folge in Sp(T,A) und $s^* := \lim_{\nu\to\infty} s_\nu \in X$. Dann ist wegen

$$\langle Ts^*, Tx\rangle_Y = \langle T \lim_{\nu\to\infty} s_\nu, Tx\rangle_Y = 0 \quad \text{für alle } x \in N_A$$

nach Satz 4.2 (a) $s^* \in \mathrm{Sp}(T,A)$. Aus Satz 4.2 (a) folgt auch sofort $N_T \subseteq \mathrm{Sp}(T,A)$, also ist auch $N_A \cap N_T \subseteq \mathrm{Sp}(T,A)$. Damit ist jede Orthogonalprojektion s^* eines Splines $s \in \mathrm{Sp}(T,A)$ auf $(N_A \cap N_T)^{\perp}$ ein Element von Sp(T,A), d.h. $s^* = s + s_0$ mit $s_0 \in N_A \cap N_T$, und umgekehrt läßt sich jedes $s \in \mathrm{Sp}(T,A)$ als $s = s^* + s_0$ darstellen, d.h. $\mathrm{Sp}(T,A) = (\mathrm{Sp}(T,A) \cap (N_A \cap N_T)^{\perp}) \oplus (N_A \cap N_T) = \mathrm{Sp}(T,A)_0 \oplus (N_A \cap N_T)$.

Beweis (b): Nach Satz 4.2 (a) ist $TSp(T,A) = (TN_A)^\perp$ abgeschlossen, nach Satz 3.7 ist auch $TN_A = TA^{-1}(O)$ abgeschlossen, d.h. $TN_A = ((TN_A)^\perp)^\perp = (TSp(T,A))^\perp$ und $Y = TSp(T,A) \oplus TN_A$.

Beweis (c): Die Behauptung folgt mit der Linearität von A unmittelbar aus (8) und Satz 4.4.

Beweis (d): A_o ist als Restriktion einer stetigen Abbildung eine stetige Abbildung vom Hilbertraum $Sp(T,A)_o$ auf den Hilbertraum Z, die nach Satz 4.4 umkehrbar ist. Also ist A_o nach Satz 2.24 ein Homöomorphismus. Indem man die lineare und stetige Abhängigkeit der Projektion vom Urbild mit der Deutung (7) des Ausgleichsproblems kombiniert, erhält man die Behauptung über B_o. Die Dimensionsaussage folgt unmittelbar aus der Darstellung von Sp(T,A) und mit A_o. □

Wir haben bisher die Splines s(T,A,z) durch Extremaleigenschaften in X charakterisiert. In Satz 4.6 gelingt es, sie für festes x als Lösungen eines Extremalproblems in Sp(T,A) auszuzeichnen.

Satz 4.6: *Für festes* $x \in X$ *ist* $s_x = s(T,A,Ax)$ *Lösung des Extremalproblems*

$$(16) \qquad \|Tx - Ts_x\|_Y = \min_{s \in Sp(T,A)} \{\|Tx - Ts\|_Y\},$$

und zwei Lösungen s_x *und* $\bar{s}_x$ *von* (16) *unterscheiden sich um ein Element von* N_T.

Beweis: Wir setzen für beliebiges $\hat{s} \in Sp(T,A)$ und festes $x \in X$ das Element $x - \hat{s}$ für x in (14) ein. Mit $z_{x-\hat{s}} := A(x - \hat{s}) = Ax - A\hat{s} = z_x - z_{\hat{s}}$ ist nach Satz 4.5

$$s_{x-\hat{s}} = s(T,A,z_{x-\hat{s}}) = s(T,A,z_x) - s(T,A,z_{\hat{s}}) + x_o$$
$$s(T,A,z_{\hat{s}}) = \hat{s} + \bar{x}_o \text{ mit } x_o, \bar{x}_o \in N_A \cap N_T.$$

Aus (14) folgt dann

$$\begin{aligned}\|Tx-T\hat{s}\|_Y^2 &= \|T(x-\hat{s})\|_Y^2 = \|Ts_{x-\hat{s}}\|_Y^2 + \|T(s_{x-\hat{s}} - (x-\hat{s}))\|_Y^2 \\ &= \|Ts_x - T\hat{s} + T(x_o - \bar{x}_o)\|_Y^2 + \|Ts_x - T\hat{s} + T(x_o - \bar{x}_o) - Tx + T\hat{s}\|_Y^2 \\ &= \|Ts_x - T\hat{s}\|_Y^2 + \|Ts_x - Tx\|_Y^2 ,\end{aligned}$$

d.h. s_x löst (16) und für zwei Lösungen s_x und $\bar{s}_x$ gilt $s_x - \bar{s}_x \in N_T$. □

In der Literatur wird (16) oft als erste Minimaleigenschaft der Splinefunktionen bezeichnet ([3,274,275]).

In [274] werden Interpolationssplines diskutiert, die durch verschiedene Datenoperatoren $A_i: X \to Z_i$, $i = 1(1)n$, bestimmt sind. Wir betrachten hier den allgemeineren Fall

$$(17)\quad \begin{cases} X,Y,Z_i,\ i \in \mathbb{I} \subseteq \mathbb{N},\ \text{Hilberträume} \\ T \in L(X,Y),\ A_i \in L(X,Z_i),(i \in \mathbb{I}),\ \|A_i\| \leq C \in \mathbb{R}_+, \\ T,A_i \text{ stetig, linear, auf} \\ (\bigcap_{i\in\mathbb{I}} N_{A_i}) + N_T \text{ abgeschlossen in } X \\ \sum_{i\in\mathbb{I}} N_{A_i}^{\perp} \text{ abgeschlossen in } X. \end{cases}$$

Dann ist, wie man analog zu Kapitel 3, (5),(6) sieht,

$$W := \prod_{i\in\mathbb{I}} Z_i \text{ mit } w := \{z_i\}_{i\in\mathbb{I}} \in W \text{ und}$$

$$\langle w',w''\rangle_W := \sum_{i\in\mathbb{I}} \frac{1}{i^2} \langle z_i',z_i''\rangle_{Z_i}$$

ein Hilbertraum und

$$(18)\quad A: \begin{cases} X \to W \\ x \mapsto \{A_i x\}_{i\in\mathbb{I}} \end{cases} \qquad S: \begin{cases} X \to Y \times W \\ x \mapsto (Tx,\{A_i x\}_{i\in\mathbb{I}}) \end{cases}$$

sind stetige lineare Abbildungen. Nach einer naheliegenden Variante von Satz 3.11 sind AX und SX abgeschlossene lineare Unterräume von W bzw. von $Y \times W$.

$$(19)\quad Z := AX = \{w \in W \mid w = Ax,\ x \in X\} \subseteq W$$

ist mit dem aus W induzierten Skalarprodukt ein Hilbertraum und wir erhalten damit

Satz 4.7: *Unter der Voraussetzung* (17) *seien* A,S,Z *in* (18),(19) *definiert und* $K \subset Z$ *erfülle* (1). *Dann überträgt sich die gesamte Theorie der Splines in Hilberträumen auf den allgemeinen Fall* (17).

4.2 Der Fall $N_A \cap N_T = \{0\}$

Für die Anwendungen der Spline-Theorie ist der Fall besonders wichtig, in dem die Interpolationsaufgabe (3) eindeutig lösbar ist, d.h. wenn

(20) $\qquad N_A \cap N_T = \{0\}$.

Unter dieser Bedingung sind einige interessante Aussagen möglich. Zunächst wollen wir uns der Frage zuwenden, wann (20) erfüllt ist (vgl. Aufgabe III). Dazu sei (AN_T ist nach Satz 3.7 abgeschlossen in Z)

(21) P_T: $Z \to AN_T$ die orthogonale Projektion auf AN_T.

Satz 4.8: *Genau dann ist* $N_A \cap N_T = \{0\}$, *wenn* $\hat{A} := A|_{N_T}: N_T \to A\ _T$ *ein Homöomorphismus ist. Darüber hinaus ist* $\hat{A} = P_T A|_{N_T}$.

Beweis: Ist $\hat{A}$ Homöomorphismus, so ist $\hat{A}$ für $x_0 \in N_A \cap N_T$ definiert und $\hat{A}x_0 = Ax_0 = 0$, d.h. $x_0 = 0$.
Umgekehrt ist für $N_A \cap N_T = \{0\}$ zu zeigen, daß $\hat{A}$ Homöomorphismus ist. Da $\hat{A}$ linear, stetig und surjektiv ist, genügt nach dem Satz von der stetigen Umkehrabbildung (Satz 2.24) der Nachweis von $\ker \hat{A} = \{0\}$. Nach Definition von $\hat{A}$ ist aber $\ker \hat{A} \subseteq N_A \cap N_T = \{0\}$.
Die Aussage $\hat{A} = P_T A|_{N_T}$ ist trivial. □

Analog zu [163] kann man in X unter der Voraussetzung (20) ein weiteres Skalarprodukt einführen (vgl. Aufgabe III).

Satz 4.9: *Unter der Voraussetzung* (20) *ist* X *auch bez. des Skalarprodukts*

(22) $\qquad \langle x',x''\rangle^+ := \langle Ax',Ax''\rangle_Z + \langle Tx',Tx''\rangle_Y \ , \ x',x'' \in X,$

ein Hilbertraum.

Beweis: Die Bilinearität von $\langle\cdot,\cdot\rangle^+$ ist trivial. $\|x\|^{+2} := \langle x,x\rangle^+ = \|Ax\|_Z^2 + \|Tx\|_Y^2 \geq 0$ und $= 0$ genau für $x \in N_A \cap N_T = \{0\}$. Es bleibt die Vollständigkeit von X bez. $\|\cdot\|^+$ zu zeigen. $\{x_\nu\}_{\nu=1}^\infty$ ist genau dann Cauchy-Folge bez. $\|\cdot\|^+$, wenn $\{Ax_\nu\}_{\nu=1}^\infty$ und $\{Tx_\nu\}_{\nu=1}^\infty$ Cauchy-Folgen bez. $\|\cdot\|_Z$ und $\|\cdot\|_Y$ sind. Nach Satz 2.24 ist mit

$\{y_\nu := Tx_\nu\}_{\nu=1}^{\infty}$ und $x_\nu = x_\nu^0 + x_{\nu\perp}$, $x_\nu^0 \in N_T$, $x_{\nu\perp} \in N_T^\perp$, auch $\{x_{\nu\perp}\}_{\nu=1}^{\infty}$ eine Cauchy-Folge bez. $\|\cdot\|_X$ mit $x_{o\perp} := \lim_{\nu\to\infty} x_{\nu\perp} \in N_T^\perp$. Nach Satz 3.7 ist AN_T abgeschlossen. Also konvergiert die Cauchy-Folge $\{Ax_\nu^0 = Ax_\nu - Ax_{\nu\perp}\}_{\nu=1}^{\infty}$ gegen ein $z_o^0 := \lim_{\nu\to\infty} Ax_\nu^0 =: Ax_o^0 \in AN_T$, $x_o^0 \in N_T$, und es ist $z_o := \lim_{\nu\to\infty} Ax_\nu = z_o^0 + Ax_{o\perp} = A(x_o^0 + x_{o\perp})$. Aus $T(x_o^0 + x_{o\perp}) = Tx_{o\perp} = y_o$ folgt schließlich, daß $x_o := x_o^0 + x_{o\perp}$ der gesuchte Grenzwert ist. □

Definition 4.5: *Die mit dem Skalarprodukt* $\langle\cdot,\cdot\rangle^+$ *aus* (22) *definierten Begriffe werden durch einen Index* $^+$ *gekennzeichnet, z.B.* $\|\cdot\|^+$, $\perp_+$, $X_o^{\perp+}$ *für* $X_o \subseteq X$, T^+ *für den adjungierten Operator zu* T *usw.*

Satz 4.10: *Unter der Voraussetzung* (20) *sind die Normen* $\|\cdot\|_X$ *und* $\|\cdot\|^+$ *in* X *äquivalent, d.h. es gibt* $C, C^+ \in \mathbb{R}_+$ *mit*

$$\|x\|_X \leq C^+ \|x\|^+ \quad \textit{und} \quad \|x\|^+ \leq C \cdot \|x\|_X \quad \textit{für alle } x \in X.$$

Beweis: Aus der Stetigkeit von A und T folgt unmittelbar $\|x\|^+ \leq C\,\|x\|_X$.
Zum Beweis der Umkehrung sei

$$x = x_o + x_\perp \text{ mit } x_o \in N_T,\ x_\perp \in N_T^\perp .$$

Nach Satz 2.24 ist

$\|x_\perp\|_X \leq \|T_\perp^{-1}\| \cdot \|Tx\|_Y$ und mit $x_o \in N_T$ folgt aus Satz 4.8

$$\|x_o\|_X = \|\hat{A}^{-1}(Ax - Ax_\perp)\|_X \leq \|\hat{A}^{-1}\| \cdot (\|Ax\|_Z + \|A\| \cdot \|T_\perp^{-1}\| \cdot \|Tx\|_Y),$$

d.h.

$$\|x\|_X \leq \|x_\perp\|_X + \|x_o\|_X \leq C^+ \|x\|^+ \text{ mit}$$

$$C^+ := 2\max\ \{\|\hat{A}^{-1}\|,\ \|T_\perp^{-1}\| \cdot (1 + \|\hat{A}^{-1}\| \cdot \|A\|)\}\ . \quad □$$

Indem man in den Beweisen der Sätze 4.9 und 4.10 A durch P_TA mit P_T aus (21) ersetzt, erhält man

Satz 4.11: *Unter der Voraussetzung* (20) *und mit der in* (21) *definierten Projektion* P_T *ist* X *auch bezüglich des Skalarprodukts*

$$\langle x', x''\rangle^\diamond := \langle P_TAx', P_TAx''\rangle_Z + \langle Tx', Tx''\rangle_Y$$

ein Hilbertraum und die Normen $\|\cdot\|_X$ *und* $\|x\|^{\diamond} := (\langle x,x\rangle^{\diamond})^{1/2}$ *sind äquivalent.*

Die in Kapitel 3.2 für $V^{m,2}[a,b]$ eingeführte Norm $\|\cdot\|_{\int}$ kommt etwas anders zustande. Neben dem Anteil $\langle D^m f, D^m g\rangle_2$, der dem Summanden $\langle Tx', Tx''\rangle_Y$ aus (22) entspricht, taucht dort $\sum_{j=0}^{m-1} \langle D^j f, D^j g\rangle_2$ auf. Diese Summe läßt sich deuten als Bilinearform. Eine Bilinearform

$$B: \begin{cases} X \times X \to \mathbb{R} \\ (x',x'') \mapsto B(x',x'') \end{cases}, \text{ B linear in } x' \text{ und linear in } x'',$$

heißt stetig, positiv semidefinit und symmetrisch, wenn es ein $C \in \mathbb{R}_+$ gibt, so daß für alle $x, x', x'' \in X$

$$|B(x',x'')| \leqq C \cdot \|x'\|_X \cdot \|x''\|_X, \ B(x,x) \geqq 0 \text{ und } B(x',x'') = B(x'',x').$$

Man bestätigt unmittelbar, daß für stetiges B

$$M_B := \{x \in X \mid B(x,x) = 0\} \subsetneqq X, \ 0 \in M_B,$$

die Nullmenge von B, abgeschlossen in X ist.

Satz 4.12: *Für den linearen Operator* T *aus* (1) *gelte* $\dim N_T < \infty$. *Ferner sei* B *eine symmetrische, positiv semidefinite, stetige Bilinearform mit* $M_B \cap N_T = \{0\}$. *Dann ist* X *auch bez.*

$$\langle x',x''\rangle^{\square} := B(x',x'') + \langle Tx',Tx''\rangle_Y, \ x',x'' \in X,$$

ein Hilbertraum und die Normen $\|\cdot\|_X$ *und* $\|\cdot\|^{\square}$ $((\|x\|^{\square})^2 := B(x,x) + \|Tx\|_Y^2)$ *sind zueinander äquivalent.*

Beweis: $\langle\cdot,\cdot\rangle^{\square}$ definiert eine symmetrische, positiv definite Bilinearform, also ein Skalarprodukt auf X, denn
$\langle x,x\rangle^{\square} = B(x,x) + \|Tx\|_Y^2 \geqq 0$ und $= 0$ genau für $x \in M_B \cap N_T = \{0\}$.
Nun sei $\{x_\nu\}_{\nu=1}^{\infty} \subset X$ eine Cauchy-Folge bez. der Norm $\|\cdot\|^{\square}$, d.h. für $\mu,\nu \to \infty$ ist $(\|x_\mu - x_\nu\|^{\square})^2 = B(x_\mu - x_\nu, x_\mu - x_\nu) + \|T(x_\mu - x_\nu)\|_Y^2 \to 0$. Damit ist $\{Tx_\nu\}_{\nu=1}^{\infty} \subset Y$ Cauchy-Folge bez. $\|\cdot\|_Y$ und mit $x_\nu = x_\nu^0 + x_{\nu\perp}$, $x_\nu^0 \in N_T$, $x_{\nu\perp} \in N_T^{\perp}$ ist nach Satz 2.24 auch $\{x_{\nu\perp}\}_{\nu=1}^{\infty} \subset X$ Cauchy-Folge (bez. $\|\cdot\|_X$), d.h. es gibt ein $x_\perp \in N_T^{\perp}$ mit $\lim_{\nu\to\infty} \|x_\perp - x_{\nu\perp}\|_X = 0$.
Mit $\alpha_{\mu,\nu} := x_{\mu\perp} - x_{\nu\perp}$, $\beta_{\mu,\nu} := x_\mu^0 - x_\nu^0$ ist

$$B(x_\mu - x_\nu, x_\mu - x_\nu) = B(\alpha_{\mu,\nu} + \beta_{\mu,\nu}, \alpha_{\mu,\nu} + \beta_{\mu,\nu}) =$$

$$B(\alpha_{\mu,\nu},\alpha_{\mu,\nu}) + 2B(\alpha_{\mu,\nu},\beta_{\mu,\nu}) + B(\beta_{\mu,\nu},\beta_{\mu,\nu})$$

und mit $\|x_\mu - x_\nu\|_X \to 0$, $\|x_{\mu\perp} - x_{\nu\perp}\|_X \to 0$ für $\mu,\nu \to \infty$ und der Stetigkeit von B folgt $B(\beta_{\mu,\nu},\beta_{\mu,\nu}) \to 0$ für $\mu,\nu \to \infty$.

Nach Voraussetzung ist $B|_{N_T \times N_T}$ eine positiv definite, symmetrische, stetige Bilinearform und erzeugt auf dem endlichdimensionalen Raum N_T eine Norm. Da je zwei Normen eines endlichdimensionalen Raumes äquivalent sind, gibt es Konstanten C_+ und $\hat{C} \in \mathbb{R}_+$ mit

$$C_+ B(x,x) \leq \|x\|_X^2 \leq \hat{C}B(x,x) \text{ für alle } x \in N_T .$$

Damit gilt $\|\beta_{\mu,\nu}\|_X^2 \leq \hat{C}B(\beta_{\mu,\nu},\beta_{\mu,\nu}) \to 0$ für $\mu,\nu \to \infty$, d.h. $\{x_\nu^0\}_{\nu=1}^\infty \subset N_T$ ist eine Cauchy-Folge bez. $\|\cdot\|_X$. Da N_T abgeschlossen ist, gibt es ein $x_o \in N_T$ mit $\lim\limits_{\nu\to\infty} \|x_o - x_\nu^0\|_X = 0$.

Nun zeigt man sofort, daß $\hat{x} := x_o + x_\perp$ Grenzwert der Cauchy-Folge $\{x_\nu\}_{\nu=1}^\infty \subset X$ bez. $\|\cdot\|^{\square}$ ist. Damit ist X bez. $\langle\cdot,\cdot\rangle^{\square}$ Hilbertraum.

Die Äquivalenz der Normen folgt nun ähnlich wie in Satz 4.10:
$(\|x\|^{\square})^2 \leq C\|x\|_X^2 + \|T\|^2\|x\|_X^2 = (C + \|T\|^2)\|x\|_X$.
Mit $x = x_o + x_\perp$, $x_o \in N_T$, $x_\perp \in N_T^\perp$ und $\|x\|_X \leq \|x_o\|_X + \|x_\perp\|_X$, $x_\perp = T_\perp^{-1}Tx$ folgt umgekehrt $\|x\|_X^2 = \|x_\perp\|_X^2 + \|x_o\|_X^2 \leq \|T_\perp^{-1}\|^2\|Tx\|_Y^2 + \hat{C}B(x_o,x_o)$. Nun ist

$$B(x_o,x_o) \leq B(x,x)+B(x_\perp,x_\perp)+2|B(x,x_\perp)| \leq B(x,x)+C\|x_\perp\|_X^2+2C\|x\|_X\cdot\|x_\perp\|_X$$
$$\leq B(x,x)+2C\|x_\perp\|_X^2+C\|x_\perp\|_X\cdot\|x_o\|_X \leq B(x,x)+2C\|x_\perp\|_X^2+C\|x_\perp\|_X\hat{C}\sqrt{B(x_o,x_o)}.$$

Indem man diese quadratische Ungleichung $z^2 \leq A_o + 2C_o z$ für $z := \sqrt{B(x_o,x_o)}$ mit $A_o := B(x,x) + 2C\|x_\perp\|_X^2 \geq 0$, $2C_o := C\hat{C}\|x_\perp\|_X \geq 0$ löst, erhält man $\sqrt{B(x_o,x_o)} \leq C_o + \sqrt{C_o^2 + A_o} \leq C^*\|x\|^{\square}$ und damit $\|x\|_X^2 \leq \tilde{C}\|x\|^{\square}$. □

Mit diesen Ergebnissen läßt sich die Voraussetzung über X in (1) etwas abschwächen:

<u>Satz 4.13:</u> X *sei ein Banachraum, im übrigen gelten die Voraussetzungen* (1), (2), (20). *Damit ist* X *bez.* (22) *ein Hilbertraum und alle bisherigen Überlegungen sind auf diesen Fall übertragbar.*

Aus diesen Sätzen ergeben sich einige interessante Konsequenzen.

$\{z_\gamma\}_{\gamma\in\Gamma}$ sei Orthonormalbasis von Z. Dann läßt sich Ax darstellen als (vgl. Satz 2.26)

$$(23)\qquad \begin{cases} Ax = \sum_{\gamma\in\Gamma} (Ax)_\gamma z_\gamma \text{ mit } (Ax)_\gamma := \langle Ax, z_\gamma\rangle_Z \neq 0 \text{ für höchstens} \\ \text{abzählbar viele } \gamma \in \Gamma \text{ und } \langle z_\gamma, z_\varepsilon\rangle_Z = \delta_{\gamma\varepsilon},\ \gamma,\varepsilon \in \Gamma. \end{cases}$$

Somit ist

$$A_\gamma : \begin{cases} X \to \mathbb{R} \\ x \mapsto (Ax)_\gamma := \langle Ax, z_\gamma\rangle_Z \end{cases}$$

ein stetiges lineares Funktional und nach Satz 2.22 (Riesz) gibt es ein eindeutig bestimmtes $k_\gamma \in X$ mit

$$(24)\qquad (Ax)_\gamma = \langle Ax, z_\gamma\rangle_Z = \langle x, k_\gamma\rangle^+,\ \gamma \in \Gamma.$$

<u>Satz 4.14:</u> *Unter der Voraussetzung* (20) *ist* $\{k_\gamma\}_{\gamma\in\Gamma} \subset Sp(T,A)$ *und* $\|k_\gamma\|^+ \leqq \|A\|^+$. *Für* $\dim Z < \infty$ *bilden die* $\{k_\gamma\}_{\gamma\in\Gamma}$ *eine Basis von* $Sp(T,A)$.

Da die $\{k_\gamma\}_{\gamma\in\Gamma}$ i.a. nicht orthonormal sind, die Theorie der allgemeinen Basen in unendlichdimensionalen Räumen den Rahmen unserer Darstellung sprengen würde (vgl. [37]) und die $\{k_\gamma\}_{\gamma\in\Gamma}$ praktisch bedeutungslos sind, wollen wir uns im zweiten Teil des Satzes auf $\dim Z = |\Gamma| < \infty$ beschränken.

<u>Beweis:</u> Nach (24) ist

$$\|k_\gamma\|^+ = \sup_{x\neq 0} \frac{|\langle x, k_\gamma\rangle^+|}{\|x\|^+} = \sup_{x\neq 0} \frac{|(Ax)_\gamma|}{\|x\|^+} \leqq \sup_{x\neq 0} \frac{\|Ax\|_Z}{\|x\|^+} = \|A\|^+.$$

Zum Nachweis von $k_\gamma \in Sp(T,A)$ genügt nach (8)

$$\langle Tk_\gamma, Tx\rangle_Y = 0 \text{ für alle } x \in N_A.$$

Nun ist für $x \in N_A$

$$0 = Ax = \sum_{\gamma\in\Gamma} (Ax)_\gamma z_\gamma = \sum_{\gamma\in\Gamma} \langle x, k_\gamma\rangle^+ z_\gamma, \text{ d.h.}$$

$$0 = \langle x, k_\gamma\rangle^+ := \langle Ax, Ak_\gamma\rangle_Z + \langle Tx, Tk_\gamma\rangle_Y = \langle Tx, Tk_\gamma\rangle_Y.$$

Im Fall $\dim Z < \infty$ bilden die $\{k_\gamma\}_{\gamma\in\Gamma}$ wegen $\dim Z = |\Gamma|$ eine Basis genau dann, wenn sie linear unabhängig sind. $s_\varepsilon \in Sp(T,A)$ seien die durch $(As_\varepsilon)_\gamma = \langle s_\varepsilon, k_\gamma\rangle^+ = \delta_{\varepsilon\gamma}$, $\varepsilon,\gamma \in \Gamma$, bestimmten Interpolationssplines. Für jede verschwindende Linearkombination der k_γ

$$\sum_{\gamma\in\Gamma} \alpha_\gamma k_\gamma = 0$$

gilt dann

$$0 = \langle \sum_{\gamma \in \Gamma} \alpha_\gamma k_\gamma, s_\varepsilon \rangle^+ = \alpha_\varepsilon \text{ für } \varepsilon \in \Gamma,$$

d.h. die k_γ sind linear unabhängig. □

Die im Beweis zu Satz 4.13 aufgetretenen Splines s_ε spielen in der Literatur eine gewisse Rolle.

Definition 4.6: *Ist* $\{z_\gamma\}_{\gamma \in \Gamma}$ *eine Orthonormalbasis von Z, so heißen die unter der Bedingung* (20) *eindeutig bestimmten Splines* s_γ, $\gamma \in \Gamma$, *mit* $As_\gamma = z_\gamma$ *Fundamentalsplines (manchmal auch Kardinalsplines (vgl.* [32]*)).*

Wir wollen die s_γ als Fundamentalsplines bezeichnen. Aus der Definition 4.6 und der Homöomorphie der Räume Sp(T,A) = Sp(T,A)$_o$ und Z unter der Bedingung (20) folgt unmittelbar

Satz 4.15: *Die Fundamentalsplines* $\{s_\gamma\}_{\gamma \in \Gamma}$ *bilden eine Basis für* Sp(T,A) *und zu*

$$z = \sum_{\gamma \in \Gamma} \langle z, z_\gamma \rangle_Z z_\gamma$$

ist, auch für nichtendliches Γ,

$$s(T,A,z) = \sum_{\gamma \in \Gamma} \langle z, z_\gamma \rangle_Z s_\gamma,$$

d.h. nach Numerieren der für festes z höchstens abzählbar vielen $\gamma \in \Gamma$ *mit* $\langle z, z_\gamma \rangle_Z \neq 0$ *existiert unabhängig von der Reihenfolge*

$$s := \lim_{n \to \infty} \sum_{\gamma=1}^{n} \langle z, z_\gamma \rangle_Z s_\gamma \quad \text{und} \quad s = s(T,A,z)$$

Durch den in Satz 4.5 nachgewiesenen Homöomorphismus zwischen Sp(T,A) und Z entfällt für die Basis $\{s_\gamma\}_{\gamma \in \Gamma}$ die oben angedeutete Schwierigkeit für nichtorthonormale Basen. Der verblüffend einfache Zusammenhang zwischen z und dem zugehörigen Interpolationsspline s(T,A,z) macht die Fundamentalsplines für viele theoretische und numerische Anwendungen sehr angenehm. Ihre verhältnismäßig komplizierte Berechnung wird dadurch bis zu einem gewissen Grad ausgeglichen. In [32] sind die Fundamentalsplines für Polynomsplines vom Grad 3, 5, 7, 9, 15 tabelliert.

Wir wollen nun noch einmal die Zuordnung der Splines und Ausgleichssplines zu vorgegebenen Werten $z \in Z$ untersuchen.

Satz 4.16: *Unter der Voraussetzung* (20) *ist*

$X = Sp(T,A) \oplus N_A$ *mit abgeschlossenen* $Sp(T,A), N_A$ *und* $Sp(T,A)^{\perp +} = N_A$.

Mit der in Satz 4.5 *definierten Abbildung* A_0 *ist*

$$P_s := A_0^{-1}A: \begin{cases} X \to X \\ x \mapsto s_x \in Sp(T,A) \end{cases}$$

bez. $\langle\cdot,\cdot\rangle^+$ *eine orthogonale Projektion.*

Beweis: Es ist $x = s_x + (x - s_x) \in Sp(T,A) + N_A$. Da $Sp(T,A)$ und N_A abgeschlossen sind, genügt es, $N_A = Sp(T,A)^{\perp +}$ zu beweisen. Nach Satz 4.1 (8) ist $N_A \subseteq Sp(T,A)^{\perp +}$. Umgekehrt ist für $x \in Sp(T,A)^{\perp +}$ nach Satz 4.14 $\langle x,k_\gamma\rangle^+ = 0$ für $\gamma \in \Gamma$, d.h. nach (23),(24) $x \in N_A$.

Daß P_s orthogonale Projektion ist, folgt nach Definition von A_0 und mit $x = s_x + (x - s_x)$, $x' = s_{x'} + (x - s_{x'}) \in Sp(T,A) \oplus N_A$ aus

$Ax = As_x$, d.h. $P_s x = s_x = P_s(P_s x) = P_s^2 x$ und

$\langle P_s x,x'\rangle^+ = \langle s_x,s_{x'}+(x-s_{x'})\rangle^+ = \langle s_x,s_{x'}\rangle^+ = \langle s_x+(x-s_x),s_{x'}\rangle^+ = \langle x,P_s x'\rangle^+$.

Nach Satz 2.21 ist P_s orthogonale Projektion bez. $\langle\cdot,\cdot\rangle^+$. □

Zur Diskussion der Ausgleichssplines wird die Abbildung S aus Satz 4.1 herangezogen.

$$S: \begin{cases} X \to Y \times Z \\ x \mapsto (Tx,Ax) \end{cases}$$

$$\langle Sx,w\rangle_W = \langle (Tx,Ax),(y,z)\rangle_W = \langle Tx,y\rangle_Y + \rho\langle Ax,z\rangle_Z =$$
$$= \langle x,T^+y + \rho A^+z\rangle^+ = \langle x,S^+w\rangle^+ \quad \text{mit}$$

$$(25) \qquad S^+w = S^+(y,z) = T^+y + \rho A^+z \ .$$

Es gilt

Satz 4.17: $\tau_\rho := \tau_\rho(T,A,z)$ *ist genau dann Ausgleichsspline, wenn*

$$T^+T\tau_\rho + \rho A^+A\tau_\rho = \rho A^+z \ .$$

Zu vorgegebenem $z \in Z$ *findet man den zugehörigen Ausgleichsspline* τ_ρ *für* $N_A \cap N_T = \{0\}$ *als*

$$\tau_\rho = \rho(S^+S)^{-1}A^+z \ ,$$

d.h. für den Homöomorphismus B_O *aus Satz 4.5 erhält man für* $N_A \cap N_T = \{O\}$ *die Form* $B_O^{-1} = \rho(S^+S)^{-1}A^+$.

Beweis: Nach Satz 4.1 ist τ_ρ genau dann Ausgleichsspline, wenn

$$\langle S\tau_\rho - p, Sx\rangle_W = 0 \quad \text{für alle } x \in X \ .$$

Nach Definition von A, A^+, T, T^+, S, S^+ ist diese Aussage äquivalent zu jeder der folgenden Zeilen:

$$\iff \langle T\tau_\rho, Tx\rangle_Y + \rho\langle A\tau_\rho - z, Ax\rangle_Z = 0 \ , \quad x \in X$$

$$\iff \langle T^+T\tau_\rho + \rho A^+A\tau_\rho - \rho A^+z, x\rangle^+ = 0 \ , \quad x \in X$$

$$\iff T^+T\tau_\rho + \rho A^+A\tau_\rho = \rho A^+z$$

$$\iff S^+S\tau_\rho = \rho A^+z = S^+p$$

$$\iff \tau_\rho = \rho(S^+S)^{-1}A^+z \quad \text{für } N_A \cap N_T = \{0\} \ . \qquad \square$$

Der nächste Satz spielt bei der Approximation von linearen Funktionalen eine entscheidende Rolle.

Satz 4.18: *Unter der Voraussetzung* (20) *sei* T^+ *der zu* T *bez.* $\langle\cdot,\cdot\rangle^+$ *adjungierte Operator. Dann gilt*

$$T^+T\,Sp(T,A) = N_T^{\perp+} \cap Sp(T,A) = N_T^{\perp+} \cap N_A^{\perp+} \ .$$

Beweis: Nach Satz 4.1 sind die folgenden Aussagen äquivalent:

$$s \in Sp(T,A) \iff \langle Ts, Tx\rangle_Y = 0 \text{ für alle } x \in N_A$$

$$\iff \langle T^+Ts, x\rangle^+ = 0 \text{ für alle } x \in N_A$$

$$\iff T^+Ts \in N_A^{\perp+} \ .$$

Nach den Sätzen 3.8 und 4.16 ist $T^+Y = N_T^{\perp+}$, d.h. $T^+Ts \in N_A^{\perp+} \cap N_T^{\perp+}$. Ist umgekehrt $\hat{x} \in N_A^{\perp+} \cap N_T^{\perp+}$, so ist wegen $T^+Y = N_T^{\perp+}$ und $TX = Y$ dieses $\hat{x}$ darstellbar als $\hat{x} = T^+T\hat{s}$ mit $\hat{s} \in X$. Wegen $\hat{x} \in N_A^{\perp+}$ ist $\langle T^+T\hat{s}, x\rangle^+ = 0$ für alle $x \in N_A$, d.h. nach den obigen Äquivalenzen $\hat{s} \in Sp(T,A)$. $\square$

4.3 Verallgemeinerungen

Nach Satz 3.7 kann man die bisherige Theorie, allerdings unter

Verzicht auf die Ausgleichssplines, in folgender Weise verallgemeinern. Es seien

$$(26)\quad \begin{cases} X,Y \text{ reelle Hilberträume} \\ T \in L(X,Y) \text{ stetig, linear, auf} \\ U \text{ ein abgeschlossener linearer Unterraum von } X \\ \emptyset \neq M_x \text{ eine abgeschlossene beschränkte Menge, } M_x \subset X \end{cases}$$

$$(27)\quad U + N_T \text{ abgeschlossen in } X.$$

Dementsprechend hat man die Definitionen 4.1 und 4.2 zu modifizieren.

Definition 4.7: $s \in X$ *heißt Interpolationsspline zu* $x_o \in X$ *bez.* T,U *(Bezeichnung* $s := s(T,U,x_o)$*) genau dann, wenn*

$$(28)\quad \|Ts\|_Y = \min_{s,x \in x_o+U} \{\|Tx\|_Y\}.$$

$\sigma \in X$ *heißt Spline auf der abgeschlossenen, beschränkten Menge* $M_{x_o} \subset X$ *bez.* T,U *genau dann, wenn*

$$(29)\quad \|T\sigma\|_Y = \min_{\sigma,x \in M_{x_o}+U} \{\|Tx\|_Y\}.$$

$$Sp(T,U,x_o) := \bigcup\{s(T,U,x_o)\},\ Sp(T,U) := \bigcup_{x_o \in X} Sp(T,U,x_o)$$

Ersetzt man im Sinn von Definition 4.7 $z \in Z$ bzw. $K \subset Z$ durch $x_o \in X$ bzw. $M_{x_o} \subset X$, $A^{-1}(z)$ durch $x_o + U$, $A^{-1}(K)$ durch $M_{x_o} + U$, N_A durch U, $Sp(T,A)$ durch $Sp(T,U)$, so bleiben die Sätze 4.1 - 4.7 und 4.9, 4.10 bis auf die folgenden Modifikationen unverändert: Man verzichtet auf alle Aussagen, die Ausgleichssplines betreffen. In Satz 4.5 hat man statt des Homöomorphismus A_o: $Sp(T,A) \to Z$ eine Projektion $P: X \to Sp(T,U)_o := Sp(T,U) \cap (U \cap N_T)^\perp$ (d.h. eine stetige lineare Abbildung auf mit $PP = P$). Das Skalarprodukt (22) ist zu ersetzen durch

$$\langle x',x''\rangle^+ := \langle P_{U^\perp}x', P_{U^\perp}x''\rangle_X + \langle Tx',Tx''\rangle_Y$$

mit der Orthogonalprojektion $P_{U^\perp}: X \to U^\perp$ (auf). Wir fassen diese Ergebnisse zusammen zum

Satz 4.19: *Die Probleme* (28), (29) *sind für beliebiges* x_o *bzw. abgeschlossenes, beschränktes* M_{x_o} *unter der Voraussetzung* (26) *genau dann lösbar, wenn* (27) *gilt. Mit den oben angegebenen Änderungen bleiben die Sätze* 4.1 - 4.7, 4.9, 4.10 *richtig, wenn gegebenenfalls* M_{x_o} *als konvex vorausgesetzt wird.*

Es ist nicht verwunderlich, daß die auf der Stetigekit von $A: X \to Z$ aufbauenden Sätze 4.13 bis 4.16 nicht zu übertragen sind.

Die derzeitige Entwicklung geht dahin, Splines mehr oder weniger gebunden an Hilbertraumvoraussetzungen in einen allgemeineren funktionalanalytischen Rahmen zu stellen (vgl. die Arbeiten von Sard [275,276], die Theorie der Spline-Systeme von Delvos-Schempp [143,144,145,146], die Theorie der "Bilinearformen" bzw. der Orthogonalität von Lucas [219]) oder von vornherein in Banachräumen zu arbeiten und mehr oder weniger auf die Linearität der diskutierten Operatoren zu verzichten. In diesem Zusammenhang sind vor allem Golomb, Holmes, Jerome, Mangasarian, Schumaker (vgl. [157,161,181,190,195,224,280]) zu nennen.

Aufgaben:

I) Durch den in Satz 4.5 definierten Operator A_o ist eine Projektion $P := A_o^{-1}A: X \to Sp(T,A)_o$, d.h. eine Abbildung mit $P^2 := P \cdot P = P$ erklärt (Beweis!). Gilt das auch für B_o?

II) Es sei $Z := \mathbb{R}^p$, $p < \infty$, $m := \dim N_T < p$ und $(Ax)_i = \langle x,k_i\rangle_X$, $i = 1(1)p$ (vgl. (24)). Dann ist $N_T \cap N_A = \{0\}$ genau dann, wenn es m über N_T linear unabhängige k_i gibt, d.h. $\langle \alpha_1 k_1 + \ldots + \alpha_m k_m, x\rangle = 0$ für alle $x \in N_T$ ist nur für $\alpha_1 = \ldots = \alpha_m = 0$ möglich.

III) $P: Z \to Z_o$ sei eine orthogonale Projektion auf einen abgeschlossenen linearen Unterraum $Z_o \subset Z$. Man zeige: Genau dann definiert

$$\langle x',x''\rangle^{\nabla} := \langle PAx',PAx''\rangle_Z + \langle Tx',Tx''\rangle_Y$$

ein Skalarprodukt für X bez. dessen X vollständig ist, wenn $AN_T \subsetneq Z_o$. Dann sind auch die Normen $\|\cdot\|_X$ und $\|x\|^{\nabla} := (\langle x,x\rangle^{\nabla})^{1/2}$ äquivalent.

IV) Unter der Voraussetzung (20) zeige man (vgl. [193])

$$(T[Sp(T,A)]^{\perp +})^{\perp} = T[Sp(T,A)].$$

V) Man beweise Satz 4.11 und 4.19 .

VI) Unter der Voraussetzung (20) ist $x \in A^{-1}(z)$ genau dann Interpolationsspline, wenn es ein $\hat{z} \in Z$ gibt mit $T^+Tx = A^+\hat{z}$.

5 Lg-Splines

Im Anschluß an 4 werden die wichtigsten Beispiele, die Lg-Splines und deren Spezialfälle, die für die Praxis besonders wichtigen Polynomsplines, und die periodischen Splines dargestellt. Entsprechend der Verallgemeinerung der Ergebnisse aus Kapitel 4 in Satz 4.19 werden hier einige Aussagen über Splines mit unendlich vielen Interpolationsbedingungen bewiesen. Im letzten Abschnit deuten wir einige Verallgemeinerungen an und führen die sogenannten B-Splines ein, die bisher einzige bekannte theoretisch und numerisch befriedigende Basis für den Raum der Polynom-Splinefunktionen.

5.1 Lg-Splines

Mit den in 3 eingeführten Räumen $W^{m,2}[a,b]$ und $L^2[a,b]$ für $a,b \in \mathbb{R}$ (unendliche Intervalle $[c,d] \subset \mathbb{R}^*$ werden in 5.4 besprochen) sei

(1) $\qquad X := W^{m,2}[a,b],\ Y := L^2[a,b],\ Z$ ein beliebiger Hilbertraum.

Nach Satz 2.29 erfüllt

$$(2) \qquad T := L: \begin{cases} W^{m,2}[a,b] \to L^2[a,b] \\ f \mapsto \sum_{j=0}^{m} a_j D^j f \\ a_j \in W^{j,2}[a,b] \cap C[a,b],\ a_m(x) \geqq \theta \in \mathbb{R}_+,\ j \in \mathbb{N}_m, \end{cases}$$

die Bedingung $LW^{m,2}[a,b] = L^2[a,b]$. Die Koeffizientenbedingungen in (2) kann man abschwächen: Es genügt $a_j \in L^2[a,b]$, $a_m(x) \geqq \theta$ f.ü. in $[a,b]$. Die schärferen Bedingungen in (2) brauchen wir dann von Satz 5.1 an. Wählt man zu $T := L$ den Operator $A: X \to Z$ surjektiv und stetig, so erfüllen (1),(2) die Bedingungen (4.1),(4.2), denn mit $\dim N_T = \dim N_L = m < \infty$ ist nach Satz 3.10 $N_A + N_L$ abgeschlossen in X. Damit ist die ganze bisherige Theorie aus Kapitel 4 für (1),(2), $A: X \to Z$ (auf) gültig.

Besonders wichtig ist der Fall

(3) $\qquad Z := \mathbb{R}^p\ ,\quad p \in \mathbb{N}$

(für $\dim Z = \infty$ vgl. Abschnitt dieses Kapitels). Dann hat der surjektive stetige Operator A die Form (vgl. Aufgabe I)

$$(4)\quad \begin{cases} A: \begin{cases} W^{m,2}[a,b] \to \mathbb{R}^p \\ f \mapsto Af := (\lambda_1 f,\ldots,\lambda_p f) \end{cases}, & A \in L(W^{m,2}[a,b],\mathbb{R}^p),\ A \text{ surjektiv}, \\ \text{mit stetigen linear unabhängigen Funktionalen} \\ \lambda_1,\ldots,\lambda_p\colon W^{m,2}[a,b] \to \mathbb{R}. \end{cases}$$

Wir setzen in diesem Kapitel, wenn nicht ausdrücklich etwas anderes gefordert ist, (1),(2),(3),(4) voraus.

Um die hier besprochenen Splines von den kubischen Splines aus Kapitel 1 und den Polynomsplines aus 5.2 zu unterscheiden, spricht man von Lg-Splines. Dabei erinnert L an den Differentialoperator T := L aus (2) und g an die gegenüber 1 verallgemeinerten (generalized) Interpolationsbedingungen in (4).

Definition 5.1: *X, Y, $r \in \mathbb{R}^p$ seien nach* (1),(3), *T und A nach* (2), (4) *gewählt. Dann heißen die dazu bestimmten Splines* $s(T,A,r) := s(L,A,r)$ *Lg-Splines. Die Begriffe Interpolationsspline, Ausgleichsspline und Spline auf K übertragen sich sinngemäß.*

Für die Anwendungen sind diejenigen A besonders wichtig, bei denen die λ_i, $i = 1(1)p$, Punktfunktionale sind.

Definition 5.2: *Mit den λ_i aus* (4) *sei* $\Lambda := \{\lambda_i\}_{i=1}^p$. *$\Lambda$ erzeugt ein Hermite-Birkhoff-Interpolationsproblem (kurz H-B-Problem), wenn für jedes $\lambda_i \in \Lambda$ ein Paar (x_i,j_i), $x_i \in [a,b]$, $j_i \in \mathbb{N}_{m-1}$, existiert mit* $\lambda_i f = (D^{j_i}f)(x_i)$. *Dabei sei* $(x_i,j_i) \neq (x_\ell,j_\ell)$ *für* $i \neq \ell$ *und wir schreiben abkürzend* $\lambda_i = (D^{j_i})_{x_i}$. *Die x_i heißen Knoten des H-B-Probleme und der durch L und A bzw. Λ bestimmten Lg-Splines. Die Menge der (einfach gezählten) Knoten x_k bezeichnen wir als* $\{x_k\}_{k=1}^n$, $n \leq p$ *und* $\Delta:\ a \leq x_1 < x_2 < \ldots < x_n \leq b$ *als Gitter. Zur Abkürzung verwenden wir die Schreibweise* $x_0 := a$, $x_{n+1} := b$. *Ist speziell Λ von der Form* $\Lambda = \{(D^j)_{x_i},\ i = 1(1)n,\ j = 0(1)\omega_i-1\}$, *so heißt der Vektor* $\omega^T := (\omega_1,\ldots,\omega_n)$ *auch Inzidenzvektor von Λ oder zu Δ, und Λ ist in diesem Fall durch Δ und ω eindeutig bestimmt. Dann bestimmt* (Δ,ω) *dasselbe H-B-Problem wie Λ und es sei* $Sp(L,\Delta,\omega) := Sp(L,\Lambda)$.

Die im H-B-Problem auftretenden Punktfunktionale

$$\lambda_i = (D^{j_i})_{x_i},\ x_i \in [a,b],\ j_i \in \mathbb{N}_{m-1}$$

sind nach Satz 3.18 stetige lineare Funktionale $\lambda_i: W^{m,2}[a,b] \to \mathbb{R}$. Unter der Bedingung $(x_i,j_i) \neq (x_k,j_k)$ für $i \neq k$ sind die $\{\lambda_i\}_{i=1}^{p}$ linear unabhängig (Aufgabe II). Damit ist für ein H-B-Problem der Operator A aus (4) ein stetiger linearer Operator auf $\mathbb{R}^p$.

Zur Formulierung des folgenden Satzes erinnern wir an die Definition des zu L formal adjungierten Operators L^* und an die Greensche Formel (Satz 3.22)

$$(5)\qquad L^*: \begin{cases} W^{m,2}[a,b] \to L^2[a,b],\ a_j \in W^{j,2}[a,b] \cap C[a,b] \\ f \mapsto \sum\limits_{j=0}^{m} (-1)^j D^j (a_j f) \quad,\ j = 0(1)m \end{cases}$$

$$(6)\qquad \begin{cases} O_j v := \sum\limits_{i=0}^{m-j-1} (-1)^{i+1} D^i (a_{i+j+1} v) \\ \int\limits_{\alpha}^{\beta} (vLu-uL^*v)\,dx = -\sum\limits_{j=0}^{m-1} (D^j u) O_j v \Big|_{\alpha}^{\beta} \text{ für } u,v \in W^{m,2}[\alpha,\beta]. \end{cases}$$

Mit

$$(7)\qquad \begin{cases} [f]_x := f(x+0) - f(x-0) \text{ für } x \in (a,b), \\ [f]_a := f(a+0),\ [f]_b := -f(b-0) \end{cases}$$

gilt (vgl. Aufgabe III,IV)

Satz 5.1: *Λ erzeuge ein H-B-Problem. Dann ist ((1),(2),(3),(4) sind ja generell vorausgesetzt!) y genau dann Lg-Spline, wenn (8α-δ) erfüllt ist:*

$$(8)\qquad \begin{cases} (\alpha)\ y \in W^{m,2}[a,b], \\ (\beta)\ Ly \in W^{m,2}(x_k,x_{k+1}),\ k = 0(1)n, \text{ und } L^*(Ly(x)) = 0 \text{ für f.a. } x \in (a,b) \setminus \{x_k\}_{k=1}^{n} \\ (\gamma)\ Ly(x) = 0 \text{ für } x \in (a, \min\limits_{k=1}^{n} \{x_k\})\ (\max\limits_{k=1}^{n} \{x_k\}, b) \\ (\delta)\ [O_j Ly]_{x_k} = 0 \text{ für } (D^j)_{x_k} \notin \Lambda,\ k = 1(1)n,\ j \in \mathbb{N}_{m-1}. \end{cases}$$

Weiter läßt sich mit $x_0 := a$, $x_{n+1} := b$ ein Lg-Spline s so stetig auf $[x_k,x_{k+1}]$, $k = 0(1)n$, fortsetzen, daß $Ls \in W^{m,2}[x_k,x_{k+1}]$, d.h.

Ls *ist C-Lösung für* $L^*u = 0$ *auf* $[x_k, x_{k+1}]$.

Unter stärkeren Bedingungen für die Koeffizienten a_j *sind die Splines glatter. Für* $a_j \in C^j[a,b]$ *ist* $Ls|_{[x_k,x_{k+1}]} \in C^m[x_k,x_{k+1}]$ *und* Ls *ist auf* $[x_k,x_{k+1}]$ *klassische Lösung von* $L^*u = 0$. *Für* $a_j \in W^{m,2}[a,b]$ *ist* $s|_{[x_k,x_{k+1}]} \in W^{2m,2}[x_k,x_{k+1}]$ *und* s *ist C-Lösung von* $(L^*L)u = 0$ *auf* $[x_k,x_{k+1}]$, *für* $a_j \in C^m[a,b]$ *ist* $s|_{[x_k,x_{k+1}]} \in C^{2m}[x_k,x_{k+1}]$ *und* s *ist klassische Lösung von* $L^*Lu = 0$ *auf* $[x_k,x_{k+1}]$.

<u>Beweis:</u> Nach Satz 4.2 genügt es zu zeigen, daß (8) äquivalent ist zu

$$(9) \qquad Ly \in (LN_A)^{\perp}.$$

Wir beweisen zunächst (9) aus (8). Für ein $h \in N_A$ und

$$(10) \qquad \xi := \min_{k=1}^{n} \{x_k\}, \quad \eta := \max_{k=1}^{n} \{x_k\}$$

folgt mit (5),(6),(7), $Ly \in W^{m,2}[x_k,x_{k+1}]$, $L^*(Ly(x)) = 0$ f.ü. auf $[x_k,x_{k+1}]$ und $Ly(x) = 0$ für $[a,\xi] \cup [\eta,b]$ durch Grenzübergänge

$$\int_a^b Ly\,Lh\,dx = \int_\xi^\eta (Ly\,Lh - hL^*(Ly))dx = \sum_{k=1}^{n} \sum_{j=0}^{m-1} D^j h(x_k)[O_j Ly]_{x_k}.$$

In dieser Doppelsumme verschwinden alle Einzelsummanden. Denn für $(D^j)_{x_k} \in \Lambda$ ist $D^j h(x_k) = 0$ wegen $h \in N_A$, für $(D^j)_{x_k} \notin \Lambda$ ist nach (8δ) $[O_j Ly]_{x_k} = 0$, d.h.

$$(11) \qquad \langle Ly,Lh\rangle_2 = \int_a^b Ly\,Lh\,dx = 0 \text{ für alle } h \in N_A, \text{ d.h. (9).}$$

Nun sei umgekehrt (9) bzw. (11) erfüllt. Nach (4.3) und (1) ist (8α) klar. Zum Beweis von (8β) sei $J := (c,d) \subset (a,b)$ mit $J \cap \{x_k\}_{k=1}^n = \emptyset$ gewählt. Dann ist $\phi \in W^{m,2}[a,b]$ mit $\operatorname{tr} \phi := \overline{\{x \in [a,b] \mid \phi(x) \neq 0\}} \subset J$ zugleich in N_A. Nach Satz 4.2 ist somit

$$(12) \qquad 0 = \langle Ly,L\phi\rangle_2 = \int_a^b Ly\,L\phi\,dx = \int_c^d Ly\,L\phi\,dx, \ \operatorname{tr}\phi \subset J.$$

Nach Definition 3.5 ist also Ly verallgemeinerte Lösung von $L^*u = 0$ auf J. Mit dem u_0 aus Satz 3.24 ist dann

$$Ly(x) = (a_m D^m y + a_{m-1} D^{m-1} y + \ldots + a_0 y)(x) = u_0(x) \text{ f.ü. in } J$$

oder wegen $a_m(x) \geqq \theta \in \mathbb{R}_+$

$D^m y(x) = h(x)$ f.ü. in J mit $h(x) := \frac{1}{a_m(x)}(u_o - \{a_{m-1}D^{m-1}y + \ldots + a_o y\})(x)$.

Nach (8α) ist $D^m y \in L^2[a,b] \subset L^1[a,b]$ (vgl. Satz 2.18) und nach Satz 2.8(c) ist

$$D^{m-1}y(x) - D^{m-1}y(c) = \int_c^x D^m y(t)dt \quad \text{für } x,c \in J$$

$$= \int_c^x h(t)dt \quad \text{nach Satz 2.14.}$$

Da h stetig ist, muß $D^{m-1}y$ stetig differenzierbar sein, d.h.

$$D^m y(x) = D(D^{m-1}y(x)) = h(x) = \frac{1}{a_m(x)}(u_o - \{a_{m-1}D^{m-1}y + \ldots + a_o y\})(x)$$

für alle $x \in J$. Damit ist $Ly \in C(J)$ und folglich ist

$$Ly(x) = u_o(x) \text{ für alle } x \in J, \text{ d.h. } Ly \in W^{m,2}(J) .$$

Da man zu jedem $x \in (a,b) \setminus \{x_k\}_{k=1}^n$ ein derartiges J angeben kann, ist (8β) bewiesen.

Mit ξ, η aus (10) sei im Gegensatz zu (8γ) $Ly(x) \not\equiv 0$ in $I := (a,\xi) \cup (\eta,b)$. Nach (8β) gibt es zu einem $x_o \in I$ mit $Ly(x_o) \neq 0$ eine ganze Umgebung von x_o mit $Ly(x) \neq 0$, d.h. für $x_o \in (a,\xi)$ ist z.B.

$$\int_a^\xi (Ly)^2 dx > 0 \qquad \text{oder}$$

$$\int_a^b (Ly)^2 dx > \int_\xi^b (Ly)^2 dx .$$

Mit dieser Ungleichung läßt sich sofort ein Widerspruch zur Minimalität von y konstruieren. Es sei

$$y_1(x) := \begin{cases} y(x) & \text{für } x \in [\xi,b] \\ u(x) & \text{für } x \in [a,\xi] \end{cases}$$

mit $u \in N_L$ und $(D^j u)(\xi) = (D^j y)(\xi)$, $j = 0(1)m-1$. Nach Konstruktion von y_1 ist $Ay = Ay_1$, aber

$$\|Ly_1\|_2^2 < \|Ly\|_2^2$$

im Widerspruch zur Minimalität von y.

Nach (6),(7),(8β,γ) erhält man für ein $u := f \in W^{m,2}[a,b]$ und $v := Ly \in W^{m,2}[a,b]$

$$(13) \qquad \langle Ly, Lf\rangle_2 = \int_a^b Ly\, Lf\, dx = \sum_{\nu=1}^n \sum_{\mu=0}^{m-1} D^\mu f(x_\nu)[O_\mu Ly]_{x_\nu} .$$

Für einen inneren Punkt $x_i \in \{x_k\}_{k=1}^n$, $(D^j)_{x_i} \notin \Lambda$ und $J_i :=$ $[x_i-\varepsilon, x_i+\varepsilon]$ mit $J_i \cap \{x_k\}_{k=1}^n = \{x_i\}$ sei $f_{ij} \in W^{m,2}[a,b]$ so gewählt, daß tr $f_{ij} \subset J_i$ und $(D^\mu f_{ij})(x_i) = \delta_{\mu j}$, $\mu, j = 0(1)m-1$. Dieses f_{ij} gehört zu N_A, d.h. nach (11) und (13) ist

$$0 = [0_j Ly]_{x_i} .$$

Ganz analog geht man gegebenenfalls für Randpunkte $x_1 = \xi = a$ bzw. $x_n = \eta = b$ vor.

Zum Beweis der Zusatzbehauptungen gehen wir zurück zur Diskussion von (8β): Es sei $\hat{x} \in (a,b) \setminus \{x_k\}_{k=1}^n$ und J so gewählt, daß $\hat{x} \in J$, $J \cap \{x_k\}_{k=1}^n = \emptyset$. Dann läßt sich $Ly \in W^{m,2}(J)$ als Lösung des Anfangswertproblems $L^*(Ly(x)) = 0$, $D^j(Ly(\hat{x})) = c_j$, $j = 0(1)m-1$, mit geeigneten c_j wegen der Stetigkeit der Koeffizienten a_j und $a_m(x) \geqq \theta \in \mathbb{R}_+$ auf $[x_k, x_{k+1}]$ so fortsetzen, daß $Ls|_{[x_k,x_{k+1}]} \in W^{m,2}[x_k, x_{k+1}]$. Für Koeffizienten $a_j \in C^j[a,b]$ hat L^*u stetige Koeffizienten (vgl. (5)). Damit ist die C-Lösung u_0 aus Satz 3.24 nach Satz 2.29 ein Element von $C^m[x_k, x_{k+1}]$, d.h. $Ly|_{[x_k,x_{k+1}]} \in C^m[x_k, x_{k+1}]$. Sind die $a_j \in W^{m,2}[a,b]$, so ist $L^*(Ls(x)) = (L^*L)s(x) = 0$ für f.a. $x \in [x_k, x_{k+1}]$, d.h. nach Satz 2.29 und Satz 3.18 ist $s|_{[x_k,x_{k+1}]} \in W^{2m,2}[x_k, x_{k+1}]$ und s ist dort C-Lösung von $(L^*L)u = 0$. Entsprechend ist für $a_j \in C^m[a,b]$ s auf $[x_k, x_{k+1}]$ eine 2m-mal stetig differenzierbare klassische Lösung von $(L^*L)u = 0$. □

Charakterisierungen von Splines für allgemeinere stetige lineare Funktionale und für Banachräume findet man in [17,132].

Die in 1 behandelten kubischen Splines waren aus $C^2[a,b]$. Es stellt sich die Frage, ob nicht auch die Lg-Splines einer höheren Stetigkeitsklasse angehören (vgl. Aufgaben III-V).

<u>Satz 5.2:</u> Λ *erzeuge ein H-B-Problem, in* (2) *seien die* $a_j \in W^{m,2}[a,b]$ *und es seien* $s, \sigma, \tau_\rho \in Sp(L,\Lambda)$ *gegeben. Ist für* $x_k \in \{x_\nu\}_{\nu=1}^n$ *die Ordnung der höchsten in* x_k *vorgeschriebenen Ableitung* ν_k, $0 \leqq \nu_k \leqq m-1$, *d.h.* $(D^{\nu_k})_{x_k} \in \Lambda$, $(D^{\nu_k+j})_{x_k} \notin \Lambda$ *für* $j > 0$, *so ist* s, σ, τ_ρ *in* x_k $(2m-2-\nu_k)$*-mal stetig differenzierbar.*

Beweis: Nach Satz 4.2 können wir uns auf $s \in Sp(L,\Lambda)$ beschränken. Aus (1) folgt $s \in C^{m-1}[a,b]$, d.h. $[D^j s]_{x_k} = 0$, $j = 0(1)m-1$.

Nun sei die Behauptung richtig für alle j mit $j = 0(1)q < 2m-2-\nu_k$, $q \geqq m-1$. Wegen $2m-2-q > 2m-2-(2m-2-\nu_k) = \nu_k$ und $2m-2-q \leqq 2m-2-m+1 = m-1$ ist nach Definition von $\nu := \nu_k$ und nach (8δ)

$$0 = [0_{2m-2-q}Ls]_{x_k} = \sum_{i=0}^{q+1-m} (-1)^{i+1}[D^i\{a_{i+2m-q-1}\sum_{\lambda=0}^{m} a_\lambda s^{(\lambda)}\}]_{x_k}.$$

Wegen $i \leqq q+1-m \leqq m-1$, $a_j \in C^{m-1}[a,b]$ und $s \in W^{2m,2}((a,b)\setminus\{x_\nu\}_{\nu=1}^{n})$ nach dem Zusatz zu Satz 5.1 kann man hier in einer punktierten Umgebung $(x_k-\varepsilon, x_k+\varepsilon)$ gliedweise differenzieren. Mit $\mu := i+2m-q-1$ ist

$$[D^i(a_\mu a_\lambda s^{(\lambda)})]_{x_k} = \sum_{\ell=0}^{i} \binom{i}{\ell}[(a_\mu a_\lambda)^{(i-\ell)} s^{(\lambda+\ell)}]_{x_k}.$$

Für $\lambda < m$ bzw. für $i < q+1-m$ verschwinden wegen $\lambda + \ell \leqq \lambda + i < m + q + 1 - m = q + 1$ die Größen

$$[(a_\mu a_\lambda)^{(i-\ell)} s^{(\lambda+\ell)}]_{x_k}.$$

Der einzige Summand, dessen Verschwinden von vornherein nicht gesichert war, ergibt sich für $\lambda = m$ und $i = q+1-m$. Also folgt aus $0 = [0_{2m-2-q}Ls]_{x_k}$ mit $\mu = i + 2m - q - 1 = m$

$$[a_m^2 s^{(q+1)}]_{x_k} = 0$$

und wegen $a_m(x) \geqq \theta \in \mathbb{R}_+$ schließlich die Stetigkeit von $s^{(q+1)}$ in x_k. □

Im Anschluß an Satz 5.1 wird man versuchen, die Interpolationssplines, die Splines auf konvexen Mengen K und die Ausgleichssplines in zu Satz 4.1 analoger Weise zu charakterisieren. Will man über die Aussagen von Satz 4.1 wesentlich hinauskommen, ist es zweckmäßig, K zu spezialisieren. Mit der üblichen komponentenweisen Halbordnung $\leqq$ in $\mathbb{R}^p$, d.h. $r^T := (r_1,\ldots,r_p) \leqq \bar{r}^T := (\bar{r}_1,\ldots,\bar{r}_p)$ genau dann, wenn $r_i \leqq \bar{r}_i$, $i = 1(1)p$, sei $(\underline{r}^T := (\underline{r}_1,\ldots,\underline{r}_p))$

(14) $\quad K := [\underline{r},\bar{r}] := \{r \in \mathbb{R}^p \mid \underline{r} \leqq r \leqq \bar{r}\}.$

In vielen Fällen wird man die zur Bestimmung eines Splines benötigten Werte der Punktfunktionale nur näherungsweise und mit verschiedener Genauigkeit kennen. In diesem Fall wird man statt der Interpolationssplines die Ausgleichssplines einsetzen. An die Stelle der üblichen Euklid-Norm ($\varepsilon_i = 1$, $i = 1(1)p$ in (15)) tritt dann zweckmäßigerweise eine gewichtete Norm und das dazu passende Skalarprodukt:

$$(15) \qquad \|r\|_\varepsilon^2 := \sum_{i=1}^{p} \varepsilon_i r_i^2, \; \varepsilon_i \in \mathbb{R}_+, \; (r',r'')_\varepsilon := \sum_{i=1}^{p} \varepsilon_i r_i' r_i'' .$$

Dabei wird man die ε_i umgekehrt proportional zur Genauigkeit des Meßwertes des Punktfunktionals λ_i wählen.

Nun sind wir in der Lage, die angekündigte Charakterisierung zu formulieren:

Satz 5.3: *Λ erzeuge ein H-B-Problem und* K *sei gemäß* (14) *gewählt. Dann ist*

(16) y *Interpolationsspline zu* r $\Longleftrightarrow$ y *ist* Lg-*Spline und* $Ay = r$

(17) y *Spline auf* K $\Longleftrightarrow$ y *ist* Lg-*Spline und erfüllt* (19α,β), $Ay \in K$

(18) y *Ausgleichsspline zu* r,ρ *bez.* (15) $\Longleftrightarrow$ y *ist* Lg-*Spline und erfüllt* (19γ)

$$(19) \begin{cases} (\alpha) \; [O_j Ly]_{x_\nu} \geqq 0 \; \textit{für} \; \lambda_i := (D^j)_{x_\nu} \in \Lambda \; \textit{und} \; \lambda_i y < \bar{r}_i . \\ (\beta) \; [O_j Ly]_{x_\nu} \leqq 0 \; \textit{für} \; \lambda_i := (D^j)_{x_\nu} \in \Lambda \; \textit{und} \; \lambda_i y > \underline{r}_i \\ (\gamma) \; +[O_j Ly]_{x_\nu} = -\rho\varepsilon_i(\lambda_i y - r_i) \; \textit{für} \; \lambda_i := (D^j)_{x_\ell} \in \Lambda . \end{cases}$$

Beweis: Nach Satz 5.1 ist die Kennzeichnung der Interpolationssplines klar. Es genügt somit , die beiden anderen Aussagen zu beweisen.
Nach (4.9) ist zu zeigen, daß für festes K, $Ay \in K$, $\langle Ly, L(y-f)\rangle_2 \leqq 0$ für alle $f \in A^{-1}(K)$ und (8),(19α,β) äquivalent sind. Nach Satz 5.1 ist für Splines auf K (8) erfüllt. Aus (4.9) und (13) folgt weiter nach (7)

$$(20) \qquad \langle Ly, L(y-f)\rangle_2 = \sum_{\nu=1}^{n-1} \sum_{\mu=0}^{m-1} D^\mu(y-f)(x_\nu)[O_\mu Ly]_{x_\nu} \leqq 0 .$$

Nun sei $\lambda_i \in \Lambda$ mit $\lambda_i y = (D^j y)(x_\kappa) < \bar{r}_i$. Dann gibt es ein $f \in A^{-1}(K)$ mit

$$D^\mu(y-f)(x_\nu) = 0, \; \mu = 0(1)m-1, \; \nu = 1(1)n \quad , \; (\mu,\nu) \neq (j,\kappa)$$

$$D^\mu(y-f)(x_\nu) < 0 \text{ für } (\mu,\nu) = (j,\kappa) .$$

Für dieses spezielle f reduziert sich (20) zu

$$\langle Ly, L(y-f)\rangle_2 = D^j(y-f)(x_\kappa)[O_\mu Ly]_{x_\nu} \leq 0 ,$$

d.h. (19α) ist bewiesen. Analog zeigt man (19β).

Sind umgekehrt (8) und (19α,β) erfüllt, so ist

$$\langle Ly, L(y-f)\rangle_2 \leq 0 \text{ für alle } f \in A^{-1}(K) \text{ und } y \in A^{-1}(K)$$

d.h. y ist Spline auf K und (17) ist bewiesen.

Zum Beweis von (18) benützt man (4.10). Dabei ist zu beachten, daß die in (4.6) eingehende Norm $\|\cdot\|_Z$ hier zu ersetzen ist durch $\|\cdot\|_\varepsilon$ aus (15). y ist genau dann Ausgleichsspline, wenn für $f \in W^{m,2}[a,b]$

$$0 = \langle Sy-(0,z), Sf\rangle_W := \langle Ly, Lf\rangle_2 + \rho \sum_{\ell=1}^{n} \sum_{j\in \Pi_\ell} \varepsilon_i (D^j y(x_\ell) - r_i)\cdot D^j f(x_\ell);$$

dabei ist $\Pi_\ell := \{j \in \mathbb{N}_{m-1} \mid (D^j)_{x_\ell} \in \Lambda\}$ und sind ε_i, r_i die zum Funktional $\lambda_i = (D^j)_{x_\ell}$ gehörigen ε_i und r_i aus (15). Mit (13) findet man also

$$0 = \sum_{\ell=1}^{n} \sum_{j=0}^{m-1} (D^j f)(x_\ell)[O_j Ly]_{x_\ell} + \rho \sum_{\ell=1}^{n} \sum_{j\in \Pi_\ell} \varepsilon_i ((D^j y)(x_\ell) - r_i)(D^j f)(x_\ell) .$$

Für die speziellen Funktionen $f_k \in W^{m,2}[a,b]$ mit $\lambda_i := (D^j)_{x_\nu}$ und $\lambda_i f_k = \delta_{ik}$, $i = 1(1)p$ erhält man unmittelbar (19γ).

Umgekehrt folgt aus (8),(19γ) sofort (4.10). □

Die beiden nächsten Korollare werden uns in der Theorie der Fehlerabschätzungen (Kapitel 8) gute Dienste leisten. Eine unmittelbare Übertragung von Satz 4.3 ist ($\tau_{\rho,f}$ ist der Ausgleichsspline zur Euklidnorm, $\tau_{\rho,f,\varepsilon}$ zur Norm (15) in Z)

<u>Satz 5.4:</u> *Für ein festes* $f \in W^{m,2}[a,b]$, K_f *mit* $Af \in K_f$ *und* $p_f := (0,Af)$ *gelten unter der Voraussetzung* (4) *die folgenden Normrelationen:*

(21) $$\|Lf\|_2^2 = \|Ls_f\|_2^2 + \|L(s_f - f)\|_2^2$$

(22) $$\begin{cases} \|Lf\|_2^2 \geq \|L\sigma_f\|_2^2 + \|L(\sigma_f - f)\|_2^2 \\ \|Lf\|_2^2 = \|L\tau_{\rho,f}\|_2^2 + \|L(\tau_{\rho,f} - f)\|_2^2 + 2\,\|A(\tau_{\rho,f} - f)\|_{e,p}^2 \\ \|Lf\|_2^2 = \|L\tau_{\rho,f,\varepsilon}\|_2^2 + \|L(\tau_{\rho,f,\varepsilon} - f)\|_2^2 + 2\,\|A(\tau_{\rho,f,\varepsilon} - f)\|_\varepsilon^2 . \end{cases}$$

(21) wird in der Literatur i.a. als <u>erste Integralrelation</u> (vgl. [3]) bezeichnet ($\|Lf\|_2^2 = \int_a^b (Lf)^2\,dx$!) (vgl. auch Aufgabe VI).
Völlig analog läßt sich natürlich auch die <u>erste Minimaleigenschaft</u> (Satz 4.6) übertragen (vgl. Aufgabe VII). Der auf Satz 5.1 nicht Bezug nehmende Satz 5.4 kommt mit den schwächeren Koeffizientenbedingungen $a_j \in L^2[a,b]$ aus.

Zur Formulierung des nächsten Satzes geben wir die folgende

<u>Definition 5.3:</u> *Λ erzeuge ein H-B-Problem,* $\Lambda_\ell := \{\lambda \in \Lambda \mid \lambda f = (D^j f)(x_\ell)\}$ *und* $f \in W^{m,2}[a,b]$ *seien vorgegeben.*
Dann heißt
$s_f := s(L,\Lambda,f) \in Sp(L,\Lambda)$ *ein Interpolationsspline von* f *vom*

<u>*Typ I*</u>, *wenn* $\mathbb{I}_\ell = \mathbb{N}_{\omega_\ell - 1}$, $\omega_\ell \leq m$, $i = 1(1)n$ *und* $a = x_1$, $b = x_n$ *mit* $\omega_1 = \omega_n = m$;

<u>*Typ II*</u>, *wenn* $\mathbb{I}_\ell = \mathbb{N}_{\omega_\ell - 1}$, $\omega_\ell \leq m$, $i = 1(1)n$ *und* $a = x_1$, $b = x_n$;

<u>*Typ* IV</u>, *wenn* (α) $f \in C_\pi^{2m-1}[a,b] :=$

$\{g \in C^{2m-1}[a,b] \mid (D^j g)(a+0) = (D^j g)(b-0),\ j = 0(1)2m-1\}$

(β) $a_j \in W^{m,2}[a,b] \cap C_\pi^{m-1}[a,b]$

(δ) $s_f \in W^{m,2}[a,b] \cap C_\pi^{m-1}[a,b]$

(ε) $\Lambda_a = \{\lambda \in \Lambda \mid \lambda g = (D^j g)(a+0),\ j \in \mathbb{I}_a \subset \mathbb{N}_{m-1}\}$

$\Lambda_b = \{\lambda \in \Lambda \mid \lambda g = (D^j g)(b-0),\ j \in \mathbb{I}_a\}$

(η) $\lim\limits_{x \to a+0} O_j L s_f(x) - \lim\limits_{x \to b-0} O_j L s_f(x) = 0$ für $(D^j)_a \mid \mathbb{I}_a$;

$s_f \in W^{m,2}[a,b]$ *ein Interpolationsspline von* f *vom*

<u>*Typ* III</u>, *wenn* (α) $As_f = Af$

(β) s_f *genügt den Bedingungen* ($8\beta,\gamma$)

(γ) $[O_j L s_f]_{x_k} = 0$ *für* $x_k \in (a,b)$, $(D^j)_{x_k} \notin \Lambda$ *und*

$[O_j L(s_f - f)]_{x_k} = 0$ *für* $x_k = a,b$, $(D^j)_{x_k} \notin \Lambda$.

Ein Interpolationsspline vom Typ IV *heißt auch ein periodischer Spline* (vgl. 5.3).

Interpolationssplines vom Typ III sind genau dann Splines in unserem Sinn, wenn $[O_j Lf]_{x_k} = 0$ für die Gitterpunkte $x_k = a,b$, $(D^j)_{x_k} \notin \Lambda$. Sind also a,b keine Gitterpunkte, so ist jeder Interpolationsspline vom Typ III Spline in unserem Sinn.

Satz 5.5: *Λ erzeuge ein H-B-Problem und in* (2) *seien* $a_j \in W^{m,2}[a,b]$, $j \in \mathbb{N}_{m-1}$. *Ferner sei* $f \in W^{2m,2}[a,b]$ *mit* $O_j Lf_a = 0$ *für* $(D^j)_a \notin \Lambda$, $j \in \mathbb{N}_{m-1}$, *und* $[O_j Lf]_b = 0$ *für* $(D^j)_b \notin \Lambda$ *gegeben. Dann genügt der zu* f *bestimmte Interpolationsspline* s_f *der zweiten Integralrelation*

$$(23) \qquad \|L(f-s_f)\|_2^2 = \int_a^b \{L(f-s_f)\}^2 dx = \int_a^b (f-s_f) L^* Lf\, dx = \langle f-s_f, L^* Lf\rangle_2 .$$

Diese Relation gilt für Interpolationssplines vom Typ I,III,IV *ohne zusätzliche Randbedingungen für* f.

Die Bedingung $a_j \in W^{m,2}[a,b]$ läßt sich zu $a_j \in W^{j,2}[a,b] \cap C[a,b]$ abmildern, wenn man statt beliebigem $f \in W^{2m,2}[a,b]$ die sehr künstliche Klasse der $f \in W^{2m,2}[a,b]$ zuläßt mit $Lf \in W^{m,2}[a,b]$ für $a_j \in W^{j,2}[a,b]$.

Beweis: Wir wenden die Greensche Formel auf $u := f - s_f$ und $v := L(f - s_f)$ an. Wegen $f \in W^{2m,2}[a,b]$ und nach Satz 5.1 sind $f - s_f$ und $L(f - s_f) \in W^{m,2}[x_{i-1}, x_i]$ für $i = 1(1)n+1$ mit $x_o := a$, $x_{n+1} := b$. Also ist mit (8β)

$$\int_a^b \{L(f-s_f)\}^2 - (f-s_f)L^*L(f-s_f)dx = \int_a^b \{L(f-s_f)\}^2 - (f-s_f)L^*Lf\, dx$$

$$= \sum_{i=1}^{n+1} \int_{x_{i-1}}^{x_i} \{L(f-s_f)\}^2 - (f-s_f)L^*Lf\, dx = - \sum_{i=1}^{n+1} \sum_{j=0}^{m-1} D^j(f-s_f) O_j L(f-s_f) \Big|_{x_{i-1}}^{x_i} .$$

Vereinbaren wir

$$(24) \qquad \begin{cases} f(x) = s_f(x) = 0 \text{ für } x \notin [a,b] \text{ und damit} \\ f(x_o-0) = s_f(x_o-0) = f(x_{n+1}+0) = s_f(x_{n+1}+0) = 0, \end{cases}$$

so erhält man für das obige Integral

$$= + \sum_{i=0}^{n+1} \sum_{j=0}^{m-1} \{D^j(f-s_f)O_jL(f-s_f)\}(x_i+0) - \{D^j(f-s_f)O_jL(f-s_f)\}(x_i-0)$$

$$= \sum_{i=0}^{n+1} \sum_{j=0}^{m-1} [D^j(f-s_f)]_{x_i} O_jL(f-s_f)(x_i+0) + [O_jL(f-s_f)]_{x_i} D^j(f-s_f)(x_i-0) .$$

In dieser Summe sind alle Einzelsummanden = 0: Mit (24) und

$$[D^j(f - s_f)]_{x_i} = 0 \text{ für } x_i \in (a,b) \text{ wegen } f, s_f \in W^{m,2}[a,b],$$

$$O_j L(f - s_f)(b+0) = 0 \text{ nach } (24),$$

$$[O_j L(f-s_f)]_{x_i} D^j(f-s_f)(x_i-0) = 0 \text{ für } x_i \in [a,b) \text{ nach } (8\delta), (24) \text{ und wegen } Lf \in W^{m,2}[a,b]$$

erhält man für die Summe

$$= \sum_{i=0,n+1} \sum_{j=0}^{m-1} [D^j(f - s_f)]_{x_i} [O_j L(f - s_f)]_{x_i}$$

Für $a,b \in \Delta$ folgt das Verschwinden dieser Summe aus (8δ) zusammen mit den für f vorgeschriebenen Randbedingungen. Ist $a \notin \Delta$, so bleibt vom zweiten Faktor nach (8γ) nur $[O_j Lf]_a$, $j = 0(1)m-1$, und nach den Randbedingungen für f verschwindet auch dieser Rest.

Der Zusatz über Splines vom Typ I,III,IV folgt völlig analog. □

Bevor wir uns den für die Anwendungen besonders wichtigen Polynomsplines zuwenden, wollen wir noch einmal ganz kurz die Frage der Eindeutigkeit diskutieren. Ein Interpolationsspline ist eindeutig bestimmt genau dann, wenn $N_A \cap N_L = \{0\}$ ist. Diese Bedingung ist für praktische Entscheidungen nicht sehr brauchbar. Für H-B-Probleme erhält man aus den Pòlyaschen Sätzen (2.30 und 2.31) hinreichende Bedingungen für die Eindeutigkeit: Dazu bestimmt man zu jedem Knoten x_ℓ die natürliche Zahl z_ℓ so, daß

$$(25) \qquad (D^j)_{x_\ell} \in \Lambda \text{ für } j = 0(1)z_\ell - 1, \; (D^{z_\ell})_{x_\ell} \notin \Lambda.$$

Die in (25) nicht erfaßten $(D^j)_{x_\ell}$ bleiben unberücksichtigt. Besitzt der in (2) definierte Operator L auf [a,b] die Eigenschaft W, so ist nach Satz 2.30 $\sum_{\ell=1}^{n} z_\ell \geqq m$ hinreichend für die Eindeutigkeit. I.a. wird L nicht auf ganz [a,b] die Eigenschaft W besitzen. Man geht dann über zu Teilintervallen $a = \alpha_1 < \alpha_2 < \ldots < \alpha_\sigma = b$, so daß L in jedem dieser Teilintervalle die Eigenschaft W besitzt. Dann folgt unmittelbar aus Satz 2.30:

<u>Satz 5.6:</u> *Λ erzeuge ein H-B-Problem mit den Knoten $\{x_\ell\}_{\ell=1}^{n}$. Zum Operator* L *aus* (2) *bestimme man Teilintervalle $[\alpha_\kappa, \alpha_{\kappa+1}]$ mit*

$a =: \alpha_1 < \alpha_2 < \ldots < \alpha_\sigma := b$, $\alpha_\kappa \neq x_\ell$ *für* $\kappa = 1(1)\sigma-1$, $\ell=1(1)n$, *so daß* L *in* $[\alpha_\kappa, \alpha_{\kappa+1}]$, $\kappa = 2(1)\sigma-1$ *die Eigenschaft* W *besitzt. Schließlich sei für* $\kappa = 1(1)\sigma-1$ $\quad m_\kappa := \sum_{\substack{\ell \\ \alpha_\kappa < x_\ell < \alpha_{\kappa+1}}} z_\ell \geqq m$, *für* $\kappa = 1(1)\sigma-1$.

Dann sind die zu Λ *bestimmten Interpolations- und Ausgleichssplines für festes* r,ρ *eindeutig.*

Für bestimmte Sorten von Differentialoperatoren läßt sich die Frage der Eindeutigkeit der Spline-Interpolation wesentlich leichter beantworten: Die Lösungen von $Ly = 0$ bilden in diesem Fall ein Haar- oder Tschebyscheff-System (vgl. [22]). Diese sogenannten Tschebyscheff-Splines sind in vielen Arbeiten untersucht worden (vgl. z.B. [16,205,208]). Bei der Diskussion der Eindeutigkeit spielt der Begriff "m-poised" eine große Rolle (vgl. hierzu z.B. [151,297]). Verzichtet man von vornherein auf $N_A \cap N_L \neq \{0\}$, d.h. setzt man die Eindeutigkeit mehr oder weniger voraus, so ergibt sich ein mehr konstruktiver Aufbau der Spline-Theorie mit Hilfe der reproduzierenden Kerne in Hilberträumen (vgl. [23,65,68,71,103]).

5.2 Polynomsplines

Die für die numerische Praxis mit großem Abstand wichtigsten Splines sind die Polynomsplines. Numerische Experimente haben gezeigt, daß sich trotz z.T. guten theoretischen Fehlerabschätzungen für Lg-Splines der wesentlich größere rechnerische Aufwand gegenüber Polynomsplines i.a. nicht lohnt (Ausnahmen bildet die Behandlung von singulären Randwertproblemen mit "singulären" Splines).

Definition 5.4: *Ein Polynomspline der Ordnung* 2m *oder vom Grad* 2m-1 *ist ein Lg-Spline, der mit dem Operator*

$$L := D^m : \begin{cases} W^{m,2}[a,b] \to L^2[a,b] \\ f \mapsto D^m f \end{cases}$$

gebildet ist.

Dementsprechend erhält man durch Spezialisierung aus den bisherigen Ergebnissen

Satz 5.7: *Λ erzeuge ein H-B-Problem. Dann ist* y *genau dann Polynomspline vom Grad* 2m-1, *wenn*

$$(26)\quad \begin{cases} (\alpha)\ y \in W^{m,2}[a,b] \\ (\beta)\ D^{2m}y(x) = 0 \text{ für } x \in (a,b)\setminus\{x_k\}_{k=1}^{n}, \text{ d.h. } y \text{ ist in jedem Teilintervall ein Polynom vom Grad } 2m-1 \\ (\gamma)\ D^m y(x) = 0 \text{ für } x \in (a,\min\{x_k\}_{k=1}^{n}) \cup (\max\{x_k\}_{k=1}^{n},b) \\ (\delta)\ [D^{2m-j-1}y]_{x_k} = 0 \text{ für } (D^j)_{x_k} \notin \Lambda,\ j \in \mathbb{N}_{m-1}. \end{cases}$$

Beweis: Es genügt, (26δ) zu beweisen. Für $L = D^m$ ist $a_j(x) = 0$, $j = 0(1)m-1$, $a_m(x) \equiv 1$, d.h.

$$O_j v = (-1)^{m-j} D^{m-j-1} v \qquad \text{oder}$$
$$O_j L v = (-1)^{m-j} D^{2m-j-1} v \ .$$

Damit sind (26δ) und (8δ) äquivalent. □

Wegen (26β) spricht man von den Polynomsplines aus Satz 5.7 auch als Polynomsplines von ungeradem Grad im Gegensatz zu den Polynomsplines von geradem Grad (vgl. 5.5). Analog zur Herleitung von Satz 5.7 aus Satz 5.1 erhält man aus Satz 5.2

Satz 5.8: *Λ erzeuge ein H-B-Problem, in* (2) *sei* $L := D^m$, *und* K *sei gemäß* (14) *gewählt. Dann ist*

y *Interpolationsspline zu* r $\iff$ y *erfüllt* (26α-δ) *und* Ay = r,
y *Spline auf* K $\iff$ y *erfüllt* (26α-δ) *und* (27α,β),
y *Ausgleichsspline zu* r *bez.* (15) $\iff$ y *erfüllt* (26α-δ) *und* (27γ)

mit

$$(27)\quad \begin{cases} (\alpha)\ [D^{2m-j-1}y]_{x_k} \geqq 0 \text{ für } \lambda_i := (D^j)_{x_k} \in \Lambda \text{ und } \lambda_i y < \bar{r}_i \\ (\beta)\ [D^{2m-j-1}y]_{x_k} \leqq 0 \text{ für } \lambda_i := (D^j)_{x_k} \in \Lambda \text{ und } \lambda_i y > \underline{r}_i \\ (\gamma)\ [D^{2m-j-1}y]_{x_k} = -\rho\varepsilon_i(\lambda_i y - r_i) \text{ für } \lambda_i = (D^j)_{x_k} \in \Lambda. \end{cases}$$

Zwei wichtige Spezialfälle entstehen durch geeignete Wahl des H-B-Problems. Um die hier auftretenden Splines von den allgemeinen Polynomsplines unterscheiden zu können, vereinbaren wir

Definition 5.5: $\Lambda_L := \{(D^0)_{x_\ell} \mid x_\ell \in [a,b],\ x_\ell < x_{\ell+1},\ \ell = 1(1)n-1\}$ *erzeugt ein Lagrange-Problem*, $\Lambda_H := \{(D^j)_{x_\ell} \mid x_\ell \in [a,b],\ x_\ell < x_{\ell+1},$ $\ell = 1(1)n-1,\ j = 0(1)m-1\}$ *erzeugt ein Hermite-Problem. Ein Polynom-Spline vom Grad* 2m-1 *zu* Λ_L *bzw.* Λ_H *heißt Lagrange-Spline bzw. Hermite-Spline vom Grad* 2m-1. *Den Raum der Hermitesplines bezeichnet man auch als* $H^{(m)}(\Lambda_H)$.

Diese Lagrange- bzw. Hermite-Splines werden in den nächsten beiden Sätzen charakterisiert. Auf die Übertragung von Satz 5.8 können wir verzichten.

Satz 5.9: y *ist genau dann Lagrange-Spline vom Grad* 2m-1, *wenn* $y \in C^{2m-2}[a,b]$ *die Bedingungen* (26α-γ) *erfüllt.*

Satz 5.10: y *ist genau dann Hermite-Spline vom Grad* 2m-1, *wenn* y *die Bedingungen* (26α-γ) *erfüllt.*

(Vgl. Aufgabe III, Kapitel 6.3 und Aufgaben 6.III und 6.V.)

Beweis: Nach Satz 5.7 ist $[D^{2m-j-1}y]_{x_\ell} = 0,\ j = 1(1)m-1$ für Lagrange-Splines, d.h. Satz 5.9 ist richtig. Entsprechend $(D^j)_{x_\ell} \in \Lambda_H,\ \ell = 1(1)n,\ j = 0(1)m-1$, entfällt (26δ) für Hermite-Interpolationssplines. □

Für Polynomsplines ist die Frage nach der Eindeutigkeit von Interpolations- und Ausgleichssplines leichter zu klären. Sie liegt genau dann vor, wenn ein Polynom P vom Grad m-1 mit $P^{(j)}(x_\nu) = 0$ für $(D^j)_{x_\nu} \in \Lambda$ identisch verschwindet, sicher aber dann, wenn $\sum_{\ell=1}^{n} z_\ell \geq m$ ist mit den in (25) definierten z_ℓ. Insbesondere sind Lagrange-Splines bzw. Hermite-Splines für mindestens m bzw. einen Knoten eindeutig bestimmt.

Mit diesen Betrachtungen haben wir den Ausgangspunkt unseres Verallgemeinerungsansatzes wieder erreicht (vgl. Satz 1.10): Lagrange-Splines vom Grad $3 = 2\cdot 2 - 1$ sind die dort diskutierten kubischen Splines mit den Randbedingungen $s''(a) = s''(b) = 0$.

5.3 Periodische Splines

In vielen Zusammenhängen spielen periodische Funktionen eine große Rolle. So ist es nur natürlich, daß man versucht, auch periodische Splines zu bestimmen. Da sich die bisherigen Überlegungen auf diesen Fall ohne große Mühe übertragen lassen, ist die Darstellung hier recht kurz:

Mit

$$W^{m,2}_{loc}(\mathbb{R}) := \{f: \mathbb{R} \to \mathbb{R} \mid f \in W^{m,2}[c,d] \text{ für alle } [c,d] \subset \mathbb{R}\}$$

sei

$$W^{m,2}_{loc,\pi}(\mathbb{R}) := \{f \in W^{m,2}_{loc}(\mathbb{R}) \mid f(x) = f(x+b-a) \text{ für alle } x \in \mathbb{R}\}.$$

Damit ist

$$D^j f(a+0) = D^j f(b-0),\ j = 0(1)m-1 \text{ für } f \in W^{m,2}_{loc,\pi}(\mathbb{R})$$

und mit

$$(28)\quad W^{m,2}_{\pi}[a,b] := \{f \in W^{m,2}[a,b] \mid f^{(j)}(a+0) = f^{(j)}(b-0),\ j = 0(1)m-1\}$$

ist die Abbildung

$$Q: \begin{cases} W^{m,2}_{loc,\pi}(\mathbb{R}) \to W^{m,2}_{\pi}[a,b] \\ f \mapsto f\big|_{[a,b]} \end{cases}$$

bijektiv. Es genügt also, Funktionen und Splines in $W^{m,2}_{\pi}[a,b]$ zu betrachten. Mit

$$(29)\qquad \Pi: \begin{cases} W^{m,2}[a,b] \to \mathbb{R}^m \\ f \mapsto (\pi_i f := (D^{\mu} f)(a+0) - (D^{\mu} f)(b-0) \mid i = 0(1)m-1)^T \end{cases}$$

ist $W^{m,2}_{\pi}[a,b] = N_{\Pi}$. Um die allgemeine Theorie anwenden zu können, muß

$$(30)\qquad \bar{A}: \begin{cases} W^{m,2}[a,b] \to Z \times \mathbb{R}^m = \mathbb{R}^p \times \mathbb{R}^m \\ f \mapsto (Af, \Pi f) \end{cases} \qquad \underline{\text{auf}}\ \mathbb{R}^p \times \mathbb{R}^m$$

abbilden. Man überlegt sich leicht, daß (30) genau dann richtig ist, wenn die $\{\lambda_j, \pi_i,\ j = 1(1)p,\ i = 0(1)m-1\}$ linear unabhängig sind über $\mathbb{R}$ (vgl. Aufgabe VIII).

Es ist ohne Schwierigkeiten möglich, die gesamte Theorie der Splines in Hilberträumen zu einer Theorie von <u>Splines mit Nebenbedingungen</u>

auszubauen. Dazu wählt man an Stelle von (29) ein

$$B: X \to \hat{Z} \quad \text{stetig, linear}$$

und läßt nur $x \in N_B \subset X$ zur weiteren Diskussion zu. Unter der zu (30) analogen Voraussetzung

$$\hat{A}: \begin{cases} X \to Z \times \hat{Z} \\ x \mapsto (Ax, Bx) \end{cases}, \quad Z \times \{\hat{O}\} \subset \hat{A}X, \ \hat{O} = \text{Null in } \hat{Z}$$

sind

$$T_o := T|_{N_B}, \quad A_o := A|_{N_B}$$

Abbildungen von $X_o := N_B$ auf die abgeschlossenen, linearen (also Hilbert-) Räume $Y_o := T_o X_o \subset Y$ und Z. Ersetzt man in 4 konsequent T,A,X,Y,N_A,N_T durch $T_o,A_o,X_o,Y_o,N_{A_o} = N_A \cap N_B$, $N_{T_o} = N_T \cap N_B$ bei unverändertem Z, so erhält man Splines unter der Nebenbedingung N_B. Den Raum dieser Spline-Funktionen bezeichnen wir mit $Sp_B(T,A) := Sp(T_o,A_o)$. Die Ergebnisse aus 4 transformieren sich sinngemäß.

Wir begnügen uns hier mit der Theorie der periodischen Lg-Splines und geben die wichtigsten Ergebnisse aus 4 für diesen Spezialfall an:

Definition 5.6: s_π *bzw.* σ_π *bzw.* $\tau_{\pi,\rho}$ *heißt periodischer Interpolationsspline bzw. periodischer Spline in* K *bzw. periodischer Ausgleichsspline bez.* L,A,r,K,ρ *genau dann, wenn mit*

(31) $$A_\pi^{-1}(K) := A^{-1}(K) \cap W_\pi^{m,2}[a,b], \quad A_\pi^{-1}(r) := A^{-1}(r) \cap W_\pi^{m,2}[a,b]$$

(32) $$\|Ls_\pi\|_2 = \min_{f \in A_\pi^{-1}(r)} \{\|Lf\|_2\} \quad \textit{ist bzw.}$$

(33) $$\|L\sigma_\pi\|_2 = \min_{f \in A_\pi^{-1}(K)} \{\|Lf\|_2\} \quad \textit{ist bzw.}$$

(34) $$\|S\tau_{\pi,\rho} - p\|_W = \min_{f \in W_\pi^{m,2}[a,b]} \{\|Sf - p\|_W\}, \quad p := (0,z) \ \textit{ist.}$$

Wie in Definition 4.4 *sind* $s_\pi(L,A,r)$, $\sigma_\pi(L,A,K)$, $\tau_\rho(L,A,r)$, $Sp_\pi(L,A,r)$ *und*

$$Sp_\pi(L,A) := \bigcup_{r \in \mathbb{R}^p} Sp_\pi(L,A,r)$$

erklärt. Schließlich bezeichnet man wie dort zu festem $f \in W_\pi^{m,2}[a,b]$ *und mit* $r_f := Af$, $r_f \in K_f$, K_f *gemäß* (4.4), $s_{\pi,f} := s_\pi(L,A,r_f)$, $\sigma_{\pi,f} := \sigma_\pi(L,A,K_f)$, $\tau_{\pi,\rho,f} := \tau_{\pi,\rho}(L,A,r_f)$ *als* *periodischen Interpolationsspline* *von* f *usw.*

Ein Beispiel für einen kubischen periodischen Spline ist die von Herrn P.Kürschner gerechnete Rosette auf dem Deckblatt.

Satz 5.11: *Unter den Voraussetzungen* (1),(2),(3),(4),(4.4) *und* (30) *sind die Probleme* (32),(33),(34) *immer lösbar.*

$$s_\pi \text{ löst } (32) \iff s_\pi \in A_\pi^{-1}(z) \text{ und } \langle Ls_\pi, Lf\rangle_2 = 0 \quad \text{für alle } f \in N_A \cap W_\pi^{m,2}[a,b].$$

$$\sigma_\pi \text{ löst } (33) \iff \sigma_\pi \in A_\pi^{-1}(K) \text{ und } \langle L\sigma_\pi, L(\sigma_\pi - f)\rangle_2 \leqq 0 \quad \text{für alle } f \in A_\pi^{-1}(K).$$

$$\tau_{\pi,\rho} \text{ löst } (34) \iff S\tau_{\pi,\rho} \in SW_\pi^{m,2}[a,b] \text{ und } \langle S\tau_{\pi,\rho} - p, Sf\rangle_W = 0 \quad \text{für alle } f \in W_\pi^{m,2}[a,b].$$

(32) *und* (34) *sind genau dann eindeutig lösbar, wenn* $W_\pi^{m,2}[a,b] \cap N_A \cap N_T = \{0\}$, (33) *sicher dann, wenn*

$$N_T \cap A_\pi^{-1}(K-K) = \{0\}.$$

Satz 5.12: *Für ein festes* $f \in W_\pi^{m,2}[a,b]$, $K_f \subset \mathbb{R}^p$ *mit* $Af \in K_f$, $p_f := (0,Af)$ *und unter den Voraussetzungen von Satz* 5.11 *gelten die folgenden Normrelationen*

$$\|Lf\|_2^2 = \|Ls_{\pi,f}\|_2^2 + \|L(s_{\pi,f} - f)\|_2^2$$

$$\|Lf\|_2^2 \geqq \|L\sigma_{\pi,f}\|_2^2 + \|L(\sigma_{\pi,f} - f)\|_2^2$$

$$\|Sf - p_f\|_W^2 = \|S\tau_{\pi,\rho,f} - p_f\|_W^2 + \|S(\tau_{\pi,\rho,f} - f)\|_W^2 .$$

Die erste von diesen Relationen wird wieder als erste Integralrelation bezeichnet.

Wie in Definition 4.4 bedeutet $Sp_\pi(L,A,r) := \{s_\pi \mid s_\pi \text{ löst } (32) \text{ für festes } r\}$

$$Sp_\pi(L,A) := \bigcup_{r \in \mathbb{R}^p} Sp_\pi(L,A,r) .$$

$Sp_\pi(L,A)$ ist wieder ein linearer abgeschlossener Unterraum von $W_\pi^{m,2}[a,b]$ mit den folgenden Eigenschaften

$$\dim Sp_\pi(L,A) = \dim \mathbb{R}^p + \dim (N_A \cap N_T \cap W_\pi^{m,2}[a,b]),$$

$\sigma_\pi(L,A,K)$, $\tau_{\pi,\rho}(L,A,r) \in Sp_\pi(L,A)$, $W_\pi^{m,2}[a,b] \cap N_T \subset Sp_\pi(L,A)$, und $LW_\pi^{m,2}[a,b] \subset L^2[a,b]$ läßt sich orthogonal zerlegen und es gilt

<u>Satz 5.13:</u> *Für festes* $f \in W_\pi^{m,2}[a,b]$ *ist* $s_{\pi,f}$ *Lösung des Extremalproblems*

$$\|Lf - Ls_{\pi,f}\|_2 = \min_{s_\pi \in Sp_\pi(L,A)} \{\|Lf - Ls_\pi\|_2\},$$

und zwei Lösungen dieses Problems unterscheiden sich um ein Element von $N_T \cap W_\pi^{m,2}[a,b]$.

Wir wollen nun weiter spezialisieren, indem wir wie in Definition 5.2 fordern, daß das zu A gehörige Λ ein H-B-Problem erzeugt. Die Bedingung (30) $\overline{A}: W^{m,2}[a,b] \overset{\text{auf}}{\to} \mathbb{R}^p \times \mathbb{R}^m$ bedeutet in diesem Fall, daß für $(D^j)_a \in \Lambda$ zwangsläufig $(D^j)_b \notin \Lambda$ u.u.
Wir beschränken uns im folgenden auf $W_\pi^{m,2}[a,b]$, d.h. $(D^k f)(a+0) = (D^k f)(b-0)$ für $k = 0(1)m-1$, $f \in W_\pi^{m,2}[a,b]$. Man kann also gegebenenfalls die Punktfunktionale in b durch solche in a ersetzen.

<u>Definition 5.7:</u> $\Lambda_\pi := \{\lambda: W_\pi^{m,2}[a,b] \to \mathbb{R}\}$ *heißt* <u>*periodisches H-B-Problem*</u>, *wenn* Λ_π *ein H-B-Problem im Sinn der Definition* 5.2 *ist und wenn* b *kein Knoten von* Λ_π *ist.*

Analog zu (7) setzen wir jetzt für $f \in W_\pi^{m,2}[a,b]$

$$(35) \qquad [O_j f]_{\pi,x_k} := \begin{cases} [O_j f]_{x_k} & \text{für } x_k \in (a,b) \\ (O_j f)(a+0) - (O_j f)(b-0) & \text{für } x_k = a \text{ (bzw. b).} \end{cases}$$

Dann gilt (vgl. Aufgabe IX)

<u>Satz 5.14:</u> Λ_π *erzeuge ein periodisches H-B-Problem. Unter dieser Voraussetzung ist* y *genau dann periodischer Lg-Spline, wenn*

$$(36) \qquad \begin{cases} (\alpha)\ y \in W_\pi^{m,2}[a,b] \\ (\beta)\ Ly \in W^{m,2}(x_k,x_{k+1}),\ k = 0(1)n \textit{ und } L^*(Ly(x)) = 0 \textit{ für} \\ \qquad \text{f.a. } x \in (a,b) \setminus \{x_k\}_{k=1}^n \end{cases}$$

$$\left|\begin{array}{l}(\delta)\ [O_jLy]_{\pi,x_k} = 0 \textit{ für } (D^j)_{x_k} \notin \Lambda_\pi \textit{ und } j \in \mathbb{N}_{m-1} \\ (\varepsilon)\ [O_jLy]_{\pi,a} = 0 \textit{ für } a \notin \Lambda_\pi,\ j = 0(1)m-1 \textit{ und } j \in \mathbb{N}_{m-1}.\end{array}\right.$$

Der Zusatz zu Satz 5.1 überträgt sich wörtlich.

Beweis: Wir argumentieren wie bei Satz 5.1. Die zu (8γ) analoge Bedingung fällt weg, da das dem Beweis zu Satz 5.1 analoge Randwertproblem

$$u \in N_L \cap W_\pi^{m,2}[a,b],\ D^j u(\xi) = D^j y(\xi+0),\ j = 0(1)m-1$$
$$D^j u(\eta) = D^j y(\eta-0),\ j = 0(1)m-1$$

i.a. unlösbar ist. Dementsprechend erhält man statt (13) hier ($y,f \in W_\pi^{m,2}[a,b]$, $x_n < b$, $x_o := a$, i.a. $x_o < x_1$!)

$$\langle Ly,Lf\rangle_2 = \int_a^b Ly\,Lf\,dx = \sum_{i=0}^{n} \sum_{\mu=0}^{m-1} D^\mu f(x_i)[O_\mu Ly]_{\pi,x_i}$$

und beweist daraus (36δ) und (36ε) u.u. □

Satz 5.15: *Λ_π erzeuge ein periodisches H-B-Problem, und K sei gemäß (14) gewählt. Dann gilt*

y *löst* (32) <=> y *genügt* (36) *und* $Ay = r$,
y *löst* (33) <=> y *genügt* (36) *und* (37α,β), $Ay \in K$,
y *löst* (34) <=> y *genügt* (36) *und* (37γ),

mit

$$(37)\quad \left\{\begin{array}{l}(\alpha)\ [O_jLy]_{\pi,x_\nu} \geqq 0 \textit{ für } \lambda_i := (D^j)_{x_\nu} \in \Lambda \textit{ und } \lambda_i y < \bar{r}_i \\ (\beta)\ [O_jLy]_{\pi,x_\nu} \leqq 0 \textit{ für } \lambda_i := (D^j)_{x_\nu} \in \Lambda \textit{ und } \lambda_i y > \underline{r}_i \\ (\gamma)\ -[O_jLy]_{\pi,x_\nu} = -\rho\varepsilon_i(\lambda_i y - r_i) \textit{ für } \lambda_i := (D^j)_{x_\nu} \in \Lambda.\end{array}\right.$$

Der Beweis verläuft völlig analog zu Satz 5.3 und 5.14.

Im Gegensatz zu den Normrelationen aus Satz 5.12 gilt die zweite Integralrelation wieder nur für Interpolationssplines.

Satz 5.16: *Unter den Voraussetzungen von Satz 5.11 sei $s_{\pi,f}$ der zu $f \in W_\pi^{2m,2}[a,b]$ bestimmte periodische Interpolationsspline. Dann gilt die zweite Integralrelation*

$$\|L(f - s_{\pi,f})\|_2^2 = \int_a^b (f - s_{\pi,f}) L^* Lf\,dx .$$

Beweis: Man sieht sofort, daß man beim Zusatz in Satz 5.5 die Periodizitätsbedingung $a_j \in W^{m,2}[a,b]$ für die Koeffizienten a_j und für Splines vom Typ IV streichen kann. □

Die Theorie der periodischen Lg-Splines läßt sich also unter Verzicht auf die Periodizität der Koeffizienten durchführen. In den praktischen Anwendungen wird man i.a. jedoch periodische Splines zu Differentialoperatoren mit periodischen Koeffizienten einsetzen, d.h. statt der periodischen Lg-Splines Interpolationssplines vom Typ IV.

5.4 Lg_∞-Splines

Hier sollen die Ergebnisse aus Satz 4.19 auf Lg-Splines angewendet werden. Wir haben in 5 bisher immer ein endliches Intervall [a,b] und endlich viele stetige lineare Funktionale, zusammengefaßt zum Datenoperator A, vorausgesetzt. Wir gehen jetzt aus von einer zusammenhängenden meßbaren abgeschlossenen Teilmenge $\mathcal{Q} \subseteq \mathbb{R}^*$, d.h. $\mathcal{Q} = \mathbb{R}^*$ oder $= [-\infty,b]$, $= [a,\infty]$, $= [a,b]$ für $a,b \in \mathbb{R}$, und einer abgeschlossenen Punktmenge $G \subset \mathcal{Q}$ mit der Menge ihrer Häufungspunkte $G' \subset G$. Wir diskutieren den Satz 4.19 für das folgende Beispiel (vgl. Definition 3.4).

$$(38)\quad \begin{cases} X := W_L^2(\mathcal{Q}) := \{f\colon \mathcal{Q} \to \mathbb{R} \mid f \in AC^{m-1}(\mathcal{Q}) \text{ und } Lf \in L^2(\mathcal{Q})\} \\ T := L\colon W_L^2(\mathcal{Q}) \to L^2(\mathcal{Q}),\ L \text{ ist der Operator aus (2).} \end{cases}$$

In jedem Punkt $x_\gamma \in G$ sei

$$(39)\quad \Lambda_\gamma := \{(D^i)_{x_\gamma} \mid i \in \mathbb{I}_\gamma \subset \mathbb{N}_{m-1}\},\ x_\gamma \in G,$$

vorgegeben. Die mit diesen Λ_γ, $x_\gamma \in G$ gebildete Menge

$$(40)\quad U := \{f \in W_L^2(\mathcal{Q}) \mid (D^i f)(x_\gamma) = 0 \text{ für } x_\gamma \in G,\ i \in \mathbb{I}_\gamma\}$$

ist ein abgeschlossener linearer Unterraum von $W_L^2(\mathcal{Q})$. Ferner sei $g \in W_L^2(\mathcal{Q})$ ein festes Element und $\alpha_{i,\gamma}$, $\beta_{i,\gamma} \geq 0$ für $x_\gamma \in G$, $i \in \mathbb{I}_\gamma$, feste reelle Zahlen. Dann ist

$$(41) \qquad M_{g,A,B} := \{f \in W_L^2(\Omega) \mid (D^i g)(x_\gamma) - \beta_{i,\gamma} \leqq (D^i f)(x_\gamma) \leqq \leqq (D^i g)(x_\gamma) + \alpha_{i,\gamma},\ x_\gamma \in G,\ i \in \mathbb{I}_\gamma,\ \|Lf\|_2 \leqq \|Lg\|_2\}$$

unter der Voraussetzung

$$(42) \qquad a \in G \text{ mit } \Lambda_a = \{(D^i)_a \mid i = 0(1)m-1\}$$

eine abgeschlossene, beschränkte, konvexe Teilmenge von $W_L^2(\Omega)$: Zu jeder Cauchy-Folge $\{f_\nu\}_{\nu=1}^{\infty} \subset M_{g,A,B} \subset W_L^2(\Omega)$ gibt es einen Grenzwert f in $W_L^2(\Omega)$, der die definierenden $\leqq$ Relationen von $M_{g,A,B}$ erfüllt,und jedes $f \in M_{g,A,B}$ ist beschränkt durch

$$\|f\|_L^2 \leqq \sum_{i=0}^{m-1} (|(D^i g)(a)| + \max\{\alpha_{i,a}, \beta_{i,a}\})^2 + \|Lg\|_2^2 \ .$$

Dabei sind $\alpha_{i,a}$, $\beta_{i,a}$ die zum Knoten $a \in G$ gehörigen reellen Zahlen. Wendet man nun die Definition 4.7 auf die in (38), (40) definierten X,U ein festes $x_o := g \in W_L^2(\Omega)$ und $M_{x_o} := M_{g,A,B}$ aus (41),(42) an, so erhält man die Satz 4.1 bzw. Satz 4.19 entsprechenden Resultate über die Existenz von Interpolationssplines und von Splines auf $M_{g,A,B}$. Die Existenz ist wegen dim $N_L < \infty$ nach (4.2) immer gesichert. Die Aussagen über Ausgleichssplines entfallen. Nach (4.28) schränkt die Forderung $\|Lf\|_2 \leqq \|Lg\|_2$ für $f \in M_{g,A,B}$ wegen $g \in M_{g,A,B}$ die Konkurrenzmenge nicht wesentlich ein.

Naheliegende Verallgemeinerungen will ich kurz andeuten: Statt der in (39) definierten Punktfunktionale hätte man eine Menge von stetigen linearen Funktionalen $\lambda_\delta \in \mathcal{D}$ wählen können. (42) kann man ersetzen durch die schwächere Forderung:
Es gibt über N_L m = dim N_L linear unabhängige $\lambda_1,\dots,\lambda_m \in \mathcal{D}$. Daraus folgt mit $\|Lf\|_2 \leqq \|Lg\|_2$ und Satz 4.11 oder unmittelbar mit Differentialungleichungsmethoden (vgl. [43,84,85]), daß $M_{g,A,B}$ beschränkt ist. Für $M_{g,A,B}$ erhält man unmittelbar abgeschlossene, beschränkte, nichtkonvexe Mengen, indem man anstelle der Intervalle $[-\beta_{i\gamma}, \alpha_{i\gamma}]$ beliebige abgeschlossene und beschränkte Mengen einsetzt.

Nun lassen sich die Sätze 5.1 und 5.3 und damit die ganze daraus abgeleitete Theorie des Kapitels 5 unter Verzicht auf Resultate über Ausgleichssplines übertragen, wenn G', die Menge der Häufungspunkte von G, das Maß 0 hat. Wenn $G' \neq \emptyset$, dann folgt die in Satz 5.6 unter einigen Schwierigkeiten nachweisbare Eindeutigkeit unmittelbar (vgl. Satz 5.18).

Definition 5.8: *Q sei eine abgeschlossene zusammenhängende meßbare Teilmenge von $\mathbb{R}^*$ und G eine abgeschlossene Teilmenge von Q. Dann erzeugen die Funktionale in* (39) *ein (unendliches) Hermite-Birkhoff-Interpolationsproblem (kurz H-B_∞-Problem) auf $W_L^2(Q)$. Die zu* (38), (39), (40) *bestimmten Splines bezeichnen wir als Lg_∞-Splines. Die $x_\gamma \in G$ heißen Knoten des H-B_∞-Problems und der entsprechenden Lg_∞-Splines. Zwei Knoten $x_\gamma, x_{\hat{\gamma}} \in G$ heißen benachbart, wenn $(x_\gamma, x_{\hat{\gamma}}) \cap G = \emptyset$.*

Definition 5.9: *Für $Q := \mathbb{R}^*$ und $G := \mathbb{Z}$ spricht man von den Lg_∞-Splines als von Kardinalsplines (vgl.* [34]*).*

Mit der Definition 5.8 haben wir

Satz 5.17: (39) *erzeuge ein H-B_∞-Problem auf $W_L^2(Q)$, $G \subset Q$ sei abgeschlossen, und die Menge G' der Häufungspunkte von G habe das Maß 0. Unter diesen Voraussetzungen ist y genau dann Lg_∞-Spline, wenn*

$$(43)\quad \begin{cases} (\alpha) & y \in W_L^2(Q) \\ (\beta) & Ly \in W^{m,2}(x_\gamma, x_{\hat{\gamma}}) \text{ für zwei benachbarte Knoten } x_\gamma, x_{\hat{\gamma}} \\ & \in G \text{ und } L^*(Ly(x)) = 0 \text{ für f.a. } x \in Q \setminus G \\ (\gamma) & Ly(x) = 0 \text{ für } x \in Q \setminus (\inf\{G\}, \sup\{G\}) \\ (\delta) & [O_j Ly]_{x_\gamma} = 0 \text{ für } (D^j)_{x_\gamma} \notin \Lambda_\gamma \text{ und } x_\gamma \in G \setminus G'. \end{cases}$$

Der Zusatz zu Satz 5.1 überträgt sich wieder wörtlich.

Beweis: Nach Satz 4.19 haben wir (9) zu ersetzen durch

$$Ly \in (LU)^\perp.$$

Die im Beweis von Satz 5.1 und Satz 5.3 auftretenden Integrale sind hier von der Bauart

$$\int_Q Ly\, Lh\, dx \quad \text{für } y,h \in W_L^2(Q) .$$

Aus diesem Grund kann man zunächst ein endliches Intervall $[c,d] \subset Q$

so wählen, daß

$$\left|\int_{Q} Ly\, Lh\, dx - \int_{c}^{d} Ly\, Lh\, dx\right| < \frac{\varepsilon}{2} \quad ,$$

wegen $\lambda(Q') = 0$ kann man weiter eine meßbare Menge $I \subset [c,d] \setminus G'$ so angeben, daß für die jeweils betrachteten y,h

$$(44) \qquad \left|\int_{Q} Ly\, Lh\, dx - \int_{I} Ly\, Lh\, dx\right| < \varepsilon \ .$$

Will man ein Paar benachbarter Punkte $x_\gamma, x_{\hat\gamma} \in G \setminus G'$ diskutieren, so kann man I stets so bestimmen, daß $[x_\gamma, x_{\hat\gamma}] \subset I$ ist. Mit (44) erhält man durch den Grenzübergang $\varepsilon \to 0$ Satz 5.17. Sollte x_γ oder $x_{\hat\gamma}$ Häufungspunkt von G sein, z.B. $x_\gamma < x_{\hat\gamma} = \lim_{n\to\infty} x_n$ für $x_n \in G$, $x_n \geqq x_{\hat\gamma}$, so wählt man $[x_\gamma, x_{\hat\gamma}] \subset I \subset [c,d] \setminus \{G \setminus \{x_{\hat\gamma}\}\}$. □

Satz 5.18: *Unter den Voraussetzungen von Satz* 4.17 *und mit* (41), (42) *ist für* $g \in W_L^2(G)$

y *Interpolationsspline zu* g <=> y *ist* Lg_∞*-Spline und*

$$(D^i y)(x_\gamma) = (D^i g)(x_\gamma),\ x_\gamma \in G,\ i \in \mathrm{I\!I}_\gamma .$$

y *Spline auf* $M_{g,A,B}$ <=> y *ist* Lg_∞*-Spline und*

$$[O_i Ly]_{x_\gamma} \geqq 0 \text{ für } x_\gamma \in G\setminus G',\ i \in \mathrm{I\!I}_\gamma \text{ und } (D^i(f-g))(x_\gamma) < \alpha_{i,\gamma}$$

$$[O_i Ly]_{x_\gamma} \leqq 0 \text{ für } x_\gamma \in G\setminus G',\ i \in \mathrm{I\!I}_\gamma \text{ und } (D^i(f-g))(x_\gamma) > -\beta_{i,\gamma}.$$

Der Interpolationsspline y *ist für* (42) *und* $G' \neq \emptyset$ *eindeutig bestimmt.*

Beweis wie oben, die Eindeutigkeit folgt aus $N_L \cap U = \{0\}$ wegen (42) und $G' \neq \emptyset$. □

In diesen Sätzen sind bei den Stetigkeits-, d.h. den $O_i Ly$-Aussagen, die Häufungspunkte G' ausgenommen. Wir zeigen jetzt, daß das Interpolationsproblem über $W_L^2(Q)$ in eine Reihe von Einzelproblemen zerfällt. Um zu unübersichtliche Bedingungen zu vermeiden, verlangen wir, daß

$$(45) \qquad (D^0)_{x_\gamma} \in \mathrm{I\!I}_\gamma \text{ für } x_\gamma \in G.$$

Satz 5.19: *Die Voraussetzungen von Satz* 5.17 *und* (45) *seien erfüllt.* y *ist genau dann* Lg_∞*-Interpolationsspline für ein* $g \in W_L^2(Q)$, *wenn*

$$
(46)\quad \begin{cases}
(\alpha)\ D^j y(x'_\gamma) = D^j g(x'_\gamma) \ \textit{für}\ x'_\gamma \in G',\ j = 0(1)m-1 \\
(\beta)\ \textit{zwischen zwei benachbarten Häufungspunkten}\ x'_\gamma < x^!_\gamma \\
\quad (\textit{d.h.}\ G' \cap (x'_\gamma, x^!_\gamma) = \emptyset)\ \textit{ist}\ y\big|_{[x'_\gamma, x^!_\gamma]}\ \textit{Lösung des Spline-} \\
\quad \textit{problems} \\
\qquad \|Ly\|_{2,[x'_\gamma,x^!_\gamma]} = \min \{\|Lu\|_{2,[x'_\gamma,x^!_\gamma]}\}\ \textit{mit} \\
\quad (D^j y)(x_\eta) = (D^j u)(x_\eta) = (D^j g)(x_\eta)\ \textit{für}\ x_\eta \in G \cap (x'_\gamma, x^!_\gamma) \\
\quad \textit{und}\ j \in \mathbb{I}_\eta\ \textit{bzw.}\ j = 0(1)m-1\ \textit{für}\ x_\eta := x'_\gamma, x^!_\gamma\,.
\end{cases}
$$

Die Forderung (46α) tritt am Ende von (46β) natürlich noch einmal auf, da diese Randbedingungen für (46β) verbindlich sind.

Beweis: Aus (43α) und (45) folgt unmittelbar (46α) und damit (46β). Sind umgekehrt (46α,β) erfüllt, so kann man die Restriktionen aus (46β) wegen $\|Ly\|_{2,[x'_\gamma,x'_{\gamma+1}]} \leq \|Lg\|_{2,[x'_\gamma,x'_{\gamma+1}]}$ zu einer Funktion $y \in W^2_L(\mathcal{Q})$ fortsetzen. Mit dem gleichen Argument wie in Satz 5.17 beweist man, daß dieses y das ursprüngliche Interpolationsproblem erfüllt. □

Mit diesen Ergebnissen kann man die Sätze aus Kapitel 4, soweit sie in Satz 4.19 angegeben sind, und aus Kapitel 5 auf diesen Fall übertragen. Die Verallgemeinerung auf periodische Lg_∞-Splines ist nur für $\mathcal{Q}$:= [a,b] interessant. Für nicht beschränkte $\mathcal{Q}$ sind die einzigen $f \in W^2_{L,\pi}(\mathcal{Q})$ die periodischen Elemente aus N_L. Dann ist die vorgegebene Funktion $g \in W^2_{L,\pi}(\mathcal{Q})$ für das Interpolationsproblem und für das Extremalproblem über $M_{g,A,B}$ automatisch die gesuchte Lösung und jede andere unterscheidet sich von ihr höchstens um eine Lösung von Lu = 0. Weitere Resultate und interessante Fragestellungen zu diesem Gebiet findet man in [162] und [34,211, 237,300,306,307,308], wo vor allem die Kardinalsplines im engeren Sinne behandelt werden.

5.5 Polynom- und B-Splines der Ordnung k

Wir haben uns bisher nur ganz am Rande mit den Basen für die Splineräume beschäftigt. Hier soll eine vor allem auch für numerische Anwendungen befriedigende Basis, die der sogenannten

B-Splines eingeführt werden. Da für numerische Anwendungen praktisch nur Polynomsplines in Frage kommen, beschränken wir uns auf diesen Fall. Andererseits lassen sich die B-Splines der Ordnung k genau so leicht entwickeln wie die der Ordnung 2m.

Indem wir diesen allgemeinen Fall diskutieren, geben wir zugleich für den vor allem an den Anwendungen in Kapitel 9 - 12 interessierten Leser in 5.5 und 6.3 einen von der bisherigen Theorie unabhängigen "elementaren" Zugang zur Theorie der Interpolations- und Ausgleichssplines. Wir beschränken uns dabei auf Gitter Δ mit lauter inneren Knoten:

$$\Delta: a < x_1 < x_2 < \ldots < x_n < b .$$

Ausgehend von den Sätzen 1.1 und 5.7, 5.8 erhält man für Polynomsplines s von ungeradem Grad $2m-1$ und

$$\Lambda := \{(D^j)_{x_i},\ i=1(1)n,\ j=0(1)\omega_i-1 \leqq m-1,\ a < x_1 < x_2 < \ldots < x_n < b\}$$

die Darstellung

$$s(x) = p(x) + \sum_{i=1}^{n} \sum_{j=0}^{\omega_i-1} \alpha_{i,j}(x-x_i)_+^{2m-1-j} \quad \text{für } x \in [a,b]$$

mit $p \in \Pi_{m-1}[a,b]$ und $\alpha_{i,j} \in \mathbb{R}$. Dementsprechend verallgemeinert man:

<u>Definition 5.9:</u> *Es seien* $k \in \mathbb{N}$, $\Delta: a < x_1 < x_2 < \ldots < x_n < b$ $(x_0 := a,\ x_{n+1} := b)$ *ein <u>Gitter mit den Knoten</u>* x_i, $i = 1(1)n$, $\omega^T := (\omega_1,\ldots,\omega_n)$ *ein <u>Inzidenzvektor</u> mit* $\omega_i \in \mathbb{N}$, $\omega_i \leqq k$ *und* $p \in \Pi_{k-1}[a,b]$. *Dann besteht der Raum* $Sp(k,\Delta,\omega)$ *der <u>Polynomsplines der Ordnung</u>* k *(oder <u>vom Grad</u>* k-1*) <u>zum Gitter</u>* Δ *<u>und zum Inzidenzvektor</u>* ω *genau aus allen Funktionen der Form*

$$(47)\quad \begin{cases} s(x) := p(x) + \displaystyle\sum_{i=1}^{n} \sum_{j=0}^{\omega_i-1} \gamma_{i,j}(x-x_i)_+^{k-1-j} \quad \textit{für } x \in [a,b] \textit{ und} \\[2ex] t_+^{j-1} := \begin{cases} t^{j-1} & \textit{für } t \geqq 0 \\ 0 & \textit{für } t < 0 \end{cases},\ j \in \mathbb{N},\ 0_+^0 := 1 . \end{cases}$$

x_i *heißt* ω_i*-<u>facher Knoten</u> von* s.

Die Beschränkung auf $a < x_1$, $x_n < b$ hat nur den Grund, in der folgenden Darstellung nicht zu viele Fälle unterscheiden zu müssen. Sollte man Splines für $a = x_1$, $x_n = b$ berechnen wollen, so kann man zunächst a',b' mit $a' < a$, $b < b'$ wählen und die Berechnung für das Intervall $a' < x_1 < \ldots < x_n < b'$ durchführen. Durch Restriktion der entsprechenden Funktionen auf das ursprüngliche [a,b] erhält man dann die gewünschten Ergebnisse. Wir werden ohnehin in vielen Fällen die fraglichen Funktionen über das betrachtete Intervall [a,b] hinaus fortsetzen, indem wir die angegebenen Variablen in $[a',b'] \supset [a,b]$ wählen.

Die <u>in (47) auftretenden Funktionen</u>

$$x \mapsto 1, x, \ldots, x^{k-1}, (x-x_i)_+^{k-1-j}, \quad i = 1(1)n, \ j = 0(1)\omega_i - 1 \ ,$$

<u>bilden eine Basis für Sp(k,Δ,ω)</u>. Wegen (47) genügt es, die lineare Unabhängigkeit dieser Funktionen zu beweisen. Gäbe es eine nichttriviale Darstellung der Null

$$g(x) := \sum_{\nu=0}^{k-1} \beta_\nu x^\nu + \sum_{i=1}^{n} \sum_{j=0}^{\omega_i - 1} \beta_{i,j} (x-x_i)_+^{k-1-j} \equiv 0 \text{ für } x \in [a,b],$$

so müßte das Polynom $g\big|_{(x_\mu, x_{\mu+1})}$, $\mu = 0(1)n$, identisch verschwinden. Daraus folgt für $\mu = 0$: $\beta_0 = \ldots = \beta_{k-1} = 0$, für $\mu = 1$: $\beta_{1,0} = \beta_{1,1} = \ldots = \beta_{1,\omega_1 - 1} = 0$ usw.

Die Darstellung in (47) hat gewisse Vorzüge: Sie ist sehr übersichtlich und man kann sofort die Dimension von Sp(k,Δ,ω) ablesen: (p ist die in (3) erklärte Zahl)

$$(48) \qquad p' := \dim Sp(k,\Delta,\omega) = k + p = k + \sum_{i=1}^{n} \omega_i, \quad p := \sum_{i=1}^{n} \omega_i \ .$$

Diesen Vorteilen stehen jedoch schwerwiegende Mängel gegenüber: Kleine Fehler in den $\beta_{i,j}$, vor allem für die ersten Knoten, d.h. für kleine i, verursachen besonders für große $(x-x_i)$ u.U. erhebliche Fehler in s(x). Andererseits sind für nahe beieinanderliegende x_i die in (47) auftretenden Funktionen "nahezu linear abhängig". Soll also zu vorgegebenen Interpolationsbedingungen, z.B.

$$s(x_i) = r_i, \ \omega_i = 1, \ i = 1(1)p'$$

s, d.h. die Konstanten β_ν und $\beta_{i,j}$, bestimmt werden, so erhält man sehr schlecht konditionierte lineare Gleichungssysteme und dementsprechend fehlerhafte β_ν, $\beta_{i,j}$, die sich natürlich wieder sehr ungünstig auf die Genauigkeit von s auswirken. Man wird also versuchen, solche Linearkombinationen der abgeschnittenen Potenzfunktionen anzugeben, die nur auf einem möglichst kleinen Intervall von Null verschieden sind. Nun ist für $k \in \mathbb{N}$

$$(49) \qquad g_k(s;t) := (s-t)_+^{k-1} = \begin{cases} (s-t)^{k-1} & \text{für } s \geqq t,\ 0^0 := 1 \\ 0 & \text{für } s < t \end{cases}$$

bei festem t in jedem Intervall, das den Wert t nicht enthält, in s ein Polynom vom Grad k-1. Indem wir bei festgehaltenem Parameter t den Differenzenquotienten der Funktion $g_k(s;t)$ bez. s für die Punkte $t_i,\dots,t_{i+k}$ (vgl. Satz 2.32)

$$(50) \quad M_{i,k}(t) := g_k[t_i,\dots,t_{i+k};t], \quad M_{i,j}(t) := 0 \text{ für } j=0 \text{ oder } -j \in \mathbb{N}$$

bilden, erhalten wir für $t \in [a,b]$ eine Funktion, die für $t < t_i$ und $t > t_{i+k}$ identisch Null wird (vgl. Satz 2.33 und [138,287]). Z.B. erhält man für k = 4 und $t_o < t_1 < t_2 < t_3 < t_4$ den folgenden Graphen (vgl. Figur 11 a und 11 b,c auf S.161):

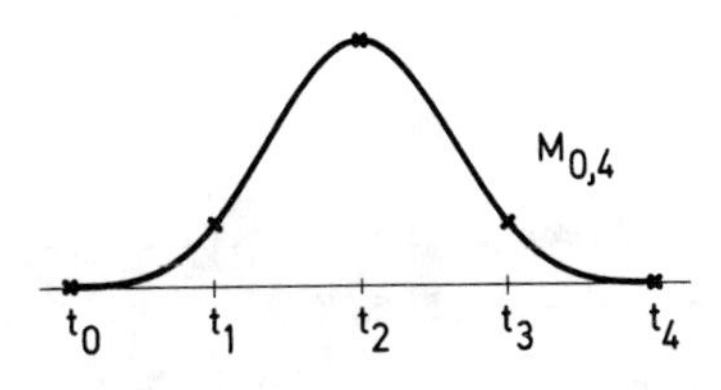

Figur 11 a

Solche speziellen Splines wurden bereits in der ersten Arbeit von Schoenberg [287] eingeführt und wurden seither viel untersucht (vgl. z.B. [95,96,167,194,222,223]).

Diese "lokalen" Splines sollen jetzt behandelt werden. Dabei wollen wir die allgemeinen Splines der Ordnung k (vgl. Definition 5.9) und die natürlichen Splines der Ordnung 2m i.w. parallel darstellen. Das muß wegen der verschiedenen Definitionen auch etwas differenziert geschehen: Die Unterschiede werden sich im Inzidenzvektor ω und im Verhalten auf den Randintervallen $[a,x_1] \cup [x_n,b]$ bemerkbar machen.

Definition 5.10: *Zum Gitter*

(51) Δ: $a < x_1 < x_2 < \ldots < x_n < b$

bestimmt man das *Vielfachgitter* Ω *gemäß der folgenden Vorschrift:*

a) *Für* *allgemeine Polynomsplines* *der Ordnung* k *mit dem Inzidenzvektor*

$$(52)\quad \begin{cases} \omega^T = (\omega_1,\ldots,\omega_n),\ \omega_i \in \mathbb{N},\ \omega_i \leqq k \textit{ sei mit } p' = p+k \\ t_{k+1} := t_{k+2} := \ldots := t_{k+\omega_1} := x_1,\ t_{k+\omega_1+1} := \ldots := \\ := t_{k+\omega_1+\omega_2} := x_2,\ \ldots,\ t_{p'-\omega_n+1} := \ldots := t_{p'} := x_n \\ \Omega:\ a < t_{k+1} \leqq t_{k+2} \leqq \ldots \leqq t_{p'} < b \textit{ mit } t_i < t_{i+k},\ i = k+1(1)p'-k. \end{cases}$$

b) *Für* *natürliche Polynomsplines* *der Ordnung* 2m *mit dem Inzidenzvektor*

$$(53)\quad \begin{cases} \omega^T = (\omega_1,\ldots,\omega_n), \omega_i \in \mathbb{N},\ \omega_i \leqq m \textit{ sei mit } k=2m,\ p'=p+k=p+2m \\ t_{k+1} := t_{k+2} := \ldots := t_{k+\omega_1} := x_1,\ t_{k+\omega_1+1},\ldots,\ t_{p'} := x_n \\ \textit{und } t_{k+1} = t_{2m+1} \\ \Omega:\ a < t_{k+1} \leqq t_{k+2} \leqq \ldots \leqq t_{p'} < b \textit{ mit } t_i < t_{i+m},\ i = k+1(1)p'-m. \end{cases}$$

Für allgemeine Polynomsplines braucht man neben dem Vielfachgitter Ω *das* *ergänzte* *(Vielfach-)* *Gitter* Ω_e

$$(54)\quad \begin{cases} \Omega_e:\ t_1 \leqq t_2 \leqq \ldots \leqq t_k < t_{k+1} \leqq t_{k+2} \leqq \ldots \leqq t_{p'} < t_{p'+1} \leqq \\ \leqq \ldots \leqq t_{p'+k} \textit{ mit } t_k \leqq a,\ t_{p'+1} \geqq b \textit{ und } t_i < t_{i+k},\ i = 1(1)p'. \end{cases}$$

Der Beginn der Indizierung mit k+1 beim Vielfachgitter erlaubt es, einen großen Teil an formalen Aussagen für allgemeine und natürliche Polynomsplines parallel darzustellen. Man erhält dieses Vielfachgitter Ω aus dem Gitter Δ dadurch, daß man jeden Gitterpunkt x_i so oft anschreibt, wie es seiner Vielfachheit ω_i entspricht. Bestimmt man die in (50) definierten $M_{i,k}(t)$ bezüglich des Gitters Ω, so erhält man p'-2k (linear unabhängige Basis-) Elemente. Die volle Anzahl von p' Basiselementen für die allgemeinen Splines (vgl. (48)) ergibt sich also erst, wenn man Ω durch 2k weitere Punkte ergänzt. Es ist also

(55) $p' + k = p + 2k =$ Gesamtzahl der Knoten in Ω_e.

Für die natürlichen Splines muß man etwas anders vorgehen, um $s|_{[a,x_1]\cup[x_n,b]} \in \Pi_{m-1}|_{[a,x_1]\cup[x_n,b]}$ zu garantieren. Wir werden darauf in Satz 5.20 eingehen.

Die einfachsten, und für die späteren Rekursionsformeln wichtigsten Beispiele für die $M_{i,k}(t)$ sind die $M_{i,1}(t)$, d.h. $k = 1$. Es ist

$$(56)\quad \begin{cases} M_{i,1}(t) = \dfrac{(t_{i+1}-t)_+^0 - (t_i-t)_+^0}{t_{i+1}-t_i} \\ = \begin{cases} (t_{i+1}-t_i)^{-1} & \text{für } t\in[t_i,t_{i+1}) \\ 0 & \text{für } t\in\mathbb{R}\setminus[t_i,t_{i+1}) \, . \end{cases} \end{cases}$$

Im Anschluß an Definition 5.9 ($t_+^0 = 1$ für $t \geqq 0$, $t_+^0 = 0$ für $t < 0$) müßten in (56) zunächst die Grenzen $t \in (t_i,t_{i+1}]$ und $t \in \mathbb{R} \setminus (t_i,t_{i+1}]$ stehen. Um jedoch bei der Umrechnung eines Splines, der durch eine derartige "lokale" Basis der $M_{i,k}$ dargestellt ist, keine unnötigen Probleme zu schaffen, vereinbaren wir: Alle auftretenden B-Spline-Darstellungen gelten nur für $t \in [a,b] \setminus \{x_i\}_{i=1}^n$, in den Gitterpunkten seien die Funktionen jeweils rechtsseitig stetig fortgesetzt. Mit dieser Vereinbarung bilden auch die Funktionen

$$x \mapsto 1,x,\ldots,x^{k-1},(x_i-x)_+^{k-1-j},\ i = 1(1)n,\ j = 0(1)\omega_i$$

eine Basis für $Sp(k,\Delta,\omega)$.

Durch Normierung erhält man aus $M_{i,1}$ die $N_{i,1}$:

$$(57)\qquad N_{i,1}(t) := (t_{i+1}-t_i)M_{i,1}(t) = \begin{cases} 1 & \text{für } t \in [t_i,t_{i+1}) \\ 0 & \text{für } t \in \mathbb{R} \setminus [t_i,t_{i+1}). \end{cases}$$

Definition 5.11: *Es sei* $k \in \mathbb{N}$ *und* Ω *ein Vielfachgitter. Dann heißen die in* (49),(50),(53),(54) *erklärten Funktionen* $M_{i,k}$ *B-Splines,* $i = 1(1)p'$, *die Funktionen*

$$(58)\qquad N_{i,k}(t) := (t_{i+k}-t_i)M_{i,k}(t) = \\ = g_k[t_{i+1},\ldots,t_{i+k};t] - g_k[t_i,\ldots,t_{i+k-1};t]$$

normalisierte B-Splines. In den Gitterpunkten werden $M_{i,k}$ *und* $N_{i,k}$ *jeweils so definiert, daß sie dort rechtsseitig stetig sind.*

Wir zeigen jetzt, daß die $M_{i,k}$ bzw. die $N_{i,k}$ eine Basis für $Sp(k,\Delta,\omega)$ bilden.

Satz 5.19: *Die zu* Ω_e *nach* (50) *bzw.* (58) *bestimmte Menge von B-Splines* $M_{i,k}$ *bzw. normalisierten B-Splines* $N_{i,k}$, $i = 1(1)p'$, $p' = p+k$, *ist eine Basis für* $Sp(k,\Delta,\omega)$. $x_{j_i} < \ldots < x_{j_\tau}$ *seien die verschiedenen Knoten in* $t_i \leqq \ldots \leqq t_{i+k}$, $t_i < t_{i+k}$, *mit den Vielfachheiten* $\omega_{j_i},\ldots,\omega_{j_\tau}$ *(vgl.* (51), (52), (53)*). Dann ist* $M_{i,k}$ *darstellbar in der Form*

$$(59) \qquad M_{i,k}(t) = \sum_{\nu=i}^{\tau} \sum_{\mu=0}^{\omega_{j_\nu}-1} \beta_{\nu,\mu}^{(i)} (x_{j_\nu}-t)_+^{k-1-\mu}, \quad \beta_{\nu,\mu} \in \mathbb{R}\,.$$

Taucht der Knoten x_{j_i} *bzw.* x_{j_τ} *in* $t_i \leqq \ldots \leqq t_{i+k}$ *nur noch* $\omega'_{j_i} < \omega_{j_i}$ *bzw.* $\omega'_{j_\tau} < \omega_{j_\tau}$ *mal auf, so sind in* (59) ω_{j_i} *bzw.* ω_{j_τ} *durch* ω'_{j_i} *bzw.* ω'_{j_τ} *zu ersetzen.*

Beweis: Wir zeigen zunächst die Darstellbarkeit der $M_{i,k}$ (und damit auch der $N_{i,k}$) in der Form (59). Diese Darstellbarkeit ist aber nach Satz 2.32 und (2.22) gesichert. Nach (55) genügt zum Beweis der Basiseigenschaft der $M_{i,k}$ bzw. $N_{i,k}$ der Nachweis der linearen Unabhängigkeit dieser $M_{i,k}$ bzw. $N_{i,k}$. Es sei also

$$h(t) := \sum_{i=1}^{p'} \alpha_i M_{i,k}(t) \equiv 0 \text{ für } t_1 \leqq t \leqq t_{p'+k}\,.$$

Ist t_1 ein Knoten der Vielfachheit ω_0 in Ω_e und t_{ω_0+1} der nächstgrößere Knoten in Ω_e, so ist nach (59) für $t \in [t_1, t_{\omega_0+1})$

$$h(t) = \sum_{i=1}^{\omega_0} \alpha_i M_{i,k}(t) = \sum_{\mu=0}^{\omega_0-1} \gamma_\mu (t-t_1)_+^{k-1-\mu} \equiv 0, \quad \gamma_\mu := \sum_{i=1}^{\omega_0-\mu} \alpha_i \beta_{1,\mu}^{(i)}.$$

Diese Identität ist nur für $\gamma_\mu = 0$, $\mu = 0(1)\omega_0-1$ möglich und mit $\beta_{1,\omega_0-1}^{(i)} \neq 0$, $i = 1(1)\omega_0$, nach (2.22) folgt $\alpha_i = 0$, $i = 1(1)\omega_0$. Also ist

$$h(t) = \sum_{i=\omega_0+1}^{p'} \alpha_i M_{i,k}(t) \equiv 0 \text{ für } t \in [t_{\omega_0+1}, t_{p'+k}]$$

und man kann den Schluß wiederholen. Damit sind die $M_{i,k}$ und nach (58) auch die $N_{i,k}$ linear unabhängig. □

Wir wollen an dieser Stelle die Modifikationen für die natürlichen Polynomsplines $s \in Sp(D^m,\Delta,\omega)$ aus 5.2 besprechen. Man hat in diesem Fall (vgl. Definition 5.4, Aufgabe IV und (53))

$$k := 2m,\ 1 \leqq \omega_i \leqq m,\ i = 1(1)n,\ \text{d.h. } t_i < t_{i+m},\ i = 2m+1(1)p'-m. \tag{60}$$

Wir führen dann zusätzlich zu den durch

$$\Omega\colon a < t_{2m+1} \leqq t_{2m+2} \leqq \dots \leqq t_{p'} < b,$$

bestimmten $M_{i,2m}$ bzw. $N_{i,2m}$, $i = 2m+1(1)p'-2m$, die folgenden Differenzenquotienten ein:

$$\begin{cases} \left.\begin{array}{l} M^j_{i,k}(t) := g_k[t_i,t_{i+1},\dots,t_{i+j};t] \\ \tilde{M}^j_{i,k}(t) := g_k[t;t_i,t_{i+1},\dots,t_{i+j}] \end{array}\right\} \quad 0 \leqq j \leqq k = 2m \\ M^k_{i,k}(t) = M_{i,k}(t) \\ \left.\begin{array}{l} M^j_{i,k}(t) := 0 \\ \tilde{M}^j_{i,k}(t) := 0 \end{array}\right\} \text{ für } k = 0 \text{ oder } -j \in \mathbb{N}\,. \end{cases} \tag{61}$$

Dabei ist $M^j_{i,2m}$ für festes t als Differenzenquotient der Funktion $g_{2m}(s;t)$ bez. der Variablen s, $\tilde{M}^j_{i,2m}$ für festes s als Differenzenquotient der Funktion $g_{2m}(s;t)$ bez. t definiert, wobei anschließend in $\tilde{M}^j_{i,k}$ $t := s$ zu setzen ist.

Wir übergehen mögliche Modifikationen für $m \leqq p < 2m$ und beschränken uns auf den Fall $p \geqq 2m$.

<u>Satz 5.20:</u> *Ω sei das Vielfachgitter aus* (53) *und neben den dortigen Voraussetzungen sei* $p = p' - 2m \geqq 2m = k$. *Dann sind die Funktionen*

$$\begin{cases} B_i := M^{i-1}_{2m+1,2m}, & i = m+1(1)2m\,, \\ B_i := N_{i,2m}\,, & i = 2m+1(1)p\,, \\ B_i := \tilde{M}^{p'-i}_{i,2m}\,, & i = p+1(1)p+m, \end{cases} \tag{62}$$

natürliche Splinefunktionen und diese B_i, $i = m+1(1)p+m$, *bilden eine Basis für* $Sp(D^m,\Delta,\omega)$.
Sind darüber hinaus (vgl. Satz 5.19*)* $x_{j_1} < \dots < x_{j_\tau}$ *die verschiedenen Knoten in* $t_i \leqq t_{i+1} \leqq \dots \leqq t_{i+j}$ *(vgl.* (61)*), so ist* $M^j_{i,k} = M^j_{i,2m}$ *darstellbar in der Form* (59). *Die entsprechende Darstellung*

für $\tilde{M}^j_{i,k} = \tilde{M}^j_{i,2m}$ *erhält man aus* (59), *indem man* $(x_{j_\nu}-t)_+$ *ersetzt durch* $(t-x_{j_\nu})_+$.

<u>Beweis:</u> Nach Satz 4.5 (d) ist $\dim Sp(D^m,\Delta,\omega) = p$. Es genügt also, $B_i \in Sp(D^m,\Delta,\omega)$ und die lineare Unabhängigkeit der B_i zu zeigen. Nach Satz 5.19 sind B_i, $i = 2m+1(1)p$, Elemente von $Sp(D^m,\Delta,\omega)$. Weiter ist nach Satz 2.33 B_i, $i = m+1(1)2m$, in $[a,t_{2m+1}]$ ein Polynom vom Grad $2m-i \leq m-1$ und in $[t_{2m+1},t_{p'}]$ nach (59) ein Polynomspline vom Grad $2m-1$ mit den in Satz 5.7 verlangten Stetigkeitseigenschaften. Entsprechend zeigt man $B_i \in Sp(D^m,\Delta,\omega)$ für $i = p+1(1)p+m$. Wären die B_i, $i = m+1(1)p+m$, linear abhängig, so wäre zunächst in $[a,t_{2m+1}]$

$$\sum_{i=m+1}^{p+m} \alpha_i B_i(t) = \sum_{i=m+1}^{2m} \alpha_i B_i(t) \equiv 0 .$$

Dieses Polynom vom Grad $\leq m-1$ in $[a,t_{2m+1}]$ verschwindet genau für $\alpha_{m+1} = \ldots = \alpha_{2m} = 0$. Analog zu Satz 5.19 und dem oben geführten Schluß folgt $\alpha_i = 0$, $i = 2m+1(1)p+m$. Die Aussagen über die Darstellung der $M^j_{i,k}$ bzw. $\tilde{M}^j_{i,k}$ in der Form (59) erhält man wie in Satz 5.19. □

Wenn die B-Splines bekannt sind, sind sie für numerische Anwendungen bestens geeignet, da die bei den abgeschnittenen Potenzfunktionen beobachtete Instabilität wegfällt. Nun ist aber die Bestimmung der B-Splines selbst, vor allem bei stark variablen Intervallängen, ein sehr instabiler Prozeß. Aus diesem Grund haben C o x [136] und d e B o o r [95,96] Rekursionsverfahren vorgeschlagen, die bei der üblichen Maschinengenauigkeit von 7 - 8 Dezimalen für $k < 20$ stabil sind.

Für die allgemeinen B-Splines kommt man mit Rekursionsformeln aus, in denen der Exponent k jeweils um eins reduziert wird. Für die natürlichen Splines ist es zweckmäßig, daneben Formeln zu betrachten, in denen k um zwei reduziert wird. Um zu komplizierte Formeln zu vermeiden, werden wir bei den natürlichen Splines voraussetzen, daß die ersten und die letzten 2m Knoten einfach sind (vgl. Aufgabe XI). Wir geben aus diesem Grunde den Zusammenhang zwischen den $M^j_{i,k}$ und $\tilde{M}^j_{i,k}$ auch nur für einfache Knoten an.

Diese und ähnliche Aussagen fassen wir zusammen in

<u>Satz 5.21:</u> *Es sei* $t_i < t_{i+k}$ *und* $t \in [t_i, t_{i+k}]$ *bzw.* $t_i < t_{i+j}$ *und* $t \in [t_i, t_{i+j}]$. *Dann hat man für alle in den Sätzen* 5.19 *und* 5.20 *betrachteten Indizes die Rekursionsformeln*

$$(63)\quad \begin{cases} M_{i,k}(t) = \dfrac{t-t_i}{t_{i+k}-t_i} M_{i,k-1}(t) + \dfrac{t_{i+k}-t}{t_{i+k}-t_i} M_{i+1,k-1}(t) , \\[2ex] N_{i,k}(t) = \dfrac{t-t_i}{t_{i+k-1}-t_i} N_{i,k-1}(t) + \dfrac{t_{i+k}-t}{t_{i+k}-t_{i+1}} N_{i+1,k-1}(t) , \\[2ex] M^j_{i,k}(t) = \dfrac{t-t_i}{t_{i+j}-t_i} M^{j-1}_{i,k-1}(t) + \dfrac{t_{i+j}-t}{t_{i+j}-t_i} M^{j-1}_{i+1,k-1}(t) . \end{cases}$$

Für $t_i = t_{i+k-1}$ *oder* $t_{i+1} = t_{i+k}$ *fällt in der zweiten Formel der Summand mit dem verschwindenden Nenner weg.*

Es sei $t_i < t_{i+k-1}$ *und* $k \geqq 3$, $j \geqq 2$, *dann ist*

$$(64)\quad \begin{cases} M^j_{i,k}(t) = M^{j-2}_{i,k-2}(t) + (t_{i+j} + t_{i+j-1} - 2t) M^{j-1}_{i,k-2}(t) + \\ \qquad\qquad + (t_{i+j} - t)^2 M^j_{i,k-2}(t) \\[2ex] M^{k-1}_{i,k}(t) = M^{k-3}_{i,k-2}(t) + \left\{t_{i+k-1} + t_{i+k-2} - 2t - \dfrac{(t_{i+k-1} - t)^2}{(t_{i+k-1} - t_i)}\right\} \cdot \\[2ex] \qquad\qquad \cdot M^{k-2}_{i,k-2}(t) + \dfrac{(t_{i+k-1} - t)^2}{t_{i+k-1} - t_i} M^{k-2}_{i+1,k-2}(t) . \end{cases}$$

Die 2m *letzten Knoten in* Ω *seien einfach,* $t_{p'-2m+1} < t_{p'-2m+2} < \ldots < t_{p'}$, *und es sei* $u := t_{p'} - t$, $u_r := t_{p'} - t_{p'+2m+1-r}$, $r = 2m+1(1)p'$, *und* Δ_u *das durch die einfachen Knoten* $u_{2m+1} < u_{2m+2} < \ldots < u_{4m}$ *gebildete Gitter. Dann ist mit*

$$M^j_{i,k,\Delta_u}(u) := g_k[u_i,\ldots,u_{i+j};u]$$

$$(65)\quad \begin{cases} \tilde{M}^{p'-i}_{i,k}(t) = M^{p'-i}_{2m+1,k,\Delta_u}(u),\ i = p+1(1)p+m \textit{ mit } p' - 2m = p \\[2ex] M_{i,k}(t) = M_{p'+1-i,k,\Delta_u}(u) \textit{ für } i \leqq p . \end{cases}$$

Schließlich sind für $k > 1$ *die* $M_{i,k}(t)$, $N_{i,k}(t) > 0$ *für* $t \in (t_i, t_{i+k})$ *und* $= 0$ *für alle anderen* $t \in \mathbb{R}$ *und sind die* $M^j_{i,k}(t) > 0$ *für* $t \in (t_i, t_{i+j})$ *und* $= 0$ *für* $t \geqq t_{i+j}$. *Ist* $k = 1$, *so sind* $M_{i,1}(t)$, $N_{i,1}(t) > 0$ *für* $t \in [t_i, t_{i+1})$ *und* $= 0$ *für alle anderen* $t \in \mathbb{R}$, $M^0_{i,1}(t) = 1$ *für* $t < t_i$ *und* $= 0$ *sonst.*

Aus (65) erhält man sofort die entsprechenden Positivitätsaussagen für $\tilde{M}^j_{i,k}$. Nach unserer obigen Vereinbarung setzen wir die fraglichen Funktionen gegebenenfalls rechtsseitig stetig fort. Wir werden zu vorgegebenem $t \in [a,b]$ das t_i stets so auswählen, daß $t \in [t_i, t_{i+1})$ mit $t_i < t_{i+1}$. Dann sind die Divisionen in (63) und (64) u.U. mit Ausnahme der zweiten Division in der zweiten Zeile von (63) stets ausführbar. Für $t_{i+1} = t_{i+k}$ ist nach der obigen Behauptung aber $N_{i,k}(t)$ bereits durch $N_{i,k-1}(t)$ bestimmt.

Beweis: Die Rekursionsformeln erhalten wir, indem wir Satz 2.34 auf

$$\begin{aligned} h(s) := g_k(s;t) &= g_{k-1}(s;t)\cdot(s-t) \quad \text{für } k \geqq 2 \text{ bzw.} \\ &= g_{k-2}(s;t)\cdot(s-t)^2 \quad \text{für } k \geqq 3 \end{aligned}$$

anwenden. Dann hat man für die Differenzenquotienten der Funktion $s \mapsto (s-t)$ bzw. $s \mapsto (s-t)^2$ die Werte

$$(s-t)[t_{i+r},\ldots,t_{i+j}] = \begin{cases} (t_{i+j}-t) & \text{für } r = j\,, \\ 1 & \text{für } r = j-1 \\ 0 & \text{für } r < j-1 \end{cases}$$

bzw.

$$(s-t)^2[t_{i+r},\ldots,t_{i+j}] = \begin{cases} (t_{i+j}-t)^2 & \text{für } r = j \\ (t_{i+j}+t_{i+j-1}-2t) & \text{für } r = j-1, \\ 1 & \text{für } r = j-2, \\ 0 & \text{für } r < j-2. \end{cases}$$

Die Leibniz-Formel ergibt nun

$$\begin{aligned} g_k[t_i,\ldots,t_{i+j};t] = g_{k-1}[t_i,\ldots,t_{i+j};t]\cdot(t_{i+j}-t) \,+ \\ + g_{k-1}[t_i,\ldots,t_{i+j-1};t]. \end{aligned}$$

Nach (61) folgt mit der Definition des Differenzenquotienten

$$g_{k-1}[t_i,\ldots,t_{i+j};t] = \{M^{j-1}_{i+1,k-1}(t) - M^{j-1}_{i,k-1}(t)\}/(t_{i+j}-t_i)$$

$$M^j_{i,k}(t) = \{M^{j-1}_{i+1,k-1}(t) - M^{j-1}_{i,k-1}(t)\}\frac{t_{i+j}-t}{t_{i+j}-t_i} + M^{j-1}_{i,k-1}(t)$$

$$= \frac{t-t_i}{t_{i+j}-t_i}\, M^{j-1}_{i,k-1}(t) + \frac{t_{i+j}-t}{t_{i+j}-t_i}\, M^{j-1}_{i+1,k-1}(t)\;,$$

d.h. die letzte Zeile von (63). Für $j = k$ folgt die erste Zeile und daraus nach (58) die zweite Zeile. Nun sei $t_{i+1} = t_{i+k}$. Dann ist nach Satz 2.32, (2.21), (50) und unserer Vereinbarung über die rechtsseitige Stetigkeit

$$M_{i+1,k-1}(t) = c \frac{\partial^{k-1}}{\partial s^{k-1}} (s-t)_+^{k-2} \Big|_{s=t_{i+1}} = 0 ,$$

der Zusatz ist also bewiesen.

Die erste Zeile von (64) folgt analog unter Verwendung der Formeln für $(s-t)^2[t_{i+r},\ldots,t_{i+j}]$. Die zweite Zeile erhält man für $j = k-1$ und aus der Definition des Differenzenquotienten

$$M_{i,k-2}^{k-1}(t) = \frac{M_{i+1,k-2}^{k-2}(t) - M_{i,k-2}^{k-2}(t)}{t_{i+k-1} - t_i} .$$

Zum Beweis von (65) gehen wir zurück auf die Definition. Dann ist nach (2.15)

$$(-1)^{p'-i} M_{i,k}^{p'-i}(t) = g_k[t;t_i,\ldots,t_{p'}] = \sum_{\nu=i}^{p'} \frac{(t-t_\nu)_+^{k-1}}{\prod\limits_{\substack{\mu=i \\ \mu\neq\nu}}^{p'} (t_\nu - t_\mu)}$$

$$= \sum_{\nu=i}^{p'} \frac{(t_{p'}-t_\nu-(t_{p'}-t))_+^{k-1}}{\prod\limits_{\substack{\mu=i \\ \mu\neq\nu}}^{p'} (t_{p'}-t_\mu-(t_{p'}-t_\nu))} = \sum_{\nu=i}^{p'} \frac{(u_{p'+2m+1-\nu}-u)_+^{k-1}}{\prod\limits_{\substack{\mu=i \\ \mu\neq\nu}}^{p'} (u_{p'+2m+1-\mu}-u_{p'+2m+1-\nu})}$$

und mit $r := p' + 2m + 1 - \nu$ und den neuen Grenzen $2m+1$ und $q = p' + 2m + 1 - i$ für r erhält man für $g_k[t;t_i,\ldots,t_{p'}]$

$$\sum_{r=2m+1}^{q} \frac{(u_r-u)_+^{k-1}}{\prod\limits_{\substack{\tau=2m+1 \\ \tau\neq r}}^{q} (u_\tau-u_r)} = g_k[u_{2m+1},\ldots,u_q;u]\cdot(-1)^{p'-i}.$$

Das ist mit $q - 2m - 1 = p' + 2m + 1 - i - 2m - 1 = p' - i$ die erste Zeile von (65). Die zweite Zeile folgt für lauter einfache Knoten genau so. Sollten links von $t_{p'-2m+1}$ mehrfache Knoten auftreten, so beweist man die Aussage durch Grenzübergänge.

Daß die $M_{i,k}$, $N_{i,k}$, $M_{i,k}^j$ für die oben angegebenen t verschwinden, folgt sofort aus Satz 2.33. Die Positivität beweisen wir induktiv: Nach (56),(57) sind die $M_{i,1}(t)$, $N_{i,1}(t)$, $M_{i,1}^j(t)$ für $k = 1$ und alle möglichen j, nämlich $j = 1$, für $t \in [t_i,t_{i+1})$ positiv. Es sei nun die Positivität für $k-1$ bereits bewiesen und $t_i < t_{i+k-1}$ und $t_{i+1} < t_{i+k}$. Dann sind die $M_{i,k}(t)$, $N_{i,k}(t)$ bzw. $M_{i,k}^j(t)$ für

$t \in (t_i, t_{i+k})$ bzw. $t \in (t_i, t_{i+j})$ positiv. Sollte $t_{i+1} = t_{i+k}$ sein, so bleibt, wie oben gezeigt, nur ein positiver Summand stehen. □

Satz 5.22 zeigt, daß man zur Berechnung von

$$F := \sum_i \alpha_i B_i$$

für ein festes t nur wenige $B_i(t)$ wirklich berechnen muß. Auch die Differentiation gelingt mit Hilfe der angegebenen Rekursionsformeln recht einfach. Es gilt der

<u>Satz 5.22:</u> *Es seien* $(p' = p + 2m)$

$$F := \sum_i \alpha_i N_{i,k}; \quad G := \sum_{i=m+1}^{2m} \beta_i M^{i-1}_{2m+1,2m}; \quad H := \sum_{i=p+1}^{p+m} \gamma_i \tilde{M}^{p'-i}_{i,2m} .$$

Dann ist (mit $t_{2m} := a$, $t_{p'+1} := b$*)*

$$(66) \quad \begin{cases} F(t) = \sum\limits_{i=\ell-k+1}^{\ell} \alpha_i N_{i,k}(t) \text{ für } t \in [t_\ell, t_{\ell+1}) \\ G(t) = \sum\limits_{i=\min\{m+1,\ell+1-2m\}}^{2m} \beta_i M^{i-1}_{2m+1,2m}(t) \\ \qquad\qquad \text{für } t \in [t_\ell, t_{\ell+1}),\ \ell = 2m(1)p' \\ H(t) = \sum\limits_{i=p+1}^{\min\{\ell,p+m\}} \gamma_i \tilde{M}^{p'-i}_{i,2m}(t) \text{ für } t \in [t_\ell, t_{\ell+1}),\ \ell = 2m(1)p'. \end{cases}$$

Die Ableitungen D^jF, D^jG, D^jH *(jeweils rechtsseitig stetig fortgesetzt) erhält man mit den rekursiv bestimmten* $\alpha_i^{(j)}, \beta_i^{(j)}, \gamma_i^{(j)}$

$$(67) \quad \begin{cases} \alpha_i^{(0)} := \alpha_i , \\ \alpha_i^{(j)} := (k-j)(\alpha_i^{(j-1)} - \alpha_{i-1}^{(j-1)})/(t_{i+k-j} - t_i), \quad j > 0, \\ \beta_i^{(0)} := \beta_i,\ \beta_i^{(j)} := -(2m-j)\beta_i^{(j-1)}, \quad j > 0, \\ \gamma_i^{(0)} := \gamma_i,\ \gamma_i^{(j)} := (2m-j)\gamma_i^{(j-1)}, \quad j > 0, \end{cases}$$

als

$$(68) \quad \begin{cases} D^jF = \sum\limits_i \alpha_i^{(j)} N_{i,k-j} , \\ D^jG = \sum\limits_{i=m+1}^{2m} \beta_i^{(j)} M^{i-1}_{2m+1,2m-j} , \\ D^jH = \sum\limits_{i=p+1}^{p+m} \gamma_i^{(j)} \tilde{M}^{p'-i-j}_{i+j,2m-j} . \end{cases}$$

Setzt man in (68), analog zu (66), ein $t \in [t_\ell, t_{\ell+1})$ *ein, so sind die Summationsgrenzen analog zu bestimmen, z.B. hat man in* D^jF *zu summieren über* $i = \ell+j+1-k(1)\ell$. *Die* $\alpha_i^{(j)}$ *sind nur definiert, wenn* $(t_{i+k-j} - t_i) \neq 0$ *ist, genau dann ist auch* $N_{i,k-j} \neq 0$. *Speziell erhält man für ein äquidistantes Gitter* Γ, *d.h.* $t_i = t_{2m} + (i-2m)h$, $i \in \mathbb{N}$, *mit den absteigenden Differenzen* $\nabla^j\alpha_i$

$$D^jF = h^{-j} \sum_i (\nabla^j\alpha_i)N_{i,k-j} .$$

Indem man die Aussagen über F allein betrachtet, erhält man die Ableitungen für $F \in Sp(k,\Delta,\omega)$, wenn man $k := 2m$ in F einsetzt und die Summationsindizes i gemäß (62) wählt, findet man für $F + G + H \in Sp(D^m,\Delta,\omega)$ die Ableitungen der natürlichen Splines.

Beweis: Die Behauptungen (66) folgen unmittelbar aus Satz 5.21. So treten z.B. für $t \in [t_\ell, t_{\ell+1})$, $\ell = 2m(1)p'$, in G nur Summanden auf, die Gitterpunkte $t_i \geqq t_{\ell+1}$ besitzen, d.h. wegen

$$M_{2m+1,2m}^{i-1}(t) = 0 \text{ für } t \geqq t_{2m+i}$$

genau die Summanden mit $\min\{m+1, \ell+1-2m\} \leqq i \leqq 2m$ für $t \in [t_\ell, t_{\ell+1})$.

(67α), (68α) beweisen wir durch Induktion: j = 0 ist klar. Nun ist (wir können hier $t_i < t_{i+k-j}$ voraussetzen, andernfalls ist $N_{i,k-j}(t) \equiv 0$ nach (58))

$$\begin{aligned}\frac{d}{dt} N_{i,k-j}(t) &= \frac{d}{dt}(g_{k-j}[t_{i+1},\dots,t_{i+k-j};t] - g_{k-j}[t_i,\dots,t_{i+k-j-1};t])\\ &= -(k-j-1)(M_{i+1,k-j-1}(t) - M_{i,k-j-1}(t))\\ &= -(k-j-1)\left(\frac{N_{i+1,k-j-1}(t)}{t_{i+k-j}-t_{i+1}} - \frac{N_{i,k-j-1}(t)}{t_{i+k-j-1}-t_i}\right) ,\end{aligned}$$

wenn beide Nenner $\neq 0$ sind. Ist dagegen z.B. $t_{i+k-j-1} - t_i = 0$, so ist wegen $t_i = t_{i+1} = \dots = t_{i+k-j-1}$

$$M_{i,k-j-1}(t) = g_{k-j-1}[t_i,\dots,t_{i+k-j-1};t] = c \frac{\partial^{k-j-1}}{\partial s^{k-j-1}}(s-t)_+^{k-j-2}\Big|_{s=t_i} \equiv 0 .$$

Die angegebene Umformung bleibt dann nach (58) richtig, wenn man vereinbart, Summanden mit verschwindendem Zähler $N_{i,k-j}$ zu vernachlässigen. Durch Umnumerieren erhält man, wenn man diese Vereinbarung beachtet und $t \in [t_\ell, t_{\ell+1})$ voraussetzt,

$$D^{j+1}F(t) = -\sum_{i=\ell+j+1-k}^{\ell} \alpha_i^{(j)} \left(\frac{N_{i+1,k-j-1}(t)}{t_{i+k-j}-t_{i+1}} - \frac{N_{i,k-j-1}(t)}{t_{i+k-j-1}-t_i}\right)(k-j-1)$$

$$= \sum_{i=\ell+j+2-k}^{\ell} N_{i,k-j-1}(t) \left(\frac{\alpha_i^{(j)}}{t_{i+k-j-1}-t_i} - \frac{\alpha_{i-1}^{(j)}}{t_{i+k-j-1}-t_i}\right)(k-j-1)$$

$$= \sum_{i=\ell+j+2-k}^{\ell} \alpha_i^{(j+1)} N_{i,k-j-1}(t) \quad .$$

Auch hier sind nur solche $\alpha_i^{(j+1)}$ zu berechnen, für die $N_{i,k-j-1}(t)$ $\neq 0$ ist, die also nach (67) ohne Divisionen durch 0 berechenbar sind.

Der Zusatz über äquidistante Unterteilung folgt aus (2.16). Mit

$$\frac{d}{dt} M_{2m+1,2m}^{2m+i-1}(t) = -(2m-1) M_{2m+1,2m-1}^{2m+i-1}(t) \quad \text{und}$$

$$\frac{d}{dt} \tilde{M}_{i,2m}^{p'-i}(t) = (2m-1) \tilde{M}_{i,2m-1}^{p'-i}(t)$$

ist der Satz bewiesen. □

Unter der Voraussetzung $\omega^T := (1,1,\ldots,1)$ wollen wir hier einen von Kapitel 4 und 5.1 - 5.4 unabhängigen Beweis geben für die Existenz und Eindeutigkeit von Interpolationssplines $s \in Sp(k,\Delta,\omega)$ (und ziemlich allgemeine Interpolationsstellen, vgl. [8,310]) und von Ausgleichssplines (vgl. Sätze 5.26, 5.27 und [223]).

<u>Satz 5.23:</u> Ω_e: $t_1 < t_2 < \ldots < t_k < t_{k+1} < \ldots < t_{p'} < t_{p'+1} < \ldots < t_{p'+k}$ *sei ein streng monotones Gitter (d.h. insbesondere* $\omega^T = (1,1,\ldots,1)$*),*

(69) $\quad \eta_1 < \eta_2 < \ldots < \eta_k < \eta_{k+1} < \ldots < \eta_{p'}$

eine streng monotone Zahlenfolge und

$$r^T := (r_1, r_2, \ldots, r_{p'}) \in \mathbb{R}^{p'} .$$

Genau dann existiert zu jedem $r \in \mathbb{R}^{p'}$ *ein eindeutig bestimmter allgemeiner Polynominterpolationsspline* $s \in Sp(k,\Delta,\omega)$, *d.h.*

(70) $\quad s(\eta_i) = r_i,\ i = 1(1)p'$,

wenn für alle $i = 1(1)p'$ *gilt*

(71) $$\left.\begin{array}{l} \eta_i \in (t_i, t_{i+k}) \text{ für } k > 1 \\ \eta_i \in [t_i, t_{i+1}) \text{ für } k = 1 \end{array}\right\} \ i = 1(1)p' .$$

Man überlegt sich ohne große Mühe, daß im Gitter Ω_e die ersten k und die letzten k Knoten $t_1,\ldots,t_k$ bzw. $t_{p'+1},\ldots,t_{p'+k}$ zusammenfallen können.

Beweis: Nach Satz 5.19 bilden die $N_{i,k}$, $i = 1(1)p'$ eine Basis für $Sp(k,\Delta,\omega)$. Der fragliche Interpolationsspline s ist demnach darstellbar als

$$s = \sum_{j=1}^{p'} \beta_j N_{j,k}$$

und s ist genau dann eindeutig bestimmt, wenn das Gleichungssystem

$$s(\eta_i) = \sum_{j=1}^{p'} \beta_j N_{j,k}(\eta_i) = r_i, \quad i = 1(1)p'$$

für jedes $r \in \mathbb{R}^{p'}$ eindeutig nach den β_j auflösbar ist, d.h. wenn für die Matrix

$$(72) \qquad F := (N_{j,k}(\eta_i))_{i,j=1}^{p'} \qquad \det F \neq 0$$

ist. Es genügt also, die Äquivalenz der Forderung (71) zur Bedingung (72), d.h. zur Eindeutigkeit des Interpolationssplines, zu beweisen. Nach Satz 5.21 ist

$$(73) \qquad N_{j,k}(\eta_i)=0 \iff \eta_i \notin (t_j,t_{j+k}) \text{ bzw. } \eta_i \notin [t_j,t_{j+1}) \text{ für } k=1.$$

Nach (56),(57) folgt aus (73) für k = 1 unmittelbar die Behauptung von Satz 5.23. Wir können uns also fortan auf k > 1 beschränken.

Nun sei für ein ν im Widerspruch zu (71) $\eta_\nu \notin (t_\nu,t_{\nu+k})$. Wir beschränken uns auf den Fall $\eta_\nu \leqq t_\nu$, der Fall $\eta_\nu \geqq t_{\nu+k}$ verläuft analog. Dann sind nach (69) und (73)

$$N_{j,k}(\eta_i) = 0 \text{ für } i = 1(1)\nu, \ j = \nu(1)p' ,$$

d.h. in den ersten ν Zeilen der letzten $p'-\nu+1$ Spalten der Matrix F stehen lauter Nullen. Diese $p'-\nu+1$ Spaltenvektoren aus $\mathbb{R}^{p'}$ sind also bereits Elemente von $\mathbb{R}^{p'-\nu}$ und damit linear abhängig, d.h. $\det F = 0$.

Ist umgekehrt (71) erfüllt, d.h. $N_{j,k}(\eta_j) \neq 0$ für $j = 1(1)p'$, so beweisen wir Satz 5.23 nach einer kurzen Vorüberlegung durch Induktion: Für k = 2 durch Induktion nach p' und für k > 2 durch Induktion nach k und p' durch einen dann möglichen Reduktionsschritt.

Wir unterscheiden jeweils die zwei Möglichkeiten: Steht weder in der ersten Hyper-, noch in der zweiten Subdiagonalen eine Null, so ist das mit (71) äquivalent zu

$$(74)\qquad \begin{cases} t_{i+1} < \eta_i\,, & i = 1(1)p'-1 \\ \eta_i < t_{i+k-1}\,, & i = 2(1)p'. \end{cases}$$

Treten also in den fraglichen Diagonalen Nullen auf, so muß es ein $i = \nu$ geben mit

$$(75)\qquad t_{\nu+1} \geqq \eta_\nu \quad \text{bzw.} \quad t_{\nu+k-1} \leqq \eta_\nu \,.$$

Wir beschränken uns auf $t_{\nu+1} \geqq \eta_\nu$. Dann ist mit (69),(73)

$$N_{j,k}(\eta_i) = 0 \text{ für } i = 1(1)\nu,\ j = \nu+1(1)p'.$$

Also zerfällt F in

$$(76)\qquad F = \begin{pmatrix} F' & \vdots & 0 \\ \cdots & \vdots & \cdots \\ F'' & \vdots & F''' \end{pmatrix} \quad \text{mit } \det F = \det F' \cdot \det F''' \quad .$$

Es ist also $\det F \neq 0$ genau für $\det F' \neq 0$ und $\det F''' \neq 0$.
Das Problem aus Satz 5.23 zerfällt somit in die zwei Einzelprobleme

$$(77)\qquad \begin{array}{l} t_1 < \ldots < t_{\nu+k};\ \eta_1 < \ldots < \eta_\nu \text{ mit } \eta_i \in (t_i, t_{i+k}),\ i = 1(1)\nu \\ t_{\nu+1} < \ldots < t_{p'+k};\ \eta_{\nu+1} < \ldots < \eta_{p'} \text{ mit } \eta_i \in (t_i, t_{i+k}),\ i = \nu+1(1)p' \end{array}$$

mit jeweils weniger als p' Interpolationsbedingungen.

Für $k = 2$ hat man die $N_{i,2}$ zu untersuchen: Das sind stückweise lineare Funktionen, die links von t_i und rechts von t_{i+2} verschwinden und die Punkte $(t_i,0)$, $(t_{i+1},1)$ und $(t_{i+2},0)$ verbinden. Für $p' = 1$ und (71) ist das Interpolationsproblem trivialerweise eindeutig lösbar. (74) ist für $k = 2$ höchstens für $p' = 1,2$ möglich. Wegen $t_2 < \eta_1 < \eta_2 < t_3$ für $p' = 2$ nach (74) hat man die Matrix

$$F = \frac{1}{t_3-t_2} \begin{pmatrix} t_3-\eta_1 & \eta_1-t_2 \\ t_3-\eta_2 & \eta_2-t_2 \end{pmatrix} \quad \begin{array}{l} \text{mit } \det F > 0, \text{ da nach (74)} \\ t_3-\eta_1 > t_3-\eta_2 \text{ und } \eta_2-t_2 > \eta_1-t_2. \end{array}$$

Nullen in den ersten Nebendiagonalen von F (d.h. (75)) führen auf Teilprobleme mit weniger Interpolationsbedingungen. Für $p' > 2$ kommt man durch (mehrmalige) Anwendung dieses Schlusses auf die Fälle $k = 2$, $p' = 1$ oder $p' = 2$, die bereits bewiesen sind.

Nun sei ein festes $k > 2$ und $p' \in \mathbb{N}$ gegeben. Wir nehmen an, der Satz sei bereits für alle $1,2,\ldots,k-1$ und $1,2,\ldots,p'-1$ bewiesen. Treten Nullen in den ersten Nebendiagonalen von F auf (d.h. (75)), so ist das Problem für k,p' äquivalent zu zwei Teilproblemen mit

k,p_1' und k,p_3', $p_1',p_3' \in \mathbb{N}$, $p_1' + p_3' = p'$, die nach Induktionsvoraussetzung auf Matrizen F',F''' (vgl. (76)) führen mit $\det F' \neq 0$, $\det F''' \neq 0$ und $\det F = \det F' \cdot \det F'''$. Es genügt also, den Fall (74) zu untersuchen. Angenommen es gelte unter der Voraussetzung (69),(71) $\det F = 0$. Dann gibt es ein nichttriviales $\beta^T = (\beta_1,\ldots,\beta_{p'}) \in \mathbb{R}^{p'}$ mit $F\beta = 0$. Mit $k > 2$ und $\omega^T = (1,1,\ldots,1)$ ist nach (59) mit $\eta_o := t_1$, $\eta_{p'+1} := t_{p'+k}$

$$f := \sum_{j=1}^{p'} \beta_j N_{j,k} \in C^1[\eta_o,\eta_{p'+1}] \text{ und } f(x) \not\equiv 0 \text{ in } [\eta_o,\eta_{p'+1}].$$

Nach Definition von β ist $f(\eta_i) = 0$, $i = 0(1)p'+1$ und nach dem Satz von Rolle gibt es η_i' mit

$$(78) \qquad Df(\eta_i') = 0, \; i = 1(1)p'+1, \; \eta_{i+1}' \in (\eta_i,\eta_{i+1}).$$

Nachdem wir von (74) ausgegangen sind, gilt für die soeben definierten η_i'

$$t_{i+1} < \eta_i < \eta_{i+1}' < \eta_{i+1} < t_{i+k}, \; i = 0(1)p' .$$

Df ist nach Satz 5.22 eindeutig darstellbar als ($Df(x) \not\equiv 0$!)

$$(79) \qquad Df = \sum_{j=1}^{p'+1} \gamma_j N_{j,k-1} \text{ für } \gamma^T := (\gamma_1,\ldots,\gamma_{p'+1}) \neq 0 ,$$

d.h. die Matrix $(N_{j,k-1}(\eta_i'))_{i,j=1}^{p'+1}$ für Splines der Ordnung k-1 muß nach (78),(79) verschwinden. Das widerspricht jedoch der oben vereinbarten Induktionsvoraussetzung. □

In vielen Fällen ist es unzweckmäßig, die u.U. durch Meß- oder Rundungsfehler verfälschten r_i aus (70) exakt zu interpolieren. Indem man den Ansatz der Ausgleichsrechnung mit den hier diskutierten Splines kombiniert, liegt folgendes Vorgehen nahe: Zum Gitter

$$(80) \qquad \eta_1 < \eta_2 < \ldots < \eta_{p'}, \; a < \eta_1, \; \eta_{p'} < b$$

aus (69) definiert man den Operator

$$(81) \qquad C: \begin{cases} W^{m,2}[a,b] \to \mathbb{R}^{p'} \\ f \mapsto (f(\eta_1),\ldots,f(\eta_{p'}))^T \end{cases}$$

und mit $\varepsilon_i \in \mathbb{R}_+$ die zu (15) analoge Norm

$$\|\beta\|_\varepsilon := \left(\sum_{i=1}^{p'} \varepsilon_i \beta_i^2\right)^{1/2} \text{ für } \beta^T := (\beta_1,\ldots,\beta_{p'}) \in \mathbb{R}^{p'} .$$

Damit sei für $r^T := (r_1,\dots,r_{p'}) \in \mathbb{R}^{p'}$

(82) $$\|Qf - r\|_\rho^2 := \|D^m f\|_2^2 + \rho\|Cf - r\|_\varepsilon^2 \quad \text{für } f \in W^{m,2}[a,b].$$

Mit einem willkürlichen monotonen Gitter Δ_α und dem Inzidenzvektor ω

(83) $$\begin{cases} \Delta_\alpha: a < \zeta_1 < \zeta_2 < \dots < \zeta_n < b, \; n \leqq p' \quad \text{und} \\ \omega^T = (1, 1, \dots, 1) \end{cases}$$

ist $Sp(D^m,\Delta_\alpha,\omega)$ nach Definition 5.9 erklärt. Aus der allgemeinen Theorie von Kapitel 4 und 5.1 - 5.2 folgt (vgl. Aufgabe X), daß $Sp(D^m,\Delta_\alpha,\omega)$ ein linearer Raum der Dimension $\max\{m,n\}$ ist. Dieses Ergebnis wollen wir hier, wie schon in Satz 5.20, übernehmen. Wählt man als Δ_α speziell das in (80) definierte Gitter, d.h. $\zeta_i := \eta_i = x_i$, $i = 1(1)p' = n$, $\Delta_\alpha = \Delta$, so geht der in (81) definierte Operator C über in den im Abschnitt 1 dieses Kapitels diskutierten Operator

$$A: f \mapsto (f(x_1),\dots,f(x_n))^T$$

und $\|Qf - r\|_\rho^2 = \|Sf - (0,r)\|_W^2$ ((82) bzw. (4.6),(4.7)). Um diese bereits oben diskutierten Ausgleichssplines von den für verschiedene Gitter (80),(83) auftretenden Funktionen zu unterscheiden, geben wir die (vgl. Definition 4.3 und 5.1)

<u>Definition 5.12:</u> *Ein Element* $\sigma_{\rho,\alpha,r} \in Sp(D^m,\Delta_\alpha,\omega)$ *heißt* <u>*Ausgleichsstrak*</u> *bez.* $D^m,C,\Delta_\alpha,\omega,r$ $(r^T = (r_1,\dots,r_{p'}))$, $\rho \in \mathbb{R}_+$ *genau dann, wenn*

(84) $$\|Q\sigma_{\rho,\alpha,r} - r\|_\rho = \min_{f \in Sp(D^m,\Delta_\alpha,\omega)} \{\|Qf - r\|_\rho\}.$$

Ein Element $\tau_{\rho,r} \in W^{m,2}[a,b]$ *heißt* <u>*Ausgleichsspline*</u> *bez.* D^m,A,r,ρ *genau dann, wenn*

(85) $$\|S\tau_{\rho,r} - (0,r)\|_W = \min_{f \in W^{m,2}[a,b]} \{\|Sf - (0,r)\|_W\}.$$

Es wird in Satz 5.27 bewiesen, daß $\tau_{\rho,r} \in Sp(D^m,\Delta,\omega)$ ist für $\omega^T = (1,1,\dots,1)$. Wählt man eine beliebige Basis $\{\tilde{B}_j\}_{j=1}^n$ für $Sp(D^m,\Delta,\omega)$ bzw. $Sp(D^m,\Delta_\alpha,\omega)$, so ist $\tau := \tau_{\rho,r}$ bzw. $\tau := \tau_{\rho,\alpha,r}$ darstellbar als

(86) $$\tau = \sum_{j=1}^n c_j\tilde{B}_j, \quad \tau\big|_{[a,\zeta_1]\cup[\zeta_n,b]} \in \Pi_{m-1}[a,\zeta_1]\cup[\zeta_n,b]$$

mit

(87) $$\tilde{B}_j(x) = P_j(x) + \sum_{i=1}^{n} \beta_{i,j}(\zeta_i - x)_+^{2m-1}, \quad P_j \in \Pi_{m-1}[a,b] \text{ oder}$$

(88) $$\tilde{B}_j(x) = P_j(x) + \sum_{i=1}^{n} \beta_{i,j}(x-\zeta_i)_+^{2m-1}, \quad P_j \in \Pi_{m-1}[a,b].$$

Dann gilt

<u>Satz 5.24:</u> *Für* $f,\tau \in W^{m,2}[a,b]$, τ *von der Form* (86),(87),(88) *ist*

(89) $$\int_a^b D^m f \, D^m \tau \, dt = (-1)^m (2m-1)! \sum_{i=1}^{n} f(\zeta_i) \sum_{j=1}^{n} c_j \beta_{i,j} .$$

<u>Beweis:</u> Mit $\zeta_o := a$, $\zeta_{n+1} := b$ ist für $i = 0(1)n$ und $x \in (\zeta_i, \zeta_{i+1})$

$$b_{i,j} := D^{2m-1}\tilde{B}_j(x) = \begin{cases} -(2m-1)! \sum\limits_{\nu=i+1}^{n} \beta_{\nu,j} & \text{für (87)} \\ (2m-1)! \sum\limits_{\nu=1}^{i} \beta_{\nu,j} & \text{für (88)} \end{cases} .$$

Durch partielle Integration erhält man unter Beachtung von $D^{m+\mu}\tau(x) = 0$ für $x \in [a,\zeta_1] \cup [\zeta_n,b]$, $\mu = 0(1)m-1$, die Formel

$$\int_a^b D^m f \, D^m \tau \, dt = (-1)^{m-1} \int_a^b Df \, D^{2m-1}\tau \, dt$$

$$= (-1)^{m-1} \sum_{i=1}^{n-1} \int_{\zeta_i}^{\zeta_{i+1}} Df \, D^{2m-1}\tau \, dt = (-1)^{m-1} \sum_{i=1}^{n-1} (f(\zeta_{i+1}) - f(\zeta_i)) \sum_{j=1}^{n} c_j b_{i,j}$$

$$= (-1)^{m-1} \sum_{i=1}^{n} f(\zeta_i) \sum_{j=1}^{n} c_j (b_{i-1,j} - b_{i,j})$$

und mit $b_{i-1,j} - b_{i,j} = -(2m-1)!\left(\sum\limits_{\nu=i}^{n} \beta_{\nu,j} - \sum\limits_{\nu=i+1}^{n} \beta_{\nu,j}\right) = -(2m-1)!\,\beta_{i,j}$ erhält man die Behauptung (89) für (87), analog für (88). □

Mit

(90) $$\left.\begin{aligned} J_{r,\alpha}(\phi,\psi) &:= \int_a^b D^m\phi D^m\psi dt + \rho \sum_{i=1}^{p'} \varepsilon_i \psi(\eta_i)[\phi(\eta_i) - r_i] \\ J_r(\phi,\psi) &:= \int_a^b D^m\phi D^m\psi dt + \rho \sum_{i=1}^{n} \varepsilon_i \psi(\zeta_i)[\phi(\zeta_i) - r_i] \end{aligned}\right\} \text{ für } \phi,\psi \in W^{m,2}[a,b]$$

gilt

Satz 5.25: τ *ist genau dann Lösung von* (84), *wenn*

(91) $\quad J_{r,\alpha}(\tau,\psi) = 0$ *für alle* $\psi \in Sp(D^m,\Delta_\alpha,\omega)$.

Für $p' \geqq m$ *ist die Lösung von* (84), *falls sie existiert, eindeutig bestimmt.*

τ *ist genau dann Lösung von* (85), *wenn*

(92) $\quad J_r(\tau,\psi) = 0$ *für alle* $\psi \in W^{m,2}[a,b]$.

Für $n \geqq m$ *ist die Lösung von* (85), *falls sie existiert, eindeutig bestimmt.*

Beweis: Man rechnet unmittelbar nach, daß

(93) $\quad \|Q\phi - r\|_\rho^2 = \|Q\tau - r\|_\rho^2 + \|Q(\phi - \tau)\|_\rho^2 + 2J_{r,\alpha}(\tau,\phi - \tau)$.

Nun sei $J_{r,\alpha}(\tau,\psi) = 0$ für alle $\psi \in Sp(D^m,\Delta_\alpha,\omega)$. Dann folgt aus (93)

$$\|Q\tau - r\|_\rho^2 \leqq \|Q\phi - r\|_2^2$$

und = genau für $\|Q(\phi - \tau)\|_\rho^2 = \|D^m(\phi - \tau)\|_2^2 + \rho\|C(\phi - \tau)\|_\varepsilon^2 = 0$, d.h. $D^m(\phi - \tau) = 0$ f.ü. und $\phi(\eta_i) = \tau(\eta_i)$, $i = 1(1)p'$. Damit ist, falls $p' \geqq m$ und ein derartiges τ existiert, die Lösung von (84) eindeutig bestimmt. Wäre umgekehrt für eine Lösung τ von (84) die Behauptung (91) falsch, so könnte man, für genügend kleines $\|Q(\tau - \phi)\|_\rho$, sofort einen Widerspruch mit (93) konstruieren, denn dort geht $(\tau - \phi)$ quadratisch in $\|Q(\phi - \tau)\|_\rho^2$, aber nur linear in $J_{r,\alpha}(\tau,\phi - \tau)$ ein. (92) beweist man völlig analog. □

Nun untersuchen wir die beiden Probleme (84) und (85) getrennt. Dabei ist für (84) nach (83) $n \leq p'$. Wir können uns auf den Fall

$$p' \geqq n > m$$

beschränken. Denn für $n \leqq m$ ist $Sp(D^m,\Delta_\alpha,\omega) = \Pi_{m-1}$ und (84) ist das bekannte Problem, ein Ausgleichspolynom vom Grad m-1 zu bestimmen. Für $p' \leqq m$ findet man ein Interpolationspolynom vom Grad $\leqq m-1$, das die p' Punkte (η_i,r_i), $i = 1(1)p'$, interpoliert.

Satz 5.26: *Es sei* $p' \geqq n > m$ *und* $\{\tilde{B}_\nu\}_{\nu=1}^n$ *sei eine Basis für* $Sp(D^m,\Delta_\alpha,\omega)$. *Dann ist* $\sigma_{\rho,\alpha,r}$, *die Lösung des Systems*

$$(94)\qquad J_{r,\alpha}(\sigma_{\rho,\alpha,r},\tilde{B}_\nu) = 0,\ \nu = 1(1)n,$$

Lösung von (84). *Stellt man* $\sigma_{\rho,\alpha,r}$ *in der Form* (86) *dar, so erhält man für die* $(c_1,\ldots,c_n)$ *das lineare Gleichungssystem* $(\nu = 1(1)n)$

$$(95)\qquad \sum_{i=1}^{n} c_i \int_a^b D^m\tilde{B}_\nu D^m\tilde{B}_i dt + \rho \sum_{j=1}^{p'} \varepsilon_j \tilde{B}_\nu(\eta_j)\Big(\sum_{i=1}^{n}\{c_i\tilde{B}_i(\eta_j)\} - r_j\Big) = 0\ .$$

Dieses System und damit auch (84) *ist eindeutig lösbar.*

<u>Beweis:</u> Mit dem $\tau = \sigma_{\rho,\alpha,r}$ aus (86) setzen wir

$$F(c_1,\ldots,c_n) := \|Q\sigma_{\rho,\alpha,r} - r\|_\rho^2 =$$

$$= \int_a^b \Big(\sum_{i=1}^{n} c_i D^m\tilde{B}_i\Big)^2 dt + \rho \sum_{j=1}^{p'} \varepsilon_j \Big(\{\sum_{i=1}^{n} c_i\tilde{B}_i(\eta_j)\} - r_j\Big)^2 .$$

Eine notwendige Bedingung für das Auftreten eines Extremums ist

$$\frac{\partial F}{\partial c_\nu} = 0,\ \nu = 1(1)n.$$

Man rechnet sofort nach, daß das, bis auf den Faktor 2, die Gleichungen (95) sind, die sofort auch aus (91) folgen. Durch Zusammenfassen der $\sum c_i\tilde{B}_i = \sigma_{\rho,\alpha,r}$ erhält man (94).
Mit Satz 5.25 genügt der Nachweis der Existenz einer Lösung von (84). Dazu beweisen wir, daß $\|Q\sigma_{\rho,\alpha,r} - r\|_\rho^2 \to \infty$ für $\sum_{i=1}^{n} c_i^2 \to \infty$.
Dann kann man sich in (84) auf ein $c^T = (c_1,\ldots,c_n)$ beschränken mit $\sum_{i=1}^{n} c_i^2 \le R_0 \in \mathbb{R}_+$. Dort nimmt aber die stetige Funktion $\|Q\sigma_{\rho,\alpha,r} - r\|_\rho^2$ ihr Minimum an. Da $\Pi_{m-1} \subset Sp(D^m,\Delta_\alpha,\omega)$ ist, kann man eine Basis $\{\tilde{B}_i\}_{i=1}^n$ für $Sp(D^m,\Delta_\alpha,\omega)$ so wählen, daß $\tilde{B}_i(x) := x^{i-1}$, $i = 1(1)m$. Nach Konstruktion der Basis ist

$$\sum_{i=1}^{n} c_i\tilde{B}_i \in \Pi_{m-1} \iff c_{m+1} = \ldots = c_n = 0\ .$$

Danach ist $\int_a^b D^m f\, D^m g\, dt$ für $f,g \in [\tilde{B}_{m+1},\ldots,\tilde{B}_n]$ eine positiv definite symmetrische Bilinearform. Sie induziert also auf $\mathbb{R}^{n-m}$ eine Norm und da all diese Normen äquivalent sind (vgl. Aufgabe 2.IV), ist

$$\|Q\sigma_{\rho,\alpha,r} - r\|_\rho \to \infty \quad \text{für} \quad \sum_{i=m+1}^{n} c_i^2 \to \infty\ .$$

Es genügt also, den Fall $c_{m+1} = \ldots = c_n = 0$ zu betrachten. Dann ist $\int_a^b (D^m h)^2\,dt = 0$ für $h \in [\tilde{B}_1,\ldots,\tilde{B}_m]$. Nun ist

$$(96) \qquad \sum_{j=1}^{p'} \{(\sum_{i=1}^{n} c_i \eta_j^{i-1}) - r_j\}^2 \geq \sum_{j=1}^{n} \{(\sum_{i=1}^{n} c_i \eta_j^{i-1}) - r_j\}^2 .$$

Die rechte Seite in (96) kann für $\sum_{i=1}^{n} c_i^2 \to \infty$ nicht beschränkt bleiben, da die Vandermonde-Determinante der Zahlen $\eta_1 < \eta_2 < \ldots < \eta_n$

$$\begin{vmatrix} 1 & \eta_1 & \cdots & \eta_1^{n-1} \\ \vdots & \vdots & & \vdots \\ 1 & \eta_n & \cdots & \eta_n^{n-1} \end{vmatrix}$$

regulär ist. Diesen Schluß über die Abschätzung (96) kann man mit irgendwelchen n Punkten aus den $\eta_1 < \ldots < \eta_{p'}$ durchführen.
Damit haben wir die einzige noch ausstehende Aussage
$\|Q\sigma_{\rho,\alpha,r} - r\|_\rho^2 \to \infty$ für $\sum_{i=1}^{n} c_i^2 \to \infty$ bewiesen. □

Das wesentlich komplizierter erscheinende Problem (85) können wir nun dadurch lösen, daß wir Δ_α mit dem in (80) definierten Gitter

$$\Delta:\ a < \eta_1 < \eta_2 < \ldots < \eta_{p'} < b$$

zusammenfallen lassen. Dieses überraschende Ergebnis hängt natürlich mit der Tatsache zusammen, daß der Ausgleichsstrak $\sigma_{\rho,\alpha,r} \in Sp(D^m,\Delta,\omega)$ bereits der in (85) geforderte Ausgleichsspline ist (vgl. Kapitel 4 und 5.1 - 5.2). Ähnliche Resultate werden wir in Kapitel 7 bei der Approximation von linearen Funktionalen erhalten.

Mit den in (87),(88) definierten $\tilde{B}_j$, $\beta_{i,j}$ sei

$$(97) \qquad \begin{cases} B := (B_{ij} := \tilde{B}_j(x_i))_{i,j=1}^{p'}, \quad F := (F_{ij} := (-1)^m (2m-1)!\dfrac{\beta_{i,j}}{\varepsilon_i})_{i,j=1}^{p'} \\ c^T := (c_1,\ldots,c_{p'}),\ r^T := (r_1,\ldots,r_{p'}). \end{cases}$$

Wir können uns wieder, wie oben, auf den Fall $p' = n > m$ beschränken, da wir andernfalls die bekannten Ausgleichspolynome erhalten.

Zum Beweis der Existenz und Eindeutigkeit einer Lösung $\tau = \tau_{\rho,r}$ von (85) genügt der Nachweis, daß jede Lösung von (98) die Bedingung (92) erfüllt.

<u>Satz 5.27:</u> *Es sei* p' = n > m. *Dann ist das Problem* (85) *eindeutig lösbar. Man erhält diese Lösung* $\tau = \tau_{\rho,r} \in Sp(D^m,\Delta,\omega)$, *indem man mit den in* (97) *definierten* B,F,c,r *das Gleichungssystem*

$$(98) \qquad (B + \frac{1}{\rho} F)c = r$$

nach c *auflöst und mit diesem* c *und* $\zeta_i := \eta_i = x_i$, $i = 1(1)p' = n$, *nach* (86) *das* $\tau = \tau_{\rho,r}$ *bestimmt.*

<u>Beweis:</u> Für jede Lösung c von (98) bestimme man mittels (86) das zugehörige $\tau_{\rho,r} := \tau$. Dann gilt nach Satz 5.24 für dieses $\tau = \tau_{\rho,r}$ aus (86)

$$J_r(\tau,\phi) = \int_a^b D^m\tau\, D^m\phi\, dx + \rho \sum_{i=1}^{p} \varepsilon_i \phi(x_i)[\tau(x_i)-r_i]$$

$$= (-1)^m(2m-1)! \sum_{i=1}^{p} \phi(x_i) \sum_{j=1}^{p} c_j\beta_{i,j} + \rho \sum_{i=1}^{p} \varepsilon_i\phi(x_i) \sum_{j=1}^{p} (c_jB_j(x_i)-r_i)$$

$$= \sum_{i=1}^{p} \rho\varepsilon_i\phi(x_i)\left\{\sum_{j=1}^{p} c_j[B_j(x_i) + (-1)^m(2m-1)!\frac{\beta_{i,j}}{\rho\varepsilon_i}] - r_i\right\}$$

$= 0$ nach (89) und (90).

Das gilt für jede Lösung von (98). Danach ist jeder durch eine solche Lösung von (98) definierte Spline Lösung von (85). Nach Satz 5.24 ist (85) eindeutig lösbar, wenn $p' \geqq m$ ist. Dann ist die Matrix $(B + \frac{1}{\rho} F)$ regulär. □

Zum Abschluß dieses Kapitels wollen wir wie in 4 einige Verallgemeinerungen andeuten. Man setzt die "Splines", wie in diesem Abschnitt, stückweise aus Elementen eines endlichdimensionalen Funktionenraumes F zusammen und verlangt gewisse stetige Übergänge. Für $F \subset C^n[a,b]$ bzw. $F \subset C[a,b]$ erhält man die von G r e v i l l e [164] und d e B o o r [8] diskutierten stückweise stetigen Funktionen. Für $F := N_{L^*L}$, wobei L in (2) definiert ist, aber a_m Nullstellen in [a,b] haben kann, ergeben sich die singulären L-Splines von C i a r l e t t - N a t t e r e r - V a r g a [128] (vgl. auch [139,279, 335,348,349]). L u c a s [218] (vgl. [280]) wählt $F := N_B$ mit einem linearen selbstadjungierten Differentialoperator B. Ein großer Teil der bisherigen Theorie (auch Kapitel 8) läßt sich auf diese allgemeineren Splines übertragen.
Zum andern kann man die Interpolationsprobleme verallgemeinern: Die verallgemeinerten ("extended") H-B-Probleme, geeignete Linear-

kombinationen der $(D^j)_{x_\mu}$, findet man bei J e r o m e - S c h u m a k e r [193], Mittelwerte über gewisse Teilintervalle, d.h. $\lambda_\nu f := \frac{1}{\beta_\nu - \alpha_\nu} \int_{\alpha_\nu}^{\beta_\nu} f d\mu_\nu$, μ_ν von beschränkter Variation auf [a,b], bei A n s e l o n e - L a u r e n t [64], "stetige Bedingungen", d.h. $g_1(x) \leqq s(x) \leqq g_2(x)$ für $x \in [a,b]$ und gegebene Funktionen g_1, g_2 im Zusammenhang mit "optimal controll"-Problemen und "diskrete Splines" bei M a n g a s a r i a n - S c h u m a k e r [224,225,226] und D a n i e l [141].

Schließlich kann man die bisher immer festgehaltenen Knoten frei variieren lassen: Man verlangt eine feste Gesamtzahl von Knoten, nach der Vielfachheit gezählt, und sucht entsprechende Extremallösungen (vgl. [30,105,225,323,328]).

Aufgaben:

I) Man zeige: Der in (4) definierte Operator

$$A: \begin{cases} W^{m,2}[a,b] \to \mathbb{R}^p \\ f \mapsto Af := (\lambda_1 f, \ldots, \lambda_p f)^T \end{cases}$$

ist genau dann stetig und surjektiv, wenn die $\lambda_1, \ldots, \lambda_p$ stetig und linear unabhängig sind.

II) Man beweise: Die linearen Funktionale $\lambda_i := (D^{j_i})_{x_i}$, mit $x_i \in [a,b]$, $i = 1(1)n$, $j_i \in \mathbb{I}_i \subseteq \mathbb{N}_{m-1}$ sind genau dann linear unabhängig über $W^{m,2}[a,b]$, wenn $(j_i, x_i) \neq (j_\ell, x_\ell)$ für $i \neq \ell$.

III) Unter den Voraussetzungen von Satz 5.1 sei Λ_L ein Lagrange, Λ_H ein Hermite-Problem (vgl. Definition 5.5). Man zeige: Dann ist y genau dann ein Lg-Spline bez. Λ_L bzw. Λ_H, wenn

y (8α–γ) genügt und $y \in C^{2m-2}[a,b]$
bzw. y' (8α–γ) genügt.

IV) Ist für einen Knoten x_ℓ, $\ell \in \{1,\ldots,n\}$ des H-B-Problems Λ

$\mathbb{I}_\ell = \mathbb{N}_{\omega_\ell - 1}$, so kann man in (8δ) die Bedingungen $[O_j Ly]_{x_\ell} = 0$ für $(D^j)_{x_\ell} \notin \Lambda$ ersetzen durch $[D^\mu y]_{x_\ell} = 0$ für $\mu = 0(1)2m-\omega_\ell$, d.h. y ist in x_ℓ $(2m-\omega_\ell)$-mal stetig differenzierbar.

V) Im Anschluß an die Sätze 5.2 und 5.3 zeige man: Für $x_\ell \in \{x_\nu\}_{\nu=1}^n$ sei μ_ℓ so gewählt, daß für einen Spline σ auf K (K gemäß (14) gewählt) und $\lambda_j := (D^{\mu_\ell + j})_{x_\ell}$, $j = 0(1)m-1-\mu_\ell$, $\lambda_j \notin \Lambda$ oder $\underline{r}_j < \lambda_j \sigma < \bar{r}_j$. Dann ist σ in x_ℓ $(2m-2-\mu_\ell)$-mal stetig differenzierbar.

VI) Λ bzw. Λ' seien zu $A: W^{m,2}[a,b] \to \mathbb{R}^p$ bzw. $A': W^{m,2}[a,b] \to \mathbb{R}^{p'}$ gehörige Mengen von Funktionalen mit $\Lambda \subset \Lambda'$ (d.h. $\Lambda \neq \Lambda'$). Für festes $f \in W^{m,2}[a,b]$ seien $s_f(\Lambda)$ bzw. $s_f(\Lambda')$ die zu Λ bzw. Λ' bestimmten Lg-Splines, die f interpolieren. Dann gilt

$$\|Lf\|_2 \geqq \|Ls_f(\Lambda')\|_2 \geqq \|Ls_f(\Lambda)\|_2 \;.$$

(Anleitung: Man beachte, daß $s_f(\Lambda') = s_f(\Lambda) + n_\Lambda$ ist mit

$$n_\Lambda \in N_A := \{f \mid \lambda f = 0 \text{ für } \lambda \in \Lambda\}.)$$

VII) Man übertrage die erste Minimaleigenschaft (Satz 4.6) auf Lg-Splines.

VIII) Man zeige: Die in (31) definierten Mengen $A_\pi^{-1}(z)$ und $A_\pi^{-1}(K)$ sind genau dann für jedes z bzw. jedes K gemäß (3.4) wohldefiniert und nicht leer, wenn die Funktionale (vgl. (4) und (29))

$$\lambda_j,\ \pi_i,\ j = 1(1)p,\ i = 0(1)m-1$$

linear unabhängig sind. Dies ist genau dann erfüllt, wenn (vgl. (30))

$$\bar{A}: \begin{cases} W^{m,2}[a,b] \to \mathbb{R}^p \times \mathbb{R}^m \\ f \mapsto (Af, \Pi f) \end{cases}$$

eine surjektive Abbildung ist.

IX) Man übertrage Satz 5.2 auf periodische Lg-Splines, insbesondere zeige man, daß

$$\lim_{x \to a+0} D^j s(x) - \lim_{x \to b-0} D^j s(x) = 0 \text{ für } j = 0(1)2m-2-\nu_a \;.$$

X) Man zeige, daß für $\Lambda := \{(D^0)_{x_i},\ i = 1(1)n\}$ $\dim Sp(D^m,\Lambda) = \max\{m,n\}$.

XI) Man definiere analog zu (58)

$$N^j_{i,k}(t) := (t_{i+j}-t_i)M^j_{i,k}(t)\ .$$

Dann gilt mit

$$(*)\qquad \frac{N^j_{i,k}(t)}{t_{i+j}-t_i} := (k-1)\cdot\ldots\cdot(k-j)(t_i-t)_+^{k-j-1} \quad \text{für } t_{i+j} = t_i$$

die Rekursionsformel

$$N^j_{i,k}(t) = (t-t_i)\frac{N^{j-1}_{i,k-1}(t)}{t_{i+j-1}-t_i} + (t_{i+j}-t)\frac{N^{j-1}_{i+1,k-1}(t)}{t_{i+j}-t_{i+1}}\ .$$

Für $j = k$, d.h. $N^k_{i,k}(t) = N_{i,k}(t)$ steht in (*) rechts eine Null. Dadurch sind die $N_{i,k}$ im Gegensatz zu den $N^j_{i,k}$ als Basis im Zusammenhang mit Rekursivberechnungen gut geeignet (vgl. Kapitel 6).

XII) Δ: $a < x_1 < x_2 < \ldots < x_n < b$ sei ein äquidistantes Gitter einfacher Knoten. Dann erhält man die kubischen B-Splines B_i, $i = 1(1)n$, als (vgl. [129,I] und die Figur im Text)

$$B_i(x) := \begin{cases} (x_{i+2}-x)^3 \text{ für } x \in [x_{i+1},x_{i+2}]\ ,\ h := (x_{i+1}-x_i) \\ h^3 + 3h^2(x_{i+1}-x) + 3h(x_{i+1}-x)^2 - 3(x_{i+1}-x)^3 \text{ für } x \in [x_i,x_{i+1}] \\ h^3 + 3h^2(x-x_{i-1}) + 3h(x-x_{i-1})^2 - 3(x-x_{i-1})^3 \text{ für } x \in [x_{i-1},x_i] \\ (x-x_{i-2})^3 \text{ für } x \in [x_{i-2},x_{i-1}] \\ 0 \text{ sonst}\ . \end{cases}$$

XIII) Unter der Voraussetzung der vorigen Aufgabe erhält man die quintischen B-Splines (vgl. [220]) B_i, $i = 1(1)n$, als

$$B_i(x) := \begin{cases} (x_{i+3}-x)^5 \text{ für } x \in [x_{i+2},x_{i+3}] \\ h^5 + 5h^4(x_{i+2}-x) + 10h^3(x_{i+2}-x)^2 + 10h^2(x_{i+2}-x)^3 + \\ \quad + 5h(x_{i+2}-x)^4 - 5(x_{i+2}-x)^5 \text{ für } x \in [x_{i+1},x_{i+2}] \\ 26h^5 + 50h^4(x_{i+1}-x) + 20h^3(x_{i+1}-x)^2 - 20h^2(x_{i+1}-x)^3 \\ \quad - 20h(x_{i+1}-x)^4 + 10(x_{i+1}-x)^5 \text{ für } x \in [x_i,x_{i+1}] \\ s_i(2x_i-x) \quad \text{für } x \in [x_{i-3},x_i] \\ 0 \text{ sonst}\ . \end{cases}$$

XIV) $\{\xi_i\}_{i=1}^{\ell}$ sei eine Folge verschiedener Punkte in [a,b] und $\{\varepsilon_i\}_{i=1}^{\ell} \subset \mathbb{R}_+$. In den Punkten ξ_i seien (fehlerhafte) Meßwerte $r_i \in \mathbb{R}$, $i = 1(1)\ell$, bekannt. Man bestimme in $Sp(k,\Delta,\omega)$, $\dim Sp(k,\Delta,\omega) = p' < \ell$, denjenigen Spline $s_{r,a}$, der das Ausgleichsproblem

$$\sum_{i=1}^{\ell} \varepsilon_i (s_{r,a}(\xi_i) - r_i)^2 = \min_{s \in Sp(k,\Delta,\omega)} \{ \sum_{i=1}^{\ell} \varepsilon_i (s(\xi_i) - r_i)^2 \}$$

löst (vgl. [39], S.132 ff.).

XV) Mit den Formeln (2.17) und (50) bestimme man die $M_{i,k}(t)$ für äquidistante Gitter und k =1,2,3,4,5,6 und vergleiche die Ergebnisse mit den Aufgaben XII und XIII.

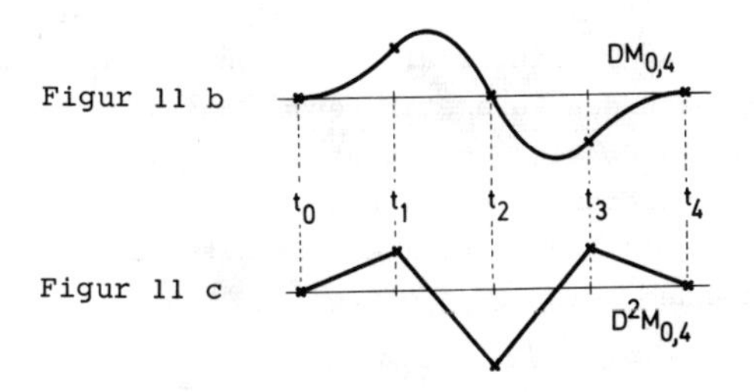

6 Konstruktion und Berechnung von Interpolations- und Ausgleichssplines

Bereits in Kapitel 1 haben wir Interpolationssplines berechnet: Zunächst wurde D^2s bestimmt und daraus mit gewissen Anfangswerten s selbst (bzw. Ds und daraus s selbst). Wir werden diesen Ansatz auf den allgemeinen Fall übertragen, indem wir, nahegelegt durch die Charakterisierungssätze in Kapitel 4, zunächst Ts und daraus s bestimmen. Eine zweite Möglichkeit ist die, in Sp(T,A) selbst eine Basis von Splinefunktionen anzugeben und im entsprechenden linearen Ansatz die Parameter aus den Interpolationsbedingungen zu berechnen. Wir werden diese Idee mittels der in 5.5 entwickelten B-Splines für Polynomsplines verwirklichen. Einen etwas anderen Weg geht Reinsch [259], von dem das Programm SPLKNA stammt. Er verwendet unmittelbar die Tatsache, daß ein kubischer Spline auf jedem Teilintervall ein Polynom vom Grad 3 ist und gibt dementsprechend für jedes Teilintervall das richtige Polynom vom Grad 3 an. Die entsprechenden Parameter werden aus den Interpolationsbedingungen und den Stetigkeitsforderungen (vgl. (5.16) und (5.8δ)) berechnet. Abschließend gehen wir noch kurz auf die auf Carasso-Laurent [17,119] zurückgehende Methode der Übertragung der definierenden Relationen ein.

6.1 Konstruktion von Interpolations- und Ausgleichssplines

Wir werden in diesem und dem nächsten Abschnitt die "indirekte" Konstruktion bzw. die Berechnung von Splines besprechen. Dazu wird man die charakterisierenden Eigenschaften von $Ts \in (TN_A)^{\perp} \cap TA^{-1}(z)$ bzw. $S\tau_\rho - p \in (SX)^{\perp}$ und $S\tau_\rho \in SX$ aus Kapitel 4 heranziehen und geeignet umdeuten.

Bevor wir die eigentliche Berechnung beginnen, beweisen wir drei vorbereitende Sätze (Satz 6.1 - 6.3). Zur Formulierung von Satz 6.1 brauchen wir den in 4.1 eingeführten Hilbertraum W und die Abbildung S:

$$(1)\quad \begin{cases} W := Y \times Z = \{w = (y,z) \mid y \in Y,\ z \in Z\} \\ \langle w_1, w_2\rangle_W := \langle y_1, y_2\rangle_Y + \rho\langle z_1, z_2\rangle_Z,\ \|w\|_W^2 = \|y\|_Y^2 + \rho\|z\|_Z^2, \\ S: \begin{cases} X \to W \\ x \mapsto (Tx, Ax) \end{cases} \end{cases}$$

Die zu T,A,S adjungierten Operatoren bez. der Skalarprodukte $\langle\cdot,\cdot\rangle_X$ bezeichnen wir mit T^*, A^*, S^*, d.h.

$$\langle y,Tx\rangle_Y = \langle T^*y,x\rangle_X,\quad \langle z,Ax\rangle_Z = \langle A^*z,x\rangle_X,\quad \langle w,Sx\rangle_W = \langle S^*w,x\rangle_X$$

und analog zu (4.25)

(2) $\qquad S^*w = S^*(y,z) = T^*y + \rho A^*z$.

Nachdem $T^*: Y \to N_T^\perp$ und $A^*: Z \to N_A^\perp$ Homöomorphismen sind (vgl. Satz 3.8), ist die Abbildung

(3) $$\hat{S}: \begin{cases} N_A^\perp \cap N_T^\perp \to W \\ x \mapsto (T^{*-1}x, -\frac{1}{\rho} A^{*-1}x) \end{cases}$$

wohldefiniert und stetig.

<u>Satz 6.1:</u> *Unter der Voraussetzung* (4.1),(4.2) *gilt*

(a) $\qquad T(Sp(T,A)) = (TN_A)^\perp$

(b) $$N_A^\perp \cap N_T^\perp = A^*Z \cap T^*Y = T^*((TN_A)^\perp) = T^*(TSp(T,A))$$
$$= A^*((AN_T)^\perp) = \hat{S}^{-1}((SX)^\perp)$$

und $T^*, A^*, \hat{S}^{-1}$ *sind Homöomorphismen von* $(TN_A)^\perp$, $(AN_T)^\perp$, $(SX)^\perp$ *auf* $N_A^\perp \cap N_T^\perp$.

<u>Beweis:</u> (a) stimmt mit Satz 4.5(b) überein.

(b) Nach $Sp(T,A) = \{s \in X \mid \langle Ts,Tx\rangle_Y = 0 = \langle T^*Ts,x\rangle_X$ für alle $x \in N_A\}$ ist mit Satz 3.8

$$T^*(TSp(T,A)) = N_A^\perp \cap T^*Y = N_A^\perp \cap N_T^\perp = A^*Z \cap T^*Y .$$

Mit (a) folgt daraus

$$T^*((TN_A)^\perp) = N_A^\perp \cap N_T^\perp .$$

Da die Voraussetzungen (4.1),(4.2) und die rechte Seite symmetrisch in A und T sind, erhält man durch Vertauschen von A und T

$$A^*((AN_T)^\perp) = N_T^\perp \cap N_A^\perp .$$

$T^*: Y \to N_T^\perp$ und $A^*: Z \to N_A^\perp$ sind Homöomorphismen, also erst recht die Restriktion auf $(TN_A)^\perp$ bzw. $(AN_T)^\perp$ mit der Bildmenge $N_A^\perp \cap N_T^\perp$.

Es bleibt, die Aussage über $\hat{S}$ zu zeigen: Mit Satz 3.8 ist nach (2), (3)

$$(SX)^\perp = N_{S^*} = \{w = (y,z) \mid T^*y + \rho A^*z = 0\}$$
$$= \{(y,z) \mid \exists\, x \in T^*Y \cap A^*Z = N_T^\perp \cap N_A^\perp : T^*y = x = -\rho A^*z\}$$
$$= \{w := (T^{*-1}x, -\tfrac{1}{\rho} A^{*-1}x) \mid x \in N_A^\perp \cap N_T^\perp\} .$$

Damit ist $\hat{S}(N_A^{\perp} \cap N_T^{\perp}) = (SX)^{\perp}$. Da $\hat{S}$ eine lineare stetige Abbildung auf $(SX)^{\perp}$ ist mit $\hat{S}x = 0$ genau für $x = 0$ (denn $x \in N_A^{\perp} \cap N_T^{\perp}$ und $T^{*-1}x = 0$ impliziert $x = 0$), ist $\hat{S}: N_A^{\perp} \cap N_T^{\perp} \to (SX)^{\perp}$ ein Homöomorphismus. □

Nach Satz 6.1 haben wir also vier Räume mit den entsprechenden Homöomorphismen:

$$(4) \quad \left\{ \begin{array}{ccc} X \supseteq N_A^{\perp} \cap N_T^{\perp} & \xleftarrow{\;A^*\;} & (AN_T)^{\perp} \subseteq Z \\ \downarrow \hat{S} & \nwarrow T^* & \\ W \supseteq (SX)^{\perp} & & (TN_A)^{\perp} \subseteq Y \end{array} \right.$$

Zur Berechnung von $S\tau_\rho$ genügt die Kenntnis von $p := (0,z)$, SX und $(SX)^{\perp}$. Dazu gibt Satz 6.1 die nötigen Hilfsmittel. Dagegen muß noch $TA^{-1}(z)$ in geeigneter Weise dargestellt werden, um Ts bestimmen zu können.

<u>Satz 6.2:</u> *Unter der Voraussetzung* (4.1),(4.2) *gilt*

$$TA^{-1}(z) = \{y \in Y \mid \langle y, T^{*-1}x\rangle_Y = \langle z, A^{*-1}x\rangle_Z \text{ für alle } x \in N_A^{\perp} \cap N_T^{\perp}\}$$

<u>Beweis:</u> Mit der Abkürzung Y_z für die rechte Seite dieser Gleichung, genügt es zu zeigen, daß es ein $y_z \in TA^{-1}(z)$ gibt mit $y_z \in Y_z$ und daß $TN_A = Y_0 := Y_{z=0}$ ist.

Mit dem Homöomorphismus $T^{-1}: Y \to N_T^{\perp}$ und $A^{-1}: Z \to N_A^{\perp}$ sei $x_z := A^{-1}z \in N_A^{\perp}$ und $y_z := Tx_z = TA^{-1}z$. Dann gilt für $x \in N_A^{\perp} \cap N_T^{\perp}$

$$\langle y_z, T^{*-1}x\rangle_Y = \langle TA^{-1}z, T^{*-1}x\rangle_Y = \langle A^{-1}z, T^*T^{*-1}x\rangle_X$$

$$= \langle A^{-1}z, x\rangle_{N_A^{\perp} \cap N_T^{\perp}} = \langle z, A^{*-1}x\rangle_Z, \text{ d.h. } y_z \in Y_z .$$

Weiter ist mit Gleichung (4)

$$Y_0 := \{y \in Y \mid \langle y, T^{*-1}x\rangle_Y = 0 \text{ für } x \in N_A^{\perp} \cap N_T^{\perp}\}$$
$$= (T^{*-1}(N_A^{\perp} \cap N_T^{\perp}))^{\perp} = ((TN_A)^{\perp})^{\perp} = TN_A . \quad □$$

Unter der Annahme, daß Ts bzw. $S\tau_\rho = (T\tau_\rho, A\tau_\rho)$ bekannt sind, hat man schließlich s bzw. τ_ρ selbst zu berechnen. Dazu seien x^* bzw. x_ρ^* beliebige Urbilder von Ts bzw. $T\tau_\rho$. Dann ist

$$s = x^* + x_0 \text{ bzw. } \tau_\rho = x_\rho^* + x_{\rho,0} \text{ mit } x_0, x_{\rho,0} \in N_T .$$

Nach Satz 4.1 gibt es Interpolations- und Ausgleichssplines, d.h. es muß x_o bzw. $x_{\rho,o} \in N_T$ so geben, daß

(5) $\quad A(x^*+x_o) = z \quad$ bzw. $\quad A(x^*_\rho+x_{\rho,o}) = z' := A\tau_\rho$

mit $z' = A\tau_\rho = \rho A(S^+S)^-A^+z$ nach Satz 4.17 lösbar sind. Dieses z' wird im Verlauf der Rechnung als Nebenergebnis unabhängig von der Kenntnis von τ_ρ anfallen (vgl. (23)). Ist

(6) $\quad P_A: Z \to AN_T \quad$ Orthogonalprojektion auf AN_T,

so gilt

Satz 6.3: *Ist* $Ax_o = z_o$ *in* N_T *lösbar, so ist jede Lösung* $\hat{x} \in N_T$ *von*

$$(P_A A)\hat{x} = P_A z_o$$

bereits Lösung von $Ax_o = z_o$.

Ist also Ts bzw. $T\tau_\rho$ bekannt, so erhält man s bzw. τ_ρ dadurch, daß man ein i.a. nur noch "verhältnismäßig kleines" lineares Gleichungssystem löst.

Beweis: Angenommen es gäbe ein $\hat{x}$ mit $(P_A A)\hat{x} = P_A z_o$ und $A\hat{x} \neq z_o$. Mit der nach Voraussetzung existierenden Lösung $x_o \in N_T$ von $Ax_o = z_o$ ist dann $x_o - \hat{x} \in N_T$ und

$$0 \neq A(x_o-\hat{x}) = P_A A(x_o-\hat{x}) = P_A A x_o - P_A A\hat{x} = P_A z_o - P_A z_o = 0. \quad \square$$

Mit diesen mehr theoretischen Hilfsmitteln wollen wir nun Interpolations- und Ausgleichssplines berechnen. Dazu wählen wir in einem der vier homöomorphen Räume in (4) eine willkürliche Basis aus. Da wir zunächst noch keinerlei Dimensionseinschränkung machen wollen und keine allgemeinen Basen in Hilberträumen (vgl. [37]) diskutiert haben, wählen wir als Basis eine Orthonormalbasis und gehen, um Satz 6.3 bequemer anwenden zu können, von einer Orthonormalbasis von $(AN_T)^\perp \subseteq Z$ aus. Es sei aber darauf hingewiesen, daß die ganzen Überlegungen für endliche lineare Gleichungssysteme auch für beliebige Basissysteme gelten. Man geht in diesem Fall vielfach von einer Basis für $(TN_A)^\perp \subseteq Y$ aus. Wir behandeln nun Interpolations- und Ausgleichssplines getrennt.

Interpolationssplines

(7) $\quad \{a_\gamma\}_{\gamma\in\Gamma} \quad$ sei eine Orthonormalbasis für $(AN_T)^\perp \subseteq Z$,

die durch

(8) $\{a'_\iota := Ax'_\iota \mid x'_\iota \in N_T\}_{\iota \in I}$, eine Orthonormalbasis von $AN_T \subseteq Z$,

zu einer Basis für Z ergänzt sei. Nach Satz 3.12 und Satz 2.24 hat man

(9) $$\dim (N_A^\perp \cap N_T^\perp) + \dim N_T = \dim (N_A \cap N_T) + \dim N_A^\perp$$
$$= \dim (N_A \cap N_T) + \dim Z$$

also z.B. für $m := \dim N_T < \infty$

$$\dim (N_A^\perp \cap N_T^\perp) = \dim Z - \dim N_T + \dim (N_A \cap N_T).$$

Aus (4) und (7) folgt, daß

(10) $\{b_\gamma := A^* a_\gamma\}_{\gamma \in \Gamma}$ eine Basis für $N_A^\perp \cap N_T^\perp$

und

(11) $\{c_\gamma := T^{*-1} b_\gamma = T^{*-1} A^* a_\gamma\}_{\gamma \in \Gamma}$ eine Basis für $(TN_A)^\perp$

ist. Da die Räume $(AN_T)^\perp$, $N_A^\perp \cap N_T^\perp$ und $(TN_A)^\perp$ zueinander homöomorph sind, folgt nach Definition der b_γ, c_γ und mit der Orthonormalität der a_γ, daß

$$y := Ts \in (TN_A)^\perp \iff y = \sum_{\gamma \in \Gamma} \zeta_\gamma c_\gamma,\ \zeta_\gamma \neq 0 \text{ höchstens abzählbar oft und } \sum_{\gamma \in \Gamma} \zeta_\gamma^2 < \infty .$$

Im allgemeinen gilt natürlich $\zeta_\gamma \neq \langle y, c_\gamma \rangle_Y$. Mit Satz 6.2 ergibt die zweite Bedingung für Ts:

$$y = Ts \in TA^{-1}(z) \iff \langle y, T^{*-1} b_\varepsilon \rangle_Y = \langle y, c_\varepsilon \rangle_Y = \langle z, A^{*-1} b_\varepsilon \rangle_Z = \langle z, a_\varepsilon \rangle_Z \quad \text{für alle } \varepsilon \in \Gamma$$

oder mit $y = \sum_{\gamma \in \Gamma} \zeta_\gamma c_\gamma$ (wegen der Stetigkeit des Skalarprodukts und der absoluten Konvergenz der Reihe für y)

(12) $$\sum_{\gamma \in \Gamma} \zeta_\gamma \langle c_\gamma, c_\varepsilon \rangle_Y = \langle z, a_\varepsilon \rangle_Z \quad \text{für alle } \varepsilon \in \Gamma$$

Nach unseren bisherigen Überlegungen ist (12) äquivalent zu $Ts \in (TN_A)^\perp \cap TA^{-1}(z) = (TN_A)^\perp \cap (y_z + TN_A)$. Ts ist somit orthogonale Projektion von y_z auf $(TN_A)^\perp$, d.h. Ts ist eindeutig bestimmt (vgl. auch Beweis zu Satz 4.1). Also ist (12) eindeutig auflösbar. Hat man die Lösung $\{\zeta_\gamma\}_{\gamma \in \Gamma}$ und damit $y = Ts = \sum_{\gamma \in \Gamma} \zeta_\gamma c_\gamma$ bestimmt, so ist zunächst ein beliebiges Urbild x* von Ts zu berechnen. Mit diesem Urbild x* ist dann

(13) $s = x^* + x_o,\ Tx^* = Ts,\ x_o \in N_T.$

Nach Satz 4.1 ist

$$As = Ax^* + Ax_o = z \text{ für } x_o \in N_T$$

lösbar. Nach Satz 6.3 genügt es also, das System

(14) $P_A A x_o = P_A(z - Ax^*)$

aufzulösen. Mit der in (7),(8) eingeführten Basis für Z ist für ein beliebiges $\hat{z} \in Z$ nach Definition von P_A (vgl. (6))

(15) $$P_A\hat{z} = P_A\Big(\sum_{\gamma\in\Gamma} \langle\hat{z},a_\gamma\rangle_Z a_\gamma + \sum_{\iota\in I} \langle\hat{z},a'_\iota\rangle_Z a'_\iota\Big) = \sum_{\iota\in I} \langle\hat{z},a'_\iota\rangle_Z a'_\iota$$

und für $x_o \in N_T$, d.h. $Ax_o \in AN_T$

(16) $$P_A A x_o = Ax_o = \sum_{\iota\in I} \langle Ax_o,a'_\iota\rangle_Z a'_\iota = \sum_{\iota\in I} \langle x_o,A^* a'_\iota\rangle_X a'_\iota\ .$$

Nachdem das x^* in (13) bekannt ist, muß x_o aus (13) berechnet werden. Dieses x_o setzen wir an in der speziellen Form

(17) $x_o := x_o^* := \sum_{\iota\in I} \xi_\iota x'_\iota \in N_T$ mit den x'_ι aus (8)

Dann ist nach (8)

$$Ax_o = P_A A x_o = \sum_{\iota\in I} \xi_\iota a'_\iota\ .$$

Aus (14),(15) folgt durch Koeffizientenvergleich

(18) $\xi_\iota = \langle z-Ax^*,a'_\iota\rangle_Z\ ,\quad \iota \in I$

Wir fassen diese Ergebnisse zusammen zu

Satz 6.4: $\{a_\gamma\}_{\gamma\in\Gamma}$ *bzw.* $\{c_\gamma\}_{\gamma\in\Gamma}$ *seien die in* (7) *und* (11) *definierten (Orthonormal-)Basen von* $(AN_T)^\perp$ *bzw.* $(TN_A)^\perp$. $\dim (TN_T)^\perp = \dim (AN_T)^\perp = \dim (N_A^\perp \cap N_T^\perp)$ *entnimmt man für* $\dim N_T < \infty$ *der Formel* (9). *Man löse zunächst das mit den* $\{a_\gamma\}_{\gamma\in\Gamma}$, $\{c_\gamma\}_{\gamma\in\Gamma}$ *aufgestellte Gleichungssystem* (12), *bestimme zu* $Ts = \sum_{\gamma\in\Gamma} \zeta_\gamma c_\gamma$ *ein beliebiges* T-*Urbild* x^*. *Mit den* $\{a'_\iota\}_{\iota\in I}$ *aus* (8) *findet man nach* (17), (18) $x_o^* = \sum_{\iota\in I} \xi_\iota x'_\iota \in N_T$. *Die allgemeine Lösung* s *erhält man schließlich nach* (13),(17) *als*

$$s = x^* + x_0^* + x_o \quad mit \quad x_o \in N_A \cap N_T .$$

Ausgleichssplines

Zur Berechnung von τ_ρ verwenden wir die beiden Bedingungen

$$S\tau_\rho \in SX \quad \text{und} \quad S\tau_\rho - p = S\tau_\rho - (0,z) \in (SX)^\perp$$

aus Satz 4.1. Nach (3),(4), Satz 6.1 und (7),(10),(11) ist

$$(19) \qquad S\tau_\rho - (0,z) = \sum_{\gamma \in \Gamma} \eta_\gamma (T^{*-1} b_\gamma, -\tfrac{1}{\rho} A^{*-1} b_\gamma) = \sum_{\gamma \in \Gamma} \eta_\gamma (c_\gamma, -\tfrac{1}{\rho} a_\gamma)$$

und

$$S\tau_\rho \in SX \quad \Longleftrightarrow \quad \langle S\tau_\rho, \hat{S}b_\varepsilon \rangle_W = 0 \quad \text{für alle } \varepsilon \in \Gamma .$$

Mit

$$\hat{S}b_\varepsilon = (T^{*-1} b_\varepsilon, -\tfrac{1}{\rho} A^{*-1} b_\varepsilon) = (c_\varepsilon, -\tfrac{1}{\rho} a_\varepsilon)$$

und (19) erhält man so (vgl. (1))

$$0 = \langle S\tau_\rho, \hat{S}b_\varepsilon \rangle_W = \langle \sum_{\gamma \in \Gamma} \eta_\gamma (c_\gamma, -\tfrac{1}{\rho} a_\gamma) + (0,z) , (c_\varepsilon, -\tfrac{1}{\rho} a_\varepsilon) \rangle_W$$

$$= \sum_{\gamma \in \Gamma} \eta_\gamma (\langle c_\gamma, c_\varepsilon \rangle_Y + \tfrac{1}{\rho} \langle a_\gamma, a_\varepsilon \rangle_Z) - \langle z, a_\varepsilon \rangle_Z = 0 \quad \text{oder}$$

$$(20) \qquad \sum_{\gamma \in \Gamma} \eta_\gamma (\langle c_\gamma, c_\varepsilon \rangle_Y + \tfrac{1}{\rho} \langle a_\gamma, a_\varepsilon \rangle_Z) = \langle z, a_\varepsilon \rangle_Z \quad \text{für alle } \varepsilon \in \Gamma.$$

Wieder ist nach dem Beweis zu Satz 4.1 (20) eindeutig auflösbar. Sind die $\{\eta_\gamma\}_{\gamma \in \Gamma}$ bekannt, so ist es auch

$$(21) \qquad (y_\rho, z_\rho) := \sum_{\gamma \in \Gamma} \eta_\gamma (c_\gamma, -\tfrac{1}{\rho} a_\gamma) = S\tau_\rho - p = (T\tau_\rho, A\tau_\rho - z).$$

Mit dem so definierten $y_\rho = T\tau_\rho$ sucht man ein willkürliches T-Urbild x_ρ^* zu y_ρ und erhält

$$(22) \qquad \tau_\rho = x_\rho^* + x_o, \; T\tau_\rho = Tx_\rho^* = y_\rho, \quad x_o \in N_T .$$

Mit dem ursprünglichen z aus $\tau_\rho = \tau_\rho(T,A,z)$ und dem $z_\rho = \sum_{\gamma \in \Gamma} -\frac{\eta_\gamma}{\rho} a_\gamma$ aus (21) ist das System

$$(23) \qquad A\tau_\rho = Ax_\rho^* + Ax_o = z_\rho + z, \; x_o \in N_T, \; z_\rho + z = z' \text{ aus } (5)$$

nach Satz 4.1 in $x_o \in N_T$ lösbar und es genügt nach Satz 6.3, das reduzierte Gleichungssystem

$$(24) \qquad P_A A x_o = P_A (z_\rho + z - Ax_\rho^*), \; x_o \in N_T ,$$

zu betrachten. Für das spezielle $x^*_{\rho,o} \in N_T \cap N_A^\perp$

$$x_o := x^*_{\rho,o} = \sum_{\iota \in I} \rho_\iota x'_\iota$$

folgt aus (24)

$$P_A A \sum_{\iota \in I} \rho_\iota x'_\iota = P_A \sum_{\iota \in I} \rho_\iota a'_\iota = \sum_{\iota \in I} \rho_\iota a'_\iota =$$

$$= P_A(z_\rho + z - Ax^*_\rho) = \sum_{\iota \in I} \langle z_\rho + z - Ax^*_\rho, a'_\iota \rangle_Z \, a'_\iota$$

und durch Koeffizientenvergleich

$$\text{(25)} \qquad \rho_\iota = \langle z_\rho + z - Ax^*_\rho, a'_\iota \rangle_Z \quad \text{für } \iota \in I \,.$$

<u>Satz 6.5:</u> *Mit den in* (7),(10),(11) *bestimmten (Orthonormal-)Basen löse man* (20). *Zum in* (21) *definierten* $y_\rho = \sum_{\gamma \in \Gamma} \eta_\gamma c_\gamma$ *sei* x^*_ρ *ein* T-*Urbild. Dann erhält man mit* $z_\rho = -\frac{1}{\rho} \sum_{\gamma \in \Gamma} \eta_\gamma c_\gamma$ *aus* (21) *und dem soeben bestimmten* x^*_ρ *aus* (25) *das Element* $x^*_{\rho,o} = \sum_{\iota \in I} \rho_\iota x'_\iota$ *und die allgemeine Lösung als*

$$\tau_\rho = x^*_\rho + x^*_{\rho,o} + x_o \quad \textit{mit } x_o \in N_A \cap N_T \,.$$

6.2 Endliche und numerisch günstige Gleichungssysteme

Für die praktischen Anwendungen ist vor allem der Fall interessant, in dem man endliche Gleichungssysteme zu lösen hat. Das ist nach (12) und (18) genau dann der Fall, wenn $\dim (AN_T)^\perp < \infty$ und $\dim (AN_T) < \infty$, d.h. wenn $\dim Z < \infty$ ist. In vielen Fällen setzt man außerdem $m := \dim N_T < \infty$ voraus. Es sei also

$$\text{(26)} \qquad q := \dim Z = \dim N_A^\perp < \infty \Rightarrow m^* := \dim N_A^\perp \cap N_T^\perp \leq q < \infty .$$

Für

$$\text{(27)} \qquad m := \dim N_T < \infty$$

folgt aus (9)

$$\text{(28)} \; q = \dim Z = \dim(N_A^\perp \cap N_T^\perp) + \dim N_T - \dim(N_A \cap N_T) = m^* + m - \dim(N_A \cap N_T) .$$

Nun sei

$$\{a_\gamma\}_{\gamma=1}^{m^*} \text{ eine } \underline{\text{beliebige}} \text{ Basis für } (AN_T)^\perp .$$

Dann erhält man mit (11) und (19)

$$Ts = \sum_{\gamma=1}^{m^*} \zeta_\gamma c_\gamma ,$$

$$S\tau_\rho - p = \sum_{\gamma=1}^{m^*} \eta_\gamma (c_\gamma, -\frac{1}{\rho} a_\gamma) ,$$

und mit den Abkürzungen

$$\zeta := \begin{pmatrix} \zeta_1 \\ \vdots \\ \zeta_{m^*} \end{pmatrix} , \ \eta := \begin{pmatrix} \eta_1 \\ \vdots \\ \eta_{m^*} \end{pmatrix} , \ z_a := \begin{pmatrix} \langle z, a_1 \rangle_Z \\ \vdots \\ \langle z, a_{m^*} \rangle_Z \end{pmatrix} \in \mathbb{R}^{m^*}$$

$$D := (\langle c_\gamma, c_\varepsilon \rangle_Y)_{\gamma,\varepsilon=1}^{m^*} , \ B := (\langle a_\gamma, a_\varepsilon \rangle_Z)_{\gamma,\varepsilon=1}^{m^*} , \ E := D + \frac{1}{\rho} B$$

aus (12) und (20) die linearen Gleichungssysteme

$$(29) \qquad D\zeta = z_a , \ E\eta = (D + \frac{1}{\rho} B)\eta = z_a .$$

Zur Konstruktion günstiger linearer Gleichungssysteme wird die Abbildung

$$T^{*-1} : N_T^\perp \overset{\text{auf}}{\to} Y$$

stetig und linear auf ganz X fortgesetzt durch

$$\hat{T} : \begin{cases} X = N_T^\perp \oplus N_T \overset{\text{auf}}{\to} Y \\ x = x_\perp + x_o \mapsto \hat{T}x := T^{*-1} x_\perp \text{ mit } x_\perp \in N_T^\perp \text{ und } x_o \in N_T \end{cases}$$

Die Linearität von $\hat{T}$ ist trivial, die Stetigkeit folgt mit $\langle x_\perp, x_o \rangle_X = 0$, d.h. $\|x\|_X^2 = \|x_\perp\|_X^2 + \|x_o\|_X^2$, $\|x_\perp\|_X \leqq \|x\|_X$, aus

$$\|\hat{T}x\|_Y = \|T^{*-1} x_\perp\|_Y \leqq \|T^{*-1}\| \cdot \|x\|_X .$$

Damit sind

$$\tilde{T} = \hat{T}A^* : \begin{cases} Z \to Y \\ z \to \hat{T}A^* z \end{cases}$$

und

$$\tilde{S} : \begin{cases} Z \to W = Y \times Z \\ z \to (\tilde{T}z, -\frac{1}{\rho} z) \end{cases}$$

auf ganz Z definierte stetige lineare Abbildungen mit

$$(30) \qquad c_\gamma = \tilde{T}a_\gamma \text{ und } (c_\gamma, -\frac{1}{\rho} a_\gamma) = \tilde{S}a_\gamma$$

und die Matrizen D und E aus (29) sind von der Form

$$D = (\langle\tilde{T}a_\gamma,\tilde{T}a_\varepsilon\rangle_Y)_{\gamma,\varepsilon=1}^{m^*},\quad E = (\langle\tilde{S}a_\gamma,\tilde{S}a_\varepsilon\rangle_W)_{\gamma,\varepsilon=1}^{m^*}$$

<u>Satz 6.6:</u> *Unter der Voraussetzung* (4.1),(4.2),(26),(27) *gibt es je eine Basis* $\{a^*_\gamma\}_{\gamma=1}^{m^*}$ *bzw.* $\{a^*_{\rho,\gamma}\}_{\gamma=1}^{m^*}$ *für* $(AN_T)^\perp$, *die mit*

$$n^* := m^* - m + \dim (N_A \cap N_T)$$

den Bedingungen genügt

$$(31)\qquad \left.\begin{matrix}\langle\tilde{T}a^*_\gamma,\tilde{T}a^*_\varepsilon\rangle_Y \\ \langle\tilde{S}a^*_{\rho,\gamma},\tilde{S}a^*_{\rho,\varepsilon}\rangle_W\end{matrix}\right\} = \begin{cases} 1 \text{ für } \gamma = \varepsilon = 1(1)n^* \\ 0 \text{ für } \gamma \neq \varepsilon,\ \gamma = 1(1)n^*,\ \varepsilon = 1(1)m^* \end{cases}$$

d.h. die symmetrischen Matrizen der Gleichungssysteme (31) *setzen sich zusammen aus einer* $n^* \times n^*$*-Einheitsmatrix in der linken oberen Ecke, einer* $(m - \dim (N_A \cap N_T)) \times (m - \dim (N_A \cap N_T))$ *- Matrix in der rechten unteren Ecke und sonst lauter Nullen.*

<u>Beweis:</u> Es genügt, eine der beiden Basen, z.B. $\{a^*_{\rho,\gamma}\}_{\gamma=1}^{m^*}$, zu konstruieren, da die Argumente völlig analog sind. Durch $\langle\tilde{S}z,\tilde{S}z'\rangle_W$ ist in Z eine positiv semidefinite Bilinearform erklärt (d.h. $\langle\tilde{S}z,\tilde{S}z'\rangle$ ist linear in beiden Argumenten und $\langle\tilde{S}z,\tilde{S}z\rangle_W \geqq 0$) und $\|Sz\|_W^2 = \langle\tilde{S}z,\tilde{S}z\rangle_W = 0$ genau für $z \in N_{\tilde{S}}$. Da die $\tilde{S}a_\gamma = (c_\gamma, -\frac{1}{\rho}a_\gamma) = S^{*-1}b_\gamma$ (vgl. (7),(10),(11)) nach Satz 6.1 linear unabhängig sind, ist

$$\dim \tilde{S}Z \geqq \dim \tilde{S}((AN_T)^\perp) = m^*$$

und nach (28)

$$\dim N_{\tilde{S}} = \dim Z - \dim \tilde{S}Z = q - \dim \tilde{S}Z \leqq q - m^* = m - \dim (N_A \cap N_T)$$

Danach gibt es für $n^* > 0$, d.h. $m^* > m - \dim (N_A \cap N_T)$, zu einer beliebigen Basis $\{a_\gamma\}_{\gamma=1}^{m^*}$ von $(AN_T)^\perp$ ein Element nicht in $N_{\tilde{S}}$, das wir o.B.d.A. als a_1 annehmen können, d.h. $\|\tilde{S}a_1\|_W \neq 0$. Wir setzen

$$a^*_{\rho,1} := a_1 / \|\tilde{S}a_1\|_W .$$

Die weiteren $a^*_{\rho,\gamma}$ konstruieren wir induktiv: Ist $i_0 < m^* - m + \dim (N_A \cap N_T)$, so gibt es wegen $m^* - i_0 > m - \dim N_A \cap N_T) \geqq \dim N_{\tilde{S}}$ in

$$(32)\qquad \{\tilde{a}_\gamma := a_\gamma - \sum_{\nu=1}^{i_0} \langle\tilde{S}a^*_{\rho,\nu},\tilde{S}a_\gamma\rangle_W a^*_{\rho,\nu}\}_{\gamma=i_0+1}^{m^*}$$

mindestens ein Element, o.B.d.A. $\tilde{a}_{i_0+1}$, mit $\|\tilde{S}\tilde{a}_{i_0+1}\|_W \neq 0$ und wir setzen

$$a^*_{\rho,i_o+1} := \tilde{a}_{i_o+1} / \|\tilde{S}\tilde{a}_{i_o+1}\|_W$$

Dieser Prozeß ist mindestens fortsetzbar bis a^*_{ρ,n^*}. Die restlichen $\{a^*_{\rho,\gamma}\}_{\gamma=n^*+1}^{m^*}$ wählt man in der Form (32). Für die so konstruierten $\{a^*_{\rho,\gamma}\}_{\gamma=1}^{m^*}$ gilt nach Definition (31). □

In Kapitel 4 haben wir die stetige Abhängigkeit von Interpolations- und Ausgleichssplines vom Datenvektor z untersucht. Daß die Ausgleichssplines auch stetig von ρ abhängen und daß für τ_ρ, $s \in (N_A \cap N_T)^\perp$ sogar $\lim_{\rho\to\infty} \|\tau_\rho(T,A,z) - s(T,A,z)\|_X = 0$ gilt, zeigt der folgende

<u>Satz 6.7:</u> *Unter der Voraussetzung* (4.1),(4.2),(26) *seien* $\rho_o > 0$, $z \in Z$ *gegeben und* $s, \tau_\rho, \tau_{\bar\rho} \in (N_A \cap N_T)^\perp$ *die Interpolations- und Ausgleichssplines zum selben* z *und für* $\rho, \bar\rho \geqq \rho_o$. *Dann gibt es ein* $C(\rho_o) \in \mathbb{R}_+$ *mit*

$$\text{(33)} \qquad \left.\begin{aligned} \|\tau_\rho - \tau_{\bar\rho}\|_X &\leqq C(\rho_o)\cdot\|z\|_Z \left|\frac{1}{\rho} - \frac{1}{\bar\rho}\right| \\ \|\tau_\rho - s\|_X &\leqq C(\rho_o)\frac{\|z\|_Z}{\rho} \end{aligned}\right. , \quad \rho,\bar\rho \geqq \rho_o > 0 \;.$$

Die Konstante $C(\rho_o)$ wird im Verlauf des Beweises bestimmt (vgl. (37)).

<u>Beweis:</u> η bzw. $\bar\eta$ sei der Lösungsvektor von (20) zu ρ bzw. $\bar\rho$. Dann ist nach (21) $S\tau_\rho$ bzw. $S\tau_{\bar\rho}$ eindeutig bestimmt. Insbesondere folgt aus (29)

$$(D + \frac{1}{\rho}B)\,\bar\eta + (\frac{1}{\bar\rho} - \frac{1}{\rho})B\bar\eta = z_a$$

und durch Subtraktion von (29)

$$\text{(34)} \qquad (D + \frac{1}{\rho}B)\,(\eta - \bar\eta) = (\frac{1}{\bar\rho} - \frac{1}{\rho})B\bar\eta \quad .$$

Mit der üblichen Maximumnorm für Vektoren und Matrizen

$$\|\eta\|_\infty := \max_{\gamma=1}^{m^*} \{|\eta_\gamma|\}, \quad \|B\|_\infty := \sup_{\|\eta\|_\infty=1} \{\|B\eta\|_\infty\}$$

ist für jedes $\rho_o > 0$

$$\text{(35)} \qquad \|(D + \frac{1}{\rho}B)^{-1}\|_\infty \leqq C'(\rho_o) \quad \text{für } \rho \geqq \rho_o > 0,$$

denn wegen $\lim\limits_{\rho\to\infty} (D + \frac{1}{\rho} B) = D$ gibt es zu $\varepsilon > 0$ ein ρ_1 mit $\|(D + \frac{1}{\rho}B)^{-1}\|_\infty \leqq \|D^{-1}\|_\infty + \varepsilon$ für $\rho \geqq \rho_1$. Da nach den Vorüberlegungen zu Satz 6.5 das zweite System in (29) eindeutig lösbar ist, muß $(D + \frac{1}{\rho}B)^{-1}$ für alle $\rho \in \mathbb{R}_+$ existieren. Insbesondere ist in $\rho \in [\rho_0, \rho_1]$, $\rho_0 > 0$, $\|(D + \frac{1}{\rho}B)^{-1}\|_\infty$ eine stetige Funktion, also beschränkt, d.h. (35) ist richtig. Damit ist nach (29) und (34)

$$\|\bar{\eta}\|_\infty \leqq C'(\rho_0)\, \|z_a\|_\infty \leqq C'(\rho_0) \max_{\gamma=1}^{m^*} \{\|a_\gamma\|_Z\} \cdot \|z\|_Z \quad \text{und}$$

$$(36) \qquad \|\eta - \bar{\eta}\|_\infty \leqq C'(\rho_0) \cdot \|z\|_Z \cdot \|B\|_\infty \cdot \left|\frac{1}{\bar{\rho}} - \frac{1}{\rho}\right| \max_{\gamma=1}^{m^*} \{\|a_\gamma\|_Z\} \text{ für } \rho, \bar{\rho} > \rho_0.$$

Aus (21) folgt dann

$$k(\rho,\bar{\rho},z) := A\tau_{\bar{\rho}} - A\tau_\rho = -\frac{1}{\bar{\rho}} \sum_{\gamma=1}^{m^*} \bar{\eta}_\gamma a_\gamma + \frac{1}{\rho} \sum_{\gamma=1}^{m^*} \eta_\gamma a_\gamma =$$

$$= -\frac{1}{\bar{\rho}} \sum_{\gamma=1}^{m^*} (\bar{\eta}_\gamma - \eta_\gamma) a_\gamma + \left(\frac{1}{\rho} - \frac{1}{\bar{\rho}}\right) \sum_{\gamma=1}^{m^*} \eta_\gamma a_\gamma$$

oder mit (36)

$$\|k(\rho,\bar{\rho},z)\|_Z \leqq \left|\frac{1}{\rho} - \frac{1}{\bar{\rho}}\right|\, \|z\|_Z \cdot \max_{\gamma=1}^{m^*} \{\|a_\gamma\|_Z^2\} \cdot \sum_{\gamma=1}^{m^*} \|a_\gamma\|_Z \cdot C'(\rho_0)\left(\frac{\|B\|_\infty}{\bar{\rho}} + 1\right).$$

Nun sind τ_ρ und $\tau_{\bar{\rho}}$ insbesondere Interpolationssplines (vgl. zu

$$z_\rho := z - \frac{1}{\rho} \sum_{\gamma=1}^{m^*} \eta_\gamma a_\gamma \quad \text{bzw.}$$

$$z_{\bar{\rho}} := z - \frac{1}{\bar{\rho}} \sum_{\gamma=1}^{m^*} \bar{\eta}_\gamma a_\gamma = z_\rho + k(\rho,\bar{\rho},z)$$

und da $\tau_\rho, \tau_{\bar{\rho}} \in (N_A \cap N_T)^\perp$ vorausgesetzt war, folgt aus Satz 4.5(d) mit dem dort definierten Operator A_0

$$\tau_\rho = A_0^{-1} z_\rho, \quad \tau_{\bar{\rho}} = A_0^{-1} z_{\bar{\rho}}, \text{ d.h.}$$

$$\tau_\rho - \tau_{\bar{\rho}} = A_0^{-1} k(\rho,\bar{\rho},z), \text{ d.h. (30) mit}$$

$$(37) \quad C(\rho_0) := \|A_0^{-1}\| \cdot \max_{\gamma=1}^{m^*} \{\|a_\gamma\|_Z^2\} \cdot \sum_{\gamma=1}^{m^*} \|a_\gamma\|_Z \cdot C'(\rho_0) \cdot \left(\frac{\|B\|_\infty}{\bar{\rho}} + 1\right).$$

Indem man im ganzen Beweis $\bar{\rho}$ durch ∞ und $\bar{\eta}$ durch $\bar{\zeta} = \zeta$ (vgl. (29)) ersetzt, erhält man die zweite Aussage. □

Wir wollen nun diese Theorie auf das für die praktischen Anwendungen wichtigste Beispiel, die Polynomsplines, anwenden. Dazu sei (vgl. (5.1),(5.2),(5.3))

$$X := W^{m,2}[a,b],\ Y := L^2[a,b],\ Z := \mathbb{R}^p$$

$$T:=D^m,\ Af:=(f(x_1),\ldots,f(x_p)) \text{ mit } a \leqq x_1 < x_2 < \ldots < x_p \leqq b,\ p \geqq m.$$

Wegen $p \geqq m$ ist $N_A \cap N_T = \{f \in \Pi_{m-1}[a,b] \mid f(x_i)=0,\ i=1(1)p \geqq m\} = \{0\}$.

Nach Satz 6.6 gibt es eine Basis in $(AN_T)^\perp$, so daß $(\langle \tilde{T}a_\gamma^*, \tilde{T}a_\varepsilon^* \rangle_Y)_{\gamma,\varepsilon=1}^{m^*}$ eine spezielle Bandmatrix der Bandbreite 2m-1 wird. Wir begnügen uns damit, eine Basis $\{c_\gamma\}_{\gamma=1}^{m^*}$ (vgl. (11)) so anzugeben, daß mit $c_\gamma = T^{*-1}A^*a_\gamma = \tilde{T}a_\gamma$ die Matrix $(\langle c_\gamma, c_\varepsilon\rangle_Y)_{\gamma,\varepsilon=1}^{m^*}$ eine Bandmatrix mit 2m-1 besetzten Diagonalen wird: Dazu wählen wir die B-Splines vom Grad m-1 zum oben angegebenen Gitter (vgl. 5.5). Nach Satz 6.1 bilden sie eine Basis für $(TN_A)^\perp = TSp(T,A) = D^m Sp(D^m,A)$. Da ein B-Spline vom Grad m-1 höchstens auf einem Intervall $[x_i, x_{i+m}]$ nicht verschwindet, erhalten wir durch diese Wahl die gewünschte Bandmatrix.

Um (12) aufstellen zu können, müssen wir zu den c_γ die zugehörigen a_γ aus (11) berechnen:

$$c_\gamma = T^{*-1}A^*a_\gamma \iff T^*c_\gamma = A^*a_\gamma .$$

Nun ist nach Satz 3.16 und 2.22

$$f(x_i) = \langle f, k_i\rangle_m ,\quad i = 1(1)p .$$

Zur Bestimmung der $k_i \in W^{m,2}[a,b]$ greifen wir zurück auf die Taylorformel (Satz 2.15) und wählen die im Beweis von Satz 3.20 diskutierte Form

$$f(x_i) = \sum_{j=0}^{m-1} D^j f(a) \cdot \frac{(x_i-a)^j}{j!} + \int_a^b \frac{(x_i-t)_+^{m-1}}{(m-1)!} D^m f(t)\, dt.$$

Wählt man also

$$k_i \text{ so, daß } D^j k_i(a) := \frac{(x_i-a)^j}{j!}\ ;\ D^m k_i(x) = \frac{(x_i-x)_+^{m-1}}{(m-1)!}$$

so erhält man k_i als

$$k_i(x) = \sum_{j=0}^{m-1} D^j k_i(a) \frac{(x-a)^j}{j!} + \int_a^x \int_a^{t_1} \ldots \int_a^{t_{m-1}} D^m k_i(t_m)\, dt_m \ldots dt_1$$

$$= P_i(x) + \frac{(x_i-x)_+^{2m-1}}{(2m-1)!} \quad \text{mit } P_i \in \Pi_{m-1}[a,b].$$

Die k_i sind also bis auf Polynome vom Grad $\leq m-1$ abgeschnittene Potenzfunktionen, die für numerische Rechnungen nicht sehr gut geeignet sind. Man wird aus diesem Grunde dann statt den k_i geeignete Linearkombinationen wie die in 5.5 eingeführten B-Splines wählen (vgl. auch den folgenden Abschnitt 6.3).

Wir wollen trotz allem den hier diskutierten Ansatz mit den k_i zu Ende besprechen: Mit

$$Af = (\langle f,k_1\rangle_m, \langle f,k_2\rangle_m, \ldots, \langle f,k_p\rangle_m), \text{ d.h.}$$

$$\langle Af,r\rangle_{\mathbb{R}^p} = \sum_{i=1}^{p} r_i \langle f,k_i\rangle_m = \langle f, \sum_{i=1}^{p} r_i k_i\rangle_m \quad \text{ist}$$

$$(38) \qquad A^*r = A^* \begin{pmatrix} r_1 \\ \vdots \\ r_p \end{pmatrix} = \sum_{i=1}^{p} r_i k_i \ .$$

Nach Satz 3.8 ist $A^*\mathbb{R}^p = N_A^\perp = [k_1,\ldots,k_p]$. (Das kann man hier natürlich sofort aus der vorhergehenden Formel beweisen.) Da $T^*c_\gamma = b_\gamma \in N_A^\perp \cap N_T^\perp$, $\gamma = 1(1)p$, ist T^*c_γ eindeutig darstellbar als Linearkombination der linear unabhängigen $k_1,\ldots,k_p$, d.h. nach (10), (11) ist

$$(39) \qquad A^*a_\gamma = \sum_{i=1}^{p} a_{\gamma,i} k_i = T^*c_\gamma = b_\gamma = \sum_{i=1}^{p} b_{\gamma,i} k_i \ .$$

Durch Koeffizientenvergleich in (38),(39) erhält man schließlich

$$a_\gamma = (a_{\gamma,1},\ldots,a_{\gamma,p}) = (b_{\gamma,1},\ldots,b_{\gamma,p}) \ .$$

Indem man nun die Gleichungssysteme (12) und (20) aufstellt und löst, erhält man $D^m s$ bzw. $D^m \tau_\rho$. Durch m-malige unbestimmte Integration findet man Urbilder f^* bzw. f^*_ρ und hat nur noch f^*_o bzw. $f^*_{\rho,o} \in \Pi_{m-1}[a,b]$ zu berechnen. Nach Satz 6.3 genügt es dazu, $(P_A A)f^*_o = P_A(r - Af^*)$ bzw. $(P_A A)f^*_{\rho,o} = P_A(r_\rho + r - Af^*_\rho)$ in $\Pi_{m-1}[a,b]$ zu lösen. Dabei ist $r_\rho := -\frac{1}{\rho} \sum_{i=1}^{p} \eta_i a_i$. Nach Satz 6.3 greifen wir also m Punkte, z.B. $x_1,\ldots,x_m$ heraus und bestimmen das Interpolationspolynom f^*_o bzw. $f^*_{\rho,o}$ vom Grad m-1, das die Werte $(r - Af^*)_i := r_i - (Af^*)_i = r_i - f^*(x_i)$ bzw. $r_{\rho i} + r_i - f^*_\rho(x_i)$, $i = 1(1)n$, interpoliert. Damit hat man schließlich

$$s = f^* + f_o^* \quad \text{bzw.} \quad \tau_\rho = f_\rho^* + f_{\rho,o}^* .$$

6.3 Spline-Berechnung mit B-Splines

Nachdem wir in 5.5 die mehr theoretischen Aspekte der B-Splines entwickelt haben, wenden wir uns jetzt der numerischen Seite zu und entwickeln die nötigen Algorithmen.

Wir gehen aus von einem festen t und wollen (vgl. Satz 5.22)

$$(32) \quad \begin{cases} F(k) = \sum_i \alpha_i N_{i,k}(t) \quad \text{bzw.} \\ D^j F(t) = \dfrac{d^j}{dt^j} \sum_i \alpha_i N_{i,k}(t) = \sum_i \alpha_i^{(j)} N_{i,k-j}(t) \end{cases}$$

berechnen. Dabei können wir von vornherein zwei einschließende Knoten t_κ und $t_{\kappa+1}$ so wählen, daß (vgl. (5.52) und (5.53))

$$(33) \quad t_\kappa \leqq t < t_{\kappa+1} \ , \quad t_i < t_{i+k} \quad \text{für alle } i.$$

<u>Satz 6.8:</u> *Unter der Voraussetzung* (33) *erhält man für die in* (32) *definierte Funktion* F *den Funktionswert* F(t) *als*

$$(34) \quad \begin{cases} F(t) = \sum_i \alpha_i^{[j]}(t) N_{i,k-j}(t) \ , \quad j \in \mathbb{N}_{k-1} \\ \quad\;\; = \alpha_\kappa^{[k-1]} \quad \text{speziell für } j = k-1 \ . \end{cases}$$

Dabei sind

$$(35) \quad \alpha_i^{[j]}(t) := \begin{cases} \alpha_i \quad \textit{für } j = 0 \\ \dfrac{t-t_i}{t_{i+k-j}-t_i}\,\alpha_i^{[j-1]}(t) + \dfrac{t_{i+k-j}-t}{t_{i+k-j}-t_i}\,\alpha_{i-1}^{[j-1]}(t) \\ \qquad\qquad\qquad\qquad \textit{für } j = 1(1)k-1 \end{cases}$$

Man kann $F(t) = \alpha_\kappa^{[k-1]}(t)$ *für* $t \in [t_\kappa, t_{\kappa+1})$ *ohne Divisionen durch* 0 *berechnen. Hat man auch andere* $\alpha_i^{(j)}(t)$ *zu bestimmen, so sind, wie in Satz* 5.22, *nur solche* $\alpha_i^{[j]}(t)$ *zu berechnen, für die* $N_{i,k-j}(t) \neq 0$ *ist, d.h. die ohne Divisionen durch Null erzeugbaren* $\alpha_i^{[j]}(t)$.

Ersetzt man gemäß (32) *die* α_i *durch* $\alpha_i^{(j)}$ *und die* $N_{i,k}$ *durch* $N_{i,k-j}$, *so erhält man* $D^j F(t)$.

Beweis: Wie bei Satz 5.22 ist der Beweis ein Induktionsbeweis, wobei man wie dort auf das Verschwinden der Nenner in (35) zu achten hat. Da die Überlegungen völlig analog sind, geben wir hier nur den ersten Schritt an: Nach (5.63) ist

$$\begin{aligned} F(t) &= \sum_i \alpha_i N_{i,k}(t) \text{ und mit } t_{i+k} > t_i \\ &= \sum_i \alpha_i((t-t_i)M_{i,k-1}(t) + (t_{i+k}-t)M_{i+1,k-1}(t)) \\ &= \sum_i (\alpha_i(t-t_i) + \alpha_{i-1}(t_{i+k-1}-t))M_{i,k-1}(t) \quad \text{nach (34)} \\ &= \sum_i \alpha_i^{[1]}(t)N_{i,k-1}(t) \ . \quad \square \end{aligned}$$

Der folgende Satz bringt einige mehr theoretische Folgerungen aus Satz 6.8. Die Gleichung (36) ist ein gutes Hilfsmittel zum Beweis von Splineaussagen. (37) zeigt, daß die normalisierten B-Splines eine sogenannte Partition der Einheitsfunktion darstellen, (38), daß die B-Splines sich als Verteilungsfunktionen deuten lassen.

Satz 6.9: *Es gelten die folgenden Beziehungen*

$$(36)\quad \begin{cases} (s-t)^{k-1} = \sum \phi_{i,k}(s)N_{i,k}(t) \quad \textit{mit} \\ \phi_{i,k}(s) := \prod_{r=1}^{k-1} (s-t_{i+r}) \ \textit{für } k>1 \textit{ und } \phi_{i,1}(s) := 1 \textit{ für } k=1 \end{cases}$$

(Mardsen [228])

$$(37)\quad \sum_i N_{i,k}(t) \equiv 1 \quad \text{(Schoenberg [287])}$$

(38) $\int_{\mathbb{R}} k\,M_{i,k}(t)dt = 1$, *wenn die* $M_{i,k}(t)$ *außerhalb ihres Trägers* $\equiv 0$ *gesetzt werden* (Schoenberg [287])

Beweis: Indem wir zum festen Parameter s die Funktion F(s;t) erklären als

$$F(s;t) = \sum_i \alpha_i(s)N_{i,k}(t) \text{ mit } \alpha_i(s) := \phi_{i,k}(s)$$

folgt aus (34) und (35) für die vom Parameter s abhängigen $\alpha_i^{[1]}(s;t)$

$$\alpha_i^{[1]}(s;t) = \frac{1}{t_{i+k-1}-t_i}((t-t_i)\phi_{i,k}(s)+(t_{i+k-1}-t)\phi_{i-1,k}(s) =$$

$$= \frac{\phi_{i,k-1}(s)}{t_{i+k-1}-t_i}((t-t_i)(s-t_{i+k-1})+(t_{i+k-1}-t)(s-t_i))$$

$$= \phi_{i,k-1}(s)(s-t)$$

oder nach Satz 6.8

$$\sum_i \phi_{i,k}(s)N_{i,k}(t) = (s-t)\sum_i \phi_{i,k-1}(s)N_{i,k-1}(t)$$

Wendet man diese Formel (k-1)-mal an, so folgt mit (5.57) und nach Definition der $\phi_{i,k}$ in (36)

$$\sum_i \phi_{i,k}(s)N_{i,k}(t) = (s-t)^{k-1}\sum_i \phi_{i,1}(s)N_{i,1}(t) =$$

$$= (s-t)^{k-1}\sum_i N_{i,1}(t) = (s-t)^{k-1}, \text{ d.h. (36).}$$

Entwickelt man die Funktionen rechts und links in (36) nach Potenzen von s und vergleicht die höchste s-Potenz, so folgt (37).

Aus Satz 2.15 folgt für jedes $f \in C^k[a,b]$

$$f(s) = \sum_{j=0}^{k-1} \frac{D^j f(a)}{j!}(s-a)^j + \frac{1}{(k-1)!}\int_a^b (s-t)_+^{k-1} D^k f(t)dt$$

Bildet man hier rechts und links den k-ten Differenzenquotienten bez. $t_i \leqq t_{i+1} \leqq \dots \leqq t_{i+k}$, $t_i < t_{i+k}$, so fällt für $t_i, t_{i+k} \in [a,b]$ die Summe weg und es bleibt

$$f[t_i,\dots,t_{i+k}] = \frac{k}{k!}\int_a^b M_{i,k}(t)D^k f(t)dt = \frac{k}{k!}\int_{\mathbb{R}} M_{i,k}(t)D^k f(t)dt$$

wenn man gemäß Satz 5.21 in naheliegender Weise

$$k \cdot M_{i,k}(t)D^k f(t) \equiv 0 \text{ für } t \in \mathbb{R} \setminus [a,b] \text{ setzt.}$$

Speziell für $f(t) = t^k$ folgt (38) mit (2.23). □

Wir wollen nun den aus Satz 6.8 herleitbaren stabilen Algorithmus angeben: Es ist

$$F(t) = \sum_j \alpha_j N_{j,k}(t) \text{ für } t_i \leqq t < t_{i+1}$$

zu berechnen. Für $\alpha_j = \delta_{j\ell}$ erhält man speziell $N_{\ell,k}(t)$.
Nach Satz 5.22 ist

$$F(t) = \sum_{j=i-k+1}^{i} \alpha_j N_{j,k}(t)$$

Beginnend mit der ersten Spalte $\alpha_j^{[0]}(t) = \alpha_j$, $j = i-k+1(1)i$ bestimmen wir nach (35) die folgenden Spalten rekursiv:

$$\begin{array}{llll}
\alpha_{i-k+1}^{[0]}(t) & & & \\
\alpha_{i-k+2}^{[0]}(t) & \alpha_{i-k+2}^{[1]}(t) & & \\
\vdots & \vdots & \ddots & \\
\alpha_{i-1}^{[0]}(t) & \alpha_{i-1}^{[1]}(t) \ldots\ldots & \alpha_{i-1}^{[k-2]}(t) & \\
\alpha_{i}^{[0]}(t) & \alpha_{i}^{[1]}(t) \ldots\ldots & \alpha_{i}^{[k-2]}(t) & \alpha_{i}^{[k-1]}(t)
\end{array}$$

Nach Satz 6.8 ist $\alpha_i^{[k-1]}(t)$, d.h. die Zahl rechts unten, der gesuchte Funktionswert $F(t)$.

Zur Vereinfachung der Indexschreibweise führen wir die folgenden Bezeichnungen ein:

$$(39)\quad \begin{cases} A(r,s) := \alpha_{i-k+r}^{[s-1]}(t), & s = 1(1)k,\ r = s(1)k \\ DP(r) := t_{i+r} - t & \\ DM(r) := t - t_{i-k+r} & r = 1(1)k\ . \end{cases}$$

Dann ist nach (35)

$$(40)\quad \begin{cases} (\alpha)\ A(r,1) = \alpha_{i-k+r},\ r = 1(1)k \quad \text{und} \\ (\beta)\ A(r,s+1) = \\ \qquad [DM(r)\cdot A(r,s) + DP(r-s)\cdot A(r-1,s)]/[DM(r) + DP(r-s)] \\ \qquad\qquad s = 1(1)k-1,\ r = s+1(1)k. \end{cases}$$

Da wir $t_i \leqq t < t_{i+1}$ vorausgesetzt haben ist

$$DM(r) + DP(r-s) = t - t_{i-k+r} + t_{i+r-s} - t = t_{i+r-s} - t_{i-k+r}$$
$$\geqq t_{i+1} - t_i > 0\ ,$$

d.h. mehrfache Knoten im Gitter Ω_e verursachen keine Schwierigkeiten.

Die in (39),(40) definierten $A(r,s)$ kann man entweder spaltenweise, d.h.

(41) für festes $s = 1(1)k$ jeweils $r = s(1)k$

oder zeilenweise, d.h.

(42) für festes $r = 1(1)k$ jeweils $s = 1(1)r$

berechnen. Die jeweiligen Werte $s = 1$ bzw. $r = 1$ sind dabei nach (40) bereits bekannt.

Hat man nicht nur $F(t)$, sondern auch gewisse Ableitungen zu berechnen, so sind nach Satz 5.22 für $t_i \leqq t < t_{i+1}$ die nicht verschwindenden $N_{\ell,k-j}$ zu berechnen. Das ergibt nach (5.66), (5.68) das folgende Schema

$$
(43)\quad \left\{
\begin{array}{cccc}
N_{i,1}(t), N_{i-1,2}(t), \ldots, & N_{i-k+2,k-1}(t), & N_{i-k+1,k}(t) \\
N_{i,2}(t) \quad , \ldots, & N_{i-k+3,k-1}(t), & N_{i-k+2,k}(t) \\
\ddots & \vdots & \vdots \\
& N_{i,k-1}(t) & , N_{i-1,k}(t) \\
& & N_{i,k}(t)
\end{array}
\right.
$$

Nach Satz 5.22 stehen in der $(k-j)$-ten Spalte genau die $N_{\ell,n}$, die zur Berechnung von $F^{(j)}(t)$, $t_i \leqq t < t_{i+1}$, nötig sind.
Mit den Abkürzungen

$$
\left.
\begin{array}{ll}
N(r,s) & := N_{i+r-s,s}(t) \\
DP(r) & := t_{i+r}-t \\
DQ(r) & := t - t_{i+1-r}
\end{array}
\right\} \quad r = 1(1)k
$$

erhält man die Spalten in (43) als

$$N(r,s) \text{ für festes } s = 1(1)k \text{ und } r = 1(1)s \; .$$

Die Werte $N(r,s)$ verschwinden nach Satz 4.21 für $r > s$ oder $r < 1$. Nach Satz 5.21 hat man also

$$N(r,s+1) = DQ(s+1-r+1)\frac{N(r-1,s)}{DP(r-1)+DQ(s+1-r+1)} + DP(r)\frac{N(r,s)}{DP(r)+DQ(s+1-r)}$$

Wieder sind wegen $t_i \leqq t < t_{i+1}$ die Nenner $\neq 0$. Damit erhalten wir den folgenden Algorithmus für die Bestimmung der $N(r,s)$:

```
N(1,1) := 1
'for' s = 1 'step' 1 'until' k-1 'do'
      DP(s) := t_{i+s}-t; DQ(s) := t-t_{i+1-s};
      N(1,s+1) := 0
      'for' r = 1 'step' 1 'until' s 'do'
```

$$M := N(r,s)/(DP(r)+DQ(s+1-r))$$
$$N(r,s+1) := N(r,s+1) + DP(r) \times M$$
$$N(r+1,s+1) := DQ(s+1-r) \times M$$

Hat man natürliche Splines zu berechnen, so sind die bisherigen Überlegungen entsprechend zu ändern. Nach Satz 5.20 ist ein derartiges s darstellbar als

$$s(t) = \sum_{i=m+1}^{2m} \beta_i M_{2m+1,2m}^{i-1}(t) + \sum_{i=2m+1}^{p} \alpha_i N_{i,2m}(t) + \sum_{i=p+1}^{p+m} \gamma_i \tilde{M}_{i,2m}^{p'-i}(t), \quad p'=p+2m$$

Wir setzen nun $p \geqq 4m$ voraus: Dann können in dieser dreifachen Summe nur Summanden in einer oder zwei Einzelsummen auftreten. Dementsprechend unterscheiden wir die drei Fälle:

1) Für $t \in [t_\ell, t_{\ell+1})$, $4m \leqq \ell \leqq p'-2m+1$ sind nur die $N_{i,2m} \neq 0$. In Diesem Fall kann man entweder die Algortihmen für die allgemeinen B-Splines oder die im Programm MIDBASIS angegebenen Algorithmen verwenden.

2) Es sei $t \in [t_\ell, t_{\ell+1})$ für $2m \leqq \ell \leqq 4m-1$, $t_{2m} := a$. Nach Satz 5.20 genügt es, zur Berechnung von s(t) oder von $D^j s(t)$ gewisse $M_{2m+1,2m-j}^{i-1}$ und $N_{i,2m-j}$ zu bestimmen. Nach den Rekursionsformeln (5.63), (5.64) ist es zweckmäßiger, die entsprechenden $M_{2m+1,2m-j}^{i-1}$ und $M_{i,2m-j}$ zu erzeugen, da das in einem einheitlichen Schema möglich ist. Mit

$$k := 2m-j \quad \text{und } t \in [t_\ell, t_{\ell+1}), \; 2m \leqq \ell \leqq 4m-1$$

genügt es, die Funktionen

$$\{M_{2m+1,k}^{i}\}_{i=\ell-2m}^{k-1}, \quad \{M_{i,k}\}_{i=2m+1}^{\ell}$$

zu berechnen. Außerdem kann man sich, wenn j fest vorgegeben ist, auf $2m \leqq \ell \leqq 4m-1-j$ beschränken. Das gelingt zweckmäßigerweise anhand der folgenden Tabelle

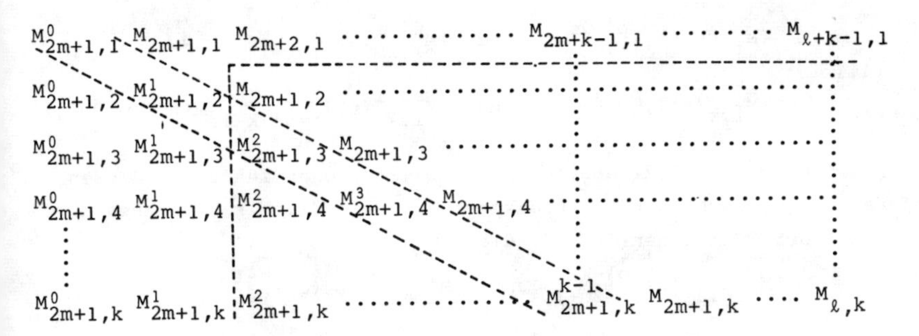

In dieser Tabelle sind die erste Reihe und die zwei ersten Spalten sofort angebbar:

$$M^0_{2m+1,1}(t) = g_1[t_{2m+1};t] = (t_{2m+1}-t)^0_+ = \begin{cases} 1 \text{ für } t < t_{2m+1} \\ 0 \text{ für } t \geqq t_{2m+1} \end{cases}$$

$$M_{i,1}(t) = g_1[t_i,t_{i+1};t] = \begin{cases} 1 \text{ für } t \in [t_i,t_{i+1}) \\ 0 \text{ für } t \notin [t_i,t_{i+1}) \end{cases}$$

$$M^0_{2m+1,i}(t) = g_i[t_{2m+1};t] =$$
$$= (t_{2m+1}-t)^{i-1}_+ = \begin{cases} (t_{2m+1}-t)^{i-1} & \text{für } t < t_{2m+1} \\ 0 & \text{für } t \geqq t_{2m+1} \end{cases}$$

$$M^1_{2m+1,i}(t) = g_i[t_{2m+1},t_{2m+2};t] =$$
$$= \frac{(t_{2m+2}-t)^{i-1}_+ - (t_{2m+1}-t)^{i-1}_+}{t_{2m+2} - t_{2m+1}} \quad \text{jeweils rechtsseitig stetig definiert}$$

Beachtet man (vgl. (5.61)) $M^k_{i,k}(t) = M_{i,k}(t)$, so wird man zunächst die Elemente oberhalb der Diagonalen mit der ersten Zeile von (5.63), die Elemente unterhalb der Diagonalen mit der ersten Zeile von (5.64) und die Diagonalelemente mit der zweiten Zeile von (5.64) rekursiv berechnen.

Nach Satz 5.22 findet man die zur Bestimmung von $s(t)$ bzw. $D^j s(t)$ nötigen $M^i_{\mu,\nu}$ in der letzten Zeile der Tabelle, und zwar braucht man nach (5.66) und (5.68) nur die $M^i_{m+1,k}$ mit $i \geqq m$.

Die $M_{i,1}$, $M^0_{2m+1,i}$ und $M^1_{2m+1,i}$ sind $\geqq 0$. Die Rekursionsformeln liefern (man beachte die Lage von t!) positive Kombinationen positiver Größen, genau wie das bei den allgemeinen B-Splines der Fall war. Das prüft man sofort elementar nach.

3) Nun sei $t \in [t_\ell,t_{\ell+1})$, für $p'-2m+1 \leq \ell \leq p'$. Nach Satz 5.20 genügt zur Berechnung von $s(t)$ bzw. $D^j s(t)$ die Kenntnis der

$$(44) \quad \begin{cases} \{M_{i,2m}(t)\}^{p'-2m}_{i=\ell-2m+1} \quad \text{und} \quad \{\tilde{M}^{p'-i}_{i,2m}(t)\}^{\ell}_{i=p+1} \quad \text{bzw.} \\ \{M_{i,k}(t)\}^{p'-k}_{i=\ell-k+1} \quad \text{und} \quad \{\tilde{M}^{p'-i}_{i,k}(t)\}^{\ell}_{i=p'-k+1} \quad \text{mit } k := 2m-j. \end{cases}$$

Mit den in Satz 5.21 angegebenen Substitutionen führt man diesen Fall (vgl. auch (5.65)) zurück auf den Fall 2). Wir berechnen also statt der Funktionen in (44) die

$$\{M_{i,k,\Delta_u}(u)\}^{p'-k}_{i=2m+1} \quad \text{und} \quad \{M^i_{2m+1,k,\Delta_u}(u)\}^{k-1}_{i=p'-\ell}$$

Nun entsteht eine analoge Tabelle für die $M_{i,k,\Delta_u}(u), M^i_{2m+1,k,\Delta_u}(u)$ deren letzte Zeile wieder die gesuchten B-Spline-Werte liefert. Wieder interessieren nach Satz 5.22 nur solche M^i_{2m+1,k,Δ_u} mit $i \geqq m$.

Die algorithmischen Einzelheiten zu den natürlichen B-Splines findet man in [222] und den in Teil 3 angegebenen Programmen.

Auf einen Spezialfall soll an dieser Stelle besonders hingewiesen werden: auf die Hermite-Splines (vgl. Definition 5.5 und Satz 5.10). Jeder der Knoten in Δ

$$\Delta:\ a = x_1 < x_2 < \ldots < x_n = b \quad \text{ist genau m-fach.}$$

Dann kann man unmittelbar eine Basis von Fundamentalsplines (vgl. Definition 4.6) auf folgende Weise angeben. x_i sei ein innerer Punkt, d.h. $1 < i < n$. Dazu bestimmt man in den Intervallen $[x_{i-1},x_i]$ und $[x_i,x_{i+1}]$ zu $k \in \mathbb{N}_{m-1}$ die Hermite-Interpolationspolynome $q_{i,k}$ und $p_{i,k}$ vom Grad $2m-1$, die durch die folgenden Bedingungen eindeutig bestimmt sind (vgl. Aufgabe IV):

$$D^j q_{i,k}(x_\ell) = \delta_{i,\ell}\delta_{j,k},\ \ell = i-1,i,\ j = 0(1)m-1,\ q_{i,k} \in \Pi_{2m-1}$$

$$D^j p_{i,k}(x_\ell) = \delta_{i,\ell}\delta_{j,k},\ \ell = i,i+1,\ j = 0(1)m-1,\ p_{i,k} \in \Pi_{2m-1}$$

Setzt man nun

$$s_{i,k}(x) := \begin{cases} q_{i,k}(x) & \text{für } x \in [x_{i-1},x_i] \\ p_{i,k}(x) & \text{für } x \in [x_i,x_{i+1}] \\ 0 & \text{sonst} \end{cases},$$

so ist $s_{i,k}$ ein Hermite-Spline zum Gitter Δ vom Grad $2m-1$ mit

$$D^j s_{i,k}(x_\ell) = \delta_{j,k}\delta_{i,\ell},\ j,k = 0(1)m-1,\ \ell = 1(1)n,\ i = 2(1)n-1$$

Damit sind die $s_{i,k}$ die gesuchten Fundamentalsplines für die inneren Punkte. Die entsprechenden Fundamentalsplines für die Randpunkte definiert man als

$$s_{1,k}(x) := \begin{cases} p_{1,k}(x) & \text{für } x \in [x_1,x_2] \\ 0 & \text{sonst} \end{cases} \quad \text{bzw.}$$

$$s_{n,k}(x) := \begin{cases} q_{n,k}(x) & \text{für } x \in [x_{n-1},x_n] \\ 0 & \text{sonst} \end{cases}$$

(vgl. Aufgaben III und V).

Löst man das in Satz 5.23 angesprochene Interpolationsproblem, so erhält man für die α_i, $i = 1(1)p'$, in

$$s = \sum_{i=1}^{p'} \alpha_i N_{i,k}$$

ein Gleichungssystem, bei dem in jeder Zeile höchstens k aufeinanderfolgende Koeffizienten der α_i von Null verschieden sind. Wählt man insbesondere natürliche B-Splines der Ordnung 2m und betrachtet die Interpolationsprobleme aus Kapitel 5.2, so erhält man eine (2m-1)-Bandmatrix.

Die Aufgaben aus Satz 5.26 und 5.27 führen auf (2m+1)-Bandmatrizen. Die dort geforderte Entwicklung (5.86) - (5.88) erhält man dadurch, daß man die B_j durch ihre Differenzenquotienten angibt (für einfache Knoten kann man dazu (2.15) heranziehen).

Eine wesentliche Frage bei der Berechnung von Ausgleichssplines und -straken ist die Wahl des Parameters ρ (vgl. (5.82)). Dafür hat man zunächst keinerlei Anhaltspunkte. Nun kann man neben dem ursprünglichen Problem

$$(45)\quad \begin{cases} \|Q\sigma_{\rho,\alpha,r} - r\|_\rho = \min\limits_{f,\sigma_{\rho,\alpha,r}\in Sp(D^m,\Delta_\alpha,\omega)} \{\|Qf - r\|_\rho\} \text{ mit} \\ \|Qf - r\|_\rho^2 = \|D^m f\|_2^2 + \rho\|Cf - r\|_\varepsilon^2 \quad \text{(vgl. (5.81)-(5.84))} \end{cases}$$

bzw.

$$(46)\quad \|S\tau_{\rho,r} - (O,r)\|_W = \min_{f,\tau_{\rho,r}\in W^{m,2}[a,b]} \{\|Sf - (O,r)\|_W\}$$

die folgende Aufgabe behandeln:

Zu vorgegebenem $S \in \mathbb{R}_+$ ist $\sigma_{S,\alpha,r} \in Sp(D^m,\Delta_\alpha,\omega)$ bzw. $\tau_{S,r} \in W^{m,2}[a,b]$ so zu bestimmen, daß

$$(47)\quad \|D^m\sigma_{S,\alpha,r}\|_2 = \min\{\|D^m f\|_2 \mid f \in Sp(D^m,\Delta_\alpha,\omega) \text{ und } \|Cf-r\|_\varepsilon \leq S\}$$

bzw.

$$(48)\quad \|D^m\tau_{S,r}\|_2 = \min\{\|D^m f\|_2 \mid f \in W^{m,2}[a,b] \text{ und } \|Af-r\|_\varepsilon \leq S\}.$$

Der Fall S = O entspricht natürlich dem Interpolationsproblem mit (vgl. (5.81) und das Folgende)

$$f(\eta_i) = r_i,\ i = 1(1)p', \text{ bzw. } f(x_i) = r_i,\ i = 1(1)n.$$

Die Probleme (45) und (47) bzw. (46) und (48) sind äquivalent in folgendem Sinn (vgl. [259,292,352]): Ist $\sigma_{\rho,\alpha,r}$ bzw. $\tau_{\rho,r}$ bez. der fest vorgegebenen $\rho \in \mathbb{R}_+$ Lösung von (45) bzw. (46), so sei $S_{\rho,\alpha} := \|C\sigma_{\rho,\alpha,r}-r\|_\varepsilon^2$ bzw. $S_\rho := \|A\tau_{\rho,r}-r\|_\varepsilon^2$. Dann ist $\sigma_{\rho,\alpha,r}$ Lösung von (47) mit $S:=S_{\rho,\alpha}$ und $\tau_{\rho,r}$ Lösung von (48) mit $S:=S_\rho$. Geht man umgekehrt mit $S_{\rho,\alpha}$ bzw. S_ρ in (47),(48) ein, erhält man $\sigma_{\rho,\alpha,r}$ bzw. $\tau_{\rho,r}$. S in (47),(48) hat nach [259] einen gut zugänglichen Wert: Wählt man in

$$\|\beta\|_\varepsilon = \left(\sum_{i=1}^{p'} \varepsilon_i \beta_i^2\right)^{1/2}$$

die $\varepsilon_i := (\delta r_i)^{-2}$, wobei δr_i ungefähr die Standardabweichung von r_i angibt, so ist es zweckmäßig, S im Intervall $[p'-(2p')^{1/2}, p'+(2p')^{1/2}]$ anzunehmen. Numerische Experimente haben gezeigt, daß die Splines nur recht schwach von S abhängen, wenn S in $[p'-(2p')^{1/2}, p'+(2p')^{1/2}]$ variiert.

Nach [259,292,352] ist

$$\text{(49)} \qquad G(\rho) := \|A\tau_{\rho,r} - r\|_\varepsilon$$

in ρ monoton fallend von $G(0) > \sqrt{S}$ nach 0 für $\rho \to \infty$. Demnach wird man

$$G(\rho) = S^{1/2} \quad \text{bzw.} \quad (G(\rho))^{-1} = S^{-1/2}$$

nach dem Newtonverfahren iterativ berechnen. Dazu bestimmt man zu einem geschätzten Startwert $\rho^{(1)}$ den Ausgleichsspline $\tau_{\rho^{(1)},r}$ und verbessert $\rho^{(1)}$ durch das Newtonverfahren, das man auf

$$g(\rho) := S^{-1/2} - (G(\rho))^{-1}$$

anwendet. Nun ist $g(0) = S^{-1/2} - G(0)^{-1} > 0$, $g(\rho) \to -\infty$ für $\rho \to \infty$ und g eine streng monoton fallende Funktion mit $g'(\rho) \leqq -c$, $c \in \mathbb{R}_+$, für $0 \leqq \rho \leqq \rho_0$, ρ_0 genügend groß. Dann konvergiert das Newtonverfahren

$$\rho^{(i+1)} := \rho^{(i)} - \frac{g(\rho^{(i)})}{g'(\rho^{(i)})} = \rho^{(i)} - \frac{S^{-1/2}-(G(\rho^{(i)}))^{-1}}{(G(\rho^{(i)}))^{-2}\, G'(\rho^{(i)})}$$

$$= \rho^{(i)} + \frac{G(\rho^{(i)})}{S^{1/2}} \; \frac{S^{1/2} - G(\rho^{(i)})}{G'(\rho^{(i)})}$$

und man bricht ab, wenn $G(\rho^{(i)})^2$ sich genügend wenig von S unterscheidet. Die in dieser Formel auftretenden Größen $G(\rho^{(i)})$ und

und $G'(\rho^{(i)})$ sind, nachdem $\tau_{\rho^{(i)},r}$ bekannt ist, verhältnismäßig leicht zu berechnen. Aus (49) folgt sofort $G(\rho^{(i)})$.

Zur Berechnung von $G'(\rho^{(i)})$ sei an (5.97), (5.98) erinnert. Der Lösungsvektor c von (5.98) zur Bestimmung von $\tau_{\rho,r}$ ist darstellbar als

$$c = (B + \frac{1}{\rho} F)^{-1} r, \text{ d.h.}$$

$$(50) \qquad A\tau_{\rho,r} - r = Bc - r = B(B + \frac{1}{\rho} F)^{-1} r - r$$

oder

$$G(\rho)^2 = [A\tau_{\rho,r} - r]^T D [A\tau_{\rho,r} - r] \text{ mit } D := (\varepsilon_i \delta_{i,j})_{i,j=1}^{p'}$$

$$= [B(B + \frac{1}{\rho} F)^{-1} r - r]^T D [B(B + \frac{1}{\rho} F)^{-1} r - r] .$$

Die Differentiation nach ρ ergibt mit den beiden, sofort verifizierbaren Differentiationsregeln für Matrizen

$$\frac{d}{d\rho}(u^T(\rho) v(\rho)) = (\frac{d}{d\rho} u^T(\rho)) v(\rho) + u^T(\rho) \frac{d}{d\rho} v(\rho)$$

$$\frac{d}{d\rho}(v^{-1}(\rho)) = -v^{-1}(\rho) (\frac{d}{d\rho} v(\rho)) v^{-1}(\rho)$$

und der Abkürzung $u(\rho) := (B(B + \frac{1}{\rho} F)^{-1} r - r)$ als

$$\frac{d}{d\rho}(G(\rho))^2 = 2G(\rho) \cdot G'(\rho) = \frac{du^T}{d\rho} Du + u^T D \frac{du}{d\rho} = 2u^T D \frac{du}{d\rho} ,$$

denn $u^T Du$ ist ja eine reellwertige Funktion, d.h. $(u^T Du)^T = u^T Du$. Mit

$$\frac{du}{d\rho} = B(\frac{dv^{-1}(\rho)}{d\rho}) r \quad \text{und} \quad v^{-1}(\rho) := (B + \frac{1}{\rho} F)^{-1}$$

$$= B(B + \frac{1}{\rho} F)^{-1} \cdot \frac{1}{\rho^2} F (B + \frac{1}{\rho} F)^{-1} r$$

erhält man so schließlich

$$G(\rho) \cdot G'(\rho) = \frac{1}{\rho^2} [B(B + \frac{1}{\rho} F)^{-1} r - r]^T DB(B + \frac{1}{\rho} F)^{-1} F (B + \frac{1}{\rho} F)^{-1} r .$$

Aus (5.98) folgt $(B + \frac{1}{\rho} F)^{-1} r = c$ und $Fc = -\rho(Bc - r)$

$$G(\rho) \cdot G'(\rho) = -\frac{1}{\rho} [Bc - r]^T DB(B + \frac{1}{\rho} F)^{-1} [Bc - r] .$$

Die Hauptarbeit, die Berechnung von $(B + \frac{1}{\rho} F)^{-1}$, hat man bereits bei der Berechnung von $\tau_{\rho,r}$ erledigt, so daß sich $G(\rho)G'(\rho)$ mit dem aus (50) bekannten Vektor $Bc - r = A\tau_{\rho,r} - r$ durch gewöhnliche Matrizenmultiplikation ergibt.

Das im Anhang angegebene Programm SPLKNA für kubische Ausgleichssplines arbeitet i.w. auf dieser Grundlage. Dort wird jedoch das Newton-Verfahren angewandt auf $G(\rho) - S^{1/2} = 0$.

Die für die B-Splines angegebenen Algorithmen, vor allem die für die $N_{i,k}$, haben den großen Vorteil, numerisch sehr stabil zu sein. So ist es möglich, bei bekannten α_i

$$(51) \qquad s(t) = \sum_{i=i_0}^{i_1} \alpha_i N_{i,k}(t)$$

für $k \leqq 80$ zu berechnen, ohne daß dabei große Rundungsfehler auftreten (vgl. [95]). Hat man s(t) für verschiedene t-Werte in jedem Intervall zwischen den Knoten zu berechnen, so sind die angegebenen Algorithmen zu aufwendig. Man wird dann versuchen, eine zu (5.47) ähnliche Darstellung zu finden, die weniger rundungsempfindlich ist als die dort angegebene. Das geschieht dadurch, daß man die Splines aus $Sp(k,\Delta,\omega)$ in jedem Teilintervall als Polynom vom Grad $\leqq k-1$ darstellt und die dieses Polynom jeweils charakterisierenden Größen angibt. Mit $x_0 := a$, $x_{n+1} := b$ ist

$$(52) \qquad s(t) = \sum_{j=0}^{k-1} \frac{c_{i,j}}{j!}(t-x_i)^j \quad \text{für } t \in [x_i, x_{i+1}),\ i = 0(1)n,$$

eine derartige Darstellung für s. s ist somit charakterisiert durch die Ordnung k, die Zahl n der Knoten x_i im Gitter

$$\Delta : a < x_1 < x_2 < \ldots < x_n < b$$

und durch die Matrix der $(c_{i,j})_{i=0,j=0}^{n\ \ k-1}$ mit

$$(53) \qquad c_{i,j} := \lim_{x \to x_i + 0} D^j s(x) = D^j s(x_i + 0);\ i = 0(1)n,\ j = 0(1)k-1$$

Dementsprechend hat man

$$D^\mu s(t) = \sum_{j=\mu}^{k-1} \frac{c_{i,j}}{(j-\mu)!}(t-x_i)^{j-\mu} \quad \text{für } t \in [x_i, x_{i+1}),\ i = 0(1)n$$

Die Prozedur PPVALU aus Teil 2 liefert auf diese Weise die Funktions- bzw. Ableitungswerte von stückweisen Polynomen, wenn das Quadrupel

$$(k\ ,\ n\ ,\ \Delta\ ,\ C = (c_{i,j})_{i=0,j=0}^{n\ \ k-1})$$

vorgegeben ist.

Hat man zu diesem Quadrupel den Spline anzugeben, insbesondere die Vielfachheit der jeweiligen Knoten, so ist das, bedingt durch Rundungsfehler, nicht möglich. In diesem Fall muß dann zusätzlich der Inzidenzvektor $\omega^T = (\omega_1,\dots,\omega_n)$ zur Verfügung stehen.

Wir haben nun die Frage nach der Berechnung von Splines der Form (51) diskutiert. Für die Anwendungen ist der Fall besonders wichtig, in dem man die Koeffizienten α_i in (51) durch gewisse Interpolations- oder Minimalbedingungen (vgl. Kapitel 11) zu bestimmen hat. Dann sind Gleichungssysteme zu lösen, deren Matrizen durch Funktionswerte der $N_{i,k}$ bestimmt sind. In diesem Fall ist die Konditionszahl entscheidend:

Definition 6.1: *Die Konditionszahl für die normalisierte B-Spline-Basis* $\{N_{i,k}\}_{i=1}^{p'}$ *für das Gitter* Ω *(vgl.* (5.52)*) ist definiert als*

$$\kappa(k,\Omega) := \frac{\sup\limits_{\|\alpha\|_\infty=1} \{\|\sum\limits_{i=1}^{p'} \alpha_i N_{i,k}\|_\infty\}}{\inf\limits_{\|\alpha\|_\infty=1} \{\|\sum\limits_{i=1}^{p'} \alpha_i N_{i,k}\|_\infty\}}$$

mit $\alpha^T := (\alpha_1,\dots,\alpha_{p'})$ *und* $\|\alpha\|_\infty := \max\limits_{i=1}^{p'} \{|\alpha_i|\}$

(Diese Definition stimmt überein mit der üblichen Definition der Konditionszahl einer Matrix, wenn man das Interpolationsproblem aus Satz 5.23 in der Form $s = \sum\limits_{i=1}^{p'} \alpha_i N_{i,k}$ zu lösen versucht.)

Dann gilt (vgl. [95])

Satz 6.10: *Das Gitter* Ω *(und* Ω_e*) aus* (5.52) *(und* (5.54)*) sei äquidistant. Dann ist für* $k > 1$

$$\kappa(k,\Omega) \geq \left(\frac{\pi}{2}\right)^{k-2} \quad \textit{und}$$

$$\lim_{k\to\infty} \frac{\kappa(k,\Omega)}{(\pi/2)^k} = 2$$

Hieraus folgt insbesondere, daß bei der Lösung von Interpolationsproblemen oder Lösungen von Funktionalgleichungen mit Hilfe von normalisierten B-Splines für die übliche 7 - 8 stellige Genauigkeit auf Computern $k < 20$ sein sollte. Rechnet man doppelt genau, ändert sich k entsprechend.

6.4 Spline-Bererechnung durch "Übertragen" von Gleichungen

Zum Abschluß dieses Kapitels besprechen wir eine Methode, die im Gegensatz zu den B-Splines für allgemeine H-B-Probleme durchführbar ist. Sie geht, für Ausgleichssplines, zurück auf Reinsch [259] und wurde weiter entwickelt von Carasso-Laurent und Eidson, Munteanu-Schumaker [17,119,147,237].

Wir beschränken uns hier auf natürliche Polynomsplines, doch läßt sich die Methode in einer unmittelbar überschaubaren Variante auf (natürliche) Lg-Splines übertragen.

Die Grundidee des Verfahrens ist sehr einfach. Man nützt aus, daß der natürliche Polynomspline in jedem Teilintervall durch ein Polynom vom Grad $2m-1$ dargestellt wird, wobei in den Knoten x_i die vorgeschriebenen Funktions- und Ableitungswerte zu realisieren sind und die charakterisierenden Bedingungen (5.26δ) für Interpolations- und (5.27γ) für Ausgleichssplines erfüllt sein müssen. Mit

$$(54) \qquad S^T := (s, Ds, \ldots, D^{m-1}s)$$

ist $s|_{[x_i,x_{i+1}]} \in \Pi_{2m-1}[x_i,x_{i+1}]$ eindeutig durch $S(x_i+0)$ oder $S(x_{i+1}-0)$ bestimmt. Das Verfahren läuft darauf hinaus, Gleichungen für die $S(x_i+0)$ und $S(x_i-0)$ anzugeben. Man beginnt damit, die Randbedingungen einzuarbeiten, "überträgt" dann durch die Taylorreihe die Gleichungen für $S(x_i+0)$ auf den benachbarten Punkt $S(x_{i+1}-0)$ und transformiert diese Gleichungen mit Hilfe der Stetigkeits- und Interpolationsbedingungen für s in x_{i+1} in Gleichungen für $S(x_{i+1}+0)$.

Wir suchen also $s \in Sp(D^m,\Lambda)$ mit

$$\Lambda := \{(D^j)_{x_i},\ i = 1(1)n,\ j \in \mathrm{II}_i \subseteq \mathbb{N}_{m-1}\}$$

$$\Delta\colon\ a \leqq x_1 < x_2 < \ldots < x_n \leqq b$$

Dann ist $s|_{[a,x_1)\cup(x_n,b]} \in \Pi_{m-1}([a,x_1)\cup(x_n,b])$. Mit $s \in W^{m,2}[a,b]$ genügt die Kenntnis von $S(x_1+0)$ und $S(x_n-0)$, um daraus $s|_{[a,x_1)}$

bzw. $s|_{(x_n,b]}$ zu bestimmen. Wir können uns aus diesem Grund von vornherein auf das Intervall $[x_1,x_n]$ beschränken und stellen zunächst das Vorgehen für Interpolationssplines dar.

Randbedingungen: Nach (5.26δ) hat man für den Interpolationsspline s die Bedingungen

$$(55)\quad \begin{cases} \lambda^i s = (D^j s)(x_1+0) = r_i & \text{für } j \in \mathbb{I}_1 \\ (D^{2m-j-1} s)(x_1+0) = 0 & \text{für } j \notin \mathbb{I}_1 \end{cases}$$

Um die weiteren Überlegungen etwas überschaubarer zu machen, stellen wir die Relationen (55) mit Hilfe einer $m \times 2m$ - Matrix $M(x_1+0)$ vom Rang m und eines Vektors $y(x_1+0) \in \mathbb{R}^m$ in der Form

$$(56)\quad M(x_1+0)S(x_1+0) = y(x_1+0)$$

dar.

Taylorschritt: Indem wir die Taylorentwicklung für Polynome vom Grad 2m-1 zu Hilfe nehmen, erhalten wir $(i \in \mathbb{N}_{2m-1})$

$$D^i s(t) = \sum_{j=i}^{2m-1} \frac{D^j s(t_o)}{(j-i)!}(t-t_o)^{j-i} \quad \text{für } t,t_o \in [x_\nu,x_{\nu+1}].$$

Durch diese Entwicklungen ist eine Matrix A definiert:

$$(57)\quad A(h) := (a_{i,j}(h))_{i,j=0}^{2m-1},\ a_{i,j}(h) := \begin{cases} h^{j-1}/(j-i)! & \text{für } j \geqq i \\ 0 & \text{für } j < i \end{cases}$$

Indem man diese Gleichung auf $t_o := x_1+0$, $t := x_2-0$ oder $t_o := x_2-0$, $t := x_1+0$ anwendet, erhält man die beiden Formeln

$$(58)\quad \begin{cases} S(x_2-0) = A(h_1)S(x_1+0) \\ S(x_1+0) = A(-h_1)S(x_2-0) \end{cases}$$

Setzt man dieses $S(x_1+0)$ in (56) ein, so folgt

$$M(x_1+0)A(-h)S(x_2-0) = y(x_1+0)$$

und mit

$$M(x_2-0) := M(x_1+0)A(-h) \text{ und } y(x_2-0) := y(x_1+0)$$

ergibt sich

$$(59)\quad M(x_2-0)S(x_2-0) = y(x_2-0)\ .$$

<u>Knotenschritt:</u> Wenn es gelingt, (59) in eine Relation $\mathcal{M}(x_2+0)\mathcal{S}(x_2+0) = \mathcal{y}(x_2+0)$ umzuwandeln, kann man darauf wiederum den Taylorschritt anwenden und arbeitet sich auf diese Weise durch das gesamte Intervall (x_1,x_n). Nach Satz 5.7 ist

$$(60) \quad \begin{aligned} &[D^j s]_{x_k} = 0, \; j = 0(1)m-1, \text{ weil } s \in W^{m,2}[a,b], \\ &[D^{2m-j-1} s]_{x_k} = 0 \text{ für } (D^j)_{x_k} \notin \Lambda \text{ nach } (5.26\delta) \; , \end{aligned}$$

d.h. die in (60)auftretenden Ableitungen sind stetig. Wenn man nun aus den Gleichungen (59) die Größen

$$D^{2m-j-1} s(x_2-0) \text{ für } (D^j)_{x_2} \in \Lambda$$

eliminiert, so erhält man $m-\kappa_2$ Gleichungen; dabei ist κ_2 die Zahl der in x_2 vorgeschriebenen Funktionale, also gleich der Elementanzahl von $\mathbb{I}_2$. In diesen Gleichungen treten nur noch in x_2 stetige Ableitungen auf. Beim Übergang von x_2-0 zu x_2+0 bleiben die fraglichen Beziehungen erhalten. Nimmt man nun zu diesen $m-\kappa_2$ Gleichungen die κ_2 weiteren

$$(61) \quad \lambda_i s = D^j s(x_2+0) = r_i \text{ für } j \in \mathbb{I}_2$$

hinzu, so erhält man eine zu (56) analoge Relation

$$(62) \quad \mathcal{M}(x_2+0)\mathcal{S}(x_2+0) = \mathcal{y}(x_2+0)$$

mit einer $m \times 2m$ - Matrix $\mathcal{M}(x_2+0)$ und $\mathcal{y}(x_2+0) \in \mathbb{R}^m$. Sind die Gleichungen in (61) von denen in (59) linear unabhängig, so ist auch $\mathcal{M}(x_2+0)$ vom Rang m.

Nun wiederholt man den beschriebenen Vorgang: Ausgehend von (62) statt von (56) führt man mit (57),(58) den nächsten "Taylorschritt" durch und schließt wieder einen "Knotenschritt" an. Man endet mit dem "Taylorschritt" der von $x_{n-1}+0$ nach x_n-0 führt.

Beginnt man statt mit (55) mit

$$(63) \quad \begin{cases} \lambda_i s := (D^j s)(x_n-0) = r_i \text{ für } j \in \mathbb{I}_n \\ (D^{2m-j-1} s)(x_n-0) = 0 \quad \text{für } j \notin \mathbb{I}_n \end{cases}$$

und wendet "Taylorschritte" und "Knotenschritte" in der umgekehrten Richtung an, so erhält man schließlich durch Kombination beider Teilergebnisse in x_i-0 und x_i+0 jeweils 2m Gleichungen für die

2m Unbekannten (vgl. (54)) in $S(x_i-0)$ und $S(x_i+0)$. Zur Bestimmung des Splines genügt natürlich z.B. die Kenntnis der $S(x_i+0)$, $i = 1(1)n-1$.

Die Ausgleichssplines erhält man völlig analog, wenn man statt der in (55) und (61) eingearbeiteten "Interpolations"-Bedingungen $\lambda_i s = r_i$ die entsprechenden Gleichungen aus (5.27γ) verwendet.

Hat man anstelle von Polynomsplines Lg-Splines zu berechnen, so bedient man sich der allgemeinen Lösung von $L^*Lu = 0$ anstelle der Polynome vom Grad $\leq$ 2m-1 und der Stetigkeitsaussagen für s und die $[O_j Ls]_{x_k}$ anstelle von (60).

Zum praktischen Gebrauch dieser Methode gibt Laurent [17] die folgenden Hinweise: Es ist zweckmäßig, die jeweiligen Gleichungssysteme zu äquilibrieren (vgl. [46]), d.h. die Koeffizienten so zu normieren, daß die Summe der Absolutbeträge oder der Quadrate der Koeffizienten einer Zeile 1 ist. Das ist besonders wichtig nach den "Taylorschritten". Die Eliminationen im Rahmen des "Knotenschrittes" sollten jeweils mit zwei aufeinanderfolgenden Gleichungen und nicht mit vorher fixierten Gleichungen durchgeführt werden.

Das Verfahren aus 6.1 und 6.2 wird man nur im Notfall einsetzen. Die in 6.3 und 6.4 besprochenen Rechenmethoden sind beide numerisch sehr gut. Da für die B-Splines recht vollständige Algorithmen und Programme vorliegen, wird man normalerweise mit B-Splines arbeiten. Sobald allgemeine H-B-Probleme vorliegen oder Lg-Splines zu berechnen sind, wird man die Methode aus 6.4 wählen, die durch die sehr einfache Grundidee besticht.

Aufgaben:

I) Man zeige, daß

$$R(s): \begin{cases} Sp(T,A) \to W = Y \times Z \\ s \to (Ts, -\frac{1}{\rho} A^{*-1} T^* Ts) \end{cases}$$

eine wohldefinierte stetige lineare Funktion ist ($T^*Ts \in N_A^\perp$!) und daß

$$N_{S^*} = R(Sp(T,A)) \quad \text{(vgl. Satz 6.1)}$$

II) Man diskutiere analog zum Ende von Kapitel 6.2 Polynomsplines mit mehrfachen Knoten. Welche Gestalt haben dann die Basisfunktionen k_i ?

III) Zum Gitter Δ: $a = x_1 < x_2 < \dots < x_n = b$ seien die $q_{i,k}, p_{i,k} \in \Pi_3[a,b]$ wie folgt erklärt:

$$D^j q_{i,k}(x_\ell) = \delta_{j,k}\delta_{i,\ell},\ j,k = 0,1,\ i = 2(1)n,\ \ell = i-1,i$$

$$D^j p_{i,k}(x_\ell) = \delta_{j,k}\delta_{i,\ell},\ j,k = 0,1,\ i = 1(1)n-1,\ \ell = i,i+1$$

Dann ist

$$q_{i,o}(x) = -2(x_i-x_{i-1})^{-3}(x-x_{i-1})^3 + 3(x_i-x_{i-1})^{-2}(x-x_{i-1})^2$$

$$q_{i,1}(x) = (x_i-x_{i-1})^{-2}(x-x_{i-1})^2(x-x_i)$$

$$p_{i,o}(x) = 2(x_{i+1}-x_i)^{-3}(x-x_i)^3 - 3(x_{i+1}-x_i)^{-2}(x-x_i)^2 + 1$$

$$p_{i,1}(x) = (x_{i+1}-x_i)^{-2}(x-x_i)(x_{i+1}-x)^2$$

Man zeige, daß die

$$s_{1,k}(x) := \begin{cases} p_{1,k}(x) & \text{für } x \in [x_1,x_2] \\ 0 & \text{sonst} \end{cases},\ k = 0,1$$

$$s_{i,k}(x) := \begin{cases} q_{i,k}(x) & \text{für } x \in [x_{i-1},x_i] \\ p_{i,k}(x) & \text{für } x \in [x_i,x_{i+1}] \\ 0 \text{ sonst} & \end{cases},\ k=0,1,\ i=2(1)n-1$$

$$s_{n,k}(x) := \begin{cases} q_{n,k}(x) & \text{für } x \in [x_{n-1},x_n] \\ 0 & \text{sonst} \end{cases},\ k = 0,1$$

eine Basis von Fundamentalsplines für die kubischen Hermite-Splines bilden (vgl. Figuren 12 a - d).

IV) Δ: $a \leq x_1 < \dots < x_n \leq b$ sei ein vorgegebenes Punktegitter und $\omega^T = (\omega_1,\dots,\omega_n)$ ein Inzidenzvektor. Man zeige: Das Hermite-Interpolationspolynom p, das die Interpolationsforderungen

$D^j p(x_i) = y_{i,j}$ mit vorgegebenen $y_{i,j} \in \mathbb{R}$, $i = 1(1)n$, $j = 0(1)\omega_i-1$

erfüllt, läßt sich darstellen in der Form

$$p(x) = \sum_{i=1}^{n} \sum_{j=0}^{\omega_i-1} H_{i,j}(x)y_{i,j} \quad \text{mit}$$

$$H_{i,j}(x) := \frac{1}{j!} \frac{\Omega(x)}{(x-x_i)^{\omega_i-j}} \sum_{k=0}^{\omega_i-j-1} \frac{1}{k!} D^k\left(\frac{(x-x_i)^{\omega_i}}{\Omega(x)}\right)\Big|_{x=x_i} (x-x_i)^k$$

und $\Omega(x) := (x-x_1)^{\omega_1} \cdot (x-x_2)^{\omega_2} \cdot \ldots \cdot (x-x_n)^{\omega_n}$

V) Mittels der in Aufgabe IV angegebenen Hermite-Polynome gebe man die Fundamentalsplines für die Hermite-Splines der Ordnung 2m an.

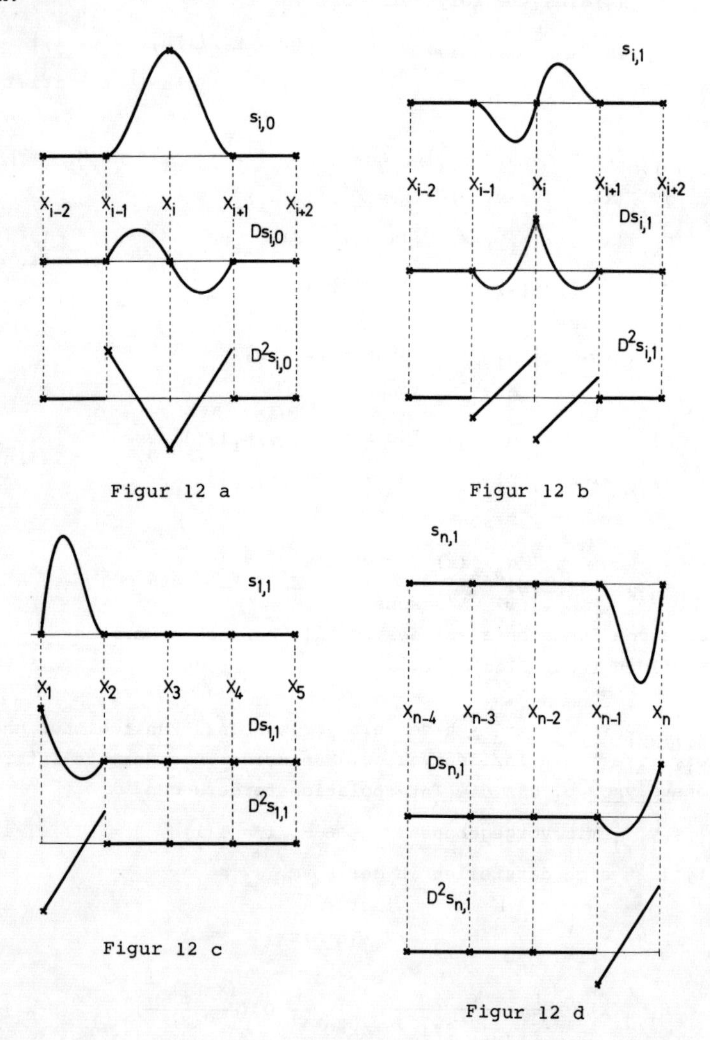

Figur 12 a

Figur 12 b

Figur 12 c

Figur 12 d

7 Approximation linearer Funktionale

Eines des wesentlichen Probleme der Numerik ist es, die Berechnung eines (stetigen) linearen Funktionals λ auf die Auswertung von "einfacheren" Funktionalen λ_i, $i = 1(1)p$, zurückzuführen. So sind z.B. für $f \in W^{1,2}[a,b]$ und feste Knoten $x_1 < x_2 < \ldots < x_p$

$$\lambda f := \int_a^b f\,dx \text{ und } \lambda_i f := f(x_i),\ a \leqq x_1 < x_2 < \ldots < x_p \leqq b$$

stetige lineare Funktionale und es ist mit

(1) $$\lambda(\alpha) := \sum_{i=1}^{p} \alpha_i \lambda_i, \quad \alpha^T := (\alpha_1, \ldots, \alpha_p)$$

(2) $$\lambda f = \int_a^b f\,dx =: \lambda(\alpha)f + R(\alpha)f = \sum_{i=1}^{p} \alpha_i f(x_i) + R(\alpha)f .$$

Hier sind zwei Fälle zu unterscheiden: Einmal gehen wir von der Annahme aus, daß die $f(x_i)$ genau bekannt sind (Kapitel 7.1). Für die meisten praktischen Anwendungen sind die $f(x_i)$ nur näherungsweise bekannt. Man wird auch in diesem Fall versuchen, möglichst gute Ergebnisse zu erhalten. Das wird, im Gegensatz zu 7.1, wo die Interpolationssplines das entscheidende Hilfsmittel sind, mit den Ausgleichssplines gelingen.

7.1 Approximation im Sinn von Sard

Die ersten Überlegungen in die in 7.1 besprochene Richtung gehen zurück auf Sard [273] und Nikolski [240].

Eine der häufigsten Forderungen an das in (2) definierte Fehlerfunktional $R(\alpha)$ ist

(3) $$\begin{cases} R(\alpha)f = 0 \text{ für } f \in \Pi_{m-1}[a,b],\ m \leqq p, \text{ d.h.} \\ R(\alpha)f = 0 \text{ für } f \in N_{D^m} . \end{cases}$$

Für $m \leqq p$ sind durch diese Bedingung die α_i aus (1) nicht eindeutig bestimmt. Sucht man nach sinnvollen weiteren Forderungen zur Festlegung der α_i, so erhält man aus Satz 3.20 (Peano) für $f \in W^{m,2}[a,b]$

$$R(\alpha)f = \int_a^b R(\alpha)_x \frac{(x-y)_+^{m-1}}{(m-1)!} D^m f(y)dy .$$

Dabei bedeutet $R(\alpha)_x$, daß das Funktional $R(\alpha)$ auf $\frac{(x-y)_+^{m-1}}{(m-1)!}$ als Funktion von x bei festgehaltenem Parameter y anzuwenden ist. Mit

$$K(\alpha,\cdot) : \begin{cases} [a,b] \to \mathbb{R} \\ y \mapsto R(\alpha)_x \cdot \frac{(x-y)_+^{m-1}}{(m-1)!} \end{cases}$$

folgt aus dieser Gleichung mit der Schwarzschen Ungleichung

$$(4) \qquad |R(\alpha)f| \leqq \|K(\alpha,\cdot)\|_2 \cdot \|D^m f\|_2 .$$

Hieraus entnimmt man unmittelbar $R(\alpha)f = 0$ für $f \in N_{D^m}$. (4) ist also eine im Zusammenhang mit (3) sehr zweckmäßige Darstellung für den Fehler. Durch (4) nahegelegt wird man solche $\alpha^* := (\alpha_1,\ldots,\alpha_p)^T$ zu bestimmen versuchen, die das folgende Extremalproblem lösen:

$$(5) \qquad \|K(\alpha^*,\cdot)\|_2 = \min\{\|K(\alpha,\cdot)\|_2 \mid R(\alpha),R(\alpha^*) \text{ erfüllen } (3)\}.$$

Um diesen Ansatz verallgemeinern zu können, müssen wir die $\lambda_1,\ldots,\lambda_p$ und α,α^* umdeuten: Wir fassen sie zusammen zu

$$A: \left\{ \begin{array}{l} W^{1,2}[a,b] \to \mathbb{R}^p \\ f \mapsto Af := \begin{pmatrix} \lambda_1 f \\ \lambda_2 f \\ \vdots \\ \lambda_p f \end{pmatrix} \end{array} \right\} \in L(W^{1,2}[a,b],\mathbb{R}^p), \quad \alpha := \begin{pmatrix} \alpha_1 \\ \alpha_2 \\ \vdots \\ \alpha_p \end{pmatrix} \in \mathbb{R}^p .$$

Zu einem vorgegebenen $\lambda \in L(W^{1,2}[a,b],\mathbb{R})$ suchen wir gemäß (1) ein $\alpha \in \mathbb{R}^p$ so, daß (mit dem Euklidischen Skalarprodukt im $\mathbb{R}^p$) $\langle Af,\alpha\rangle_{e,p}$ eine Approximation des Wertes des Funktionals λf ist, die für $f \in \Pi_{m-1}$ mit dem exakten Wert übereinstimmt. Analog zu (4) wird man eine Fehlerabschätzung versuchen und das (5) entsprechende Extremalproblem lösen. Dabei wird man D^m durch einen allgemeinen linearen Operator T ersetzen. Es ist hier zweckmäßig, sich von vornherein auf $N_A \cap N_T = \{0\}$ zu beschränken.

Es seien nun

$$(6)\quad \begin{cases} X,Y,Z \text{ reelle Hilberträume} \\ T \in L(X,Y),\ A \in L(X,Z) \text{ stetig, linear, auf} \\ N_A + N_T \text{ abgeschlossen in } X \\ N_A \cap N_T = \{0\}\ . \end{cases}$$

Zu einem beliebigen stetigen linearen Funktional $\lambda: X \to \mathbb{R}$ bestimmen wir nach Satz 2.22 das zugehörige h. Weiter sei $\alpha \in Z$ so gewählt, daß mit $Ax = z$ und dem in Kapitel 4 eingeführten Skalarprodukt $\langle\cdot,\cdot\rangle^+$ analog zu (2),(3)

$$(7)\qquad \langle x,h\rangle^+ = \lambda x = \langle Ax,\alpha\rangle_Z = \langle x,A^+\alpha\rangle^+ \text{ für alle } x \in N_T\ .$$

Diese Forderung ist genau dann erfüllt, wenn der Defekt

$$(8)\qquad d(\alpha) := h - A^+\alpha \in N_T^{\perp+}.$$

Nun ist nach Satz 3.8 $T^+: Y \to N_T^{\perp+}$ surjektiv und $N_{T^+} = (TN_T^{\perp+})^{\perp} = Y^{\perp} = \{0\}$, d.h. nach Satz 2.24 ist T^+ ein Homöomorphismus. Demnach gibt es zu $d(\alpha)$ genau ein $g(\alpha) \in Y$ mit

$$T^+g(\alpha) = d(\alpha),\ g(\alpha) \in Y,\ g(\alpha) \quad \text{eindeutig}$$

und man erhält in

$$|\langle x,d(\alpha)\rangle^+| = |\langle x,T^+g(\alpha)\rangle^+| = |\langle Tx,g(\alpha)\rangle_Y| \leqq \|Tx\|_Y \cdot \|g(\alpha)\|_Y$$

eine zu (4) analoge Abschätzung. Weiter entspricht jedem $g(\alpha) \in Y$ genau ein $d(\alpha) \in N_T^{\perp+}$, so daß die Menge der nach (8) zulässigen $\alpha \in Z$ nicht leer ist. Analog zu (5) wollen wir $\alpha^* \in Z$ so bestimmen, daß

$$(9)\qquad \begin{aligned} &\|g(\alpha^*)\|_Y = \|T^{+^{-1}}(h - A^+\alpha^*)\|_Y = \\ &= \min\{\|g(\alpha)\|_Y = \|T^{+^{-1}}(h - A^+\alpha)\|_Y \mid \alpha,\alpha^* \text{ genügen (8)}\}. \end{aligned}$$

Demgemäß geben wir die (vgl. [31,273,274,275])

Definition 7.1: $\alpha,\alpha^* \in Z$ *sollen* (8) *genügen. Dann heißt* $A^+\alpha^*$ *eine im Sinn von* S a r d *beste Approximation von* λ *bzw.* h (vgl.(8)) *bez.* T *und* A *genau dann, wenn* α^* *das Extremalproblem* (9) *löst. Insbesondere spricht man für* $X := W^{m,2}[a,b]$, $T := D^m$ *von einer im Sinne Sards besten Approximation von* λ *bzw.* h *(bez.* D^m, $\lambda_1,\ldots,\lambda_p$*) von der Ordnung* m.

Nun sind wir in der Lage, den folgenden zentralen Satz zu beweisen, der in der Formulierung für Polynomsplines (vgl. Kapitel 5.2) auf Schoenberg [296] zurückgeht (vgl. auch [3,54,66,67,103]). Dazu sei

$$P_s: \begin{cases} X \to Sp(T,A) \\ x \mapsto s_x \end{cases}$$

die in Satz 4.16 definierte Projektion von x auf seinen Interpolationsspline s_x (vgl. Aufgabe I).

<u>Satz 7.1:</u> *Unter der Voraussetzung* (6) *sei ein stetiges lineares Funktional* $\lambda: X \to \mathbb{R}$ *bzw. das nach* (7) *zugehörige* h *gegeben. Dann gibt es genau eine im Sardschen Sinn beste Approximation von* λ *bzw.* h *bez.* T,A, *nämlich*

$$A^+\alpha^* := P_s h = s_h, \; d.h. \; \alpha^* = A^{+^{-1}} P_s h = A^{+^{-1}} s_h \; .$$

Man erhält also

$$(10) \qquad \langle x, A^+\alpha^*\rangle^+ = \langle x, P_s h\rangle^+ = \langle x, s_h\rangle^+ = \langle Px, h\rangle^+ = \langle s_x, h\rangle^+ \; ,$$

d.h. man findet den Wert des bestapproximierenden Funktionals im Sardschen Sinn, indem man das ursprüngliche Funktional auf den Interpolationsspline s_x *von* x *anwendet.*
Insbesondere ist diese Approximation im Sinn von Sard nicht nur exakt für $x \in N_T$, *sondern sogar für* $x \in Sp(T,A)$. *Umgekehrt ist ein* $A^+\tilde{\alpha}$ *mit dieser Eigenschaft das* $A^+\alpha^*$ *aus* (10).

<u>Beweis:</u> Nach (8) ist $d(\alpha) \in N_T^{\perp +}$ und nach Satz 3.8 ist $A^+Z = N_A^{\perp +}$. Mit h_1, der Orthogonalprojektion von h auf $N_T^{\perp +}$ (bez. $\langle\cdot,\cdot\rangle^+$), d.h. $h_1 = h - x_o \in N_T^{\perp +}$ und $x_o \in N_T$ ist wegen $N_T \subseteq Sp(T,A) = N_A^{\perp +}$ $h - N_A^{\perp +} = h + N_A^{\perp +} = h_1 + x_o + N_A^{\perp +} = h_1 + N_A^{\perp +}$, d.h.

$$d(\alpha) \in (h - N_A^{\perp +}) \cap N_T^{\perp +} = h_1 + (N_A^{\perp +} \cap N_T^{\perp +})$$

und nach Satz 4.18

$$d(\alpha) \in h_1 + T^+T\, Sp(T,A) .$$

Nach Satz 3.8 und Satz 2.24 ist $T^+: Y \to N_T^{\perp +}$ ein Homöomorphismus, also ist mit $\hat{y}_1 := T^{+^{-1}} h_1$ die Aussage $d(\alpha) \in h_1 + T^+T\, Sp(T,A)$ äquivalent zu

$$T^{+^{-1}} d(\alpha) \in T^{+^{-1}} h_1 + T\, Sp(T,A) = \hat{y}_1 + T\, Sp(T,A).$$

Nach Satz 4.5 ist $T\,Sp(T,A)$ ein abgeschlossener Unterraum von Y, also folgt aus Satz 2.19 die Existenz genau eines Elementes η mit minimalem Abstand vom Ursprung:

$$\|\eta\|_Y = \min\{\|y\|_Y \mid \eta, y \in \hat{y}_1 + T\,Sp(T,A)\} ,$$

und η ist charakterisiert durch

$$\langle \eta, y_o\rangle_Y = 0 \text{ für alle } y_o \in T\,Sp(T,A).$$

Das durch dieses η eindeutig bestimmte $d(\alpha^*) := T^+\eta \in N_T^{\perp +}$ ist demnach charakterisiert durch die äquivalenten Bedingungen

$$\langle d(\alpha^*), s\rangle^+ = \langle T^+\eta, s\rangle^+ = \langle \eta, Ts\rangle_Y = 0 \text{ für alle } s \in Sp(T,A),$$

d.h.

(11) $\qquad d(\alpha^*) \in Sp(T,A)^{\perp +} \subseteq N_T^{\perp +}$ (wegen $N_T \subseteq Sp(T,A)$) .

Wir sind nun in der Lage, das gesuchte $d(\alpha^*) = T^+\eta$ explizit anzugeben: Mit $h = P_s h + (h - P_s h) = s_h + (h - s_h)$ ist nach Satz 4.16

$$h - s_h \in N_A = Sp(T,A)^{\perp +}.$$

Wegen $N_T \subseteq Sp(T,A)$ ist also auch

$$h - s_h \in Sp(T,A)^{\perp +} \subseteq N_T^{\perp +} ,$$

d.h. $d(\alpha_o) := h - s_h$ erfüllt (8). Nun ist nach Satz 4.16 $s_h \in Sp(T,A) = N_A^{\perp +}$, d.h. es gibt ein $\alpha_o \in Z$ mit $A^+\alpha_o = s_h$. Dieses α_o erfüllt wegen $h - A^+\alpha_o = h - s_h = d(\alpha_o) \in Sp(T,A)^{\perp +}$ die Bedingung (11). Dadurch war gerade das Extremalelement η charakterisiert. Also muß $h - s_h$ das gesuchte, eindeutig bestimmte $\eta = d(\alpha^*) = h - s_h = h - A^+\alpha^*$ sein. Da $A^+: Z \to N_A^{\perp +}$ ein Homöomorphismus ist, haben wir die Existenz und Eindeutigkeit von $A^+\alpha^*$ bzw. α^* bewiesen.

(10) folgt mit der Selbstadjungiertheit von P_s (vgl. Sätze 2.21 und 4.16) unmittelbar aus

$$d(\alpha^*) = h - A^+\alpha^* = h - s_h = h - P_s h .$$

Daß $\langle x, A^+\alpha^*\rangle^+ = \langle s_x, h\rangle^+$ für $x \in Sp(T,A)$ exakt ist, folgt sofort aus $s_x = P_s x = x$. Ist umgekehrt ein $A^+\tilde{\alpha}$ mit

$$\langle s, A^+\tilde{\alpha}\rangle^+ = \langle s, h\rangle^+ = \langle P_s s, h\rangle^+ = \langle s, P_s h\rangle^+ \quad \text{für alle } s \in Sp(T,A)$$

vorgegeben, so ist nach den Sätzen 3.8 und 4.16 und mit $P_s h \in A^+Z$

$$A^+\tilde{\alpha} - P_s h \in A^+Z \cap Sp(T,A)^{\perp +} = N_A^{\perp +} \cap Sp(T,A)^{\perp +} = \{0\} \ . \square$$

In der Literatur spielt eine zweite Art von bester Approximation eine Rolle. G o l o m b und W e i n b e r g e r [163] haben das folgende Problem diskutiert: Sind n+1 linear unabhängige Funktionale $\lambda, \lambda_1, \ldots, \lambda_n \colon X \to \mathbb{R}$ vorgegeben und für ein festes, aber unbekanntes $x \in X$ wenigstens $\lambda_1 x, \ldots, \lambda_n x$ bekannt, so unterliegt λx noch keinerlei Einschränkungen. Denn wegen der linearen Unabhängigkeit der $\lambda, \lambda_1, \ldots, \lambda_n$ kann man ein $x_0 \in X$ finden mit $\lambda x_0 = 1$, $\lambda_1 x_0 = \ldots = \lambda_n x_0 = 0$. Dann ist aber

$$\lambda_i (x + \alpha x_0) = \lambda_i x, \ i = 1(1)n, \ \lambda(\alpha x_0 + x) = \alpha + \lambda x \ .$$

Hat man im allgemeinen Fall einen linearen (Daten-)Operator $A \colon X \to Z$ und kennt für ein unbekanntes $x \in X$ den Wert $Ax = z$, so unterliegt auch jetzt wieder der Wert eines willkürlichen Funktionals λ für x keinerlei Beschränkungen (man wähle ein $\lambda \colon \lambda x = \langle x,h \rangle$, $h \in N_A^{\perp}$). Will man Schranken für λx angeben können, so muß man über $Ax = z$ hinaus weitere Informationen bereitstellen. Nach den Überlegungen vor allem in Kapitel 4.2 liegt es nahe, zu $Ax = z$ Schranken für $\|Tx\|_Y$ zu fordern. Dann findet man mit $\|Ax\|_Z^2 + \|Tx\|_Y^2$ unter der Bedingung (6) nach Satz 4.9 eine Norm für X, die äquivalent zur ursprünglichen $\|\cdot\|_X$ ist. Bez. dieser Norm $\|\cdot\|^+$ ist

$$K_{\delta,z} := \{x \in X \mid Ax = z, \ \|Tx\|_Y \leq \delta\}$$

durch $C := (\|z\|_Z^2 + \delta^2)^{1/2}$ beschränkt. Durch die Wahl eines genügend großen δ ($\geq \min\limits_{x \in A^{-1}(z)} \{\|Tx\|_Y\}$) kann man stets $K_{\delta,z} \neq \emptyset$ erreichen. Wir betrachten nur noch derartige $\delta > 0$. Wegen der Stetigkeit von λ folgt die Existenz eines minimalen Intervalls $[c,d] \subset \mathbb{R}$ mit $\lambda(K_{\delta,z}) \subseteq [c,d]$. Da die Menge $K_{\delta,z}$ konvex ist, wird jeder Punkt von $[c,d]$ mit möglicher Ausnahme der Randpunkte realisiert. Damit ist

$$\sup_{x \in K_{\delta,z}} \{|\lambda x - \frac{c+d}{2}|\} \leq \sup_{x \in K_{\delta,z}} \{|\lambda x - e|\} \text{ für } e \in \mathbb{R}$$

und = genau für $e = \frac{c+d}{2}$. Damit liegt folgende Definition nahe:

<u>Definition 7.2:</u> $x \in X$ *mit* $Ax = z$, $\|Tx\|_Y \leq \delta$ *seien vorgegeben. Ferner sei* $[c,d] \subset \mathbb{R}$ *das minimale Intervall, das* $\lambda(K_{\delta,z})$ *enthält.*

Dann heißt $\frac{c+d}{2}$ *die im* <u>*Sinn von* G o l o m b *und* W e i n b e r g e r</u> <u>*optimale Approximation von* λx *in*</u> $K_{\delta,z}$.

Der folgende Satz zeigt die Äquivalenz der beiden Definitionen 7.1 und 7.2.

<u>Satz 7.2:</u> *Die in Satz* 7.1 *bestimmte beste Sard-Approximation* $\langle x, A^+\alpha^*\rangle^+ = \langle x, s_h\rangle^+$ *von* λx *ist zugleich optimal im Sinne von Golomb und Weinberger in* $K_{\delta,z}$ *für jedes genügend große* δ.

<u>Beweis:</u> Zu x mit $Ax = z$, $\|Tx\|_Y \leqq \delta$ sei s_x Interpolationsspline. Wir zeigen zunächst, daß für $s_x + \hat{x} \in K_{\delta,z}$ auch $s_x - \hat{x} \in K_{\delta,z}$ ist.

Nach Satz 4.1 ist $s_x \in X$ genau dann Interpolationsspline von x, wenn

$$(12) \qquad \langle Ts_x, Tx'\rangle_Y = 0 \text{ für alle } x' \in N_A .$$

Nun sei $s_x + \hat{x} \in K_{\delta,z}$, d.h. $\|T(s_x+\hat{x})\|_Y \leqq \delta$ und $A(s_x+\hat{x}) = As_x = Ax$, d.h. $\hat{x} \in N_A$. Nach (12) ist demzufolge auch

$$\|T(s_x-\hat{x})\|_Y^2 = \|Ts_x\|_Y^2 + \|T\hat{x}\|_Y^2 = \|T(s_x+\hat{x})\|_Y^2 \leqq \delta^2 ,$$

d.h. zusammen mit $\hat{x} \in N_A$ ist $s_x - \hat{x} \in K_{\delta,z}$.

Nun sei $\lambda s_x = \langle s_x, h\rangle^+ = \langle x, s_h\rangle^+ \neq \frac{c+d}{2}$, d.h. insbesondere $c \neq d$.

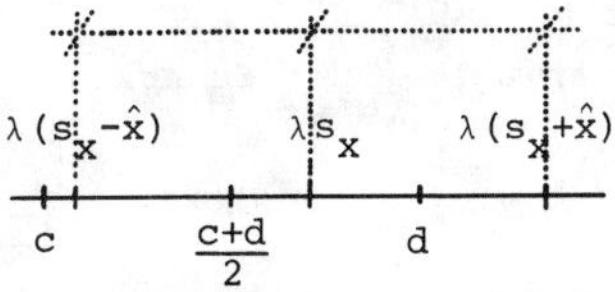

Figur 13

Für $\lambda s_x > \frac{c+d}{2}$ sei $\hat{x}$ so gewählt, daß $s_x - \hat{x} \in K_{\delta,z}$ und $\lambda\hat{x} > \frac{d-c}{2}$. Das ist möglich, da jedes Element (c,d) realisiert wird. Damit erhält man $s_x + \hat{x} \in K_{\delta,z}$, aber

$$\lambda(s_x+\hat{x}) = \lambda s_x + \lambda\hat{x} > \frac{c+d}{2} + \frac{d-c}{2} = d$$

im Widerspruch zur Definition von $[c,d]$. □

Wir wollen die bisherigen Ergebnisse auf den Fall $Z := \mathbb{R}^p$, $p \in \mathbb{N}$, anwenden. Nach (10) erhält man die beste Approximation, indem man das ursprüngliche Funktional λ auf den Interpolationsspline anwendet. Nach Satz 4.15 ist mit einer Orthonormalbasis $\{z_\gamma\}_{\gamma=1}^p$ von $\mathbb{R}^p$

$$z = \sum_{\gamma=1}^{p} \langle z, z_\gamma \rangle_Z z_\gamma = \sum_{\gamma=1}^{p} \zeta_\gamma z_\gamma \quad \text{und}$$

$$s(T,A,z) = \sum_{\gamma=1}^{p} \langle z, z_\gamma \rangle_Z s_\gamma = \sum_{\gamma=1}^{p} \zeta_\gamma s_\gamma \ ,$$

wobei die s_γ die in Definition 4.6 eingeführten Fundamentalsplines sind. Damit ist

$$\langle x, A^+\alpha^* \rangle^+ = \langle s_x, h \rangle^+ = \langle \sum_{\gamma=1}^{p} \zeta_\gamma s_\gamma, h \rangle^+ = \sum_{\gamma=1}^{p} \zeta_\gamma \langle s_\gamma, h \rangle^+$$

$$= \sum_{\gamma=1}^{p} \zeta_\gamma \lambda(s_\gamma) \ .$$

Insbesondere ergibt sich für die beste Quadraturformel der Ordnung m in Sinn von Sard bez. der Funktionale $\lambda_i: f \to f(x_i)$ die Formel

$$\int_a^b f \, dx = \sum_{\gamma=1}^{p} f(x_\gamma) \int_a^b s_\gamma \, dx + R(\alpha^*)f \ .$$

$R(\alpha^*)f$ entsteht auf folgende Weise: Auf die für den zunächst festgehaltenen Parameter y definierte Funktion

$$g: x \mapsto g(x,y) := \frac{(x-y)_+^{m-1}}{(m-1)!}$$

wird das Fehlerfunktional

$$\int_a^b f \, dx - \sum_{\gamma=1}^{p} f(x_\gamma) \int_a^b s_\gamma \, dx$$

angewandt. Damit erhält man für das nun variable y die Funktion

$$K: y \mapsto K(y) := \int_a^b g(x,y)dx - \sum_{\gamma=1}^{p} g(x_\gamma, y) \int_a^b s_\gamma(x) \, dx.$$

Die Integrationen sind elementar durchführbar, da die s_γ und g stückweise Polynome sind. Mit dem so definierten Kern K erhält man schließlich $R(\alpha^*)f$ als

$$R(\alpha^*)f = \int_a^b K(y) D^m f(y) \, dy \ .$$

Aus dieser Formel wird noch einmal deutlich, daß der Fehler $R(\alpha^*)f$ völlig unbestimmt ist, wenn man keine Schranke für $\|D^m f\|_2$ zur Verfügung hat (vgl. Aufgaben II,III,IV).

7.2 Approximation im Sinne von Laurent-Sard

Bei praktischen Anwendungen kennt man, im Gegensatz zu 7.1, i.a. nur eine Näherung z für den unbekannten Datenwert Ax, d.h. $Ax \simeq z$. In diesem Fall liegt es nahe, die Ausgleichssplines heranzuziehen, die bei einem ähnlichen Problem in Kapitel 4 gute Ergebnisse geliefert haben. Dieser Ansatz findet sich erstmals im Buch von Laurent [17]. Wir sprechen, wegen der starken Analogie zu 7.1, aus diesem Grund von der Approximation linearer Funktionale im Sinn von Laurent-Sard.

Man wird also versuchen, den Wert des linearen Funktionals

$$\lambda x = \langle x,h\rangle^+$$

zu approximieren durch ein Funktional μ, das auf dem bekannten $z \simeq Ax$ operiert:

$$\mu z = \langle z,\beta\rangle_Z \; . \tag{13}$$

Darüber hinaus wird man die Übereinstimmung von $\langle x,h\rangle^+$ und $\langle z,\beta\rangle_Z$ für gewisse x,z verlangen. Es ist

$$\begin{aligned}\langle z,\beta\rangle_Z - \langle x,h\rangle^+ &= (\langle Ax,\beta\rangle_Z - \langle x,h\rangle^+) + (\langle z,\beta\rangle_Z - \langle Ax,\beta\rangle_Z) \\ &= \langle x,A^+\beta - h\rangle^+ + \langle z - Ax,\beta\rangle_Z \; .\end{aligned}$$

Der erste Summand ist hier ein Maß für die Abweichung des approximierenden Funktionals $A^+\beta$ (bzw. β) vom vorgegebenen Funktional h, der zweite ein Maß für die Abweichung des Datenwerts Ax vom vorgegebenen Wert z. Analog zu (7),(8) wird man hier fordern, daß für einen exakten Datenwert $Ax = z$ und für $x \in N_T$ $\mu z = \langle z,\beta\rangle_Z$ den exakten Wert des Funktionals $\lambda x = \langle x,h\rangle^+$ ergibt, d.h.

$$\langle z,\beta\rangle_Z - \langle x,h\rangle^+ = 0 \text{ für alle } x \in N_T \text{ mit } Ax = z \; . \tag{14}$$

Diese Forderung ist äquivalent zu

$$d_\rho(\beta) := A^+\beta - h \in N_T^{\perp +} \cap A^{-1}(z) \; . \tag{15}$$

Der Parameter ρ erinnert dabei an den Steuerparameter ρ, der bei der Definition der Ausgleichssplines eingeht. Wegen $T^+ \colon Y \to N_T^{\perp +}$ gibt es zu $d_\rho(\beta)$ genau ein $g_\rho(\beta) \in Y$ mit

$$g_\rho(\beta) := T^{+^{-1}} d_\rho(\beta) \in Y, \; g_\rho(\beta) \text{ eindeutig,} \tag{16}$$

d.h.

$$\langle T^+ g_\rho(\beta), x\rangle^+ = \langle g_\rho(\beta), Tx\rangle_Y = 0 \text{ für alle } x \in N_T \;.$$

Damit ist der Gesamtfehler mit (16) darstellbar als $(\rho \in \mathbb{R}_+)$

$$\begin{aligned}\langle z,\beta\rangle_Z - \langle x,h\rangle^+ &= \langle x, A^+\beta - h\rangle^+ + \langle z - Ax, \beta\rangle_Z \\ &= \langle x, T^+ g_\rho(\beta)\rangle^+ + \rho\langle z - Ax, \tfrac{\beta}{\rho}\rangle_Z \\ &= \langle Tx, g_\rho(\beta)\rangle_Y + \rho\langle z - Ax, \tfrac{\beta}{\rho}\rangle_Z \;.\end{aligned}$$

Mit

(17) $$e_\rho(\beta) := (-g_\rho(\beta), \tfrac{\beta}{\rho}) \in Y \times Z = W$$

und den Definitionen (3.5),(3.6) ist schließlich

$$\langle z,\beta\rangle_Z - \langle x,h\rangle^+ = \langle p - Sx, e_\rho(\beta)\rangle_W$$

oder

(18) $$|\langle z,\beta\rangle_Z - \langle x,h\rangle^+| \leqq \|p - Sx\|_W \cdot \|e_\rho(\beta)\|_W$$

$$\text{mit } \|p - Sx\|_W^2 = \|Tx\|_Y^2 + \rho\,\|Ax - z\|_Z^2 \;.$$

Der erste Faktor rechts ist ein sinnvolles Maß für den Abstand von x zu der in (14) eine Rolle spielenden Menge $\{x \in X \mid Ax = z$ und $x \in N_T\} = A^{-1}(z)\ N_T$. Man wird dementsprechend analog zu (9) versuchen, β^* so zu bestimmen, daß (vgl. (15),(16),(17))

(19) $$\|e_\rho(\beta^*)\|_W = \min\{\|e_\rho(\beta)\|_W \;\big|\; \beta, \beta^* \text{ erfüllen (14)}\}\,.$$

<u>Definition 7.3:</u> $\beta, \beta^* \in Z$ *sollen* (14) *erfüllen (vgl.* (13)*). Dann heißt* β^* *eine <u>im Sinn von</u>* <u>L a u r e n t - S a r d</u> *<u>beste Ausgleichsapproximation von</u>* <u>λ *bzw.* h *bez.*</u> T, A, ρ *genau dann, wenn* β^* *das Extremalproblem* (19) *löst.*

<u>Satz 7.3:</u> *Unter der Voraussetzung* (6) *sei ein stetiges lineares Funktional* $\lambda: X \to \mathbb{R}$ *bzw. das zugehörige* $h \in X$ *gegeben* $(\lambda x = \langle x,h\rangle^+)$. *Dann gibt es genau eine im Sinn von Laurent-Sard beste Ausgleichsapproximation* $\beta^* \in Z$ *von* $h \in X$ (vgl. (13),(14)) *bez.* T, A, ρ, *und mit* $\tau_{\rho,z} = \tau_\rho(T,A,z)$ *ist*

(20) $$\langle z, \beta^*\rangle_Z = \langle \tau_{\rho,z}, h\rangle^+ = \lambda\tau_{\rho,z}\,,$$

d.h. man findet den Wert dieser besten Ausgleichsapproximation dadurch, daß man das ursprüngliche Funktional auf den Ausgleichs-

spline $\tau_{\rho,z}$ *zu* z *anwendet.*

Insbesondere ist diese beste Ausgleichsapproximation β^* *im Sinn von Laurent-Sard nicht nur exakt für* $Ax = z$ *und* $x \in N_T$ *(vgl. (14)), sondern für jedes* $x = \tau_\rho(T,A,z)$*, d.h. für jedes* z *und den zugehörigen Ausgleichsspline* $x = \tau_{\rho,z}$. *Umgekehrt ist* β^* *durch diese Eigenschaft eindeutig bestimmt.*

Beweis: Wir zeigen zunächst, daß für ein $e_\rho(\beta)$, das wir in der Form $(y_\rho, z_\rho) \in Y \times Z$ annehmen, die Äquivalenz (21) besteht:

(21) Ein β mit $e_\rho(\beta) := (y_\rho, z_\rho)$ erfüllt (15),(16),(17) $\Longleftrightarrow S^+e_\rho(\beta) = h$.

Nun ist nach (4.25) und (15),(16),(17) mit $y_\rho := -g_\rho(\beta)$, $z_\rho := \frac{\beta}{\rho}$
$S^+e_\rho(\beta) = S^+(-g_\rho(\beta), \frac{\beta}{\rho}) = -T^+g_\rho(\beta) + A^+\beta = -d_\rho(\beta) + A^+\beta = h$.
Ist umgekehrt

$$e_\rho(\beta) = (y_\rho, z_\rho) \text{ und } S^+e_\rho(\beta) = T^+y_\rho + \rho A^+z_\rho = h ,$$

so folgt mit $\beta := \rho z_\rho$ und $T^+ : Y \to N_T^{\perp +}$, daß $h - A^+\beta = T^+y_\rho \in N_T^{\perp +}$, d.h.

$$y_\rho = T^{+^{-1}}(h - A^+\beta) = -T^{+^{-1}}d_\rho(\beta) = -g_\rho(\beta)$$

mit $d_\rho(\beta) := A^+\beta - h \in N_T^{\perp +}$ und $e_\rho(\beta) = (y_\rho, z_\rho) = (-g_\rho(\beta), \frac{\beta}{\rho})$. Damit ist insgesamt

$$(22) \qquad e_\rho(\beta),\ e_\rho(\beta^*) \in S^{+^{-1}}(h) = w_0 + N_{S^+}$$

mit einem geeigneten w_0 und der abgeschlossenen Menge N_{S^+} (= Nullraum einer stetigen linearen Abbildung). Nach Satz 2.19 gibt es genau ein w^* und nach (17) wegen $\rho \neq 0$ genau ein β^* mit $e_\rho(\beta^*) := w^*$, so daß

$$\|e_\rho(\beta^*)\|_W = \|w^*\|_W = \min\{\|e_\rho(\beta)\|_W = \|w\|_W \mid w, w^* \in w_0 + N_{S^+}\}.$$

Nach den Sätzen 2.19 und 3.8 und (21),(22) ist w^* mit $(y_\rho^*, z_\rho^*) := e_\rho(\beta^*) = w^*$ genau dann Extremalpunkt, wenn

$$(23) \qquad w^* = e_\rho(\beta^*) \in N_{S^+}^{\perp} = SX \qquad \text{und}$$

$$(24) \qquad S^+w^* = S^+e_\rho(\beta^*) = h .$$

Da die Existenz und Eindeutigkeit von $w^* = (y_\rho^*, z_\rho^*) = e_\rho(\beta^*)$ und damit von $\beta^* = \rho z_\rho^*$ (vgl. (17)) bereits gezeigt ist, genügt der Nachweis, daß das nach (23),(24) gewählte β^* (20) erfüllt. Nach (24) erhält man für

$e_\rho(\beta^*) = (y^*_\rho, z^*_\rho)$, $\beta^* = \rho z^*_\rho$ und beliebiges $z \in Z$, $\tau_{\rho,z} = \tau_\rho(T,A,z)$ die Gleichung

(25) $$\langle h, \tau_{\rho,z}\rangle^+ = \langle S^+ e_\rho(\beta^*), \tau_{\rho,z}\rangle^+ = \langle e_\rho(\beta^*), S\tau_{\rho,z}\rangle_W .$$

Nach Satz 4.1 ist für $p = (0,z)$

$$S\tau_{\rho,z} - p \in (SX)^\perp$$

und damit nach (23)

$$\begin{aligned} 0 &= \langle e_\rho(\beta^*), S\tau_{\rho,z} - p\rangle_W = \langle e_\rho(\beta^*), S\tau_{\rho,z}\rangle_W - \langle e_\rho(\beta^*), p\rangle_W \\ &= \langle e_\rho(\beta^*), S\tau_{\rho,z}\rangle_W - \langle \beta^*, z\rangle_Z \end{aligned}$$

oder mit (25)

$$\langle z, \beta^*\rangle_Z = \langle e_\rho(\beta^*), S\tau_{\rho,z}\rangle_W = \langle h, \tau_{\rho,z}\rangle^+ \text{ d.h. (20).}$$

Mit Satz 4.17 gelingt der Beweis der Zusatzbehauptung: Für beliebiges z und den zugehörigen Ausgleichsspline $\tau_{\rho,z}$ ist nach (20) $\langle z, \beta^*\rangle_Z = \langle \tau_{\rho,z}, h\rangle^+$, d.h. mit $\mu^* z = \langle z, \beta^*\rangle_Z$ ist $\mu^* z = \lambda\tau_{\rho,z}$. Umgekehrt ist β^* durch diese Forderung eindeutig bestimmt, denn nach Satz 4.17 hat man mit den Rechenregeln für adjungierte Operatoren

$$\langle \tau_{\rho,z}, h\rangle^+ = \langle \rho(S^+S)^{-1}A^+ z, h\rangle^+ = \langle z, \rho A(S^+S)^{-1}h\rangle_Z = \langle z, \beta^*\rangle_Z$$

für alle z, d.h. $\beta^* = \rho A(S^+S)^{-1}h$. □

Ähnlich wie in 7.1 kann man auch hier von optimalen Formeln im Sinn von Golomb-Weinberger sprechen. Wie in 7.1 zeigt man auch hier (vgl. (18)), daß man aus der Kenntnis von z allein über den Fehler $|\langle z, \beta^*\rangle_Z - \langle x, h\rangle^+|$ nichts aussagen kann. Man braucht dazu eine Schranke für

$$\|Sx - p\|^2_W = \|Tx\|^2_Y + \rho\|Ax - z\|^2_Z .$$

Wir führen die Menge

$$K_{\rho,\delta,p} := \{x \in X \mid \|Sx-p\|^2_W = \|Tx\|^2_Y + \rho\|Ax-z\|^2_Z \leqq \delta^2\}$$

ein. Nach Satz 4.9, 4.10 ist $K_{\rho,\delta,p}$ abgeschlossen und für genügend große δ nicht leer. Nur solche δ werden betrachtet.

<u>Definition 7.4:</u> [c,d] $\mathbb{R}$ *sei das minimale Intervall, das* $\lambda(K_{\rho,\delta,p})$ *enthält (δ genügend groß). Dann heißt* $\frac{c+d}{2}$ *eine im <u>Sinn von Golomb-Weinberger optimale Approximation von</u>* λx *in* $K_{\rho,\delta,p}$.

Wie in 7.1 hat man auch hier

Satz 7.4: *Die in Satz 7.3 bestimmte beste Ausgleichsapproximation* $\langle x,h\rangle^+ \approx \langle z,\beta^*\rangle_Z$ *ist zugleich optimal im Sinn von Golomb-Weinberger in* $K_{\rho,\delta,p}$ *für jedes genügend große* δ.

Beweis: Entsprechend dem Übergang von Interpolations- zu Ausgleichssplines ersetzt man (12) im Beweis von Satz 7.2 durch

$$\langle S\tau_\rho - p, Sx\rangle_W = 0 \text{ für } x \in X$$

und weist damit die Symmetrie von $K_{\rho,\delta,p}$ bez. $\tau_\rho(T,A,z,\cdot)$ nach. Der Rest folgt wie dort. □

Aufgaben:

I) Mit den Ergebnissen aus Kapitel 8 zeige man: $\{\Lambda_p := \{\lambda_k\}_{k=1}^{p}\}_{p=p_o}^{\infty}$ sei eine Folge von H-B-Problemen mit $\lim_{p\to\infty} \bar{\Delta}_p = 0$. $\lambda: W^{m,2}[a,b] \to \mathbb{R}$ sei von der Form

$$\lambda f = \sum_{i=0}^{j} \int_a^b f^{(i)} d\mu_i(x) \quad , \quad j \in \mathbb{N}_{m-1} \quad .$$

Dann gilt für $f \in W^{m,2}[a,b]$ mit $K \in \mathbb{R}_+$

$$\lambda f - \lambda(\alpha^*_{(p)}) f = \lambda f - \lambda s(L,\Lambda_p,f,\cdot) = K(\bar{\Delta}_p)^{m-j-1/2} \, ,$$

für $f \in W^{2m,2}[a,b]$ mit $K' \in \mathbb{R}_+$

$$\lambda f - \lambda(\alpha^*_{(p)}) f = K'(\bar{\Delta}_p)^{2m-j-1/2} \quad .$$

II) $\{k_\gamma\}_{\gamma\in\Gamma}$ bzw. $\{s_\gamma\}_{\gamma\in\Gamma}$ seien die in (4.24) und Definition 4.6 erklärten Splines und λ ein vorgegebenes stetiges lineares Funktional $\lambda: X \to \mathbb{R}$ mit $\lambda x = \langle x,h\rangle^+$. Dann ist (vgl. Satz 7.3) $A^+\alpha^*: X \to \mathbb{R}$, die im Sardschen Sinn beste Approximation von λ bzw. h, von der Form

$$A^+(\alpha^*)x = \langle x, k(\alpha^*)\rangle^+ = \langle x, \sum_{\gamma\in\Gamma} \alpha^*_\gamma k_\gamma\rangle^+ \text{ mit}$$

$$\alpha^*_\gamma := \langle h, s_\gamma\rangle^+ = \lambda s_\gamma \quad .$$

Anleitung: Man leite zunächst notwendige Bedingungen für die Koeffizienten der als $\|\cdot\|^+$-konvergent angenommenen Reihe $\sum_{\gamma\in\Gamma} \langle h,s_\gamma\rangle^+ k_\gamma$ her und zeige dann mittels des zu P_S (vgl. Satz 4.16) bez. $\langle\cdot,\cdot\rangle^+$

adjungierten Operators P_s^+, $P_s^+ h = \sum_{\gamma \in \Gamma} \langle h, s_\gamma \rangle^+ k_\gamma$, daß diese Reihe konvergiert und den gewünschten Wert liefert.

III) Mit der in der Aufgabe 1.II angegebenen Basis von z.T. B-Splines und z.T. Fundamentalsplines bestimme man für ein äquidistantes Gitter

$$\Delta: 0 = x_1 < x_2 < \dots < x_{10} < x_{11} = 1$$

die beste Quadraturformel der Ordnung 2.

IV) Zum Gitter $\Delta: -1 = x_1 < x_2 < \dots < x_\nu = 1$ berechne man die kubischen Hermite'schen Splines (d.h. $\omega_i = 2$, $i = 1(1)\nu$) und bestimme anschließend die im Sinn von Sard beste Quadraturformel der Ordnung 2. Man bediene sich dazu der in Aufgabe 6.III definierten Fundamentalsplines. Wie muß man, bei festem ν, das Gitter Δ wählen, damit in der (1) entsprechenden Formel

$$\lambda(\alpha) = \sum_{i=1}^{\nu} (\alpha_{i,0} f(x_i) + \alpha_{i,1} Df(x_i))$$

möglichst viele Koeffizienten verschwinden ?
Man gebe für $f \in C^1[-1,1]$ und eine Folge von äquidistanten Gittern der Schrittweite h eine Abschätzung der Form

$$|Rf| \leq Ch^s \quad \text{mit möglichst großem } s$$

an.

Anleitung: Man wende den Satz von Peano auf die Teilintervalle an und summiere dann auf.

8 Fehlerabschätzungen bei exakter und näherungsweiser Interpolation

Bei den folgenden Überlegungen hat man verschiedene Ziele im Auge: Zunächst wählt man eine Funktion f und bestimmt zu einem Interpolationsproblem Λ, das man der Funktion f angemessen wählen wird, den zu f gehörigen Interpolationsspline s_f. Dieser Spline ist i.a. numerisch einfacher zu handhaben als f selbst. Man braucht also Abschätzungen für den Fehler, der entsteht, wenn man f durch s_f ersetzt. Wir wollen diesen Fehler in den Normen $\|\cdot\|_2$ und $\|\cdot\|_\infty$ abschätzen und geben im letzten Abschnitt des Kapitels an, wie man die Abschätzungen für allgemeine Normen $\|\cdot\|_q$, $2 \leqq q \leqq \infty$, zu modifizieren hat. Bei approximationstheoretischen Untersuchungen steht die Frage im Vordergrund, wie sich der Fehler verhält, wenn man "immer mehr Information über f" verwendet. Es sei also eine Folge von Interpolationsproblemen Λ_k mit den zugehörigen Splines $s_{f,k}$ gegeben. Wie verhält sich der Fehler $\|s_{f,k} - f\|_q$, $q = 2,\infty$, in diesem Fall? Für die Numerik ist schließlich eine dritte Frage von großer Bedeutung: Was geschieht, wenn man nicht exakt, sondern nur näherungsweise interpoliert? Nach den Ergebnissen der Sätze 4.5,4.16 können wir damit rechnen, daß dadurch die Fehleraussagen nicht wesentlich anders werden.

8.1 Fehlerabschätzungen bis zur Ordnung m-1

Die zur Formulierung der folgenden Sätze nötigen Begriffe fassen wir zusammen in der

Definition 8.1: $\Lambda := \{\lambda_i\}_{i=1}^{p}$ *erzeuge ein H-B-Problem mit den Knoten* $\{x_j\}$. *Das von* Λ *erzeugte Grundgitter* Δ *wird gebildet von den Punkten* $\xi \in \{x_j\}$ *mit* $(D^0)_\xi \in \Lambda$.
Wenn das Gitter Δ: $a \leqq \xi_1 < \xi_2 < \dots < \xi_\mu \leqq b$ *überhaupt Knoten enthält, so sei mit* $\xi_0 := a$, $\xi_{\mu+1} := b$

$$(1) \qquad \overline{\Delta} := \max_{i=0}^{\mu} \{|\xi_{i+1} - \xi_i|\}, \quad \underline{\Delta} := \min_{i=0}^{\mu}{}' \{|\xi_{i+1} - \xi_i|\}$$

die maximale bzw. minimale Länge der von Δ *bestimmten Teilintervalle von* [a,b]. *Dabei bedeutet der Strich ' beim Minimum, daß für*

a bzw. $b \in \Delta$ *die Werte* $|\xi_o - \xi_1| = 0$ *bzw.* $|\xi_\mu - \xi_{\mu+1}| = 0$ *nicht zu berücksichtigen sind.*
Weiter sei $z(i) \geq 1$ *für* $\xi_i \in \Delta$ *die größte natürliche Zahl so, daß* $(D^k)_{\xi_i} \in \Lambda$ *für* $k = 0(1)z(i)-1$. *Damit sei*

$$(2) \quad \begin{cases} \gamma(\Delta) := 0, \text{ wenn } \Delta \text{ keine Knoten enthält,} \\ \gamma(\Delta) := \sum_{i=1}^{\mu} z(i), \text{ wenn } \Delta \text{ Knoten enthält.} \end{cases}$$

Wir geben bei den folgenden Sätzen die jeweiligen Konvergenzaussagen für periodische Interpolationssplines dadurch an, daß wir die entsprechenden Modifikationen durch "{...}" andeuten.

Satz 8.1: $f \in W^{m,2}[a,b]$ $\{\in W_\pi^{m,2}[a,b]\}$, L *nach* (5.2), *und* Λ *seien vorgegeben. Dabei erzeuge* Λ *ein {periodisches} H-B-Problem mit* $\gamma(\Delta) \geq m$. *Wenn* $s_f \in Sp(L,\Lambda)$ $\{\in Sp_\pi(L,\Lambda)\}$ *ein {periodischer} Interpolationsspline von* f *ist, dann gilt für genügend kleines* $\bar{\Delta}$ *(vgl.* (10)*)*

$$(3) \quad \|D^j(f-s_f)\|_\infty \leq M_j^{(1)} (\bar{\Delta})^{m-j-\frac{1}{2}} \|L(f-s_f)\|_2 \leq M_j^{(1)} (\bar{\Delta})^{m-j-\frac{1}{2}} \|Lf\|_2, \quad j \in \mathbb{N}_{m-1}$$

mit von f *und* Λ *unabhängigen Konstanten* $M_j^{(1)} := \dfrac{2m!}{\Theta\sqrt{m}\cdot j!}$
(Θ *nach* (5.2)) .

Beweis: Δ: $a \leq \xi_1 < \ldots < \xi_\mu \leq b$ sei das zu Λ gehörige Grundgitter und s_f (ein nicht notwendig eindeutig bestimmter) Interpolationsspline von f. Dann ist $f - s_f \in C^{m-1}[a,b]$ und $\gamma(\Delta) \geq m$. Die Voraussetzungen des verallgemeinerten Rolleschen Satzes 3.21 sind erfüllt. Es gibt Zahlen $\xi_\kappa^{(j)} \in [a,b]$ mit

$$(4) \quad D^j(f-s_f)(\xi_\kappa^{(j)}) = 0, \quad \kappa = 1(1)\mu_j, \quad j = 0(1)m-1 .$$

Nun sei für jedes j der Wert $\hat{x}_j \in [a,b]$ so bestimmt, daß

$$(5) \quad |D^j(f-s_f)(\hat{x}_j)| = \|D^j(f-s_f)\|_\infty, \quad j = 0(1)m-1 .$$

Das ist wegen $f - s_f \in C^{m-1}[a,b]$ möglich. Mit $\xi_o^{(j)} := a$, $\xi_{\mu_j+1}^{(j)} := b$ ist $\bar{\Delta}_j = \max_{i=0}^{\mu_j} \{|\xi_{i+1}^{(j)} - \xi_i^{(j)}|\} \leq (j+1)\bar{\Delta}_o = (j+1)\bar{\Delta}$ (Satz 3.21), und es gibt ein $\xi_k^{(j)}$ mit $|\hat{x}_j - \xi_k^{(j)}| \leq (j+1)\bar{\Delta}$. Nach (4) und (5) folgt

(6) $$\|D^j(f - s_f)\|_\infty = \left|\int_{\xi_k^{(j)}}^{\hat{x}_j} D^{j+1}(f - s_f)dx\right|,\ j = 0(1)m-1,$$

$$\leqq (j+1)\bar{\Delta}\,\|D^{j+1}(f - s_f)\|_\infty,\ j = 0(1)m-2.$$

Durch Induktion findet man

(7) $$\|D^j(f-s_f)\|_\infty \leqq \frac{(m-1)!}{j!}(\bar{\Delta})^{m-j-1}\,\|D^{m-1}(f-s_f)\|_\infty,\ j = 0(1)m-1.$$

Nach der Schwarzschen Ungleichung (Satz 2.17)

$$\left|\int_a^b g\,h\,dx\right| \leqq \|g\|_2 \cdot \|h\|_2$$

für $g,h \in L^2[a,b]$ erhält man aus (6) für $j = m-1$ und $g = D^m(f-s_f)$, $h(x) \equiv 1$

(8) $$\|D^{m-1}(f-s_f)\|_\infty \leqq \sqrt{m\cdot\bar{\Delta}}\;\|D^m(f-s_f)\|_2 .$$

Nach (7) und (8) ist

(9) $$\|D^j(f-s_f)\|_\infty \leqq \frac{m!}{\sqrt{m}\cdot j!}(\bar{\Delta})^{m-j-\frac{1}{2}}\,\|D^m(f-s_f)\|_2,\ j = 0(1)m-1.$$

Um die Behauptung von Satz 8.1 zu beweisen, muß auf der rechten Seite von (9) $\|D^m(f-s_f)\|_2$ durch $\|L(f-s_f)\|_2$ ersetzt werden. Nach Definition von L (vgl. (5.2)) folgt aus

$$a_m D^m(f-s_f) = L(f-s_f) - \sum_{j=0}^{m-1} a_j D^j(f-s_f)$$

mit der Dreiecksungleichung ($a_m(x) \geqq \theta \in \mathbb{R}_+$)

$$\theta\,\|D^m(f-s_f)\|_2 \leqq \|a_m D^m(f-s_f)\|_2 \leqq \{\|L(f-s_f)\|_2 + \sum_{j=0}^{m-1}\|a_j\|_2\|D^j(f-s_f)\|_2\}.$$

Mit $\|D^j(f-s_f)\|_2 \leqq \sqrt{b-a}\,\|D^j(f-s_f)\|_\infty$ und (9) folgt daraus

$$\{\theta - \sqrt{\frac{b-a}{m}}\sum_{j=0}^{m-1}\|a_j\|_2\frac{m!}{j!}(\bar{\Delta})^{m-j-\frac{1}{2}}\}\,\|D^m(f-s_f)\|_2 \leqq \|L(f-s_f)\|_2 .$$

Für genügend kleines $\bar{\Delta}$ ist der Koeffizient von $\|D^m(f-s_f)\|_2$

(10) $$\theta - \sqrt{\frac{b-a}{m}}\sum_{j=0}^{m-1}\|a_j\|_2\frac{m!}{j!}(\bar{\Delta})^{m-j-\frac{1}{2}} > \frac{\theta}{2},$$

also gilt

$$(11) \qquad \|D^m(f-s_f)\|_2 \leqq \frac{2}{\Theta}\|L(f-s_f)\|_2$$

und nach (9) folgt die erste Ungleichung in (3) für

$$M_j^{(1)} := \frac{2m!}{\Theta\sqrt{m}\cdot j!} .$$

Die zweite Ungleichung folgt unmittelbar aus der ersten Integralrelation. □

<u>Satz 8.2:</u> $f \in W^{m,2}[a,b]$ $\{\in W_\pi^{m,2}[a,b]\}$, L *nach* (5.2) *und* Λ *seien vorgegeben. Dabei erzeuge* Λ *ein {periodisches} H-B-Problem mit* $\gamma(\Delta) \geq m$. *Wenn* $s_f \in Sp(L,\Lambda)$ $\{\in Sp_\pi(L,\Lambda)\}$ *ein {periodischer} Interpolationsspline von* f *ist, dann gilt für genügend kleines* $\overline{\Delta}$

$$(12) \quad \|D^j(f-s_f)\|_2 \leqq M_j^{(2)}(\overline{\Delta})^{m-j}\,\|L(f-s_f)\|_2 \leqq M_j^{(2)}(\overline{\Delta})^{m-j}\,\|Lf\|_2,\ j\in\mathbb{N}_{m-1},$$

mit von f *und* Λ *unabhängigen Konstanten* $M_j^{(2)}$.

Wie bei allen folgenden Sätzen gibt der Beweis die Möglichkeit, die $M_j^{(2)}$ abzuschätzen.

<u>Beweis:</u> Wie im Beweis von Satz 8.1 bestimmen wir die Nullstellen $\xi_\kappa^{(j)}$ der Ableitungen $D^j(f-s_f)$, $j \in \mathbb{N}_{m-1}$, $\kappa = 1(1)\mu_j$. Nach der Ungleichung aus Satz 3.19 gilt für $0 \leqq \kappa \leqq \mu_j$ wegen $\overline{\Delta}_j \leqq (j+1)\overline{\Delta}$ (vgl. Satz 3.21)

$$(13) \qquad \int_{\xi_\kappa^{(j)}}^{\xi_{\kappa+1}^{(j)}} \{D^j(f-s_f)\}^2 dx \leqq \left(\frac{(j+1)\overline{\Delta}}{\pi}\right)^2 \int_{\xi_\kappa^{(j)}}^{\xi_{\kappa+1}^{(j)}} \{D^{j+1}(f-s_f)\}^2 dx .$$

Hat man keine Interpolationssplines vom Typ I oder IV, so ist nach dem Zusatz in Satz 3.19 die Schranke rechts in (13) zu vervierfachen.
Durch Summation folgt aus (13)

$$(14) \qquad \int_a^b \{D^j(f-s_f)\}^2 dx \leqq \left(\frac{j+1}{\pi}\right)^2(\overline{\Delta})^2\,\|D^{j+1}(f-s_f)\|_2^2 \quad (\text{bzw.} \times 4) .$$

Speziell ist für $j = m-1$ und nach (11)

$$\|D^{m-1}(f-s_f)\|_2^2 \leqq \frac{4}{\Theta^2}\left(\frac{m}{\pi}\right)^2(\overline{\Delta})^2\,\|L(f-s_f)\|_2^2 \quad (\text{bzw.} \times 4).$$

(12) ist also für $j = m-1$ bewiesen. Durch Induktion folgt die Behauptung für die übrigen j sofort aus (14). □

Die Sätze 8.1 und 8.2 lassen sich weiter verallgemeinern: Λ muß nicht unbedingt ein H-B-Interpolationsproblem erzeugen (vgl. auch [344]). Es genügt, wenn zu einem $\overline{\Delta} \in \mathbb{R}_+$ für jedes $f \in W^{m,2}[a,b]$ und den zugehörigen Spline s_f von f abhängige Zahlen existieren: $a \leqq \xi_1^{(0)} < \xi_2^{(0)} < \ldots < \xi_{\mu(f)}^{(0)} \leqq b$ mit $D^j(f-s_f)(\xi_\nu^{(0)}) = 0$ für $\nu = 1(1)\mu(f)$ und $j = 0(1)\,\omega(\xi_\nu^{(0)})-1 \leqq m-1$ mit $\sum_{\nu=1}^{\mu(f)} \omega(\xi_\nu^{(0)}) \geqq m$ und $\max_{\nu=0}^{\mu_0(f)} |\xi_\nu^{(0)} - \xi_{\nu+1}^{(0)}| \leqq \overline{\Delta}$.

Ein besonders schlagkräftiges Werkzeug zur Herleitung von Interpolationsfehlerschranken ist die zweite Integralrelation: Für ein $f \in W^{2m,2}[a,b]$ $\{\in W_\pi^{2m,2}[a,b]\}$ gilt die zweite Integralrelation, wenn Λ ein {periodisches} H-B-Interpolationsproblem erzeugt und s_f ein Interpolationsspline vom Typ I {Typ IV} ist:

$$(15) \qquad \|L(f-s_f)\|_2^2 = \int_a^b (f-s_f)L^*Lf\,dx \;.$$

Damit gelingt es auf sehr einfache Weise, wesentlich bessere Fehlerabschätzungen als (3) und (12) abzuleiten. Hierfür ist vor allem die stärkere Voraussetzung $f \in W^{2m,2}[a,b]$, $a_j \in W^{m,2}[a,b]$, gegenüber $f \in W^{m,2}[a,b]$, $a_j \in W^{j,2}[a,b] \cap C[a,b]$, in den Sätzen 8.1 und 8.2 verantwortlich, d.h. bei glatteren Kurven sind die Ergebnisse besser.

<u>Satz 8.3:</u> $f \in W^{2m,2}[a,b]$ $\{\in W_\pi^{2m,2}[a,b]\}$ *sei vorgegeben. Weiter seien in* L *(vgl.* (5.2)*) die Koeffizienten* $a_j \in W^{m,2}[a,b]$ *und* Λ *erzeuge ein {periodisches} H-B-Interpolationsproblem mit* $\gamma(\Delta) \geqq m$. *Ist* $s_f \in Sp(L,\Lambda)$ $\{\in Sp_\pi(L,\Lambda)\}$ *ein Interpolationsspline vom Typ* I *{Typ* IV*} und ist* $\overline{\Delta}$ *genügend klein, so gilt*

$$(16) \qquad \|D^j(f-s_f)\|_\infty \leqq M_j^{(3)}(\overline{\Delta})^{2m-j-\frac{1}{2}} \|L^*Lf\|_2\,, \quad j \in \mathbb{N}_{m-1}\,,$$

mit von f *und* Λ *unabhängigen Konstanten* $M_j^{(3)}$.

Für Interpolationssplines vom Typ I ist immer $\gamma(\Delta) \geqq m$.

<u>Beweis:</u> Wir wenden auf (15) die Schwarzsche Ungleichung an und erhalten mit $a_j \in W^{m,2}[a,b]$

$$\|L(f-s_f)\|_2^2 \leqq \|f-s_f\|_2 \cdot \|L^*Lf\|_2 \;.$$

Nun kennen wir nach Satz 8.2 bereits eine Abschätzung für $\|f-s_f\|_2$, d.h.

$$(17)\qquad \|L(f-s_f)\|_2^2 \leq M_o^{(2)}(\bar{\Delta})^m \|L(f-s_f)\|_2 \cdot \|L^*Lf\|_2 .$$

Für $\|L(f-s_f)\|_2 = 0$ ist nach Satz 8.1 auch $\|D^j(f-s_f)\|_\infty = 0$ $(0 \leq j \leq m-1)$, also (16) bewiesen. Andernfalls kann man (17) durch $\|L(f-s_f)\|_2$ durchdividieren und erhält

$$(18)\qquad \|L(f-s_f)\|_2 \leq M_o^{(2)}(\bar{\Delta})^m \|L^*Lf\|_2 .$$

In (3) eingesetzt ergibt das die Behauptung. Da $M_j^{(1)}$ und $M_o^{(2)}$ von f und Λ unabhängig sind, sind es auch die $M_j^{(3)} := M_j^{(1)} \cdot M_o^{(2)}$. □

Auch hier ist wieder eine Abschätzung der L_2-Norm des Fehlers möglich:

<u>Satz 8.4:</u> *Wenn* f, a_j, Λ, s_f *und* Δ *die Voraussetzungen von Satz* 8.3 *erfüllen, gilt*

$$(19)\qquad \|D^j(f-s_f)\|_2 \leq M_j^{(4)}(\bar{\Delta})^{2m-j} \|L^*Lf\|_2 ,\quad j \in \mathbb{N}_{m-1},$$

mit von f *und* Λ *unabhängigen Konstanten.*

<u>Beweis:</u> Setzt man (18) in (12) ein, so folgt sofort (19). □

8.2 Fehlerabschätzungen bis zur Ableitungsordnung 2m-1

Bei den bisherigen Fehlerabschätzungen haben wir nur Ableitungen bis zur Ordnung m-1 untersucht. Es gibt einige Ergebnisse, die bei ähnlichen Voraussetzungen Fehlerabschätzungen bis zur m-ten Ordnung der Ableitungen liefern. Wegen $s \in W^{m,2}[a,b]$ laut Definition 5.1 ist diese Beschränkung zunächst natürlich. Wenn wir uns, wie das schon in den letzten Sätzen der Fall war, auf H-B-Interpolationsprobleme beschränken, sind nach Satz 5.1 auch die höheren Ableitungen bis zur Ordnung 2m interessant. Wir müssen dazu freilich die Gitterpunkte $\{x_i\}$ ausnehmen und beschränken uns auf Ordnungen 2m-1. Neben dem Grundgitter spielt hier das ursprüngliche Gitter Π eine Rolle.

<u>Definition 8.2:</u> *Λ erzeuge ein H-B-Problem mit den Knoten* $\{x_i\}_{i=1}^{\nu}$. *Dann heißt*

$$\Pi: a \leqq x_1 < x_2 < \ldots < x_\nu \leqq b \ , \ x_0 := a, \ x_{\nu+1} := b$$

das <u>Gitter von Λ</u> und es sei

$$\overline{\Pi} := \max_{i=0}^{\nu} \{|x_{i+1} - x_i|\} \ , \quad \underline{\Pi} := \min_{i=0}^{\nu}{}' \{|x_{i+1} - x_i|\}.$$

Dabei bedeutet der <u>Strich ' beim Minimum</u>, daß die für $x_1 = a$ *bzw.* $x_\nu = b$ *auftretenden Nullen nicht zu berücksichtigen sind.*

Eine Folge $\{\Pi_k\}_{k=1}^{\infty}$ *von Gittern heißt <u>nahezu gleich unterteilt</u>, wenn mit dem zu* Π_k *gehörigen Grundgitter* $\Delta_k \subset \Pi_k$

$$\overline{\Delta}_k / \underline{\Pi}_k \leqq \rho \in \mathbb{R}_+$$

für eine von Π_k *unabhängige Konstante* ρ.

<u>Definition 8.3:</u> *Mit den Knoten* $x_1 < x_2 < \ldots < x_\nu$, $x_0 := a$, $x_{\nu+1} := b$ *eines Gitters aus Definition* 8.2 *sei* $g: [a,b] \to \mathbb{R}$, $g_i := g\big|_{[x_i, x_{i+1}]}$, $i = 0(1)\nu$, $D^j g_i \in L^q[x_i, x_{i+1}]$, $1 \leqq q \leqq \infty$. *Dann heißt*

$$\|D^j g\|_q^* : \begin{cases} = \left\{ \sum_{i=0}^{\nu} (\|D^j g_i\|_{q,[x_i,x_{i+1}]})^q \right\}^{\frac{1}{q}} & \textit{für } 1 \leqq q < \infty \\ \\ = \max_{i=0}^{\nu} \{ \|D^j g_i\|_{\infty,[x_i,x_{i+1}]} \} & \textit{für } q = \infty \end{cases}$$

<u>modifizierte Norm</u> von $D^j g$.

Wie in den Sätzen 8.3 und 8.4 brauchen wir auch in Satz 8.5 die starken Bedingungen $a_j \in W^{m,2}[a,b]$.

<u>Satz 8.5:</u> *Λ erzeuge ein {periodisches} H-B-Problem mit* $\overline{\Delta}/\underline{\Pi} \leqq \rho \in \mathbb{R}_+$, *{mit* $\gamma(\Delta) \geqq m$*} und* $a_j \in W^{m,2}[a,b]$. $f \in W^{2m,2}[a,b]$ $\{\in W_\pi^{2m,2}[a,b]\}$ *sei vorgegeben und* s_f *sei der {periodische} Interpolationsspline zu* f *vom Typ* I *{Typ* IV*}. Dann gilt für genügend kleine* $\overline{\Delta}$

$$(20) \qquad \|D^j(f - s_f)\|_\infty^* \leqq M_j^{(5)} \cdot \|f\|_{\int,2m} (\overline{\Delta})^{2m-j-\frac{1}{2}}, \quad j \in \mathbb{N}_{2m-1}.$$

Die Norm $\|\cdot\|_\int$ ist dieser Abschätzung angemessen. Natürlich kann man mit modifizierten Konstanten $M^{*(5)}_\ell$ nach Satz 3.16 auch die Normen $\|\cdot\|_{2m}$ oder $\|\cdot\|_{L^*L}$ anwenden.

Beweis: $\{v_\ell\}_{\ell=1}^{m}$ sei eine Basis von N_L, die durch $\{v_\ell\}_{\ell=m+1}^{2m}$ zu einer Basis von N_{L^*L} ergänzt werde. Eine solche Konstruktion ist nach Satz 2.29 für $a_j \in W^{m,2}[a,b]$ möglich. Im von Π erzeugten Gitter sind für $a = x_1$ bzw. $b = x_\nu$ die Zahlen x_0 bzw. $x_{\nu+1}$ und die Indizes 0 bzw. $\nu+1$ zu streichen. Mit der Hilfsgröße

$$\delta(k) := \begin{cases} 0 \text{ für } k = 1,2,\ldots,\nu-1 \\ m \text{ für } k = 0,\nu \end{cases}$$

läßt sich $s_f \in W^{m,2}[a,b]$ nach (5.8 β) in jedem der Teilintervalle $[x_k, x_{k+1}]$ in der Form

$$\text{(21)} \qquad s_f = \sum_{\ell=1}^{2m-\delta(k)} A_\ell^{(k)} v_\ell$$

darstellen.

Zunächst wird gezeigt, daß die $A_\ell^{(k)}$ durch eine von ρ und f abhängige Konstante beschränkt sind. Damit gelingt eine Abschätzung von $\|D^{2m}s_f\|_{2,[x_k,x_{k+1}]}$ aus der man (20) für $j = 2m-1$ ableitet. Durch vollständige Induktion folgt dann der allgemeine Fall.

$[x_k, x_{k+1}]$ wird durch die Punkte $\zeta_j = x_k + j\cdot h$, $h = (x_{k+1}-x_k)/2m-\delta(k)$, $j = 0(1)2m-\delta(k)$, in gleiche Teile geteilt. Für die Differenzenquotienten

$$\text{(22)} \qquad s_f[\zeta_0,\ldots,\zeta_j] = \frac{1}{h^j}\sum_{\ell=0}^{j}(-1)^{j-\ell}\binom{j}{\ell}s_f(\zeta_\ell),\; j = 0(1)2m-1-\delta(k)$$

(vgl. (2.17)) findet man nach (21)

$$\text{(23)} \quad j!s_f[\zeta_0,\ldots,\zeta_j] = \sum_{\ell=1}^{2m-\delta(k)} A_\ell^{(k)} j!v_\ell[\zeta_0,\ldots,\zeta_j],\; j = 0(1)2m-1-\delta(k).$$

Bei vorgegebenen s_f und v_ℓ fassen wir (23) als Gleichungssystem für die Unbekannten $A_\ell^{(k)}$, $1 \leq \ell \leq 2m-\delta(k)$, auf. Die $(2m-\delta(k)) \times$ $\times\, (2m-\delta(k))$-Matrix $C_k := (c_{p,q})$ hat die Elemente $c_{p,q} :=$ $(p-1)!v_q[\zeta_0,\ldots,\zeta_{p-1}]$, $1 \leq p,q \leq 2m-\delta(k)$. Nach Satz 2.33 ist

$$(p-1)!v_q[\zeta_0,\ldots,\zeta_{p-1}] = v_q^{(p-1)}(\eta_{p,q}) \text{ mit } x_k = \zeta_0 < \eta_{p,q} < \zeta_{p-1} \leq x_{k+1}.$$

Es liegt also nahe, eine Verbindung zwischen der Matrix C_k und der Wronski-Matrix $W(v_1,\ldots,v_{2m-\delta(k)}) := (b_{p,q})$, $b_{p,q}(x) :=$ $v_q^{(p-1)}(x)$ des Fundamentalsystems $\{v_\ell\}_{\ell=1}^{2m-\delta(k)}$ herzustellen. Bekanntlich sind $\det(W(v_1,\ldots,v_{2m}))$ in $[x_1,x_\nu]$ und $\det(W(v_1,\ldots,v_m))$

in $[a,x_1]\cup[x_\nu,b]$ stetig und von Null verschieden. Also gibt es eine Zahl $\alpha > 0$ mit $|\det(W(v_1,\ldots,v_m))| \geq \alpha$ in $[a,x_1]\cup[x_\nu,b]$ und $|\det(W(v_1,\ldots,v_{2m}))| \geq \alpha$ in $[x_1,x_\nu]$. Eine Determinante ist eine stetige Funktion ihrer Elemente. Es gibt also zu jedem festen $x \in [a,b]$ ein $\varepsilon(x)$ mit $|\det(a_{p,q})| > \frac{\alpha}{2} > 0$ für alle $a_{p,q}$ mit $|a_{p,q} - v_q^{(p-1)}(x)| < \varepsilon(x)$. Wegen der gleichmäßigen Stetigkeit der $v_q^{(p-1)}$ und der Wronski-Determinante auf dem abgeschlossenen Intervall $[x_0,x_{\nu+1}]$, gibt es ein von x unabhängiges ε mit $|\det(a_{p,q})| > \frac{\alpha}{2}$ für $|a_{p,q} - v_q^{(p-1)}(x)| < \varepsilon$. Ebenso kann man ein von x unabhängiges $\delta > 0$ bestimmen mit

$$|v_q^{(p-1)}(\zeta) - v_q^{(p-1)}(x)| < \varepsilon \quad \text{für } |x-\zeta| < \delta .$$

Insgesamt ist also für die oben definierten $\eta_{p-1,q}$ und für

$$\overline{\Pi} = \max_{k=0}^{\nu} \{|x_{k+1}-x_k|\} < \delta \qquad |\det(v_q^{(p-1)}(\eta_{p-1,q}))| > \frac{\alpha}{2} > 0.$$

Das Gleichungssystem (23) ist somit für $\overline{\Pi} < \delta$ für jedes Teilintervall $[x_k,x_{k+1}]$ eindeutig nach den $A_\ell^{(k)}$ auflösbar,und nach bekannten Sätzen sind die Elemente der inversen Matrix C_k^{-1} in $[a,x_1]\cup[x_\nu,b]$ bzw. in $[x_1,x_\nu]$ nach oben durch eine Konstante K_1 beschränkt, die für $\overline{\Pi} < \delta$ von Λ unabhängig gewählt werden kann.

Nach (23) ist somit

$$(24) \quad |A_\ell^{(k)}| \leq K_1 \cdot \sum_{j=0}^{2m-\delta(k)-1} j!\cdot s_f[\zeta_0,\ldots,\zeta_j], \quad \ell=1(1)2m-\delta(k), \; k=0(1)\nu.$$

Die behauptete Beschränktheit der $|A_\ell^{(k)}|$ folgt,wenn wir eine Schranke für die $s_f[\zeta_0,\ldots,\zeta_j]$ angeben können. Nach Satz 8.3 gibt es für $f \in W^{2m,2}[a,b]$ eine von Λ und f unabhängige Konstante $M_0^{(3)}$ mit ($\overline{\Pi} \leq \overline{\Delta}$!)

$$|f(x) - s_f(x)| \leq M_0^{(3)} (\overline{\Delta})^{2m-\frac{1}{2}} \|L^*Lf\|_2 , \quad x \in [a,b].$$

Damit folgt nach (22) und mit $\sum_{\ell=0}^{j} \binom{j}{\ell} = 2^j$

$$|f[\zeta_0,\ldots,\zeta_j] - s_f[\zeta_0,\ldots,\zeta_j]| \leq \frac{1}{h^j} \sum_{\ell=0}^{j} \binom{j}{\ell} |f(\zeta_\ell) - s_f(\zeta_\ell)|$$

$$\leq \left(\frac{2m}{\underline{\Pi}}\right)^j \cdot M_0^{(3)} (\overline{\Delta})^{2m-\frac{1}{2}} \|L^*Lf\|_2 \cdot \sum_{\ell=0}^{j} \binom{j}{\ell}$$

$$= (\frac{4m}{\Pi})^j \cdot M_o^{(3)} (\overline{\Delta})^{2m-\frac{1}{2}} \, ||L^*Lf||_2 \quad \text{und mit } \frac{\overline{\Delta}}{\Pi} \leqq \rho$$

$$(25) \quad |f[\zeta_o,\ldots,\zeta_j]-s_f[\zeta_o,\ldots,\zeta_j]| \leqq (4m\rho)^j M_o^{(3)} (\overline{\Delta})^{2m-j-\frac{1}{2}} \, ||L^*Lf||_2 .$$

Damit folgt schließlich aus

$$|f[\zeta_o,\ldots,\zeta_j]| = |D^j f(\tau_j)/j!| \leqq ||D^j f||_\infty /j! \, , \; 0 \leqq j \leqq 2m-1$$

die Abschätzung

$$|s_f[\zeta_o,\ldots,\zeta_j]| \leqq (4m\rho)^j \cdot M_o^{(3)} (\overline{\Delta})^{2m-j-\frac{1}{2}} \, ||L^*Lf||_2 + ||D^j f||_\infty /j!$$

und nach (24)

$$(26) \qquad |A_\ell^{(k)}| \leqq \hat{K}(\, ||L^*Lf||_2 + \sum_{j=0}^{2m-\delta(k)-1} \frac{1}{j!} \, ||D^j f||_\infty \leqq K_2$$

also die Beschränktheit der $|A_\ell^{(k)}|$.

Nach Satz 2.29 sind die $v_\ell \in W^{2m,2}[a,b]$, also ist nach (21) und (26) in $[x_k,x_{k+1}]$

$$||D^{2m} s_f||_{2,[x_k,x_{k+1}]} \leqq \tilde{K}(\, ||L^*Lf||_2 + \sum_{j=0}^{2m-\delta(k)-1} \frac{1}{j!} \, ||D^j f||_\infty) \, (\overline{\Delta})^{\frac{1}{2}}$$

für $k = 0(1)\nu$.

Nun gibt es nach dem Mittelwertsatz in jedem Intervall (x_k,x_{k+1}) ein $\tau_{j,k}$ mit

$$(27) \begin{cases} |D^j (f-s_f)(\tau_{j,k})| = j! \, |f[\zeta_o,\ldots,\zeta_j] - s_f[\zeta_o,\ldots,\zeta_j]| \text{ und nach (25)} \\ \leqq \; j!(4m\rho)^j \cdot M_o^{(3)} (\overline{\Delta})^{2m-j-\frac{1}{2}} \, ||L^*Lf||_2 \quad \text{für } j \in \mathbb{N}_{2m-1} . \end{cases}$$

Mit diesem $\tau_{j,k}$ ist für $x \in (x_k,x_{k+1})$

$$(28) \qquad D^j (f-s_f)(x) - D^j (f-s_f)(\tau_{j,k}) = \int_{\tau_{j,k}}^{x} D^{j+1}(f-s_f)dt, \; 0 \leqq j \leqq 2m-1.$$

Für $j = 2m-1$ wenden wir rechts die Schwarzsche Ungleichung an und erhalten für $x \in (x_k,x_{k+1})$ nach (27)

$$|D^{2m-1}(f-s_f)(x)| \leqq$$

$$\leqq \{(2m-1)!(4m\rho)^{2m-1} M_o^{(3)} \, ||L^*Lf||_2 + ||D^{2m}(f-s_f)||_{2,[x_k,x_{k+1}]}\} \, (\overline{\Delta})^{\frac{1}{2}} .$$

Nach Definition 8.3 ist

$$\|D^{2m-1}(f-s_f)\|_\infty^* = M_{2m-1}^{(5)}\left(\|L^*Lf\|_2 + \sum_{j=0}^{2m-1}\|D^jf\|_\infty + \|D^{2m}f\|_2\right)\cdot(\bar{\Delta})^{\frac{1}{2}}.$$

Ist (20) für 2m-1,...,n+1 bewiesen, so folgt aus (27) und (28) für $j = n$ und $x \in (x_k, x_{k+1})$

$$|D^n(f-s_f)(x)| \leq$$

$$\{n!(4m\rho)^n M_o^{(3)}\|L^*Lf\|_2 + M_{n+1}^{(5)}(\|L^*Lf\|_2 + \sum_{j=0}^{2m-1}\|D^jf\|_\infty + \|D^{2m}f\|_2)\}(\bar{\Delta})^{2m-n-\frac{1}{2}}.$$

Es bleibt nur zu zeigen, daß

$$\|L^*Lf\|_2 + \sum_{j=0}^{2m-1}\|D^jf\|_\infty + \|D^{2m}f\|_2 \leq C^*\|f\|_{\int,2m}$$

ist. Nach Voraussetzung sind die $a_j \in W^{m,2}[a,b]$, d.h. L^*Lf läßt sich mit geeigneten $b_j \in L^2[a,b]$ darstellen als

$$L^*Lf = \sum_{j=0}^{2m} b_j D^j f, \quad \text{oder}$$

$$\|L^*Lf\|_2 \leq \sum_{j=0}^{2m}\|b_jD^jf\|_2 \leq \sum_{j=0}^{2m}\|b_j\|_2\cdot\|D^jf\|_2 \quad .$$

Nach Satz 3.14 ist

$$\|D^jf\|_\infty \leq K_j(\|D^jf\|_2^2 + \|D^{j+1}f\|_2^2)^{\frac{1}{2}} \quad \text{für } j \in \mathbb{N}_{2m-1}.$$

Damit ist die letzte Beweislücke zu (20) geschlossen. □

Der Nachweis, daß die Matrix des (für $k = 0$ und ν reduzierten) Gleichungssystems (23) regulär ist, beweist natürlich nicht die Eindeutigkeit von s_f. Denn dort wird von einem der (u.U. mehreren möglichen) Splines s_f ausgegangen und dann nur die Eindeutigkeit der $A_j^{(k)}(s_f)$ nachgewiesen. Andererseits ist für kleines $\underline{\Pi}$ nach $\bar{\Delta}/\underline{\Pi} \leq \rho$ auch $\bar{\Delta}$ klein und für genügend kleines $\bar{\Delta}$ ist die Eindeutigkeit von s_f nach Satz 5.6 garantiert.

Wir haben in den Sätzen 8.1, 8.2 bzw. 8.3,8.4 jeweils Aussagen mit den Normen $\|\cdot\|_\infty$, $\|\cdot\|_2$. Es ist also zu erwarten, daß auch zum Satz 8.5 ein entsprechendes Ergebnis existiert. Den Beweis wollen wir hier übergehen (vgl. [247]).

Satz 8.6: *Unter den Voraussetzungen von Satz 8.5 gilt für genügend kleine* $\overline{\Delta}$

(29) $\qquad \|D^j(f-s_f)\|_2^* \leq M_j^{(6)} \|f\|_{\int,2m} (\overline{\Delta})^{2m-j}, \; j \in \mathbb{N}_{2m-1}.$

Für den vor allem für numerische Fragen wichtigen Spezialfall kubischer Splines gelten schärfere Resultate: Für $f \in C^4[a,b]$ ist bei nahezu gleichunterteilten Gittern $\|D^j(f-s_f)\|_\infty \leq \|D^4 f\|_\infty (\overline{\Delta})^{4-j}$, $j \in \mathbb{N}_3$ (vgl. z.B. Satz 1.8 und [78,331]).

8.3 Asymptotisches Fehlerverhalten

Wir haben bereits im ersten Kapitel das gewöhnliche Interpolationsproblem bei kubischen Splines behandelt. Doch hatten wir dort das Hauptaugenmerk auf die Frage gerichtet, welche Konvergenzaussagen bei immer feiner werdenden Gitternormen möglich sind. In 8 stand bisher der Gesichtspunkt der Fehlerabschätzung bei fester Funktionenklasse (i.a. $W^{p,r}[a,b]$ mit geeigneten p,r) und fester Gitternorm $\overline{\Delta}$ bzw. $\overline{\Pi}$ im Vordergrund. Natürlich gewinnt man aus den Sätzen 8.1 - 8.6 ohne Schwierigkeit Konvergenzaussagen der in den Sätzen 1.7 und 1.8 betrachteten Art: Man wähle eine Folge von Gittern

$$\Delta_k: a \leq \xi_{1,k} < \xi_{2,k} < \dots < \xi_{n_k,k} \leq b \quad \text{bzw.}$$

$$\Pi_k^*: a \leq x_{1,k} < x_{2,k} < \dots < x_{\nu_k,k} \leq b$$

mit

$$\overline{\Delta}_k \to 0 \quad \text{und} \quad \frac{\overline{\Delta}_k}{\underline{\Pi}_k^*} \leq \rho \in \mathbb{R}_+ .$$

Dann gehen die Formeln (3),(12),(16),(19),(20) und (29) sofort in Konvergenzaussagen der behaupteten Art über. Dabei sind für die jeweils angegebenen Funktionenklassen die Exponenten bei $\overline{\Delta}$ scharf. Beim Übergang zu anderen Funktionsklassen können u.U. manche dieser Exponenten verbessert werden (vgl. [78]).

In [82,321] ist gezeigt, daß die Exponenten von $\overline{\Delta}$ für die angegebenen Funktionenklassen asymptotisch scharf sind, d.h. es gibt zu jedem $\varepsilon > 0$ eine Funktion der Klasse, deren Fehler durch einen um ε vergrößerten Exponenten nicht mehr erfaßt werden kann. Wir begnügen uns damit, einen derartigen Satz zu beweisen:

Satz 8.7: *Die in den Sätzen* 8.2 *und* 8.4 *angegebenen Exponenten in* (12) *und* (19) *sind scharf, d.h. es gibt zu jedem* $\varepsilon > 0$ *Funktionen* $f_{\ell,\varepsilon} \in W^{\ell m,2}[a,b]$, $\ell = 1,2$, *mit der Eigenschaft: Für jede Folge* $\{\Lambda_k\}_{k=1}^{\infty}$ *von H-B-Interpolationsproblemen mit* $\overline{\Delta}_k \to 0$ *und* $\frac{\overline{\Delta}_k}{\underline{\Pi}^*_k} \leqq \rho \in \mathbb{R}_+$ *ist mit von* k *unabhängigen Konstanten* $C_{\ell,\varepsilon} > 0$

$$\|D^j(f_{\ell,\varepsilon} - s_{f_{\ell,\varepsilon}})\|_2 \geqq (\overline{\Delta}_k)^{\ell\cdot m-j+\varepsilon} C_{\ell,\varepsilon} .$$

Beweis: Es genügt der Nachweis, daß die genannten Exponenten schon für den Spezialfall $L := D^m$, $[a,b] := [0,1]$ scharf sind. Die in Satz 8.7 erwähnten Funktionen $f_\ell := f_{\ell,\varepsilon}$ sind von der Form

$$f_\ell : \begin{cases} [0,1] \to \mathbb{R} \\ x \mapsto x^{\mu_\ell} \end{cases} .$$

Wir wählen dabei μ_ℓ so, daß $f_\ell \in W^{\ell m,2}[0,1]$ und $f_\ell \notin N := N_{D^{2m}} = \Pi_{2m-1}$. Bei genügend kleinem $\varepsilon > 0$ ist das für $\mu_\ell := \ell\cdot m - \frac{1}{2} + \varepsilon$ erfüllt. Um die gewünschten Abschätzungen weiter unten durchführen zu können, müssen wir zunächst zeigen, daß es Zahlen $\sigma(j,\mu) > 0$ gibt, $j \in \mathbb{N}_{m-1}$, so daß für $h \in \mathbb{R}_+$ und $D^j = \frac{d^j}{dx^j}$ bzw. $D^j_x = \frac{\partial^j}{\partial x^j}$

$$\sigma(h,j,\mu) := \inf_{r\in N} \{\|D^j_x(x^\mu - r(hx))\|_{2,[0,1]}\} \geqq \sigma(j,\mu) > 0 .$$

Nun ist die Abbildung

$$H: \begin{cases} \Pi_{2m-1} = N \to \Pi_{2m-1} \\ a_0 + a_1 x + \ldots + a_{2m-1}x^{2m-1} \mapsto a_0 + (a_1 h)x + \ldots + (a_{2m-1}h^{2m-1})x^{2m-1} \end{cases}$$

für $h \neq 0$ ein Homöomorphismus und $\|x^\mu - r(hx)\|_{2,[0,1]} = \|x^\mu - Hr(x)\|_{2,[0,1]}$. Folglich ist

$$\sigma(h,0,\mu) = \sigma(1,0,\mu) \quad \text{für } h \neq 0 .$$

Analog zeigt man $\sigma(h,j,\mu) = \sigma(1,j,\mu)$ für $h \neq 0$. Nach Satz 2.19 gibt es im Hilbertraum $L^2[0,1]$ zu f_ℓ und dem abgeschlossenen Unterraum N, $f_\ell \notin N$, ein eindeutig bestimmtes $r_0 \in N$ mit $\|f_\ell - r_0\|_2 = \min_{r\in N}\{\|f_\ell - r\|_2\} = \sigma(1,0,\mu) > 0$. Analog folgt $\sigma(1,j,\mu) > 0$. Trivialerweise ist auch $\sigma(0,j,\mu) > 0$ und in $\sigma(j,\mu) := \min\{\sigma(0,j,\mu), \sigma(1,j,\mu)\}$ hat man die gesuchten Zahlen.

Damit haben wir folgende Abschätzung

$$\|D^j(x^\mu - r(x))\|_{2,[0,h]} = \left(\int_0^h \{(\tfrac{d}{dx})^j (x^\mu - r(x))\}^2 dx\right)^{\frac{1}{2}} \text{ und mit } x = ht$$

$$= \left(\int_0^1 \{(\tfrac{d}{dt})^j (t^\mu - h^{-\mu} r(ht))\}^2 dt\right)^{\frac{1}{2}} \cdot h^{\mu - j + \frac{1}{2}}$$

oder nach Definition der $\sigma(j,\mu)$

$$\|D^j(x^\mu - r(x))\|_{2,[0,h]} \geq h^{\mu-j+\frac{1}{2}} \cdot \sigma(j,\mu) \ .$$

Nun sei $\{\Lambda_k\}_{k=1}^\infty$ eine Folge von H-B-Interpolationsproblemen mit $\bar{\Delta}_k \to 0$ und $s_{f,k}$ seien die betreffenden zu f gehörigen Interpolationssplines. Dann sind im Intervall $[0,x_1^{(k)}]$, wobei $x_1^{(k)}$ der erste zum Gitter Π_k^* gehörige Gitterpunkt in $[0,1]$ ist, $s_{f,k}\big|_{[0,x_1^{(k)}]} \in N\big|_{[0,x_1^{(k)}]}$. Folglich ist

$$\|D^j(x^\mu - s_{f,k})\|_{2,[0,1]} \geq \|D^j(x^\mu - s_{f,k})\|_{2,[0,x_1^{(k)}]} \geq (x_1^{(k)})^{\mu-j+\frac{1}{2}} \sigma(j,\mu).$$

Nun verlangen wir, wie im Satz 8.5, $\bar{\Delta}_k/\underline{\Pi}_k^* \leq \rho$. Dann ist $x_1^{(k)} \geq \underline{\Pi}_k^* \geq \bar{\Delta}_k/\rho$, d.h.

$$\|D^j(x^\mu - s_{f,k})\|_{2,[0,1]} \geq (\bar{\Delta}_k)^{\mu-j+\frac{1}{2}} \cdot \frac{\sigma(j,\mu)}{\rho^{\mu-j+1/2}} \ .$$

Insbesondere folgt für die beiden oben gewählten μ_1, μ_2

$$\|D^j(f_1 - s_{f_{1,k}})\|_{2,[0,1]} \geq (\bar{\Delta}_k)^{m-j+\varepsilon} \cdot \frac{\sigma(j,\mu)}{\rho^{m-j+\varepsilon}} \quad \text{bzw.}$$

$$\|D^j(f_2 - s_{f_{2,k}})\|_{2,[0,1]} \geq (\bar{\Delta}_k)^{2m-j+\varepsilon} \cdot \frac{\sigma(j,\mu)}{\rho^{2m-j+\varepsilon}} \ . \qquad \square$$

Der vorangehende Satz 8.7 wird ergänzt durch Satz 8.8, dessen Beweis sich unmittelbar durch die Übertragung des Beweises von Satz 1.9 ergibt. Wir übergehen daher diesen Beweis.

Satz 8.8: *Es sei* $f \in C^{2m}[a,b]$, *und für ein* $\beta \in \mathbb{R}_+$ *und eine Folge* $\{\Lambda_k\}_{k=1}^\infty$ *von H-B-Problemen mit* $\bar{\Delta}_k \to 0$ *und* $\bar{\Delta}_k/\underline{\Pi}_k^* \leq \rho \in \mathbb{R}_+$ *gelte* $\|f - s_{f,k}\|_\infty \leq C(\bar{\Delta}_k)^{2m+\beta}$. *Dann ist* $f \in \Pi_{2m-1} = N_{D^{2m}}$.

8.4 Fehlerabschätzungen bei näherungsweiser Interpolation und für $f \in C^k[a,b]$

In der Praxis hat man in den seltensten Fällen die Möglichkeit, mit exakten Interpolationswerten zu rechnen. Wir untersuchen aus diesem Grund, welchen Einfluß eine nur "näherungsweise" Interpolation auf die Fehlerschranken hat. Es wird sich zeigen, daß sich für genügend kleine Abweichungen nur die Konstanten um entsprechende Faktoren ändern (vgl. Satz 8.13). Einige vorbereitende Sätze werden wir in zwei Richtungen anwenden: Zum einen werden wir für $f \in C^k[a,b]$, $k \leqq 2m-1$, glatte Näherungsfunktionen bestimmen und dadurch analoge Ergebnisse zu Satz 8.1 - 8.6 erhalten. Zum andern werden wir für das näherungsweise Interpolationsproblem auf diese Weise die angedeuteten Fehlerabschätzungen erhalten (vgl. [341]).

Gegenüber der bisherigen Theorie wollen wir die H-B-Probleme etwas spezialisieren. Das hat zwei Gründe: Einerseits nützt man in Satz 8.10, und damit auch in den folgenden, die über Λ_Δ hinausgehende Information aus Λ ohnehin nicht aus, andererseits lassen sich die Ergebnisse übersichtlicher formulieren, wenn man auf den allgemeinen Fall verzichtet. Es sei also

$$(\Delta\colon a \leqq \xi_1 < \xi_2 < \ldots < \xi_\mu \leqq b) = (\Pi\colon a \leqq x_1 < x_2 < \ldots < x_\nu \leqq b),$$

$$\text{d.h. } \mu = \nu,\ \xi_i = x_i,\ i = 1(1)\mu,\quad \overline{\Delta} = \overline{\Pi},\ \underline{\Delta} = \underline{\Pi},$$

$$\Lambda := \Lambda_\Delta := \{(D^\ell)_{x_i} \mid x_i \text{ Knoten in } \Delta,\ \ell = 0(1)\omega_i - 1 \leqq m-1\}.$$

In diesem Fall ist Λ schon durch das Gitter Δ und den sogenannten Inzidenvektor $\omega^T := (\omega_1, \omega_2, \ldots, \omega_\nu)$ bestimmt. In Übereinstimmung mit Kapitel 5 verwenden wir nun die Bezeichnung

$$Sp(L,\Delta,\omega) := Sp(L,\Lambda) \text{ für } (\Delta,\omega) := \Lambda := \Lambda_\Delta.$$

<u>Satz 8.9:</u> (Δ,ω) *erzeuge ein {periodisches} H-B-Interpolationsproblem mit* $\overline{\Delta}/\underline{\Delta} \leqq \rho \in \mathbb{R}_+$ $\{\gamma(\Delta) \geqq m\}$ *und* $a_j \in W^{m,2}[a,b]$. *Zu* $g \in W^{2m,2}[a,b]$ $\{\in W_\pi^{2m,2}[a,b]\}$ *sei* s_g *der {periodische} Interpolationsspline vom Typ* I *{Typ* IV*}, d.h.*

$$D^j(g - s_g)(x_i) = 0,\ j = 0(1)\omega_i - 1,\ i = 1(1)\nu \text{ mit } a = x_1,\ b = x_\nu$$

{bzw. im periodischen Fall $b \notin \Delta$ *und* $\gamma(\Delta) \geqq m\}$. *Dann gilt für genügend kleine* $\overline{\Delta}$

$$(30) \qquad \|D^j(g - s_g)\|_q^* \leq K_j^{(1)} \cdot \|f\|_{f,2m} (\overline{\Delta})^{2m-j-\frac{1}{2}+\frac{1}{q}} ,$$

$$j \in \mathbb{N}_{2m-1}, q \in [2,\infty], \langle q = \infty\rangle.$$

Führt man einen Parameter q mit den Werten $q = \infty,2$ ein, so gehen die Formeln (20) und (29) aus Satz 8.5 und 8.6 aus der allgemeineren Formel (30) hervor, indem man $q = \infty$ bzw. $q = 2$ dort einsetzt. Nach [196,247,321] ist der aus Satz 8.5 und 8.6 zusammengezogene Satz 8.9 für $q \in [2,\infty]$ gültig. Wir formulieren Satz 8.9 und die folgenden darauf aufbauenden Ergebnisse jeweils für $q \in [2,\infty]$, deuten aber durch "$\langle q = \infty\rangle$" an, daß der Beweis nur für diesen Fall erbracht ist.

Der folgende Satz 8.10 ist das entscheidende Hilfsmittel zum Beweis der weiteren Ergebnisse: Eine Funktion $f \in C^k[a,b]$, $k \in \mathbb{N}_{2m-1}$, wird durch einen Hermite-Spline $g \in C^{2m}[a,b]$ approximiert und der Fehler mit dem Stetigkeitsmodul $\omega(D^kf,\overline{\Delta})$ von D^kf abgeschätzt.

<u>Satz 8.10:</u> (Δ,ω) *erzeuge ein {periodisches} H-B-Problem mit* $\overline{\Delta}/\underline{\Delta} \leq \rho \in \mathbb{R}_+$ *{und* $\gamma(\Delta) \geq 2m+1$*}. Zu* $f \in C^k[a,b]$, $k \in \mathbb{N}_{2m-1}$, *sei* $g \in H^{(2m+1)}(\Delta)$ $\{\in H_\pi^{(2m+1)}(\Delta)\}$ *der durch die folgenden Bedingungen eindeutig bestimmte Hermite-Interpolationsspline:*

$$(31) \qquad \left\{ \begin{array}{ll} D^j(f-g)(x_i) = 0 & \text{für } j = 0(1)k \\ D^jg(x_i) = 0 & \text{für } j = k+1(1)2m \end{array} \right\} \quad i = 1(1)\nu .$$

Dann ist $g \in C^{2m}[a,b]$ *und*

$$(32) \qquad \left\{ \begin{array}{l} \text{für } j = 0(1)k \text{ ist } \|D^j(f-g)\|_\infty \\ \text{für } j = k+1(1)2m \text{ ist } \|D^jg\|_\infty \end{array} \right\} \leq K_j^{(2)} \cdot (\overline{\Delta})^{k-j} \omega(D^kf;\overline{\Delta}).$$

<u>Beweis:</u> Nach Satz 5.10 und den dort folgenden Bemerkungen existiert zu (31) genau ein Hermite-Spline aus $H^{(2m+1)}(\Delta)$ $\{\in H_\pi^{(2m+1)}(\Delta)\}$. Zum Beweis von (32) brauchen wir die Hermite-Interpolationspolynome $P_{i,\ell} \in \Pi_{4m+1}$, die durch die folgenden Bedingungen eindeutig bestimmt sind (vgl. Aufgabe 6.IV)

$$(33) \qquad D^jP_{i,\ell}(n) = \delta_{i,n}\delta_{j,\ell}, \; i,n=0,1; \quad j,\ell = 0(1)2m .$$

Daraus folgt unmittelbar

$$(34) \qquad P_{0,0}(x) + P_{1,0}(x) = 1 \quad \text{für } x \in \mathbb{R} .$$

Wir beweisen (32) <u>zunächst für k = 0</u>: Nach Definition der $P_{i,\ell}$ ist

für jedes Intervall $[x_i, x_{i+1}]$ in Δ g darstellbar als
($h_i := x_{i+1} - x_i$, $k = 0$!)

$$(35) \quad g(x) = f(x_i)P_{o,o}\left(\frac{x-x_i}{h_i}\right) + f(x_{i+1})P_{1,o}\left(\frac{x-x_i}{h_i}\right) \text{ für } x \in [x_i, x_{i+1}].$$

Nach (34) ist

$$(36) \qquad f(x) = f(x)P_{o,o}\left(\frac{x-x_i}{h_i}\right) + f(x)P_{1,o}\left(\frac{x-x_i}{h_i}\right)$$

und nach Subtraktion beider Gleichungen und mit (34)

$$|f(x)-g(x)| \leqq |f(x)-f(x_i)|\,|P_{o,o}\left(\frac{x-x_i}{h_i}\right)| + |f(x)-f(x_{i+1})|\,|P_{1,o}\left(\frac{x-x_i}{h_i}\right)|.$$

Aus der Beschränktheit der $P_{i,o}$ folgt dann (32) für $j = k = 0$.
Durch Differentiation ergibt sich aus (35) mit $P_{o,o}^{(j)}(x) = -P_{1,o}^{(j)}(x)$ für $j \geqq 1$ (nach (34))

$$|g^{(j)}(x)| \leqq |f(x_i) - f(x_{i+1})| \cdot h_i^{-j} \, \|D^j P_{o,o}\|_{\infty,[0,1]}$$

und mit $h_i^{-1} \leqq \underline{\Delta}^{-1} \leqq \rho(\overline{\Delta})^{-1}$ ist (32) auch für $j = 1(1)2m$ bewiesen.

Im Fall $k > 0$ setzen wir die Taylorformel (Satz 2.15) ein:

$$f(x) = \sum_{j=0}^{k-1} D^j f(x_i)\frac{(x-x_i)^j}{j!} + \frac{h_i^k}{(k-1)!}\int_0^1 \left(\frac{x-x_i}{h_i} - t\right)_+^{k-1} (D^k f)(x_i + h_i t)\,dt.$$

Nun ist

$$\frac{h_i^k}{(k-1)!}\int_0^1 \left(\frac{x-x_i}{h_i} - t\right)_+^{k-1} dt = \frac{h_i^k}{(k-1)!}\int_0^{\frac{x-x_i}{h_i}} \left(\frac{x-x_i}{h_i} - t\right)^{k-1} dt = \frac{(x-x_i)^k}{k!} \quad .$$

Damit ist $f(x)$ für ein beliebiges $\alpha \in \mathbb{R}$ darstellbar als

$$(37) \quad \begin{aligned} f(x) = &\sum_{j=0}^{k-1} D^j f(x_i)\frac{(x-x_i)^j}{j!} + \alpha\,\frac{(x-x_i)^k}{k!} + \\ &+ \frac{h_i^k}{(k-1)!}\int_0^1 \left(\frac{x-x_i}{h_i} - t\right)_+^{k-1} \{(D^k f)(x_i + h_i t) - \alpha\}\,dt \, . \end{aligned}$$

Wir wollen $g(x)$ in ähnlicher Weise darstellen: Das Polynom

$$g_1(x) := \sum_{j=0}^{k-1} D^j f(x_i)\frac{(x-x_i)^j}{j!} + h_i^k\{D^k f(x_i)P_{o,k}\left(\frac{x-x_i}{h_i}\right) + D^k f(x_{i+1})P_{1,k}\left(\frac{x-x_i}{h_i}\right)\}$$

vom Grad $\leqq 4m+1$ erfüllt in $[x_i, x_{i+1}]$ die in (31) geforderten Interpolationsbedingungen mit Ausnahme von $D^j(g_1 - f)(x_{i+1}) = 0$,

$j = 0(1)k-1$. Denn $D^j(g_1 - f)(x_i) = 0$ für $j = 0(1)k$ folgt unmittelbar aus dem ersten Summanden und der Definition der $P_{o,k}$, $P_{1,k}$. Durch mindestens k-fache Differentiation fällt die Summe $\sum_{j=0}^{k-1} \dots$ weg und nach (33) folgt $(D^j g_1)(x_\mu) = 0$, $j = (k+1)(1)2m$, $\mu = i,i+1$.

Um die noch fehlenden Bedingungen zu erfassen, sei für festes $t_o \in (0,1)$ und variables $u \in (0,1)$ $Q(u;t_o)$ als Polynom in u vom Grad $\leqq 4m+1$ dadurch definiert, daß es die Funktion $(u - t_o)_+^{k-1}$ in folgendem Sinn interpoliert:

$$D_u^j Q\Big|_{(u_\ell,t_o)} = \begin{cases} D_u^j (u_\ell - t_o)_+^{k-1}, & j = 0(1)k-1 \\ 0 & , j = k(1)2m \end{cases} \quad ,\ell = 0,1,\ u_o := 0,\ u_1 := 1.$$

Dabei bedeutet D_u die Differentiation nach der ersten Variablen. Nun sei

$$g_2(x) := \frac{h_i^k}{(k-1)!} \int_0^1 Q\left(\frac{x-x_i}{h_i};t\right)(D^k f)(x_i + h_i t)dt \; .$$

g_2 ist ein Polynom vom Grad $\leqq 4m+1$, dessen Ableitungen man nach Konstruktion von $Q(u;t)$ durch Differentiation unter dem Integral erhält als

$$D^j g_2(x) = \frac{h_i^{k-j}}{(k-1)!} \int_0^1 (D_u^j Q)\left(\frac{x-x_i}{h_i};t\right)(D^k f)(x_i + h_i t)dt \; .$$

Nach Definition von Q ist für $t \in (0,1)$ $(D_u^j Q)(0;t) = 0$, $j = 0(1)2m$, und $(D_u^j Q)(1;t) = (k-1)\cdot\ldots\cdot(k-j)(1-t)_+^{k-j-1}$, $j = 0(1)k-1$, und $= 0$ für $j = k(1)2m$. Also ist $(D^j g_2)(x_i) = 0$, $j = 0(1)2m$. Durch partielle Integration erhält man

$$(D^j g_2)(x_{i+1}) = \frac{h_i^{k-j}}{(k-j-1)!} \int_0^1 \left(\frac{x_{i+1}-x_i}{h_i} - t\right)^{k-j-1} D^k f(x_i + h_i t)dt$$

$$= D^j f(x_{i+1}) - \sum_{\nu=j}^{k-1} \frac{h_i^{\nu-j}}{(\nu-j)!} D^\nu f(x_i), \text{ für } j = 0(1)k-1 \text{ und}$$

$$(D^j g_2)(x_{i+1}) = 0 \quad \text{für } j = k(1)2m.$$

Also ist das in (31) definierte $g\big|_{[x_i,x_{i+1}]} \in \Pi_{4m+1}[x_i,x_{i+1}]$ darstellbar als

$$g(x) = g_1(x) + g_2(x) = \sum_{j=0}^{k-1} D^j f(x_i)\frac{(x-x_i)^j}{j!} + \frac{h_i^k}{(k-1)!} \int_0^1 Q\left(\frac{x-x_i}{h_i};t\right)(D^k f)(x_i + h_i t)dt$$

$$+ h_i^k \{D^k f(x_i) P_{o,k}\left(\frac{x-x_i}{h_i}\right) + D^k f(x_{i+1}) P_{1,k}\left(\frac{x-x_i}{h_i}\right)\}.$$

Setzt man in diese Formel speziell $f_\alpha(x) := \alpha \dfrac{(x-x_i)^k}{k!}$ mit $D^k(\alpha \dfrac{(x-x_i)^k}{k!}) \equiv \alpha$ ein, so stimmt das nach (31) definierte $g\big|_{[x_i,x_{i+1}]} \in \Pi_{4m+1}[x_i,x_{i+1}]$ notwendigerweise mit $f_\alpha\big|_{[x_i,x_{i+1}]}$ überein, d.h. es ist für beliebiges $\alpha \in \mathbb{R}$

$$\alpha\frac{(x-x_i)^k}{k!} = \frac{h_i^k}{(k-1)!}\int_0^1 Q(\frac{x-x_i}{h_i};t)\,\alpha\,dt + \alpha h_i^k\{P_{o,k}(\frac{x-x_i}{h_i}) + P_{1,k}(\frac{x-x_i}{h_i})\}.$$

Damit erhalten wir für g die zu (37) analoge Darstellung

$$g(x) = \sum_{j=0}^{k-1} D^j f(x_i)\frac{(x-x_i)^j}{j!} + \alpha\frac{(x-x_i)^k}{k!} +$$

$$(38)\qquad + \frac{h_i^k}{(k-1)!}\int_0^1 Q(\frac{x-x_i}{h_i};t)\{(D^k f)(x_i+h_i t) - \alpha\}dt +$$

$$+ h_i^k\{(D^k f(x_i)-\alpha)P_{o,k}(\frac{x-x_i}{h_i}) + (D^k f(x_{i+1})-\alpha)P_{1,k}(\frac{x-x_i}{h_i})\}.$$

Indem man (37) und (38) subtrahiert und j-mal differenziert, $j \in \mathbb{N}_{k-1}$, findet man

$$D^j(f-g)(x) =$$

$$(39)\qquad \frac{h_i^{k-j}}{(k-1)!}\int_0^1\{D_u^j[(\frac{x-x_i}{h_i}-t)_+^{k-1} - Q(\frac{x-x_i}{h_i};t)]\}\cdot\{(D^k f)(x_i+h_i t)-\alpha\}dt -$$

$$-h_i^{k-j}\{(D^k f(x_i)-\alpha)(D^j P_{o,k})(\frac{x-x_i}{h_i}) + (D^k f(x_{i+1})-\alpha)(D^j P_{1,k})(\frac{x-x_i}{h_i})\}.$$

In dieser Summe sind $(D^j P_{i,k})$ auf $[0,1]$ beschränkt und $D_u^j[(u-t)_+^{k-1} - Q(u;t)]$ nach Definition von $(u-t)_+^{k-1}$ und $Q(u;t)$ in $[0,1] \times [0,1]$ gleichmäßig beschränkt für $j = 0(1)k-1$.
Aus (39) folgt damit

$$|D^j(f-g)(x)| \leqq C\cdot h_i^{k-j}\{\int_0^1|(D^k f)(x_i+h_i t)-\alpha|dt +$$

$$+ |D^k f(x_i)-\alpha| + |D^k f(x_{i+1})-\alpha|\}.$$

Setzt man insbesondere $\alpha := D^k f(x)$, so erhält man

$$\|D^j(f-g)\|_{\infty,[x_i,x_{i+1}]} \leqq K_j^{(2)}(\bar{\Delta})^{k-j}\omega(D^k f,\bar{\Delta})$$

und durch Übergang zum Maximum für alle Einzelintervalle (32) für $0 \leqq j < k < 2m$.

Es bleibt also nur noch (32) für $k > 0$, $j = k$ bzw. $j > k$ zu untersuchen.

Für $k = j \geqq 1$ subtrahiert man g aus (38) von f selbst und differenziert k mal. Dann erhält man

$$D^k(f-g)(x) = (D^kf(x)-\alpha) - \frac{1}{(k-1)!}\int_0^1 D_u^kQ(\frac{x-x_i}{h_i};t)\{D^kf(x_i+h_it)-\alpha\}dt -$$

$$- [(D^kf(x_i)-\alpha)(D^kP_{o,k})(\frac{x-x_i}{h_i}) + (D^kf(x_{i+1})-\alpha)(D^kP_{1,k})(\frac{x-x_i}{h_i})] .$$

Wieder sind für $2m \geqq j \geqq k$ $D^jP_{i,k}$ auf [0,1] und $D_u^jQ(u;t)$ f.ü. gleichmäßig auf $[0,1] \times [0,1]$ beschränkt und mit $\alpha = D^kf(x)$ ergibt sich

$$\|D^k(f-g)\|_\infty^* \leqq K_k^{(2)}\omega(D^kf,\bar{\Delta}) .$$

Nun sei $j > k \geqq 1$: Aus (38) folgt

$$D^jg(x) = \frac{h_i^{k-j}}{(k-1)!}\int_0^1 D_u^jQ(\frac{x-x_i}{h_i};t)\{D^kf(x_i+h_it)-\alpha\}dt +$$

$$+ h_i^{k-j}\{(D^kf(x_i)-\alpha)(D^jP_{o,k})(\frac{x-x_i}{h_i}) + (D^kf(x_{i+1})-\alpha)(D^jP_{1,k})(\frac{x-x_i}{h_i})\}.$$

Für $\alpha = D^kf(x)$ und aus der mehrfach benützten Beschränktheit zusammen mit $h_i^{-1} \leqq (\bar{\Delta})^{-1}\rho$ folgt die Behauptung

$$\|D^jg\|_\infty^* \leqq K_j^{(2)}(\bar{\Delta})^{k-j}\omega(D^kf,\bar{\Delta}),\ k < j \leqq 2m \quad . \quad \square$$

Nun sind wir in der Lage, die angekündigte Verallgemeinerung der Sätze 8.5, 8.6 auf $f \in C^k[a,b]$ zu beweisen:

Satz 8.11: (Δ,ω) *erzeuge ein {periodisches} H-B-Problem mit* $\bar{\Delta}/\underline{\Delta} \leqq \rho \in \mathbb{R}_+$ *{und* $\gamma(\Delta) \geqq m$*}. Zu* $f \in C^k[a,b]$, $k \in \mathbb{N}_{2m-1}$, *sei* s *der Lg-Spline vom Typ* I, *d.h.* $x_1 = a$, $\omega_1 = m$ *und* $x_\nu = b$, $\omega_\nu = m$, *{Typ* IV*}, der durch die Bedingungen*

$$(40)\quad \begin{cases} D^j(f-s)(x_i) = 0 & j = 0(1)\min\{k,\omega_i-1\} \quad \textit{für } i=1(1)\nu \\ D^js(x_i) \quad\quad = 0 & j = \min\{k,\omega_i-1\}+1(1)\omega_i-1 \quad \{i=1(1)\nu-1\} \end{cases}$$

eindeutig bestimmt ist. Dann gilt für $q \in [2,\infty]$ $\langle q = \infty\rangle$ *und ge-*

nügend kleine $\overline{\Delta}$

$$(41)\quad \left.\begin{cases} \textit{für } j=0(1)k & \|D^j(f-s)\|_q^* \\ \textit{für } j=k+1(1)2m-1 & \|D^js\|_q^* \end{cases}\right\} \leqq K_j^{(3)}(\overline{\Delta})^{k-j-\frac{1}{2}+\frac{1}{q}}\{\omega(D^kf;\overline{\Delta}) + (\overline{\Delta})^{2m-k}\|f\|_{\int,k}\}.$$

Beweis: Wie bereits oben angedeutet, gelingt der Beweis auf dem Umweg über den zu f in Satz 8.10 bestimmten Hermitespline g. Damit ist

$$(42)\qquad \|D^j(f-s)\|_q^* \leqq \|D^j(f-g)\|_q^* + \|D^j(g-s)\|_q^*$$

nach Satz 8.9 und 8.10 abschätzbar. Nach (31) und (40) ist s Interpolationsspline von g. Damit folgt aus Satz 8.9

$$(43)\qquad \|D^j(g-s)\|_q^* \leqq K_j^{(1)}(\overline{\Delta})^{2m-j-\frac{1}{2}+\frac{1}{q}}\|g\|_{\int,2m}.$$

Wir werden zunächst mit Satz 8.10 den letzten Faktor abschätzen: Es gilt:

$$C_j\|D^jg\|_2 \leqq \|D^jg\|_\infty \leqq K_j^{(2)}(\overline{\Delta})^{k-j}\omega(D^kf;\overline{\Delta}),\ j = k+1(1)2m$$

mit geeigneten Konstanten $C_j \in \mathbb{R}_+$ und

$$C_j\|D^jg\|_2 \leqq \|D^jg\|_\infty \leqq \|D^j(f-g)\|_\infty + \|D^jf\|_\infty \leqq$$
$$\leqq K_j^{(2)}(\overline{\Delta})^{k-j}\omega(D^kf;\overline{\Delta}) + \|D^jf\|_\infty,\ j=0(1)k < 2m.$$

Die Summation dieser Ungleichungen zusammen mit den Überlegungen am Ende des Beweises von Satz 8.6 ergibt

$$\|g\|_{\int,2m} \leqq K^{(3)}\{\omega(D^kf;\overline{\Delta})(\overline{\Delta})^{k-2m} + \|f\|_{\int,k}\}.$$

Damit ist nach (43) für $j = 0(1)k$

$$(44)\ \|D^j(g-s)\|_q^* \leqq K_j^{(1)}K^{(3)}(\overline{\Delta})^{k-j-\frac{1}{2}+\frac{1}{q}}\{\omega(D^kf;\overline{\Delta})+(\overline{\Delta})^{2m-k}\|f\|_{\int,k}\}.$$

Zur Diskussion von $\|D^j(f-g)\|_q^*$ ziehen wir wieder Satz 8.10 heran. g interpoliert f im Sinn von (31). Also ist

$$\|D^j(f-g)\|_q^* \leqq C^*\|D^j(f-g)\|_\infty^* \leqq K^{*(3)}\cdot(\overline{\Delta})^{k-j}\omega(D^kf;\overline{\Delta}),\ j=0(1)k,$$

und durch Kombination mit (42),(44) erhält man Satz 8.11 für $j = 0(1)k$.

Indem man ganz analog die Summanden in

$$\|D^js\|_q^* \leqq \|D^j(s-g)\|_q^* + \|D^jg\|_q^*$$

nach Satz 8.9 und 8.10 abschätzt folgt,(41) für $j = k+1(1)2m-1$. □

Wir wollen uns nun dem angekündigten "Stabilitätssatz" zuwenden. Wie beim Beweis von Satz 8.11 werden wir auch hier wieder einen geeigneten Hermitespline g einführen, der wie der betrachtete näherungsweise Interpolationsspline nur näherungsweise interpoliert. Die Fehlerabschätzungen für g hängen sehr eng mit der Frage nach der Größe von $\|D^jP\|_{q,[0,h]}$ zusammen, wobei P ein Polynom von festem Grad ist, das in 0 und h nahezu verschwindende Funktions- und Ableitungswerte besitzt. Die Abweichungen dieser Werte von 0 messen wir durch Funktionen F bzw. F_i,die in Satz 8.12 und 8.13 eine große Rolle spielen.

Satz 8.12: P *sei ein Polynom vom Grad* $\leq 2k+1$, *das mit einer Funktion* $F: \mathbb{R}_+ \to \mathbb{R}_+$, $h \in \mathbb{R}_+$,*den folgenden Interpolationsungleichungen genügt:*

$$|D^jP(0)| \leq F(h)h^{-j}, \quad |D^jP(h)| \leq F(h)h^{-j}, \quad j = 0(1)k.$$

Dann gibt es ein $K^* \in \mathbb{R}_+$ *mit*

$$\|D^jP\|_{q,[0,h]} \leq K^* \cdot F(h)h^{-j+\frac{1}{q}}, \quad j \geq 0, \quad 1 \leq q \leq \infty .$$

Über die Bestimmung von K^* findet man Angaben in [340].

Beweis: Es sei

(45) $$\mathcal{B}_h := \{P \in \Pi_{2k+1}(\mathbb{R}) \;\Big|\; |D^jP(x_i)| \leq h^{-j},\ j=0(1)k,\ i=0,1,\ x_0=0,\ x_1=h\}.$$

$\mathcal{B}_h$ ist eine abgeschlossene, beschränkte Teilmenge des endlichdimensionalen Raumes $\Pi_{2k+1}(\mathbb{R})$. Die Abgeschlossenheit folgt aus $|D^jP(x_i)| \leq h^{-j}$, die Beschränktheit sieht man unmittelbar durch Einführung einer geeigneten Basis ein (z.B. P_{ij} mit $D^\nu P_{ij}(x_\mu) = \delta_{\nu,j}\delta_{\mu,i}$, $\mu,i=0,1$, $\nu,j = 0(1)k$ (vgl. Aufgabe 2.IV)). Nun ist bez. jeder Norm $\|D^\ell P\|_{q,[0,h]}$, $\ell = 0(1)2k+2$, $1 \leq q \leq \infty$ eine stetige Funktion auf $\mathcal{B}_h$, nimmt also dort ihr Maximum an. Die Abbildung $C: \mathcal{B}_h \to \mathcal{B}_1$ mit $CP(x) := P(hx)$ für $P \in \Pi_{2k+1}$ und $x \in [0,h]$ ist ein Homöomorphismus und

(46) $$(D^\ell CP)(x) = h^\ell(D^\ell P)(hx) .$$

Demnach ist

$$(B_{q,\ell})^q := (\|D^\ell(CP)\|_{q,[0,1]})^q = \int_0^1((D^\ell CP)(x))^q dx =$$

$$= h^{\ell q-1}\int_0^h (D^\ell P)^q(u)dx = h^{\ell q-1}(\|D^\ell P\|_{q,[0,h]})^q.$$

Wird also das Maximum für h = 1 durch das Polynom P_o realisiert, so liefert $\|D^\ell(C^{-1}P_o)\|_{q,[0,h]}$ das Maximum in B_h, d.h. der Satz ist für F(h) = 1 und $q < \infty$ bewiesen. $q = \infty$ folgt unmittelbar aus (46). Durch Multiplikation von (45) und (46) mit F(h) erhält man schließlich die gesamte Behauptung. □

Zu vorgegebenem $f \in C^k[a,b]$ wählen wir Funktionen $F_i: \mathbb{R}_+ \to \mathbb{R}_+$, die von f abhängen und den einzelnen Knoten zugeordnet sind.

$$F_i: \mathbb{R}_+ \to \mathbb{R}_+ \;,\; i = 1(1)\nu \;,\; \text{und}$$

$$\|F^*(\Delta)\|_r := \{\overline{\Delta}\sum_{i=1}^{\nu} F_i^r(f,\overline{\Delta})\}^{\frac{1}{r}} \;,\quad 2 \leqq r \leqq \infty$$

Damit gilt folgender (vgl. Aufgabe IV)

Satz 8.13: (Δ,ω) *erzeuge ein {periodisches} H-B-Interpolationsproblem mit* $\overline{\Delta}/\underline{\Delta} \leqq \rho \in \mathbb{R}_+$ { $\gamma(\Delta) \geqq m$} *und* $a_j \in W^{m,2}[a,b]$. *Zu* $f \in C^k[a,b]$, $k \in \mathbb{N}_{2m-1}$, *seien Zahlen* α_{ij}, $i = 1(1)\nu$, $j = 0(1)\omega_i-1$, *so vorgegeben, daß Funktionen* $F_i(f;\overline{\Delta})$ *existieren, die für die angegebenen* j *die anschließenden Ungleichungen erfüllen:*

$$(47)\qquad \left.\begin{cases} j = 0(1)\min\{k,\omega_i-1\}: & |D^j f(x_i)-\alpha_{ij}| \\ j = (\min\{k,\omega_i-1\}+1)(1)\omega_i-1: & |\alpha_{ij}| \end{cases}\right\} \leqq K\cdot(\overline{\Delta})^{k-j}F_i(f;\overline{\Delta}).$$

Für den zu diesen α_{ij} *nach*

$$(48)\qquad (D^j s)(x_i) = \alpha_{ij},\; i = 1(1)\nu,\; j = 0(1)\omega_i-1\;,$$

$a = x_1$, $b = x_\nu$ {*bzw.* $b \notin \Lambda$, $\gamma(\Delta) \geqq m$} *eindeutig bestimmten* Lg-*Interpolationsspline* s *vom Typ* I {*Typ* IV} *und* $q \in [2,\infty]$ <$q = \infty$> *gelten dann für genügend kleine* $\overline{\Delta}$ *die folgenden Fehlerabschätzungen:*

$$(49)\qquad \left.\begin{matrix} j = 0(1)k: & \|D^j(f-s)\|_q^* \\ j = k+1(1)2m-1: & \|D^j s\|_q^* \end{matrix}\right\} \leqq K_j^{(4)}(\overline{\Delta})^{k-j-\frac{1}{2}+\frac{1}{q}}\cdot$$
$$\cdot\{(\overline{\Delta})^{2m-k}\|f\|_{\mathcal{f},k}+\omega(D^k f;\overline{\Delta})+\|F^*(\overline{\Delta})\|_2\}\cdot$$

Bemerkung: Die "Stabilität" der Fehlerabschätzungen für Splines erhält man, wenn $\|F\|_2$ etwa die gleiche Größenordnung hat wie die beiden anderen Summanden $\omega(D^k f,\overline{\Delta})$ und $(\overline{\Delta})^{2m-k}\|f\|_{\int,k}$. Dieser zweite Summand spielt für kleine $\overline{\Delta}$ ohnehin nur eine untergeordnete Rolle. Will man gute Fehleraussagen erhalten, d.h. dem Satz 8.11 entsprechende, so hat man darauf zu achten, daß die Fehler $|D^j f(x_i) - \alpha_{ij}|$ bzw. $|\alpha_{ij}|$ (vgl. (47)) so klein bleiben, daß $\|F^*(\overline{\Delta})\|_2 \leqq K\cdot\omega(D^k f,\overline{\Delta})$ mit einer festen Konstanten $K \in \mathbb{R}_+$ ist.

Beweis: Nach Satz 8.10 bestimmen wir zunächst den Hermitespline $g \in H^{(2m+1)}(\Delta)$ durch die Interpolationsbedingungen

$$(50) \qquad (D^j g)(x_i) = \begin{cases} (D^j f)(x_i) - \alpha_{ij} & j = 0(1)\min\{k,\omega_i-1\}, \\ -\alpha_{ij} & j = (\min\{k,\omega_i-1\}+1)(1)k, \\ 0 & j = k+1(1)2m\,. \end{cases}$$

Weiter sei t der nach Satz 8.11 zu f bestimmte Lg-Interpolationsspline. Nun ist $f-s = (f-t) + [(t-s)-g] + g$ oder

$$(51) \qquad \|D^j(f-s)\|_q^* \leqq \|D^j(f-t)\|_q^* + \|D^j[(t-s)-g]\|_q^* + \|D^j g\|_q^* \quad \text{für } j = 0(1)k.$$

Nach Satz 8.11 ist für diese j

$$(52) \qquad \|D^j(f-t)\|_q^* \leqq K_j^{(3)}(\overline{\Delta})^{k-j-\frac{1}{2}+\frac{1}{q}}\{\omega(D^k f;\overline{\Delta}) + (\overline{\Delta})^{2m-k}\|f\|_{\int,k}\}$$

Indem wir nach (47) in Satz 8.12 $F(\overline{\Delta}) := (\overline{\Delta})^k \max\{F_i(f;\overline{\Delta}),F_{i+1}(f;\overline{\Delta})\}$ setzen und $F(\Delta) \leqq (\overline{\Delta})^{1/2}\|F^*(\overline{\Delta})\|_2$ beachten, folgt für $q=\infty$ und $j \in \mathbb{N}_{2m}$

$$(53) \qquad \begin{cases} \|D^j g\|_{\infty,[x_i,x_{i+1}]} \leqq K\cdot F(\overline{\Delta})\cdot(\overline{\Delta})^{-j} \\ \leqq K(\overline{\Delta})^{k-j}\{F_i^2(f,\overline{\Delta})+F_{i+1}^2(f,\overline{\Delta})\}^{\frac{1}{2}} \leqq K(\overline{\Delta})^{k-j-\frac{1}{2}}\|F^*(\overline{\Delta})\|_2\,. \end{cases}$$

Entsprechend folgt durch Erheben in die q-te Potenz und Summation über $i = 0(1)\nu$ und wegen $g \in C^{2m}[a,b]$

$$(54) \qquad \|D^j g\|_q^* = \|D^j g\|_q \leqq K^*(\overline{\Delta})^{k-j-\frac{1}{2}+\frac{1}{q}}\|F\|_2\,,\ j = 0(1)2m\,.$$

(Für $q = \infty$ durch Übergang zum Maximum in (53)).

Nach Konstruktion ist schließlich $t-s$ der eindeutig bestimmte Interpolationsspline zu $g \in C^{2m}[a,b]$ im Sinn von Satz 8.9, denn nach (40), (48) und (50) ist

$$D^j(g-(t-s))(x_i) = \begin{cases} (D^j f)(x_i)-\alpha_{ij}-(D^j f)(x_i)+\alpha_{ij} = 0, & j=0(1)\min\{k,\omega_i-1\}, \\ -\alpha_{ij} - 0 + \alpha_{ij} = 0, & j = \min\{k,\omega_i-1\}+1(1)\omega_i-1\,. \end{cases}$$

Damit ist nach (30) und (54) ($0 \leqq k < 2m$, $0 \leqq j < 2m$)

$$\|D^j(g-(t-s))\|_q^* \leqq K_j^{(1)}(\overline{\Delta})^{2m-j-\frac{1}{2}+\frac{1}{q}} \|g\|_{\mathcal{S},2m}$$

$$\leqq K^* K_j^{(1)}(\overline{\Delta})^{k-j-\frac{1}{2}+\frac{1}{q}} \|F^*\|_2 .$$

Indem man zu dieser Ungleichung (52) und (54) addiert, erhält man nach (51) die behauptete Abschätzung für $j = 0(1)k$.
Geht man aus von $-s = (-t) + [(t-s)-g] + g$ und

$$\|D^j s\|_q^* \leqq \|D^j t\|_q^* + \|D^j[(t-s)-g]\|_q^* + \|D^j g\|_q^*$$

und verwendet die entsprechenden Abschätzungen für $j = k+1(1)2m-1$, so erhält man (49) für $j = k+1(1)\ 2m-1$. □

Wir haben in 8.3 die Frage diskutiert, ob es möglich ist, die Exponenten zu verbessern. Für den allgemeinen Fall war die Antwort negativ (vgl. [321]). Doch gibt es eine ganze Reihe von Spezialfällen, in denen sich die Ergebnisse verbessern lassen. Vergleicht man die Resultate aus 8 mit Satz 1.7, 1.8, so fällt auf, daß dort bei den Abschätzungen für den Fehler bez. $\|\cdot\|_\infty$ der gleiche Exponent bei $\overline{\Delta}$ auftritt, den man im allgemeinen Fall bei den $\|\cdot\|_2$-Abschätzungen hat. Tatsächlich gilt unter jeweils einer der folgenden Bedingungen der

<u>Satz 8.14:</u> *Es sei* $f \in C^k[a,b]$, $k \in \mathbb{N}_{2m-1}$ *und* s_f *gemäß je einer der folgenden Bedingungen* (55),(56) *oder* (57) *gewählt. Dann gilt für genügend kleine* $\overline{\Delta}$

$$\left.\begin{array}{ll} j = 0(1)k & \|D^j(f-s_f)\|_\infty \\ j = k+1(1)2m-1 & \|D^j s_f\|_\infty \end{array}\right\} \leqq K_j(\overline{\Delta})^{k-j}\omega(D^k f;\overline{\Delta}) .$$

$$(55)\quad \begin{cases} \Pi = \Delta \textit{ sei ein gleichunterteiltes Gitter (d.h. } \overline{\Pi}/\underline{\Pi} = 1\textit{) und} \\ (f-s_f)(x_i) = 0,\ i = 1(1)\nu \\ D^j(f-s_f)(a) = D^j(f-s_f)(b) = 0,\ j = 0(1)\min\{k,m-1\} \\ D^j s_f(a) = D^j s_f(b) = 0,\ \ j = (\min\{k,m-1\}+1)(1)m-1. \end{cases}$$

$$(56)\quad \begin{cases} \Pi = \Delta \textit{ sei ein nahezu gleich unterteiltes Gitter und } s_f \\ \textit{ein kubischer Spline mit} \\ (f-s_f)(x_i) = 0,\ i = 1(1)\nu \\ D^j(f-s_f)(a) = D^j(f-s_f)(b) = 0,\ j = 0,\min\{k,1\} \\ Ds_f(a) = Ds_f(b) = 0 \quad \textit{für } k = 0 . \end{cases}$$

$$(57)\quad \begin{cases} \Pi = \Delta \textit{ sei ein nahezu gleich unterteiltes Gitter, und } s_f \textit{ sei} \\ \textit{Hermite-Interpolationsspline (d.h. } \omega_1 = \ldots = \omega_\nu = m) \\ \textit{zum Differentialoperator } L \textit{ mit } a = x_1,\ b = x_\nu \textit{ und} \\ D^j(f-s_f)(x_i) = 0,\ i = 1(1)\nu,\ j = 0(1)\min\{k,m-1\} \\ D^j s_f(x_i) = 0,\qquad i = 1(1)\nu,\ j = (\min\{k,m-1\}+1)(1)m-1. \end{cases}$$

(Vgl. [3,42,78,91,171,173,229,232,233,331,339,340,341], für periodische Splines [172].)

In einigen Arbeiten werden die Sätze von J a c k s o n und B e r n s t e i n auf gewisse Splineräume übertragen, indem man die für jene Sätze maßgebliche Gradzahl der verwendeten Polynome i.w. durch $\overline{\Pi} = \overline{\Delta}$ ersetzt (vgl. [252,285]).

Weitere interessante Ergebnisse zur Frage der n-ten Weite von Splineräumen, das sind i.w. Abschätzungen der maximal möglichen Fehler nach unten, findet man in [158,188,192].

Aufgaben:

I) Λ erzeuge ein H-B-Problem mit $\gamma(\Delta) \geq 2m+1$, $\overline{\Delta}/\underline{\Pi} \leq \sigma \in \mathbb{R}_+$. $f \in C^k[a,b]$, $k \in \mathbb{N}_{2m-1}$, sei vorgegeben, und $g \in H^{(2m+1)}(\Pi)$ sei der durch die folgenden Bedingungen eindeutig bestimmte Hermite-Interpolationsspline:

$$D^j(f-g)(x_i) = 0 \text{ für } (D^j)_{x_i} \in \Lambda_\Delta \text{ und } j \in \mathbb{N}_k$$

$$D^j g(x_i) = 0 \text{ für } (D^j)_{x_i} \notin \Lambda_\Delta \text{ und } j \in \mathbb{N}_{2m}.$$

Dann hat man die Aussagen (32) von Satz 8.10.

II) Unter den Voraussetzungen von Satz 8.10 sei $f \in W^{k+1,r}[a,b]$, $k \in \mathbb{N}_{2m-1}$, $1 \leq r \leq \infty$. Dann gilt

$$\left.\begin{array}{ll} \text{für } j = 0(1)k & \|D^j(f-g)\|_\infty^* \\ \text{für } j = k+1(1)2m & \|D^j g\|_\infty^* \end{array}\right\} \leq \overline{K}_j^{(2)}(\overline{\Delta})^{k-j+1-1/r}\,\|D^{k+1}f\|_r .$$

Anleitung: Man wende die Höldersche Ungleichung an auf $|D^k f(x) - D^k f(x')| = |\int_x^{x'} D^{k+1}f(t)dt|$, um den Stetigkeitsmodul $\omega(D^k f;\overline{\Delta})$ in Satz 8.10 abzuschätzen.

III) Unter der Voraussetzung von Satz 8.11 sei $f \in W^{k+1,r}[a,b]$, $k \in \mathbb{N}_{2m-1}$, $1 \leq r \leq \infty$. Dann gilt für $\max\{2,r\} \leq q \leq \infty$ die folgende Ungleichung (vgl. [341])

$$\left.\begin{array}{ll} \text{für } j=0(1)k & \|D^j(f-s)\|_q^* \\ \text{für } j=k+1(1)2m-1 & \|D^j s\|_q^* \end{array}\right\} \leq \overline{K}_j^{(3)} (\overline{\Delta})^{k-j+1+\frac{1}{q}-\max\{\frac{1}{2},\frac{1}{r}\}} \|f\|_{\int,k+1}.$$

IV) Unter der Voraussetzung von Satz 8.13 sei $f \in W^{k+1,r}[a,b]$, $k \in \mathbb{N}_{2m-1}$, $1 \leq r \leq \infty$. Dann gilt für $\max\{2,r\} \leq q \leq \infty$ die folgende Abschätzung (vgl. [341])

$$\left.\begin{array}{ll} \text{für } j=0(1)k & \|D^j(f-s)\|_q^* \\ \text{für } j=k+1(1)2m-1 & \|D^j s\|_q^* \end{array}\right\} \leq \overline{K}_j^{(4)} (\overline{\Delta})^{k-j+1+\frac{1}{q}-\max\{\frac{1}{2},\frac{1}{r}\}} \{\|f\|_{\int,k+1} + \|F^*\|_r\}.$$

V) Analog zu Aufgabe 1.I prüfe man die Approximation der dort angegebenen Funktionen durch quintische Splines.

VI) In Satz 8.1 seien a und b Gitterpunkte. Man zeige, daß bei gleichem $M_j^{(1)}$ in der Formel (3) die Zahl $\overline{\Delta}$ durch $\frac{\overline{\Delta}}{2}$ ersetzt werden kann. Wie ändern sich die verschiedenen Größen, wenn jeder Knoten (einschließlich a und b) mindestens von der Vielfachheit γ, $1 \leq \gamma \leq m$, ist ?

9. Monosplines und optimale Quadraturformeln

Da die Beweise der in diesem und den nächsten Kapiteln dargestellten Ergebnisse den Rahmen unserer Darstellung sprengen würden, sollen die wichtigsten Zusammenhänge ohne Beweise angegeben werden (vgl. die Arbeiten von Karlin und Schoenberg).

Die Theorie der im Sardschen Sinn besten Approximationen linearer Funktionale λ_o der Form ℓ_4 aus (3.19) umfaßt auch bestimmte Integrale

$$\lambda_o f = \int_a^b f(y)dy \ .$$

Sind s_i die durch $\lambda_j s_i = s_i(x_j) = \delta_{i,j}$, $i,j = 1(1)n \geq m$, bestimmten Polynom-Splines vom Grad 2m-1, so ist bei vorgeschriebenen Stützstellen $x_j \in [a,b]$, $j = 1(1)n$,

$$\lambda(\alpha^*)f = \sum_{i=1}^{n} \int_a^b s_i(y)dy \ f(x_i)$$

die im Sinne Sards beste Quadraturformel mit $R(f) = 0$ für $f \in \Pi_{m-1}$. Der nach 7 zu einer solchen Quadraturformel gehörige Kern erweist sich, auch für allgemeinere Fälle, als die Summe eines Monoms und eines Polynomsplines allgemeiner Art (vgl. 4.4), als ein sogenannter "Monospline". Umgekehrt gehört zu jedem Monospline eine Quadraturformel. Offensichtlich hängt die Güte der obigen Näherung von den gewählten Stützstellen $\{x_i\}_1^n$ ab und es ist ein altes Problem, diese Stützstellen "optimal" zu wählen.

Dazu wird zunächst ein Zusammenhang zwischen den Quadraturformeln einer bestimmten Bauart und einer Klasse von Funktionen, den Monosplines, hergeleitet. Einige klassische Quadraturformeln dienen als Orientierung für mögliche Verallgemeinerungen. Diese Verallgemeinerungen werden dargestellt und in Spezialfällen explizit angegeben (vgl. die Darstellung in [52]).

9.1. Zusammenhang zwischen Monosplines und Quadraturformeln

Man kennt die für Polynome vom Grad $\leq$ m-1 bzw. $\leq$ 2m-1 exakten Interpolationsformeln (für $f: [a,b] \to \mathbb{R}$) von Lagrange (f definiert auf [a,b])

$$f = \sum_{\nu=1}^{m} f(x_\nu)\ell_\nu + R_1 f \text{ mit } R_1 f = 0 \text{ für } f \in \Pi_{m-1}[a,b],$$

Hermite (f differenzierbar auf [a,b])

$$f = \sum_{\nu=1}^{m} \{f(x_\nu)\ell_{\nu o} + f'(x_\nu)\ell_{\nu 1}\} + R_2 f \quad \text{mit } R_2 f = 0 \text{ für } f \in \Pi_{2m-1}[a,b].$$

Dabei sind die Fehleroperatoren R_1, R_2 natürlich von der Wahl der Knoten $x_\nu \in [a,b]$ abhängig. Die ℓ_ν bzw. $\ell_{\nu i}$ sind die Polynome vom Grad $\leq$ m-1 bzw. 2m-1, die durch die folgenden Bedingungen eindeutig bestimmt sind (vgl. Aufgaben I,II)

$$(1) \qquad \ell_\nu(x_j) = \delta_{\nu j};\ \ell_{\nu i}^{(k)}(x_j) = \delta_{\nu j}\cdot\delta_{ki},\ j,\nu = 1(1)m,\ i,k = 0,1.$$

Ist f über [a,b] integrierbar, so folgen daraus mit den Fehlerfunktionalen $\overline{R}_1$ und $\overline{R}_2$ und mit

$$(2) \qquad \alpha_\nu^* := \int_a^b \ell_\nu(x)dx\ ,\quad \alpha_{\nu i}^* := \int_a^b \ell_{\nu i}(x)dx$$

die Integrationsformeln von Lagrange und Hermite

$$(3) \quad \begin{cases} \int_a^b f(x)dx = \sum_{\nu=1}^{m} \alpha_\nu^* f(x_\nu) + \overline{R}_1 f \text{ mit } \overline{R}_1 f = 0 \\ \qquad\qquad \text{für } f \in \Pi_{m-1}[a,b], \\ \int_a^b f(x)dx = \sum_{\nu=1}^{m} (\alpha_{\nu o}^* f(x_\nu) + \alpha_{\nu 1}^* f'(x_\nu)) + \overline{R}_2 f \text{ mit } \overline{R}_2 f = 0 \\ \qquad\qquad \text{für } f \in \Pi_{2m-1}[a,b]. \end{cases}$$

Umgekehrt folgt, daß bei fest vorgegebenen Knoten x_ν die Konstanten α_ν bzw. $\alpha_{\nu i}$ in (3) notwendigerweise die in (2) angegebenen α_ν^* bzw. $\alpha_{\nu i}^*$ sein müssen, wenn die Nebenbedingungen $\overline{R}_1 f = 0$ für $f \in \Pi_{m-1}[a,b]$ bzw. $\overline{R}_2 f = 0$ für $f \in \Pi_{2m-1}[a,b]$ erfüllt sind: Denn mit den in (1) definierten $\ell_j \in \Pi_{m-1}$ bzw. $\ell_{\kappa j} \in \Pi_{2m-1}$ ist nach (3)

$$\alpha_j = \int_a^b \ell_j dx = \alpha_j^* \quad \text{bzw.} \quad \alpha_{\kappa j} = \int_a^b \ell_{\kappa j} dx = \alpha_{\kappa j}^* \ .$$

Die beiden Formeln (3) sind Spezialfälle von (4) mit $\alpha_{\nu i} \in \mathbb{R}$.

$$(4) \qquad \int_a^b f(x)dx = \sum_{\nu=1}^{n} \{\alpha_{\nu o} f(x_\nu) + \alpha_{\nu 1} f'(x_\nu) + \ldots + \alpha_{\nu,k_\nu-1} f^{(k_\nu-1)}(x_\nu)\} + Rf\ .$$

<u>Definition 9.1:</u> (4) *heißt eine* <u>*Quadraturformel der Ordnung m*</u>, *wenn* $\alpha_{\nu i} \in \mathbb{R}$, $1 \leqq k_\nu \leqq m$ *und* $Rf = 0$ *für* $f \in \Pi_{m-1}[a,b]$ *ist.*

Der Satz von Peano (Satz 3.20) gibt uns die Möglichkeit, die Kernfunktion des Fehlerfunktionals R zu bestimmen.

<u>Satz von Peano:</u> λ *sei von der Form* ℓ_4 *aus* (3.19) *und habe die Eigenschaft* $\lambda(\Pi_{m-1}[a,b]) = \{0\}$. *Dann ist*

$$(5)\quad \begin{cases} \lambda f = (-1)^m \int_a^b K(x) f^{(m)}(x)dx \quad \text{mit} \\ K(x) = \lambda_t \dfrac{(x-t)_+^{m-1}}{(m-1)!} . \end{cases}$$

λ_t *bedeutet dabei, daß das Funktional* λ *auf* $(x-t)_+^{m-1}/(m-1)!$ *als Funktion der Variablen* t *bei festgehaltenem* x *anzuwenden ist.*

Damit findet man für $f \in W^{m,2}[a,b]$ den zu (4) gehörigen Kern K als

$$K(x) = R_t \frac{(x-t)_+^{m-1}}{(m-1)!}$$

$$= \int_a^b \frac{(x-t)_+^{m-1}}{(m-1)!} dt - \sum_{\nu=1}^n \{\alpha_{\nu o} \frac{(x-x_\nu)_+^{m-1}}{(m-1)!} - \alpha_{\nu 1} \frac{(x-x_\nu)_+^{m-2}}{(m-2)!} + \ldots$$

$$+ (-1)^{k_\nu - 1} \alpha_{\nu, k_\nu - 1} \frac{(x-x_\nu)_+^{m-k_\nu}}{(m-k_\nu)!} \}.$$

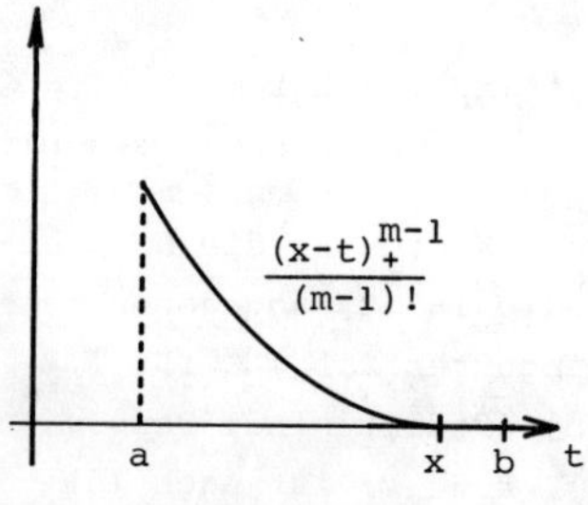

$\frac{(x-t)_+^{m-1}}{(m-1)!}$

a x b t

Figur 14

Nun ist

$$\int_a^b \frac{(x-t)_+^{m-1}}{(m-1)!} dt = \int_a^x \frac{(x-t)^{m-1}}{(m-1)!} dt$$

$$= \frac{(x-a)^m}{m!} \text{, d.h.}$$

$$(6)\quad K(x) = \frac{(x-a)^m}{m!} - \sum_{\nu=1}^n \{\alpha_{\nu o} \frac{(x-x_\nu)_+^{m-1}}{(m-1)!} - + \ldots .$$

$$+ (-1)^{k_\nu - 1} \alpha_{\nu, k_\nu - 1} \frac{(x-x_\nu)_+^{m-k_\nu}}{(m-k_\nu)!} \}$$

$$= \frac{x^m}{m!} + s(x) \quad \text{mit } s \in Sp_{m-1,k}(x_1,\ldots,x_n,k_1,\ldots,k_n) .$$

K ist somit Summe eines Monoms vom Grad m und eines allgemeinen Polynom-Splines vom Grad m-1.

<u>Definition 9.2:</u> *Eine Funktion*

$$(7) \qquad K: \begin{cases} [a,b] \to \mathbb{R} \\ x \to \frac{x^m}{m!} + s(x) \ , \ s \in Sp_{m-1,k}(x_1,\ldots,x_n,k_1,\ldots,k_n) \end{cases}$$

heißt <u>Monospline</u>.

Ausgehend von einer Quadraturformel (4) findet man als Kern des Fehlerfunktionals R einen Monospline. Umgekehrt erhält man aus einem Monospline K durch wiederholte partielle Integration für $f \in W^{m,2}[a,b]$

$$\int_{x_i}^{x_{i+1}} K(x)f^{(m)}(x)dx = [Kf^{(m-1)}-K'f^{(m-2)}+\ldots+(-1)^{m-1-j}K^{(m-1-j)}f^{(j)}$$

$$+\ldots+ (-1)^{m-1}K^{(m-1)}f]_{x_i}^{x_{i+1}} + (-1)^m \int_{x_i}^{x_{i+1}} K^{(m)}(x)f(x)dx .$$

Nach (7) ist $K^{(m)}(x) = 1$ für $x \in (x_i,x_{i+1})$, d.h.

$$\int_{x_i}^{x_{i+1}} f(x)dx = [K^{(m-1)}f-K^{(m-2)}f'+\ldots+(-1)^jK^{(m-1-j)}f^{(j)}+\ldots$$

$$+ (-1)^{m-1}Kf^{(m-1)}]_{x_i}^{x_{i+1}} + (-1)^m \int_{x_i}^{x_{i+1}} K(x)f^{(m)}(x)dx .$$

Mit den in 4.1 eingeführten Bezeichnungen für $f: [a,b] \to \mathbb{R}$, $[f]_a = f(a+0)$, $[f]_{x_o} = f(x_o+0)-f(x_o-0)$ für $x_o \in (a,b)$, $[f]_b = -f(b-0)$ und $x_o = a$, $x_{n+1} = b$ folgt mit $f \in W^{m,2}[a,b]$ durch Summation über alle Teilintervalle

$$(8) \qquad \int_a^b f(x)dx = \sum_{i=0}^{n+1} \sum_{j=0}^{m-1} (-1)^{j+1}[K^{(m-1-j)}]_{x_i} f^{(j)}(x_i)+(-1)^m \int_a^b K(x)f^{(m)}(x)dx.$$

Ist in K der Splineanteil von der Form (6), so ist K in x_i $(m-1-k_i)$-mal stetig differenzierbar, d.h.

$$[K^{(m-1-j)}]_{x_i} = 0 \quad \text{für} \quad k_i \leqq j \leqq m-1 .$$

Sind darüber hinaus in den Randpunkten $a = x_o$ und $b = x_{n+1}$ $[K^{(m-1-j)}]_{x_i} = 0$ für $i = 0,n+1$, $j = k_i(1)m-1$, $[K^{(m-k_j)}]_{x_i} \neq 0$, so reduziert sich (8) auf

$$(9) \qquad \int_a^b f dx = \sum_{i=0}^{n+1} \sum_{j=0}^{k_i-1} \alpha_{ij} f^{(j)}(x_i) + (-1)^m \int_a^b K(x) f^{(m)}(x) dx$$

mit

$$(10) \qquad \alpha_{ij} = (-1)^{j+1}[K^{(m-1-j)}]_{x_i}, \quad i = 0(1)n+1, \; j = 0(1)k_i-1.$$

In (9) entfallen die Summanden mit $i = 0$ bzw. $n+1$, wenn $a = x_i$. bzw. $b = x_n$ ist.

Bezeichnet man im Anschluß an (9)

$$Rf := \int_a^b K(x) f^{(m)}(x) dx \quad ,$$

so haben wir für $f \in W^{m,2}[a,b]$ in (9) eine Quadraturformel mit $Rf = 0$ für $f \in \Pi_{m-1}[a,b]$. Damit ist Satz 9.1 bewiesen:

Satz 9.1: *Jedem Monospline* (6),(7) *ist eindeutig eine Quadraturformel* (9) *zugeordnet. Der Zusammenhang zwischen* (6),(7) *und* (9) *wird durch* (10) *angegeben.*

Die Quadraturformel (9) hängt bei fest vorgegebenen Knoten x_i der Vielfachheiten k_i von $\sum_{i=0}^{n+1} k_i$ Parametern ab. Im restlichen Teil von Kapitel 9 beschränken wir uns auf den Fall $k_o = k_{n+1}$ in (9). Mit

$$(11) \qquad 0 \leqq k_o \leqq m \leqq 2k_o + \sum_{i=1}^{n} k_i \;, \quad m \geqq 1$$

betrachten wir Quadraturformeln (9) mit $Rf = 0$ für $f \in \Pi_{m-1}[a,b]$. Die zugehörigen Monosplines K sind dann von $2k_o + \sum_{i=1}^{n} k_i - m$ Parametern α_{ij} abhängig. Wir bezeichnen sie dementsprechend mit $K(\alpha)$, die zugehörigen Fehlerfunktionale mit $R(\alpha)$. Nach der Schwarzschen Ungleichung ist

$$|R(\alpha)f| = |\int_a^b K(\alpha,x) f^{(m)}(x) dx| \leqq ||K(\alpha,\cdot)||_2 \cdot ||D^m f||_2 \;.$$

In Übereinstimmung mit Definition 7.1 wird die beste Quadraturformel der Ordnung m von demjenigen Kern $K(\alpha^*)$ erzeugt, der der folgenden Ungleichung genügt. Dabei sind zur Konkurrenz alle Kerne $K(\alpha)$ von Quadraturformeln der Ordnung m zugelassen, die Quadraturformeln (9) mit festen n, k_i, aber willkürlichen $\alpha_{ij} \in \mathbb{R}$ erzeugen:

$$\|K(\alpha^*,\cdot)\|_2 \leqq \|K(\alpha,\cdot)\|_2 \ .$$

Mit (11) und $N_T = N_{D^m} = \Pi_{m-1}[a,b]$ ist die in 7 geforderte Bedingung $N_A \cap N_{D^m} = \{0\}$ erfüllt. Also ist mit der Menge der linearen Funktionale

$$\Lambda_o := \{(D^j)_{x_i},\ i = 0(1)n+1,\ j = 0(1)k_i-1,\ k_o = k_{n+1}\}$$

der Interpolationsspline $s_f \in Sp(D^m, \Lambda_o)$ zu bestimmen. Er ergibt sich mit den mehrfach benutzten Kardinalsplines $\{s_{\eta,\nu},\ \eta = 0(1)n+1,$ $\nu = 0(1)k_\eta-1\}$ mit $(D^j s_{\eta,\nu})_{x_i} = \delta_{i\eta}\cdot\delta_{j\nu},\ i,\eta = 0(1)n+1,$ $j,\nu = 0(1)k_\eta-1$ zu

$$s_f = \sum_{i=0}^{n+1} \sum_{j=0}^{k_i-1} D^j f(x_i) s_{ij} \ .$$

Mit $\alpha^*_{ij} := \int_a^b s_{ij} dx$ ist schließlich

$$\int_a^b f(x)dx = \sum_{i=0}^{n+1} \sum_{j=0}^{k_j-1} \alpha^*_{ij} f^{(j)}(x_i) + \int_a^b K(\alpha^*,x) f^{(m)}(x)dx$$

die gesuchte beste Quadraturformel.

Die oben angegebenen Integrationsformeln von Lagrange und Hermite (3) erfüllen (11) wegen

$$0 = k_o < m = \sum_{i=1}^{m} 1 = m \text{ bzw. } 0 = k_o < m < \sum_{i=1}^{m} 2 = 2m \ .$$

Darüber hinaus sind die in (1) definierten ℓ_ν bzw. $\ell_{\nu i}$ die zu

$$\Lambda_1 := \{(D^o)_{x_i},\ i = 1(1)m\} \text{ bzw. } \Lambda_2 := \{(D^j)_{x_i},\ i=1(1)m, j=0,1\}$$

gehörigen Kardinalsplines. Nach den vorangehenden Überlegungen sind also die Quadraturformeln von Lagrange bzw. Hermite im Sinn von Sard bestmöglichen Formeln der Ordnung m bzw. 2m.

9.2 Optimale Quadraturformeln im Sinn von Newton und Cotes

In 9.1 waren die Knoten x_i und die Vielfachheiten k_i fest vorgegeben. Es ist ein altes schon von Gauss [157] gelöstes Problem, in

$$(12)\qquad \int_{-1}^{1} f(x)dx = \sum_{i=1}^{m} \alpha_i f(x_i) + Rf$$

die Knoten x_i und die Parameter α_i so zu bestimmen, daß

$$(13)\qquad Rf = 0 \quad \text{für} \quad f \in \Pi_{2m-1}[-1,1] .$$

Sind $-1 \leqq x_1^* < x_2^* < \ldots < x_m^* \leqq 1$ die gesuchten Knoten, so ist, einer Idee von Jacobi [186] zufolge, mit den Polynomen

$$\phi_m(x) := (x-x_1^*)\cdot\ldots\cdot(x-x_m^*) \quad \text{für} \quad x \in [-1,1]$$

und $Q_{m-1} \in \Pi_{m-1}[-1,1]$ das Produkt $f = \phi_m \cdot Q_{m-1} \in \Pi_{2m-1}[-1,1]$. Dann ist aber, wegen $f(x_i^*) = 0$ und (12),(13)

$$(14)\qquad \int_{-1}^{1} \phi_m(x) Q_{m-1}(x)dx = 0 .$$

Also muß ϕ_m zu allen Polynomen $Q_{m-1} \in \Pi_{m-1}[-1,1]$ in $(-1,1)$ orthogonal sein, d.h. ϕ_m ist ein Vielfaches des Legendre-Polynoms

$$P_m(x) = \frac{1}{2^m \cdot m!} \frac{d^m((x^2-1)^m)}{dx^m} \qquad ([19])$$

und die x_i^* sind notwendigerweise die Nullstellen dieses Polynoms. Nachdem die Knoten x_i^* bekannt sind, erhält man die Parameter α_i in (12) nach (13) und (2) als

$$(15)\qquad \alpha_i = \alpha_i^{**} := \int_{-1}^{1} \ell_i^* dx \text{ mit } \ell_i^* \in \Pi_{m-1}[-1,1] \text{ und } \ell_i^*(x_\nu^*) = \delta_{i\nu},\ \nu = 1(1)m.$$

Hat man umgekehrt eine Lagrangeformel (12) mit den Nullstellen x_i von P_m als Knoten und den in (15) definierten $\alpha_i = \alpha_i^{**}$ als Parametern, so erfüllt (12) die Bedingung (13). Ein willkürliches Polynom $Q \in \Pi_{2m-1}$ läßt sich mit ϕ_m darstellen als

$$Q = Q_o\phi_m + Q_1 \quad \text{mit } Q_o, Q_1 \in \Pi_{m-1}.$$

Mit den ℓ_ν^* aus (15) und mit (14) folgt aus $Q(x_i^*) = Q_1(x_i^*)$ schließlich

$$Q_1 = \sum_{\nu=1}^{m} Q_1(x_\nu^*)\ell_\nu^* = \sum Q(x_\nu^*)\ell_\nu^* \quad \text{d.h. mit (14)}$$

$$\int_{-1}^{1} Q dx = \int_{-1}^{1} Q_1 dx = \sum_{\nu=1}^{m} Q(x_\nu^*) \int_{-1}^{1} \ell_\nu^* dx = \sum_{\nu=1}^{m} \alpha_\nu^{**} Q(x_\nu^*) .$$

Die so gefundene im Sardschen Sinne beste Quadraturformel der Ordnung 2m zu den Knoten $\{x_i^*\}_1^m$

$$\int_{-1}^{1} f dx = \sum_{\nu=1}^{m} \alpha_\nu^{**} f(x_\nu^*) + Rf, \; Rf = 0 \text{ für } f \in \Pi_{2m-1}[-1,1]$$

heißt Gaußsche Quadraturformel.

M a r k o v [21] hat einen anderen Ansatz gewählt, der in 9.3 wieder angewandt wird. Er geht aus von der Hermiteformel (3), der im Sardschen Sinn besten Quadraturformel zu den vorgegebenen Stützstellen mit der Eigenschaft (13). Die x_i bestimmt er so, daß die α_{i1}^* aus (3) für $1 \leqq i \leqq m$ verschwinden. Das ist genau dann der Fall, wenn $P_m(x_i) = 0$, $1 \leqq i \leqq m$.

Eine unmittelbare Verallgemeinerung der Gaußschen sind die Radauschen Formeln [258]

$$(16) \qquad \int_{-1}^{1} f(x)dx = \sum_{i=1}^{m} \alpha_i^+ f(x_i) + \sum_{j=0}^{k_o-1} (\beta_j^+ f^{(j)}(-1) + \gamma_j^+ f^{(j)}(1)) + Rf$$

mit

$$(17) \qquad Rf = 0 \quad \text{für} \quad f \in \Pi_{2m+2k_o-1}[-1,1] .$$

Durch eine Übertragung des Jacobischen Ansatzes bestimmt man zunächst die Knoten x_i^+. Sie sind die Wurzeln des Polynoms $\overline{\phi} \in \Pi_m[-1,1]$, das bez. der Gewichtsfunktion $(1-x^2)^{k_o}$ in $(-1,1)$ zu allen $Q_{m-1} \in \Pi_{m-1}[-1,1]$ orthogonal ist, d.h.

$$\int_{-1}^{1} \overline{\phi}(x) Q_{m-1}(x)(1-x^2)^{k_o} dx = 0 \quad \text{für } Q_{m-1} \in \Pi_{m-1}[-1,1].$$

Die $\alpha_i^+ = \alpha_i^{+*}$ und $\beta_j^+ = \beta_j^{+*}$, $\gamma_j^+ = \gamma_j^{+*}$ sind wie oben durch (17) eindeutig bestimmt. Umgekehrt weist man wieder nach, daß die im Sardschen Sinn beste Formel (16) mit den angegebenen Knoten die Eigenschaft (17) hat. Für $k_o = 1$ wurden diese Formeln von Radau [258] untersucht.

Eine weitere Verallgemeinerung sind die Turánschen Formeln [342]. Geht man in 9.1 aus von einem Hermite-Interpolationspolynom mit dreifachen Knoten im Inneren und k_o-fachen Randknoten, so findet man Integrationsformeln

$$(18)\qquad \int_{-1}^{1} f(x)dx = \sum_{i=1}^{m} \sum_{j=0}^{2} \hat{\alpha}_{ij} f^{(j)}(\hat{x}_i) + \sum_{j=0}^{k_o-1} \{\hat{\beta}_j f^{(j)}(-1) + \hat{\gamma}_j f^{(j)}(1)\} + Rf$$

mit $Rf = 0$ für $f \in \Pi_{3m+2k_o-1}[-1,1]$. Eine Formel mit

$$(19)\qquad Rf = 0 \quad \text{für} \quad f \in \Pi_{4m+2k_o-1}[-1,1]$$

heißt Turánsche Quadraturformel. Wieder sind für den von Turán untersuchten Fall $k_o = 0$ die Knoten $\hat{x}_i$ und die Parameter $\hat{\alpha}_{ij} = \hat{\alpha}^*_{ij}$, $\hat{\beta}_j = \hat{\beta}^*_j$, $\hat{\gamma}_j = \hat{\gamma}^*_j$ in (18) durch (19) eindeutig bestimmt und (18) mit diesen Knoten und Parametern erfüllt (19) (vergleiche [342]).

9.3 Optimale Quadraturformeln im Sinn von Sard

Die in 9.2 vorgelegten Gaußschen, Radauschen und Turánschen Formeln sind durch die Bedingungen (13), (17), (19) eindeutig bestimmt. Wenn wir also die Optimalitätsbegriffe von 9.1 und 9.2 kombinieren wollen, so ist das nur dann möglich, wenn man statt (13), (17), (19) die Nebenbedingung

$$(20)\qquad \begin{cases} Rf = 0 \quad \text{für} \quad f \in \Pi_{n-1}[-1,1] \quad \text{mit} \\ n < 2m \quad \text{bzw.} \quad n < 2m+2k_o \quad \text{bzw.} \quad n < 4m+2k_o \end{cases}$$

fordert. Wir nennen alle Quadraturformeln der Form (12) bzw. (16) bzw. (18), die (20) genügen, Quadraturformeln vom Gaußschen Typ (G), vom Radauschen Typ (R) bzw. vom Turánschen Typ (T) der Ordnung n. Nach 9.1 gehört zu einer Quadraturformel (12), (16), (18) einer bestimmten Ordnung n (d.h. (20) ist erfüllt) ein Monospline K.
K ist abhängig vom Formeltyp $(Y) \in \{(G),(R),(T)\}$, von der Ordnung n, von den Parametern $(\alpha_1,\ldots,\alpha_m)$ für $Y = G$, $(\alpha_1,\ldots,\alpha_m,\beta_o,\ldots,\gamma_{k_o-1})$

für $Y = R$, $(\alpha_{1o},\alpha_{11},\alpha_{12},\alpha_{2o},\ldots,\alpha_{m2},\beta_o,\ldots,\gamma_{k_o-1})$ für $Y = T$ und von den Knoten $(x_1,\ldots,x_m)$ $\Delta: -1 \leqq x_1 < x_2 < \ldots < x_m \leqq 1$. Diese Abhängigkeit wollen wir durch $K_{Y,n}(\alpha,\Delta,\cdot)$ andeuten. In Anlehnung an 7 und 8 definieren wir

<u>Definition 9.3:</u> *Eine Quadraturformel vom Typ* $(Y) \in \{(G),(R),(T)\}$ *der Ordnung* n *mit dem zugehörigen Monospline* $K_{Y,n}(\alpha^*,\Delta^*,\cdot)$ *heißt eine <u>optimale Quadraturformel im Sardschen Sinn vom Typ</u>* <u>(Y)</u> *<u>der Ordnung</u>* <u>n</u>, *wenn für alle* $K_{Y,n}(\alpha,\Delta,\cdot)$ $\|K_{Y,n}(\alpha^*,\Delta^*,\cdot)\|_2 \leqq \|K_{Y,n}(\alpha,\Delta,\cdot)\|_2$.

Die in 9.2 erwähnte Markovsche Idee führt in allen drei Fällen zum Ziel. Man bestimmt bei willkürlich vorgegebenen Stützstellen x_i die im Sinne Sards besten Formeln der in den Nummern (21) bzw. (22) bzw. (23) definierten Typen $(\overline{G})$ bzw. $(\overline{R})$ bzw. $(\overline{T})$.

$$(21) \quad \int_{-1}^{1} f(x)dx = \sum_{i=1}^{m}\{\alpha_{io}f(x_i)+\alpha_{i1}f'(x_i)\}+(-1)^n \int_{-1}^{1} K_{\overline{G},n}(\alpha,\Delta,x)f^{(n)}(x)dx$$

für $2 \leqq n < 2m$

$$(22) \quad \int_{-1}^{1} f(x)dx = \sum_{i=1}^{m}\{\alpha_{io}f(x_i)+\alpha_{i1}f'(x_i)\}+\sum_{j=0}^{k_o-1}\{\beta_j f^{(j)}(-1)+\gamma_j f^{(j)}(1)\}+$$

$$+(-1)^n \int_{-1}^{1} K_{\overline{R},n}(\alpha,\Delta,x)f^{(n)}(x)dx \text{ für } \max\{2,k_o\} \leqq n < 2m+2k_o$$

$$(23) \quad \int_{-1}^{1} f(x)dx = \sum_{i=1}^{m}\sum_{j=0}^{3}\alpha_{ij}f^{(j)}(x_i) + \sum_{j=0}^{k_o-1}\{\beta_j f^{(j)}(-1)+\gamma_j f^{(j)}(1)\}+$$

$$+(-1)^n \int_{-1}^{1} K_{\overline{T},n}(\alpha,\Delta,x)f^{(n)}(x)dx \quad \text{für } \max\{4,k_o\} \leqq n < 4m+2k_o .$$

Die durch diese Forderung bestimmten Parameter α^*_{ij}, β^*_j, γ^*_j und die zugehörigen Kerne $K_{\overline{Y},n}(\alpha^*,\Delta,\cdot)$, $(\overline{Y}) \in \{(\overline{G}),(\overline{R}),(\overline{T})\}$, hängen natürlich von der Wahl des Gitters Δ ab. Nun versucht man, Δ so zu bestimmen, daß

$$(24) \qquad \alpha^*_{i1} = 0 \quad \text{für } i = 1(1)m \text{ in (21) und (22) und}$$

$$(25) \qquad \alpha^*_{i3} = 0 \quad \text{für } i = 1(1)m \text{ in (23) ,}$$

d.h. diese speziellen Quadraturformeln vom Typ $(\overline{Y}) \in \{(\overline{G}),(\overline{R}),(\overline{T})\}$ sind zugleich vom Typ (Y). Die den Bedingungen (24), (25) genügenden Kerne wollen wir mit $K_{\overline{Y},n}(\alpha^{**},\Delta^{*},\cdot)$ bezeichnen. α^{**} soll an die Abhängigkeit der Parameter vom Gitter Δ^{*} erinnern. Sind (24) bzw. (25) erfüllt, so ist $K_{\overline{Y},n}(\alpha^{**},\Delta^{*},\cdot) = K_{Y,n}(\alpha^{**},\Delta^{*},\cdot)$ und nach (10) ist $K_{Y,n}(\alpha^{**},\Delta^{*},\cdot) \in C^{n-2}[-1,1]$ für $(Y) \in \{(G),(R)\}$ und $K_{T,n}(\alpha^{**},\Delta^{*},\cdot) \in C^{n-4}[-1,1]$.

Wenn die Monosplines $K_{Y,n}(\alpha^{**},\Delta^{*},\cdot)$ existieren, haben wir unser Ziel erreicht. Das zeigt der folgende

Satz 9.2: *Mit* $(Y) \in \{(G),(R),(T)\}$ *ist für alle* $K_{Y,n}(\alpha,\Delta,\cdot)$

(26) $$\|K_{Y,n}(\alpha^{**},\Delta^{*},\cdot)\|_2 \leqq \|K_{Y,n}(\alpha,\Delta,\cdot)\|_2 .$$

Dabei ist für $(Y) = (G)$ $2 \leqq n < 2m$, *für* $(Y) = (R)$ $2 \leqq n < 2m+2k_o$, $k_o \leqq n$, *für* $(Y) = (T)$ $4 \leqq n < 4m+2k_o$, $k_o \leqq n$. *In* (26) *steht das Gleichheitszeichen genau für* $K_{Y,n}(\alpha^{**},\Delta^{*},\cdot) = K_{Y,n}(\alpha,\Delta,\cdot)$, *also für gleiches Gitter und gleiche Parameter. Nach Definition* 9.3 *ist die zu* $K_{Y,n}(\alpha^{**},\Delta^{*},\cdot)$ *gehörige Quadraturformel vom Typ* (Y) *der Ordnung* n *also optimal im Sardschen Sinn.*

Unter den in (21),(22),(23) angegebenen Bedingungen für n, m, k_o gibt es tatsächlich einen Monospline $K_{Y,n}(\alpha^{**},\Delta^{*},\cdot)$, der sich aus einem Monospline H durch Differentiation ergibt:

Satz 9.3: *Wenn für die Typen*

$$(G):\ k(G) := 2m > n \geqq 2$$
$$(R):\ k(R) := 2m+2k_o > n \geqq 2,\ 0 \leqq k_o \leqq n$$
$$(T):\ k(T) := 4m+2k_o > n \geqq 4,\ 0 \leqq k_o \leqq n$$

ist, dann gibt es einen eindeutig bestimmten Monospline der Gestalt

$$H_{Y,n}(\alpha^{**},\Delta^{*},x) = \frac{x^{2n}}{(2n)!} + s(x) \quad \textit{für} \quad x \in [-1,1]$$

mit $s \in Sp_{2n-1,k(Y)}(x_1^{*},\ldots,x_m^{*})$ *und* Δ^{*}: $-1 < x_1^{*} < \ldots < x_m^{*} < 1$.

Es ist $$K_{Y,n}(\alpha^{**},\Delta^{*},x) = \frac{d^n}{dx^n} H_{Y,n}(\alpha^{**},\Delta^{*},x) .$$

$H := H_{Y,n}(\alpha^{**},\Delta^{*},\cdot)$ *ist dabei durch die folgenden Bedingungen charakterisiert:*

Für (G) *ist*

$$H \in C^{2n-2}[-1,1],$$
$$H(x_i^*) = H'(x_i^*) = 0,\ i = 1(1)m,$$
$$H^{(j)}(\pm 1) = 0,\ j = n(1)2n-1.$$

Für (R) *ist*

$$H \in C^{2n-2}[-1,1],$$
$$H(x_i^*) = H'(x_i^*) = 0,\ i = 1(1)m,$$
$$H^{(j)}(\pm 1) = 0,\ j = 0(1)k_o-1,\ j = n(1)2n-k_o-1.$$

Für (T) *ist*

$$H \in C^{2n-4}[-1,1],$$
$$H(x_i^*) = H'(x_i^*) = H''(x_i^*) = H'''(x_i^*) = 0,\ i = 1(1)m,$$
$$H^{(j)}(\pm 1) = 0,\ j = 0(1)k_o-1,\ j = n(1)2n-k_o-1.$$

Für die Typen (G) bzw. (R) ist H jeweils durch 2m+2n Parameter bestimmt: Das sind zunächst die m Knoten x_i^*. Weiter ist s in $(-1,x_1^*)$ ein Polynom vom Grad 2n-1, in jedem der m Knoten x_i^* springt wegen $s \in C^{2n-2}[-1,1]$ die (2n-1)-te Ableitung von s. Analog springen beim Typ (T) die Ableitungen der Ordnungen (2n-3),(2n-2),(2n-1), d.h. der entsprechende Monospline H hängt von 4m+2n Parametern ab. Dabei gehen die Koeffizienten der Polynome in $(-1,x_1^*)$ und die Sprünge in den Knoten x_i^* linear, die Knoten x_i^* selbst nichtlinear ein. Eliminiert man die linear eingehenden Parameter, so bleibt für die Knoten $x_1^*,\dots,x_m^*$ ein System von m algebraischen Gleichungen, das nur in wenigen Fällen geschlossen lösbar ist. Kennt man die x_i^*, so kann man die restlichen Parameter aus den übrigen Gleichungen bestimmen.
Mit der Frage nach der Existenz von Monosplines, die den Bedingungen von Satz 9.3 bzw. allgemeineren Bedingungen genügen, beschäftigen sich die Arbeiten von Karlin und Micchelli [199,200, 202,204].

9.4 Beispiele optimaler Quadraturformeln

Für einige spezielle Werte von n,m,k_o kann man die oben angegebenen Gleichungssysteme für H geschlossen auflösen. Nach (21),(22), (23) sind für n = 2 nur drei Fälle möglich:

(27)	$n = 2,$	$m \geqq 2$	Gaußtyp
(28)	$n = 2,\ k_o = 1,$	$m \geqq 1$	Radautyp
(29)	$n = 2,\ k_o = 2,$	$m \geqq 0$	

Um die Formeln zu vereinfachen, geben wir nicht Integrale $\int_{-1}^{1} f(x)dx$, sondern $\int_a^b f(x)dx$ mit geeigneten a,b an. Bei den weiteren Überlegungen spielen "Bernoulli-Monosplines" eine entscheidende Rolle. Das sind Monosplines der Form

$$\frac{1}{m!}\overline{B}_{m,\nu}(x) := \frac{1}{m!}B_m(x) - \frac{1}{(m-1)!}\sum_{i=1}^{\nu}(x-i)_+^{m-1} \quad \text{für } x \in [0,\nu+1],$$

wobei $B_m(x)$ das Bernoulli-Polynom vom Grad m ist. $B_m(x)$ findet man mit der erzeugenden Funktion $g(x,z)$ durch Potenzreihenentwicklung:

$$g(x,z) := \frac{ze^{xz}}{e^z-1} = \sum_{m=0}^{\infty}\frac{B_m(x)}{m!}z^m \quad \text{für } x,z \in \mathbb{C},\ [299].$$

Wir geben für $n = k_o = 2,\ m \geqq 0$ den Monospline H, den Kern K und die Quadraturformel selbst an. Durch elementare Zwischenrechnungen sieht man, daß H die Bedingungen aus Satz 9.3 erfüllt. Durch Differentiation erhält man aus H den Kern K und daraus mit (9),(10) die Quadraturformel.

Formel vom Radautyp $n = k_o = 2,\ m \geqq 0$:

$$H_1(x) := \frac{1}{4!}(\overline{B}_{4,m}(x) - B_4(0)) = \frac{x^4}{4!} - \frac{x^3}{12} + \frac{x^2}{24} - \sum_{i=1}^{m}\frac{(x-i)_+^3}{3!}$$

für $x \in [0,m+1]$.

Mit

$$H_1'(x) = \frac{1}{3!}\overline{B}_{3,m}(x) = \frac{x^3}{3!} - \frac{x^2}{4} + \frac{x}{12} - \sum_{i=1}^{m}\frac{(x-i)_+^2}{2!}$$

ist

$$H_1(0) = 0,\quad H_1(1) = \frac{1}{24} - \frac{1}{12} + \frac{1}{24} = 0\,,$$

$$H_1(j) = \frac{j^4}{4!} - \frac{j^3}{12} + \frac{j^2}{24} - \frac{1}{6}(1^3+\ldots+(j-1)^3) = 0,\quad j = 2(1)m+1,$$

$$H_1'(0) = 0,\quad H_1'(1) = \frac{1}{6} - \frac{1}{4} + \frac{1}{12} = 0\,,$$

$$H_1'(j) = \frac{j^3}{6} - \frac{j^2}{4} + \frac{j}{12} - \frac{1}{2}(1^2+\ldots+(j-1)^2) = 0,\quad j = 2(1)m+1,$$

d.h. das angegebene H_1 mit den Knoten $x_i^* = i,\ i = 1(1)m$, erfüllt die Bedingungen für den Radautyp des Integrals $\int_0^{m+1} f(x)dx$. Damit ergibt sich

$$K_1(x) = H_1''(x) = \frac{1}{2}\bar{B}_{2,m}(x) = \frac{x^2}{2!} - \frac{x}{2} + \frac{1}{12} - \sum_{i=1}^{m}(x-i)_+$$

für $x \in [0,m+1]$.

$$\int_0^{m+1} f(x)dx = \frac{1}{2}f(0) + f(1) + \ldots + f(m) + \frac{1}{2}f(m+1) + \\ + \frac{1}{12}(f'(0)-f'(m+1)) + \int_0^{m+1} K_1(x)f''(x)dx \ .$$

Aufgaben:

I) Zu den Punkten (x_ν, y_ν), $\nu = 1(1)m$, bestimme man das Lagrange-Interpolationspolynom L, indem man die in (1) definierten Polynome ℓ_ν berechnet.

II) Zu den Tripeln (x_ν, y_ν, y'_ν), $\nu = 1(1)m$, bestimme man das Hermite-Interpolationspolynom H mit $H(x_\nu) = y_\nu$, $H'(x_\nu) = y'_\nu$, $\nu = 1(1)m$, indem man mit den in (1) definierten $\ell_{\nu i}$ eine geeignete Linearkombination bildet.

III) Mit den in Aufgabe I und II berechneten ℓ_ν bzw. $\ell_{\nu i}$ gebe man die in (2) definierten α_ν^* bzw. $\alpha_{\nu i}^*$ an.

IV) Man beweise für $f \in W^{2m,2}[0,h]$ die Hermitesche Zwei-Punkte-Quadraturformel

$$\int_0^h f dx = \frac{h}{2}(f(0)+f(h)) + \frac{h^2}{2!}\frac{m(m-1)}{2m(2m-1)}(f'(0)-f'(h)) + \ldots + \\ + \frac{h^{i+1}}{(i+1)!}\frac{(2m-i-1)!m!}{(2m)!(m-i-1)!}(f^{(i)}(0)+(-1)^i f^{(i)}(h)) + \ldots + \\ + \frac{h^m m!}{(2m)!}(f^{(m-1)}(0)+(-1)^{m-1}f^{(m-1)}(h)) + \frac{1}{(2m)!}\int_0^h f^{(2m)}(x)(x(x-h))^m dx \ .$$

Anleitung: Mit $U := f$, $V(x) := \frac{(x(x-h))^m}{(2m)!}$, $V^{(2m)}(x) \equiv 1$ integriere man mehrfach partiell:

$$\int_0^h f dx = \int_0^h UV^{(2m)} dx \ .$$

V) Man zeige, daß die folgenden Monosplines H_ν ($\nu = 2(1)5$) die für den jeweiligen Typ geforderten Bedingungen von Satz 9.3 erfüllen.

$$H_2(x) := \frac{1}{4}(\overline{B}_{4,m-2}(x) - B_4(0)) - \frac{3+\sqrt{6}}{3!} \cdot \frac{(-x)_+^3 + (x-m+1)_+^3}{3!}$$

$$= \frac{x^4}{4!} - \frac{x^3}{12} + \frac{x^4}{24} - \frac{3+\sqrt{6}}{3!} \cdot \frac{(-x)_+^3 + (x-m+1)_+^3}{3!} - \sum_{i=1}^{m-2} \frac{(x-i)_+^3}{3!}$$

für $x \in [-\rho_2, m-1+\rho_2]$, $\rho_2 = \frac{\sqrt{6}}{6}$ Gaußtyp $n = 2$, $m \geqq 2$.

$$H_3(x) := \frac{1}{4!}(\overline{B}_{4,m-2}(x) - B_4(0)) - \frac{5\sqrt{6}+12}{4!} \cdot \frac{(-x)_+^3 + (x-m+1)_+^3}{3!}$$

$$= \frac{x^4}{4!} - \frac{x^3}{12} + \frac{x^2}{24} - \frac{5\sqrt{6}+12}{4!} \cdot \frac{(-x)_+^3 + (x-m+1)_+^3}{3!} - \sum_{i=1}^{m-2} \frac{(x-i)_+^3}{3!}$$

für $\rho_3 = \frac{\sqrt{6}}{3}$, $x \in [-\rho_3, m-1+\rho_3]$ Radautyp $n = 2$, $k_0 = 1$, $m \geqq 1$.

$$H_4(x) := \frac{1}{6!}(\overline{B}_{6,m-2}(x) - B_6(0)) - \frac{3+2\sqrt{2}}{6} \cdot \frac{(-x)_+^5 - (x-m+1)_+^5}{5!}$$

$$= \frac{1}{6!}(x^6 - 3x^5 + \frac{5}{2}x^4 - \frac{x^2}{2}) - \frac{3+2\sqrt{2}}{6} \cdot \frac{(-x)_+^5 - (x-m+1)_+^5}{5!} - \sum_{i=1}^{m-2} \frac{(x-i)_+^5}{5!}$$

für $x \in [-\rho_4, m-1+\rho_4]$ und $\rho_4 = \frac{1}{\sqrt{2}}$ Radautyp $n=3$, $k_0 = 1$, $m \geqq 1$.

$$H_5(x) := \frac{1}{6!}(\overline{B}_{6,m}(x) - B_6(0))$$

$$= \frac{1}{6!}(x^6 - 3x^5 + \frac{5}{2}x^4 - \frac{x^2}{2}) - \sum_{i=1}^{m} \frac{(x-i)_+^5}{5!}$$

Radautyp $n = 3$, $k_0 = 2$, $m \geqq 0$.

VI) Zu den in Aufgabe V angegebenen Monosplines bestimme man die zugehörigen Quadraturformeln

$$(\int_{-\rho_2}^{m-1+\rho_2} f(x)dx = \frac{3+\sqrt{6}}{6} f(0) + f(1) + \ldots + f(m-2) + \frac{3+\sqrt{6}}{6} f(m-1)$$

$$+ \int_{-\rho_2}^{m-1+\rho_2} H_2''(x) f''(x) dx, \quad \rho_2 = \frac{\sqrt{6}}{6}$$

$$\int_{-\rho_3}^{m-1+\rho_3} f(x)dx = \frac{\sqrt{6}}{8} f(-\rho_3) + \frac{12-5\sqrt{6}}{24} f(0) + f(1) + \ldots + f(m-2) + \frac{12-5\sqrt{6}}{24} f(m-1)$$

$$+ \frac{\sqrt{6}}{8}\, f(m-1+\rho_3) + \int_{-\rho_3}^{m-1+\rho_3} H_3''(x) f''(x)\,dx, \quad \rho_3 = \frac{\sqrt{6}}{3}$$

$$\int_{-\rho_4}^{m-1+\rho_4} f(x)\,dx = \frac{\sqrt{2}}{6}\, f(-\rho_4) + \frac{3+2\sqrt{2}}{6}\, f(0) + f(1) + \ldots + f(m-2) + \frac{3+2\sqrt{2}}{6} f(m-1)$$

$$+ \frac{\sqrt{2}}{6}\, f(m-1+\rho_4) - \int_{-\rho_4}^{m-1+\rho_4} H_4'''(x) f'''(x)\,dx, \quad \rho_4 = \frac{1}{\sqrt{2}}$$

$$\int_0^{m+1} f(x)\,dx = \frac{1}{2}\, f(0) + \frac{1}{12}\, f'(0) + f(1) + \ldots + f(m) + \frac{1}{2}\, f(m+1) - \frac{1}{12}\, f'(m+1)$$

$$- \int_0^{m+1} H_5'''(x) f'''(x)\,dx \,.$$

10 Numerische Behandlung von Anfangswertproblemen mit Splines

Die hier vorgelegten Ergebnisse gehen auf Arbeiten von Callender, Loscalzo, Schoenberg, Talbot, Varga [116,212, 213,214,215,216,217,344] zurück. Die hier vorgeführten Methoden haben gegenüber den bisherigen Verfahren zur Lösung von Anfangswertproblemen zwei Vorteile: Durch Spline-Interpolation erhält man aus den diskreten Näherungen gute globale Approximationen mit guten Fehlerschranken. Die Schrittweite h kann notfalls von Schritt zu Schritt geändert werden. Der Vergleich der Rechenzeiten fällt bei gleicher Genauigkeit bei Runge-Kutta-Verfahren und der Methode aus 10.2 i.a. zugunsten von Runge-Kutta aus. Doch wird die 10.2-Methode vor allem bei steifen Differentialgleichungen für $m = 5$ wesentlich besser als das Runge-Kutta-Verfahren.
Wir geben hier nur das Verfahren für eine einzelne Differentialgleichung

(1) $$u'(x) = f(x,u(x)),\ x \in [0,b] ,$$

mit der Anfangsbedingung

(2) $$u(0) = u_0$$

an. Diese Theorie läßt sich auch auf Systeme von Differentialgleichungen übertragen. Für

(3) $$T_u := \{(x,y) \mid 0 \leq x \leq b,\ |y-u(x)| \leq H \in \mathbb{R}_+\}$$

sei $f \in C^{m-2}(T_u)$ und erfülle dort die übliche Lipschitzbedingung

$$|f(x,y_1) - f(x,y_2)| \leq L|y_1-y_2| \quad .$$

(Das ist für $m \geq 3$ immer richtig.) Dann hat (1), (2) eine eindeutig bestimmte Lösung u.

Zunächst liefert der Spline-Ansatz nur Näherungen für die Funktions- und Ableitungswerte in gewissen Stützstellen. Die mit diesen Näherungswerten bestimmten Interpolationssplines ermöglichen Approximationen der exakten Lösung auch außerhalb der Stützstellen. Als Approximationsfunktionen verwenden wir die in 5.5 eingeführten Polynomsplines der Ordnung m bzw. 2m, die in 10.1 aus $C^{m-1}[0,b]$, in 10.2 aus $C^m[0,b]$ sind. Im ersten Fall findet man nur für $m \leq 3$

stabile Verfahren, die sich für die sinnvollen Werte $m = 2$ und 3 auf bekannte Ansätze reduzieren. Im zweiten Fall entstehen z.T. bisher unbekannte A-stabile Methoden von beliebig hoher Ordnung.

10.1 Approximation durch "glatte" Splines

Die Lösung u von (1), (2) soll durch einen zum Gitter

$$\Delta: 0 = x_o < x_1 = h < \ldots < x_n = nh = b$$

gehörigen Polynomspline $s_m \in C^{m-1}[0,b]$ approximiert werden. (Wegen $s_m \in C^{m-1}[a,b]$ im Gegensatz zu 10.2 mit $s_{2m} \in C^m[a,b]$ sprechen wir hier von "glatten Splines".) Durch mehrfache totale Ableitung nach x, symbolisiert durch den Operator D_x, erhalten wir für die Lösung u von (1), (2) die Ableitungen

$$(4) \qquad u_o^{(j)} := u^{(j)}(0) = D_x^{j-1} f(x,u(x))\Big|_{x=0,u(0)=u_o}, \quad j = 1(1)m-1.$$

Damit liegt für $s_m/[0,h]$ der folgende Ansatz nahe

$$(5) \quad s_m(x) = u_o + \frac{x}{1!}u_o' + \frac{x^2}{2!}u_o'' + \ldots + \frac{x^{m-1}}{(m-1)!}u_o^{(m-1)} + \frac{x^m}{m!}a_o \quad \text{für } x \in [0,h].$$

Die Konstante a_o wird durch die Forderung bestimmt, daß $s_m(h)$ (1) erfüllt, d.h.

$$(6) \qquad s_m'(h) = f(h,s_m(h)) \ .$$

Setzt man (5) in (6) ein, so findet man

$$(7) \qquad \begin{aligned} &u_o' + hu_o'' + \ldots + \frac{h^{m-2}}{(m-2)!}u_o^{(m-1)} + \frac{h^{m-1}}{(m-1)!}a_o = \\ &= f(h, u_o + hu_o' + \frac{h^2}{2!}u_o'' + \ldots + \frac{h^{m-1}}{(m-1)!}u_o^{(m-1)} + \frac{h^m}{m!}a_o). \end{aligned}$$

Mit $z := h^{m-1}a_o/(m-1)!$ kann man diese Gleichung für genügend großes H in T_u iterativ nach z auflösen, wenn mit der Lipschitzkonstanten L $hL/m < 1$, d.h. $h < m/L$ ist. Hat man a_o auf diese Weise bestimmt, so findet man wegen $s_m \in C^{m-1}[0,b]$ $s_m/[h,2h]$ mit den aus (5) berechneten $s_m^{(j)}(h)$, $j = 0(1)m-1$, als

(8) $$s_m(x) = \sum_{j=0}^{m-1} \frac{(x-h)^j}{j!} s_m^{(j)}(h) + \frac{h^m}{m!} a_1 \quad \text{für } x \in [h,2h].$$

Die Bedingung

$$s_m'(2h) = f(2h, s_m(2h))$$

führt zu einer zu (7) analogen Gleichung, die man iterativ nach a_1 auflöst.

Wiederholt man diesen Prozeß oft genug, so erhält man zunächst Funktions- und Ableitungswerte in den Stützstellen für die gesuchte Spline-Näherung und nach (5), (8) usw. die Spline-Näherung selbst. Damit ist der folgende Satz bewiesen:

Satz 10.1: *Für* $h < \frac{m}{L}$ *und genügend großes* H *in* T_u *existiert genau eine Spline-Näherung* $s_m \in C^{m-1}[0,b]$ *für die exakte Lösung* u *und* s_m *ist durch den angegebenen Prozeß eindeutig bestimmt.*

$s_m/[0,(m-1)h]$ hängt linear von den $m+(m-1) = 2m-1$ Parametern $u_0, \ldots, u_0^{(m-1)}, a_0, a_1, \ldots, a_{m-2}$ ab. Also sind die $2m$ Werte $s_m(\nu h)$, $s_m'(\nu h)$, $\nu = 0(1)m-1$, linear abhängig. Analog zeigt man die lineare Abhängigkeit der $s_m((\nu_0+\nu)h)$, $s_m'((\nu_0+\nu)h)$, $\nu = 0(1)m-1$, $\nu_0 = 0(1)(\frac{b}{h}-m)$. Die Faktoren $a_\nu^{(m)}$, $b_\nu^{(m)}$ in der Linearkombination

$$\sum_{\nu=0}^{m-1} a_\nu^{(m)} s((\nu_0+\nu)h) = h \sum_{\nu=0}^{m-1} b_\nu^{(m)} s'((\nu_0+\nu)h)$$

erweisen sich als unabhängig von ν_0. Damit sind die hier bestimmten Näherungswerte identisch mit Näherungen, die sich durch entsprechende implizite Mehrstellenverfahren mit den Anlaufwerten $u_0 := s_m(0), \ldots, u_{m-2} := s_m((m-2)h)$ ergeben. So erhält man das Trapezverfahren für

$$m = 2 : s_2(h) - s_2(0) = \frac{h}{2}(s_2'(0) + s_2'(h))$$
$$= \frac{h}{2}(f(0,s_2(0)) + f(h,s_2(h)))$$

und das Milne-Simpson-Verfahren (vgl. die übliche Simpsonregel) für

$$m = 3: s_3(2h) - s_3(0) = \frac{h}{3}(s_3'(0) + 4s_3'(h) + s_3'(2h))$$
$$= \frac{h}{3}\{f(0,s_3(0)) + 4f(h,s_3(h)) + f(2h,s_3(2h))\}.$$

Definition 10.1: *Ist* x_k *ein Knoten von* s_m, *so sei*

$$s_m^{(m)}(x_k) := \frac{1}{2}(s_m^{(m)}(x_k - \frac{h}{2}) + s_m^{(m)}(x_k + \frac{h}{2})) .$$

Da $s_m^{(m)}$ in den Knoten nicht definiert ist und da in den Intervallen (x_k,x_{k+1}) $s_m \in \Pi_m(x_k,x_{k+1})$, ist $s_m^{(m)}$ in (x_{k-1},x_k) bzw. in (x_k,x_{k+1}) jeweils konstant und die gegebene Definition ist sinnvoll. Damit ergibt sich

Satz 10.2: *Für* $m = 2,3$, $f \in C^m(T_u)$, $h < \frac{m}{L}$ *sei* s_m *die zur exakten Lösung* u *nach Satz* 10.1 *bestimmte Näherung. Dann gibt es von* h *unabhängige Konstanten* K,K' *mit*

$$m = 2 : \quad \|s_2-u\|_\infty \leqq Kh^2, \quad \|s_2'-u'\|_\infty \leqq Kh^2 , \quad \|s_2''-u''\|_\infty \leqq Kh;$$

$$m = 3 : \quad \|s_3-u\|_\infty \leqq K'h^4, \|s_3'-u'\|_\infty \leqq K'h^3, \quad \|s_3''-u''\|_\infty \leqq K'h^2, \|s_3'''-u'''\|_\infty \leqq K'h.$$

Dem folgenden Satz entnimmt man die Ursache für die mehrfache Beschränkung auf die Fälle m = 2,3.

Satz 10.3: *Für* $m \geqq 4$ *und festes* $x \in [0,b]$ *divergieren bei* $h \to 0$ *die mit der Schrittweite* h *berechneten Näherungen* $s_{m,h}(x)$.

Der Grund für die bei $m \geqq 4$ entstehende Instabilität ist die zu starke Koppelung der Splines durch $s_m \in C^{m-1}[0,b]$. Nach Hulme [185] ist ein Verzicht auf Stetigkeit der höheren Ableitungen im Zusammenhang mit expliziten Verfahren nicht sehr sinnvoll. Wesentlich bessere Ergebnisse erzielt man beim Einsatz von "nicht glatten" Splines in impliziten Verfahren. Wir stellen in 9.2 ausführlicher das auf Loscalzo und Schoenberg [213,215] zurückgehende Verfahren dar und besprechen anschließend ganz kurz die Methode von Callender [116].

10.2 Approximation durch Hermite-Splines und Splines in $C^1[a,b]$

Wir setzen hier $s_{2m} \in C^m[0,b]$ als approximierende Funktionen ein.

Für eine Lösungsfunktion u von (1) definieren wir rekursiv (mit der totalen Ableitung D_x nach x und den partiellen Ableitungen f_x, f_y,.... der Funktion f(x,y))

$$
(9)\qquad \begin{aligned}
g_1(x,u(x)) &:= f(x,u(x))\\
g_2(x,u(x)) &:= D_x f(x,u(x)) = f_x + f_y u' = f_x + f_y \cdot f\\
&\vdots\\
g_j(x,u(x)) &:= D_x^{(j-1)} f(x,u(x)) \ , \quad j = 1(1)m \ .
\end{aligned}
$$

Dann ist mit $u_o := u(0)$ und $u_1 := u(h)$

$$
(10)\qquad u^{(j)}(0) = g_j(0,u_o),\ u^{(j)}(h) = g_j(h,u_1),\ j = 0(1)m \ .
$$

Nach 4.3 gibt es zu (10) genau einen interpolierenden Hermite-Spline vom Grad $\leqq$ 2m+1, hier ein Hermite-Interpolationspolynom (vgl. Aufgabe 8,II), der die exakte Lösung u von (1), (2) in irgendeiner Weise approximiert.

Nach (9), (10) sind die $u^{(j)}(0) = g_j(0,u_o)$ bekannt. Unbekannt sind dagegen die $u^{(j)}(h)$, die sich aus dem ebenfalls unbekannten u(h) nach (10) berechnen lassen. Die Berechnung der unbekannten u(h) = $= u_1$ gründet sich auf die Forderung, daß der zu den Daten (10) bestimmte Hermite-Interpolationsspline vom Grad $\leqq$ 2m ist und nicht, wie das nach den Ergebnissen von 5.2 zu erwarten wäre, vom Grad $\leqq$ 2m+1. Den so bestimmten Näherungsspline wollen wir als s_{2m} bezeichnen. Wegen $s_{2m}/[0,h] \in \Pi_{2m+1}[0,h]$ ist die geforderte Bedingung äquivalent dazu, daß der (2m+1)-te Differenzenquotient, gebildet mit den

$$
(11)\qquad s_{2m}^{(j)}(0) = u^{(j)}(0),\ s_{2m}^{(j)}(h) = u^{(j)}(h) \ ,
$$

verschwindet, d.h.

$$
(12)\qquad H_m(s_{2m};0,h) := (-1)^m \frac{(m!)^2}{(2m)!} h^{2m+1} s_{2m}[\underbrace{0,\dots,0}_{m+1},\underbrace{h,\dots,h}_{m+1}] = 0 \ .
$$

Nun kann man zeigen, daß

$$
(13)\qquad \begin{aligned}
&H_m(s_{2m};0,h) = -\sum_{k=0}^{m} C_{k,m} h^k \{u^{(k)}(0) + (-1)^{k+1} u^{(k)}(h)\}\\
&\text{mit } C_{k,m} := \frac{1}{k!} \cdot \frac{m(m-1)\cdot\ldots\cdot(m-k+1)}{2m(2m-1)\cdot\ldots\cdot(2m-k+1)} \ , \ k = 1(1)m,\ C_{o,m} = 1.
\end{aligned}
$$

Diese Formel erhält man auch durch Anwendung der Hermiteschen Zwei-Punkt-Quadraturformel ($\phi_\nu^{(j)} := \phi^{(j)}(x_\nu)$, $\phi_{\nu+1}^{(j)} := \phi^{(j)}(x_{\nu+1})$, $h := x_{\nu+1} - x_\nu$) (vgl. Aufgabe 8,IV)

$$\int_{x_\nu}^{x_\nu+h} \phi dx - \sum_{k=1}^{m} C_{k,m} h^k (\phi_\nu^{(k-1)} + (-1)^{k-1} \phi_{\nu+1}^{(k-1)}) = R\phi$$

mit $R\phi = 0$ für $\phi \in \Pi_{2m-1}$

auf $\phi = u'$ ($\int_{x_\nu}^{x_\nu+h} u'dx = u_{\nu+1} - u_\nu$!). Diese Formel ist dann exakt für $u \in \Pi_{2m}$. Durch Kombination von (9) - (12) erhält man ($Rs_{2m} = 0$!)

$$\begin{aligned} s_{2m}(h) &= u_0 + \tfrac{h}{2}\{g_1(0,u_0) + g_1(h,s_{2m}(h))\} \\ &+h^2 C_{2,m}\{g_2(0,u_0) - g_1(h,s_{2m}(h))\} + \ldots + h^m C_{m,m}\{g_m(0,u_0) + (-1)^{m-1} g_m(h,s_{2m}(h))\}. \end{aligned} \tag{14}$$

Für genügend kleines h kann man aus dieser Gleichung $s_{2m}(h)$ iterativ bestimmen und findet mit (9),(10) die Werte $s_{2m}^{(j)}(h)$, $j = 1(1)m$.

Ersetzt man in (14) u_0 durch $s_{2m}(h)$ und die $g_k(0,u_0)$ durch $g_k(h,s_{2m}(h))$ bzw. die $g_k(h,s_{2m}(h))$ durch $g_k(2h,s_{2m}(2h))$, so erhält man eine Iterationsgleichung für $s_{2m}(2h)$ usw.

Satz 10.4: *Für genügend kleines* h *und* $f \in C^m(T_u)$ *existiert eine Spline-Näherung* $s_{2m} \in C^m[0,b]$ *für die exakte Lösung* u *von* (1), (2) *und* s_{2m} *ist durch den angegebenen Prozeß eindeutig bestimmt.*

Die oben beschriebene Methode ist für $f \in C^m(T_u)$ anwendbar. Konvergenz- und Stabilitätsaussagen sind nur für $f \in C^{2m+1}(T_u)$ bewiesen. Im nächsten Satz wird unterschieden zwischen den besonders genauen diskreten Fehleraussagen und den weniger guten globalen Fehlerabschätzungen.

Satz 10.5: *Für* $f \in C^{2m+1}(T_u)$ *gibt es von* h *unabhängige Konstanten* K'' *und* $h_0 \in \mathbb{R}_+$, *so daß die Hermite-Näherung* s_{2m} *für* $h < h_0$ *den folgenden Abschätzungen genügt*

$$|s_{2m}^{(k)}(\nu h) - y^{(k)}(\nu h)| < K'' \cdot h^{2m}, \quad 0 \leqq k \leqq m, \quad 0 \leqq \nu \leqq \frac{b}{h}$$

$$\| s_{2m}^{(k)} - y^{(k)} \|_\infty \leqq K'' \cdot h^{2m-k}, \quad 0 \leqq k \leqq m .$$

Für numerische Verfahren ist die Frage nach der Stabilität entscheidend.

<u>Definition 10.2:</u> *Ein numerisches Verfahren zur näherungsweisen Berechnung der Lösung eines Anfangswertproblems heißt* <u>A-stabil</u>, *wenn das Verfahren mit jeder willkürlichen Schrittweite* h *angewandt auf*

$$y' = \lambda y,\ y(0) = 1,\ \mathrm{Re}\,\lambda < 0$$

die Näherungslösung u_h *ergibt mit* $\lim\limits_{n\to\infty} u_h(nh) = 0$.

<u>Satz 10.6</u> *Das in* 10.2 *beschriebene Verfahren ist für jedes* $m \geqq 1$ *A-stabil.*

Eine hohe Ordnung des Verfahrens (14) (die lokalen Fehler sind dort von der Größenordnung h^{2m+1}) ist nicht sehr sinnvoll, wenn man nicht die Möglichkeit hat, die Anfangswerte für die Iteration mit gleicher Genauigkeit zu schätzen. Deshalb treten neben die Formeln (14) noch entsprechende Extrapolations- oder Prädiktorformeln. $s_{2m}(h)$ gewinnt man aus der Taylorentwicklung bis zur Ordnung 2m+1 an der Stelle 0. $s_{2m}(\nu h)$, $\nu \geqq 2$, findet man durch Extrapolation des bereits bekannten Hermite-Interpolationssplines $s_{2m}/[(\nu-1)h,\nu h]$ auf das Intervall $[(\nu-1)h,(\nu+1)h]$. Der Fehler ist auch in diesem Fall von der Größenordnung h^{2m+1}. So hat man einen Satz von sogenannten Prädiktor- und Korrektorformeln. Beginnend mit der vom Prädiktor gelieferten Anfangsnäherung hat man i.a. nur noch sehr wenige Iterationen für $s_{2m}(\nu h)$ durchzuführen. Die Formelsätze für m = 2 und m = 3 wurden bereits von M i l n e [25 ,236] ohne Bezugnahme auf Splines angegeben, die übrigen Verfahren sind neu.

In der Tabelle 1 (auf Seite 260) bezeichnen wir die $s_{2m}^{(j)}(0)$, $s_{2m}^{(j)}(h)$, $s_{2m}^{(j)}(\nu h)$ der Kürze halber als $y_0^{(j)}, y_1^{(j)}, \ldots, y_\nu^{(j)}$ für $2 \leqq \nu \leqq \frac{b}{h}$.

Sind die $y_\nu^{(j)}$, $j = 0(1)m$, genau bekannt und ist $y_{\nu+1}$ die aus (14) berechnete Näherung für $u((\nu+1)h)$, so gilt

$$y_{\nu+1}-u((\nu+1)h) = C_m h^{2m+1} u^{(2m+1)}(\eta_m) \text{ mit } \nu h < \eta_m < (\nu+1)h.$$

Sind $y_{\nu-1}^{(j)}$ und $y_\nu^{(j)}$, $j = 0(1)m$, genau bekannt und ist $y_{\nu+1}^e$ der aus der Prädiktorformel für das passende m berechnete Anfangswert für die Iteration, so gilt

$$y^e_{\nu+1}-u((\nu+1)h) = E_m h^{2m+1} u^{(2m+1)}(\xi_m) \text{ mit } (\nu-1)h < \xi_m < (\nu+1)h.$$

Die Werte der C_m, E_m entnimmt man der Tabelle 2 (Seite 260).

Für das in 10.2 geschilderte Verfahren gibt es ein in Fortran - 63 geschriebenes Unterprogramm, SPLINDIF [212], das aufbaut auf dem TAYLOR-Unterprogramm von Reiter [260].

Callender [116] schlägt als Näherung einen Spline s_m aus Polynomstücken vom Grad m mit $s_m \in C^1[a,b]$ vor. Die Knoten von s_m liegen in den Punkten $a = x_o$, $x_j := a + j(m-1)h$.
Wieder sei $f \in C(T_u)$ (vgl. (3)). Zur Definition von s_m in $[x_o,x_1]$ setzen wir mit u_o und $u_o' := f(a=x_o,u_o)$

$$(15) \qquad s_m(x_o+t) = u_o + u_o't + \sum_{i=2}^{m} c_i \frac{t^i}{i!} \quad , \; t \in [0,(m-1)h].$$

Die Parameter c_i bestimmt man aus den m-1 Bedingungen

$$(16) \qquad s_m'(x_o+jh) = f(x_o+jh, s_m(x_o+jh)), \; j = 1(1)m-1 .$$

Sind die c_i bekannt, so erhält man aus (15) wegen $s_m \in C^1[a,b]$ die Werte $s_m(x_1)$, $s_m'(x_1)$ und macht für $[x_1,x_2]$ einen zu (15) analogen Ansatz. Nach [116] gilt

<u>Satz 10.7:</u> *Für genügend kleines* h *und* $f \in C^m(T_u)$ *sind die* $\{c_i\}_2^m$ *aus* (15) *durch* (16) *eindeutig bestimmt.* $s_m \in C^1[a,b]$ *sei der durch die angegebene Prozedur bestimmte Polynomspline. Dann gibt es eine von* h *unabhängige Konstante* K *mit*

$$\|s_m-u\|_\infty \leqq K\cdot h^m \; , \quad \|D(s_m-u)\|_\infty \leqq K\cdot h^m$$

$$\|D^i(s_m-u)\|_\infty \leqq K\cdot h^{m-i+1}, \; i = 2(1)m .$$

Satz 10.7 bleibt auch dann richtig, wenn die c_i (16) nur näherungsweise erfüllen.

Tabelle 1

Hermite-Formel (13) für m	m	Prädiktorformel für m
$y_1 = y_o + \frac{h}{2}(y_o'+y_1')$	1	$y_2 = 2y_1 - y_o - h(y_o'-y_1')$
$y_1 = y_o + \frac{h}{2}(y_o'+y_1') + \frac{h^2}{12}(y_o''-y_1'')$	2	$y_2 = 2y_1 - y_o + h(y_o'-y_1') + \frac{h^2}{2}(y_o''+3y_1'')$
$y_1 = y_o + \frac{h}{2}(y_o'+y_1') + \frac{h^2}{10}(y_o''-y_1'') + \frac{h^3}{120}(y_o'''+y_1''')$	3	$y_2 = 2y_1-y_o-7h(y_o'-y_1')-3h^2(y_o''+y_1'')-\frac{h^3}{12}(5y_o'''-11y_1''')$
$y_1 = y_o + \frac{h}{2}(y_o'+y_1') + \frac{3h^2}{28}(y_o''-y_1'') + \frac{h^3}{84}(y_o'''+y_1''') + \frac{h^4}{1680}(y_o^{(4)}-y_1^{(4)}$	4	$y_2 = 2y_1-y_o+33h(y_o'-y_1')+\frac{h^2}{2}(31y_o''+37y_1'') + \frac{h^3}{6}(17y_o'''-23y_1''')+\frac{h^4}{24}(5y_o^{(4)}+11y_1^{(4)})$
$y_1 = y_o + \frac{h}{2}(y_o'+y_1') + \frac{h^2}{9}(y_o''-y_1'') + \frac{h^3}{72}(y_o'''+y_1''') + \frac{h^4}{1008}(y_o^{(4)}-y_1^{(4)}) + \frac{h^5}{30240}(y_o^{(5)}+y_1^{(5)})$	5	$y_2 = 2y_1-y_o-191h(y_o'-y_1')-\frac{h^2}{3}(272y_o''+293y_1'') - \frac{h^3}{12}(219y_o'''-277y_1''')-\frac{h^4}{24}(45y_o^{(4)}+67y_1^{(4)}) - \frac{h^5}{720}(61y_o^{(5)}-131y_1^{(5)})$

Tabelle 2

m	1	2	3	4	5
C_m	$\frac{1}{2\cdot 3!}$	$-\frac{1}{6\cdot 5!}$	$\frac{1}{20\cdot 7!}$	$-\frac{1}{70\cdot 9!}$	$\frac{1}{252\cdot 11!}$
E_m	$-\frac{6}{2\cdot 3!}$	$-\frac{30}{6\cdot 5!}$	$-\frac{210}{20\cdot 7!}$	$-\frac{770}{70\cdot 9!}$	$-\frac{10626}{252\cdot 11!}$

<u>Aufgabe I:</u> Man löse das Anfangswertproblem

$$u' = x + u, \ u(0) = u_o = 0, \ x \in [0,1]$$

nach den in 10.1 bzw. 10.2 angegebenen Näherungsmethoden für die Schrittweite $h = 0.1$ und $m = 2,3$. Weiter bestimme man die Näherungssplines s_m bzw. s_{2m}, die exakte Lösung u und

$$|s_m^{(j)}(x) - u^{(j)}(x)| \text{ bzw. } |s_{2m}^{(j)}(x) - u^{(j)}(x)|$$

für $x \in \{0;0.05;0.1;0.15;...;1\}$, $j = 0(1)m$.

11 Numerische Behandlung von Randwertproblemen mit Splines

Wie in den Kapiteln 9 und 10 wird auch hier nur ein kurzer Überblick über die im Zusammenhang mit Spline-Funktionen erneut interessant gewordenen Variations- und Kollokationsmethoden zur Behandlung von Randwertaufgaben bei gewöhnlichen Differentialgleichungen gegeben. Dabei sind die Variationsergebnisse (vgl. [80,83, 129,178,187,196,248,249,314,315,316,343,345]) auf fastlineare Randwertprobleme beschränkt (vgl. Abschnitte 11.1 - 11.3), die in Abschnitt 11.4 dargestellten Kollokationsmethoden (vgl. [90,104, 220,221,268]) lassen dagegen wesentlich allgemeinere Differentialgleichungen zu.

11.1 Theoretische Grundlagen, verallgemeinerte Lösungen

Wir betrachten das folgende fastlineare zwei Punkte-Randwertproblem mit linearen homogenen Randbedingungen (vgl. Aufgabe I; N ist hier ein linearer Differentialoperator):

(1) $$N(u(x)) + f(x,u(x)) = 0 \quad \text{für } a < x < b \text{ mit}$$

(2) $$N(u) := \sum_{j=0}^{n} (-1)^j D^j (p_j D^j u) \quad \text{mit } n \geqq 1,\ D := \frac{d}{dx}$$

(3) $$D^j u(a) = D^j u(b) = 0 \quad \text{für } j = 0(1)n-1 .$$

Ist $W_0^{n,2}[a,b] \subset W^{n,2}[a,b]$ der Teilraum von Funktionen, die die Randbedingungen (3) erfüllen, so werden den in (1),(2) auftretenden Funktionen p_j und f folgende Bedingungen auferlegt:

(4) $$p_j \in L^\infty[a,b]$$

(5) Es gibt ein $c \in \mathbb{R}_+$, so daß für alle $w \in W_0^{n,2}[a,b]$ und mit der in (3.13) definierten Norm $\|\cdot\|_{\int,n}$
$$\int_a^b \Big\{ \sum_{j=0}^{n} p_j(x) (D^j w(x))^2 \Big\} dx \geqq c \|w\|_{\int,n} .$$

Für die in Definition 11.1 eingeführten verallgemeinerten Lösungen kommt man mit $p_j \in L^\infty[a,b]$ aus, für (2) selbst braucht man i.a. $p^j \in W^{j,2}[a,b]$.

Nach den Ungleichungen von Rayleigh-Ritz-Wirtinger und Garding ([47], S.176) ist (5) z.B. erfüllt, wenn $p_n(x) > 0$ in $[a,b]$ und $b - a < \frac{\pi}{2}$. Aus (5) folgt

$$P := \inf_{0 \neq w \in W_o^{n,2}[a,b]} \left\{ \frac{\int_a^b \{ \sum_{j=0}^n p_j(x)(D^j w(x))^2 \} dx}{\int_a^b w(x)^2 dx} \right\} \in \mathbb{R}_+ .$$

$$(6) \quad \begin{cases} \text{Mit } f: [a,b] \times \mathbb{R} \to \mathbb{R} \text{ und } u \in W_o^{n,2}[a,b] \text{ ist} \\ g: \begin{cases} [a,b] \to \mathbb{R} \\ x \mapsto f(x,u(x)) \end{cases} \in L^2[a,b] \quad . \end{cases}$$

$$(7) \quad \begin{array}{l} \text{Es gibt ein } \gamma \in \mathbb{R},\ \gamma > -P \text{ mit } \dfrac{f(x,u)-f(x,v)}{u-v} \geqq \gamma \\ \text{für alle } u,v \in \mathbb{R},\ u \neq v \text{ und für f.a. } x \in [a,b]. \end{array}$$

$$(8) \quad \begin{cases} \text{Für jedes } c \in \mathbb{R}_+ \text{ gibt es ein } M(c) \in \mathbb{R}_+ \text{ mit} \\ \dfrac{f(x,u)-f(x,v)}{u-v} \leqq M(c) \quad \text{für alle } u,v \in \mathbb{R},\ u \neq v, \\ |u| \leqq c,\ |v| \leqq c \quad \text{und f.a. } x \in [a,b] \quad . \end{cases}$$

Multipliziert man die linke Seite von (1) mit $v \in W_o^{n,2}[a,b]$ und integriert partiell, so erhält man ($j = 1(1)n$, $k = 0(1)j-1$)

$$\int_a^b (-1)^{j-k} D^{j-k}(p_j D^j u) D^k v \, dx = (-1)^{j-k} D^{j-k-1}(p_j D^j u) D^k v \Big|_a^b +$$

$$+ \int_a^b (-1)^{j-k-1} D^{j-k-1}(p_j D^j u) D^{k+1} v \, dx = \int_a^b (-1)^{j-k-1} D^{j-k-1}(p_j D^j u) D^{k+1} v \, dx$$

die Gleichung

$$(9) \quad \begin{aligned} a(u,v) &:= \int_a^b \{N(u(x)) + f(x,u(x))\} v(x) \, dx \\ &= \int_a^b \{ \sum_{j=0}^n p_j(x) D^j u(x) D^j v(x) + f(x,u(x)) \cdot v(x) \} dx = 0 . \end{aligned}$$

Für jede Lösung u_o von (1) gilt $a(u_o,v) = 0$ für alle $v \in W_o^{n,2}[a,b]$. Umgekehrt definiert man nach [73,112,122].

<u>Definition 11.1:</u> $u_o \in W_o^{n,2}[a,b]$ *heißt* <u>*verallgemeinerte Lösung*</u> *von* (1) - (3), *wenn*

(10) $\quad a(u_o,v) = 0$ *für alle* $v \in W_o^{n,2}[a,b]$.

Man kann zeigen [129.I,320], daß u_o genau dann verallgemeinerte Lösung von (1) - (3) ist, wenn u_o das zum Randwertproblem gehörige Funktional (vgl. [10,133])

$$F(v) := \int_a^b \{ \sum_{j=0}^{n} p_j(x)\{D^j v(x)\}^2 + 2 \int_0^{v(x)} f(x,t)dt\} \, dx$$

über $v \in W_o^{n,2}[a,b]$ minimiert. Zur Frage, wann eine verallgemeinerte Lösung von (1) - (3) auch Lösung im klassischen Sinn ist, vergleiche [2] und Aufgabe II.

11.2 Rayleigh-Ritz-Galerkin-Verfahren, Fehlerabschätzungen für die Sobolev-Norm

Für numerische Anwendungen ist (10) selbst nicht sehr zweckmäßig.

Definition 11.2: B^k *sei ein endlichdimensionaler Teilraum von* $W_o^{n,2}[a,b]$. *Genau dann heißt* $u_k \in B^k$ *eine G a l e r k i n -Näherung der Lösung* u_o *in* B^k, *wenn*

(11) $\quad a(u_k,v) = 0$ *für alle* $v \in B^k$.

Die Approximation der verallgemeinerten Lösung u_o von (1) - (3) durch die Extremale u_k des Funktionals F in einem endlichdimensionalen Teilraum B^k ist die Grundidee der Rayleigh-Ritz-Methode. (11) stellt die notwendigen Bedingungen für ein derartiges Minimum dar. Die Galerkin-Methode geht demgegenüber davon aus, ein $u_k \in B^k$ zu bestimmen, so daß unter genügend starken Differenzierbarkeitsforderungen $\langle Nu_k + f(\cdot,u_k),v\rangle_2 = 0$ für alle $v \in B^k$, d.h. (11). Im Fall des Randwertproblems (1) - (3) sind beide Ansätze äquivalent Man spricht darum von R a y l e i g h - R i t z - G a l e r k i n -Verfahren. Wir nennen die Lösungsfunktion von (11) der Kürze halber eine Galerkin-Näherung.

Nach [129.I, 196] gilt

Satz 11.1: *Unter den Voraussetzungen* (4) - (8) *hat das Zwei-Punkt-Randwertproblem* (1) - (3) *genau eine verallgemeinerte Lösung* $u_o \in W_o^{n,2}[a,b]$. *Darüber hinaus existiert in jedem endlichdimensionalen Teilraum* B^k *eine eindeutige Galerkin-Näherung* $u_k \in B^k$ *der Lösung* u_o *und es gibt von* B^k *unabhängige Konstanten* K_1,K_2 *mit*

$$\|D^j(u_k-u_o)\|_\infty \leq K_1 \|u_k-u_o\|_{\int,n} \leq K_2 \inf_{v\in B^k}\{\|v-u_o\|_{\int,n}\} \text{ für } j=0(1)n-1.$$

Da u_o und u_k den Randbedingungen (3) genügen, folgt die erste Ungleichung in Satz 11.1 unmittelbar aus der Ungleichung von Rayleigh-Ritz-Wirtinger (Satz 3.19).
Um die Galerkin-Näherung aus (11) zu berechnen, geht man aus von einer Basis $\{w_i\}_1^N$ von B^k. Mit

$$u_k = \sum_{i=1}^{N} c_i w_i$$

und (9) ist (11) äquivalent zu

$$\int_a^b \{\sum_{j=0}^{n} p_j(x) D^j(\sum_{i=1}^{N} c_i w_i(x)) D^j w_\ell(x) + f(x, \sum_{i=1}^{N} c_i w_i(x)) w_\ell(x)\} dx$$

$$= \sum_{i=1}^{N} c_i \{\int_a^b \sum_{j=0}^{n} p_j(x) D^j w_i(x) D^j w_\ell(x)\, dx\} + \int_a^b f(x, \sum_{i=1}^{N} c_i w_i(x)) w_\ell(x) dx = 0$$

für $\ell = 1(1)N$. Setzt man

$$\alpha_{i,\ell} := \int_a^b \sum_{j=0}^{n} p_j(x) D^j w_i(x) D^j w_\ell(x) dx\ , \quad i,\ell = 1(1)N\ ,$$

$$g_\ell(c) := \int_a^b f(x, \sum_{i=1}^{N} c_i w_i(x)) w_\ell(x) dx, \quad \ell = 1(1)N\ ,$$

$$A := (\alpha_{i,\ell})_{1,1}^{N,N}\ , \qquad g(c) := (g_\ell(c))_1^N\ ,$$

so hat man für den die Galerkin-Näherung u_k bestimmenden Vektor $c^T := (c_1,\ldots,c_N)$ das nichtlineare Gleichungssystem

$$(12) \qquad Ac + g(c) = 0\ ,$$

das nach Satz 11.1 eindeutig lösbar ist.

Das nichtlineare System (12) kann nach [246,282,283] nach dem Gauss-Seidelschen Iterationsverfahren behandelt werden:

$$\sum_{\ell=1}^{i} \alpha_{i\ell} c_\ell^{(\nu+1)} + \sum_{\ell=i+1}^{N} \alpha_{i\ell} c_\ell^{(\nu)} + g_i(c_1^{(\nu+1)},\ldots,c_i^{(\nu+1)},c_{i+1}^{(\nu)},\ldots,c_N^{(\nu)}) = 0, \quad i = 1(1)N$$

ist für $i = 1,2,3,\ldots,N$ eine nichtlineare Gleichung für $c_i^{(\nu+1)}$, die man nach dem Newtonschen Verfahren auflöst. Die auf diese Weise bestimmte Folge der Vektoren $c^{(\nu)} := (c_1^{(\nu)},\ldots,c_N^{(\nu)})^T$ konvergiert nach [282,283] gegen die gesuchte Lösung c von (12).

Da man für die w_i i.a. "einfache" Funktionen wählt, wird die Berechnung der $\alpha_{i,\ell}(c)$ i.a. keine große Mühe machen. Dagegen werden die $g_\ell(c)$ i.a. nur mittels geeigneter Quadraturformeln anzugeben sein. Auf diese Weise entsteht aus (12) das Näherungssystem

$$Ac + g^*(c) = 0 .$$

Die in diesem Zusammenhang auftretenden Fragen werden in [178] geklärt.

Wir wählen nun als endlichdimensionale Unterräume B^k Räume spezieller Splines. Es sei wie in 5.1

$$L = \sum_{j=0}^{m} a_j D^j , \quad a_m \geqq \theta \in \mathbb{R}_+$$

$$\Delta : a = x_0 < x_1 < \ldots < x_{\mu+1} = b$$

der vorgegebene Differentialoperator und das Grundgitter Δ und mit $1 \leqq \omega_i \leqq m$ sei

$$\Lambda := \{(D^k)_{x_j} , \; j = 1(1)\mu, \; k = 0(1)\omega_j - 1\} .$$

Um die Abhängigkeit des Splineraumes $Sp(L,\Lambda)$ vom gewählten Grundgitter Δ und dem zugehörigen "Inzidenzvektor" $\omega = (\omega_1,\ldots,\omega_\mu)$ zu verdeutlichen, bezeichnen wir den Splineraum $Sp(L,\Lambda)$ in diesem Zusammenhang als $Sp(L,\Delta,\omega)$ (vgl. Kapitel 5.5). Durch Kombination der Sätze 11.1 und 8.2, 8.4 erhält man wegen $\|f\|_{\mathcal{J},n} \geqq \max_{j=0}^{n}\{\|D^j f\|_2\}$ die folgenden Fehlerabschätzungen:

<u>Satz 11.2:</u> *Unter den Voraussetzungen* (4) - (8) *sei* u_0 *die eindeutig bestimmte verallgemeinerte Lösung von* (1) - (3) *(zu* n *vgl.*(2)*) Ferner sei* $\hat{u}$ *die eindeutig bestimmte Galerkin-Näherung für* u_0 *in* $Sp(L,\Delta,\omega) \cap W_0^{n,2}[a,b]$ *und der Differentialoperator* L *sei von der Ordnung* $m \geqq n$. *Dann gibt es von* Δ *und* ω *unabhängige Konstanten* $K_3,\ldots,K_6$, *so daß für*

$u_0 \in W^{m,2}[a,b]$ *die Abschätzungen*

$$\|D^i(\hat{u}-u_0)\| \leqq K_3\|\hat{u}-u_0\|_{\mathcal{J},n} \leqq K_4(\overline{\Delta})^{m-n}\|Lu_0\|_2 , \; i = 0(1)n-1,$$

$u_0 \in W^{2m,2}[a,b]$ *die Abschätzungen*

$$\|D^i(\hat{u}-u_o)\|_\infty \leq K_5 \|\hat{u}-u_o\|_{\mathcal{f},n} \leq K_6(\bar{\Delta})^{2m-n}\|L^*Lu_o\|_2, \quad i=0(1)n-1,$$

gelten.

Für die numerische Praxis ist die Wahl eines geeigneten Splineraumes $Sp(L,\Delta,\omega)$ und einer passenden Basis von einer gewissen Bedeutung. Wenn man nicht, wie im Anschluß beschrieben, einen mit dem Operator N aus (2) zusammenhängenden Differentialoperator L_o finden kann, wird man Polynomsplines $Sp(D^m,\Delta,\omega)$ bevorzugen. In diesem Fall sind die in 5 besprochenen B-Splines [95,129.I,136,287] sehr gut als Basis geeignet: Dann ist aus der Definition der Elemente $\alpha_{i,\ell}$ der Matrix A sofort $\alpha_{i,\ell} = 0$ für $|i-\ell| \geq 2m$ abzulesen. Man erhält also eine für numerische Rechnungen besonders günstige Bandmatrix.

11.3 Verbesserte Fehlerabschätzungen

Die Fehlerschranken in Satz 11.2 haben den Nachteil, daß sie zwar für $\|u_o-\hat{u}\|_{\mathcal{f},n}$, nicht aber für entsprechende Abschätzungen bei niedrigeren Differentiationsordnungen, also z.B. $\|u_o-\hat{u}\|_\infty$, scharf sind. Verschärfungen von Satz 11.2 erhält man, wenn man über u_o weitere Voraussetzungen macht oder Splines wählt, die mit dem Operator N aus (2) enger zusammenhängen.

Es sei $u_o \in W^{2m,2}[a,b]$ mit $m = n+q$, $q \geq 0$ und

$$(13) \qquad N(u) = L_o^*L_o(u) + \sum_{j=0}^{k} (-1)^{j+1} D^j(\tilde{p}_j D^j u)$$

mit $\tilde{p}_j \in C^j[a,b]$ für $j = 0(1)k$, $0 \leq k \leq n$ und

$$L_o(u) := \sum_{j=0}^{n} \beta_j D^j u, \quad \beta_j \in W^{n,2}[a,b], \ \beta_n(x) \geq \theta \in \mathbb{R}_+ \text{ für } x \in [a,b].$$

Mit diesem Differentialoperator L_o wird ein $B^k := H_q(L_o,\Delta,\omega)$ aus einem geeigneten Teilraum von $Sp(D^{2q}L_o,\Delta,\omega)$ durch Differentiation erzeugt. Zum Grundgitter Δ: $a = x_o < x_1 < \ldots < x_{\mu+1} = b$ mit dem Inzidenzvektor

$$\omega^T := (\omega_1,\ldots,\omega_\mu), \ 1 \leq \omega_i \leq 2m-n = n+2q, \ q \geq 0, \text{ für } 1 \leq i \leq \mu,$$

und dem Differentialoperator $L := D^{2q}L_o$ wird der Splineraum

$Sp(L,\Delta,\omega)$ gebildet. $\hat{S}p(L,\Delta,\omega)$ sei der Teilraum der Funktionen von $Sp(L,\Delta,\omega)$, die den Randbedingungen

(14) $\quad D^j s(a) = D^j s(b) = 0$ für $j = 0(1)q-1,\ j = 2q(1)n+2q-1,\ q \geqq 0,$

genügen. Damit ist

$$H_q(L_o,\Delta,\omega) := \{w \mid w = D^{2q}s \text{ und } s \in \hat{S}p(L,\Delta,\omega)\}$$

Nach (14) ist die Abbildung

$$D^{2q}: \begin{cases} \hat{S}p(L,\Delta,\omega) \to H_q(L_o,\Delta,\omega) \\ s \mapsto D^{2q}s \end{cases}$$

bijektiv. Die Surjektivität ist nach Definition von $H_q(L_o,\Delta,\omega)$ trivial. Sind $s_1, s_2 \in \hat{S}p(L,\Delta,\omega)$ mit $D^{2q}s_1 = D^{2q}s_2$, so ist $D^{2q}(s_1-s_2) = 0$, d.h. $s_1-s_2 \in \Pi_{2q-1}[a,b]$. Nach (14) ist aber $D^j(s_1-s_2)(a) = D^j(s_1-s_2)(b) = 0,\ j = 0(1)q-1$, d.h. $s_1 = s_2$.

Wegen $s \in W^{n+2q,2}[a,b]$ ist $w = D^{2q}s \in H_q(L_o,\Delta,\omega) \subset W^{n,2}[a,b]$ und mit (14) für $2q \leqq j \leqq n+2q-1$ erfüllt jedes $w = D^{2q}s$ die Randbedingungen (3), d.h. $H_q(L_o,\Delta,\omega) \subset W_o^{n,2}[a,b]$ und Satz 11.1 ist auf diese Unterräume anwendbar. Man findet [248]

<u>Satz 11.3:</u> *Unter den Voraussetzungen* (4) - (8),(13) *sei* $u_o \in W_o^{2m,2}[a,b]$, $m \geqq n$, *die eindeutig bestimmte verallgemeinerte Lösung von* (1) - (3). *Für ein Grundgitter* Δ: $a = x_o < x_1 < \ldots < x_{\mu+1} = b$ *und einen Inzidenzvektor* $\omega^T = (\omega_1,\ldots,\omega_\mu)$, $1 \leqq \omega_i \leqq 2m-n$ *für* $i = 1(1)\mu$, *sei* $\hat{u} \in H_q(L_o,\Delta,\omega)$ *die eindeutig bestimmte Galerkin-Näherung von* u_o *in* $H_q(L_o,\Delta,\omega)$, $q = m-n$. *Dann gibt es von* Δ *und* ω *unabhängige Konstanten* K_7, K_8, *so daß mit* $\delta = \max\{2k-n,0\}$ *gilt*

$$\|D^i(\hat{u}-u_o)\|_2 \leqq K_7(\bar{\Delta})^{2m-\max\{\delta,i\}},\quad 0 \leqq i \leqq n$$

$$\|D^i(\hat{u}-u_o)\|_\infty \leqq K_8(\bar{\Delta})^{2m-\max\{\delta,i\}-1/2},\quad 0 \leqq i \leqq n-1\ .$$

Ist $u_o \in C^{2m}[a,b]$, so kann man unter zusätzlichen Bedingungen in den letzten Ungleichungen den Exponenten 1/2 streichen ([248]).

Für spezielle Wahl von L_o und ω fällt $H_q(L_o,\Delta,\omega)$ mit bekannten Splineräumen zusammen. So erhält man für $L_o = D^n$, $\omega^* := (1,\ldots,1)^T$ für $H_q(D^n,\Delta,\omega^*)$ den Raum der in Satz 5.9 eingeführten Lagrange-Polynomsplines vom Grad 2m-1 aus der Stetigkeitsklasse $C^{2m-2}[a,b]$.

Für $L_o = D^n$, $\tilde{\omega} := (n+2q,n+2q,\dots,n+2q)^T$ ist $H_q(D^n,\Delta,\tilde{\omega})$ ein Splineraum von stückweisen Polynomen vom Grad 2m-1 aus der Klasse $C^{n-1}[a,b]$ (vgl. Satz 5.7).

Unter den Voraussetzungen der in 5.5 definierten allgemeinen Polynomsplineräume $Sp(d,\Delta,\omega)$ mit $\omega = (\omega_1,\dots,\omega_\mu)$, $1 \leqq \omega_i \leqq d$ erhält man nach Blair [83]

Satz 11.4: *Das Randwertproblem* (1) - (3) *genüge den Bedingungen* $p_j \in C^{j+q}$, $p_n \geqq \theta \in \mathbb{R}_+$, (5) - (8) *und besitze eine Lösung* $u_o \in W^{2n+q,2}[a,b]$. $\hat{u}$ *sei die Galerkin-Näherung von* u_o *in* $W_o^{n,2}[a,b] \cap Sp(d,\Delta,\omega)$ *mit* $d \geqq 2n+q-1$. *Dann gibt es eine nur von* d *und* N *abhängige Konstante* K_9 *mit*

$$\|D^j(\hat{u}-u_o)\|_2 \leqq K_9(\overline{\Delta})^{2n+q-j}\|D^{2n+q}u_o\|_2,\ j = 0(1)n.$$

Eine entsprechende $\|\cdot\|_\infty$-Abschätzung erhält man unter zusätzlichen Bedingungen.

Satz 11.5: *Das Randwertproblem* (1) - (3) *erfülle die Voraussetzungen* $p_j \in C^j$, $p_n \geqq \theta \in \mathbb{R}_+$, (5) - (8) *und besitze eine Lösung* $u_o \in W^{2n,2}[a,b]$ *mit* $f(\cdot,u_o(\cdot)) \in L^\infty[a,b]$. *Weiter sei* u_k *die Galerkin-Näherung von* u_o *in* $W^{n,2}[a,b]$ $Sp(2n,\Delta,\omega)$ *mit* $\omega^T := (n,n,\dots,n)$ *und* $\overline{\Delta}/\underline{\Delta} \leqq \rho \in \mathbb{R}_+$.
Dann ist

$$\|D^j(u_o-\hat{u})\|_\infty \leqq K_{10}\cdot(\overline{\Delta})^{2n-j}\|D^{2n}u_o\|_\infty,\ j = 0(1)n.$$

Fehlerabschätzungen für $u_o \in W^{p,2}[a,b]$, $m \leqq p \leqq 2m$ findet man bei Schultz [318]. Solche Fehlerabschätzungen gelingen mit den dort eingeführten γ-elliptischen Splines auch für Randwertprobleme (1) - (3), wenn N der Bedingung (5) genügt.

Versucht man, die verschiedenen Näherungsverfahren zur Lösung von gewöhnlichen Randwertproblemen zu vergleichen, so zeigen numerische Experimente und theoretische Überlegungen ([129.I]): Für glatte Lösungen $u_o \in W^{2n+q,2}[a,b]$, $q \geqq 0$ wählt man im Anschluß an Satz 11.1 bzw. 11.2 i.a. vorteilhafter für B^k Polynomräume statt Splineräumen in $W_o^{n,2}[a,b]$. Die Konvergenzordnung ist für Polynome gleich gut, z.T. besser, der Rechenaufwand i.a. geringer. Erst wenn bei hochdimensionalen Polynomräumen die dann in (12) vollbesetzte Matrix A unangenehm wird, geht man zweckmäßigerweise zu Splineräumen mit B-Splines (vgl. 5.5) als Basis über. In diesem Fall ist A eine Bandmatrix. Numerische Experimente haben gezeigt, daß es sich vom Vorbereitungs- und vom Rechenaufwand her nur in ganz extremen Fällen lohnt, mit Lg-Splines zu arbeiten. Für die Praxis sind deshalb unter fast allen Umständen die Polynomsplines mit den B-Splines als Basis anzuraten.

Ein Vergleich mit Differenzenapproximationen ist problematisch, da sie im Gegensatz zum Galerkin-Verfahren nur diskrete Näherungswerte liefern. Gerade für die Gitterpunkte liefert der Variationsansatz mit Splines für manche Fälle verblüffend gute Ergebnisse [248].

Satz 11.6: *Im Randwertproblem* (1) - (3) *sei* f *von* u *unabhängig und* $N(u) = L_o^* L_o(u)$ *(vgl.* (13)*). Weiter sei* $\omega^T = (\omega_1,\ldots,\omega_\mu)$ *ein Inzidenzvektor für* $Sp(L_o,\Delta,\omega)$ *mit* $1 \leq \omega_i \leq n$ *und* $\hat{u}$ *die Galerkin-Näherung von* u_o *in* $Sp(L_o,\Delta,\omega)$. *Dann gilt*

$$D^j\hat{u}(x_i) = D^j u_o(x_i),\ i = 0(1)\mu+1,\ j = 0(1)\omega_i-1 .$$

11.4 Kollokations-Methode

Die bisher besprochenen Variationsmethoden haben den Vorzug großer Genauigkeit, jedoch den schweren Nachteil, daß die Berechnungen, bedingt vor allem durch die Integrationen zur Bestimmung der Matrix A in (12), sehr viel Zeit kosten. Diese Integrationen vermeidet man beim Kollokationsverfahren, das jetzt besprochen werden soll. Gegenüber den Verfahren in 11.2 und 11.3 fällt die wesentlich allgemeinere Form der Differentialgleichung (15) und die trotz allem sehr gute Konvergenzordnung (vgl. Satz 11.7) auf (vgl. [90,104, 220,221,268]).
Im Gegensatz zu 11.1 und 11.3 beschränken wir uns hier auf klassische Lösungen $u \in C^m[a,b]$ des Randwertproblems

$$(15)\quad \begin{aligned} D^m u &= Fu \text{ mit } (Fu)(x) := F(x,u(x),\ldots,D^{m-1}u(x)) \\ \lambda_i u &= c_i,\ i = 1(1)m \ . \end{aligned}$$

Dabei sei mit einem Gebiet $\Omega \subseteq \mathbb{R}^{m+1}$

$$(16)\qquad F: \begin{cases} \Omega \to \mathbb{R} \\ (x,z_0,\ldots,z_{m-1}) \mapsto F(x,z_0,\ldots,z_{m-1}) \end{cases}$$

eine vorgegebene Funktion, λ_i, $i = 1(1)m$, stetige lineare Funktionale auf $C^{m-1}[a,b]$ und c_i, $i = 1(1)m$, vorgegebene reelle Zahlen. Eine Funktion $u \in C^m[a,b]$ heißt <u>klassische Lösung des Randwertproblems</u> (15), wenn $\lambda_i u = c_i$, $i = 1(1)m$, und $D^m u(x) = (Fu)(x)$ für alle $x \in [a,b]$.

Zur Kollokation ziehen wir Funktionen eines Splineraumes heran. Es sei zu

$$\Delta: a < x_1 < x_2 < \ldots < x_\mu < b,\; x_0 := a,\; x_{\mu+1} := b$$
$$\omega^{(k)} := (k\,,\quad k\,,\quad \ldots\quad ,k)^T$$

der Raum

$$(17)\qquad Sp(m+k,\Delta,\omega^{(k)}) \subset C^{m-1}[a,b]$$

gewählt. Das zu Δ und $\omega^{(k)}$ bestimmte Vielfachgitter Ω (vgl. (5.52)) besteht dann aus den Knoten $x_1,\ldots,x_\mu$, die jeweils k-fach auftreten. Ω wird ergänzt (vgl. (5.54)) durch (m+k)-mal a und (m+k)-mal b, so daß das folgende Gitter Ω_e entsteht:

$$\underbrace{t_1=\ldots=t_{m+k}}_{(m+k)\text{-mal } a} < \underbrace{t_{m+k+1}=\ldots=t_{m+2k}}_{k\text{-mal } x_1} < \ldots < \underbrace{t_{(\mu+1)k+m+1}=\ldots=t_{(\mu+2)k+2m}}_{(m+k)\text{-mal } b} .$$

Nun seien $\{\rho_r\}_{r=1}^k$ einfache Knoten in $[-1,1]$, d.h. $-1 \leqq \rho_1 < \ldots < \rho_k \leqq 1$. Die Kollokationspunkte $\{\tau_i\}_{i=1}^{k(\mu+1)}$ wählen wir so, daß jeweils k von ihnen in jedem Intervall $[x_i,x_{i+1}]$, $i = 0(1)\mu$, gemäß den $\{\rho_r\}_{r=1}^k$ gleichmäßig verteilt sind, d.h.

$$(18)\qquad \tau_{\nu k+r} := \{x_{\nu+1}+x_\nu+\rho_r(x_{\nu+1}-x_\nu)\}/2 \text{ für } r=1(1)k,\ \nu=0(1)\mu .$$

Das Kollokationsverfahren besteht nun darin, eine Funktion $\hat{u}$ aus einem endlichdimensionalen Unterraum von $C^m[a,b]$ (vgl. (15)) dadurch zu bestimmen, daß man die Randbedingungen $\lambda_i\hat{u} = c_i$, $i=1(1)m$, und das Erfülltsein der Differentialgleichung $D^m\hat{u}(\tau_i) = (F\hat{u})(\tau_i)$ in den Kollokationspunkten τ_i fordert. Das ergibt in unserem Fall das folgende Problem:

$$(19)\quad \begin{cases} \text{Man bestimme } s_\Delta \in Sp(m+k,\Delta,\omega^{(k)}) \text{ aus} \\ D^m s_\Delta(\tau_i) = (Fs_\Delta)(\tau_i),\ i = 1(1)(k(\mu+1)) \text{ und} \\ \lambda_i s_\Delta = c_i,\ i = 1(1)m\ . \end{cases}$$

Das ist für eine Funktion F, die in den $z_o,\dots,z_{m-1}$ (vgl. (16)) nicht linear ist, ein nichtlineares Gleichungssystem. Die verschiedenen Arten, solche Gleichungssysteme zu lösen, sind in [268] gegeneinander abgewogen. Wir gehen hier nur auf das unter weiter unten formulierten Bedingungen sehr effektive Newton-Verfahren ein: Man setzt, gemäß dem Taylorschen Satz für mehrere Variable und $f,g \in C^m[a,b]$ mit genügend kleinem $\|f-g\|_{\infty,m}$

$$Ff - Fg \approx \sum_{j=0}^{m-1} D^j(f-g)\cdot F_j(f) \quad \text{mit}$$

$$F_j(x,z_o,\dots,z_{m-1}) := \frac{\partial}{\partial z_j} F(x,z_o,\dots,z_{m-1}) \quad \text{und}$$

$$F_j(f) := F_j(x,f,Df,\dots,D^{m-1}f)\ .$$

Damit erhält man für (19) die folgende iterationsfähige Gestalt (vgl. [104,268]):

$$(20)\quad \begin{cases} D^m y_{\nu+1}(\tau_i) + \sum_{j=0}^{m-1} v_{\nu,j}(\tau_i)(D^j y_{\nu+1})(\tau_i) = h_\nu(\tau_i),\ i=1(1)(k(\mu+1)) \\ \lambda_i y_{\nu+1} = c_i,\ i = 1(1)m \end{cases}$$

mit

$$v_{\nu,j}(x) := -F_j(x,y_\nu(x),Dy_\nu(x),\dots,D^{m-1}y_\nu(x)),\ j = 0(1)m-1$$

und

$$h_\nu(x) := F(x,y_\nu(x),\dots,D^{m-1}y_\nu(x)) + \sum_{j=0}^{m-1} v_{\nu,j}(x)(D^j y_\nu)(x)\ .$$

Beginnt man die Iteration (20) mit einem genügend guten y_o, das man in nicht zu komplizierten Fällen durch einen Differenzenansatz gewinnen kann, und ist $\overline{\Delta}$ genügend klein, so konvergiert unter den Voraussetzungen von Satz 11.7 das Verfahren (20) quadratisch.

Zur Formulierung des folgenden Satzes brauchen wir einige Voraussetzungen: Die Lösung u von (15) definiert eine Kurve C in $\mathbb{R}^{m+1}$:

$$C := \{(x,u(x),Du(x),\dots,D^{m-1}u(x))^T \mid x \in [a,b]\}\ .$$

Weiter sei C_ε eine Umgebung von C in $\mathbb{R}^{m+1}$. Damit sei

$$(21)\quad F \in C^2(C_\varepsilon)\ .$$

Wir gehen von (15) über zu einem linearisierten Problem:
Mit der Lösung u von (15) seien

(22)
$$a_i(x) := F_i(x,u(x),\dots,D^{m-1}u(x)) ,$$
$$M := D^m - \sum_{i=0}^{m-1} a_i D^i$$

und

(23)
$$\begin{cases} Mv(x) = g(x),\ \lambda_i v = c_i,\ i = 1(1)m,\ g \in C[a,b] \\ \text{sei eindeutig lösbar, d.h. die Greensche Funktion für} \\ \text{dieses Problem existiert.} \end{cases}$$

Es existiere weiter ein $n \in \mathbb{N}$, $n \leqq k$ mit

(24) $$a_i \in C^{n+k}[a,b] \cap C^{n+i-m}[a,b],\ i = 0(1)m-1,\ n \in \mathbb{N},\ n \leqq k$$

und die $\lambda_i u$ aus (15) seien von spezieller Form, nämlich Linearkombination der Funktions- und Ableitungswerte von u in a,b

(25) $$\lambda_i \in [(D^0)_a,(D^1)_a,\dots,(D^{m-1})_a,(D^0)_b,(D^1)_b,\dots,(D^{m-1})_b]$$

Schließlich seien die $\{\rho_r\}_{r=1}^k$ aus (18) speziell gewählt:

(26) $$\int_{-1}^{1} q(x)\cdot \prod_{r=1}^{k} (x-\rho_r)dx = 0 \text{ für alle } q \in \Pi_{n-1}[a,b].$$

Danach kann man die $\{\rho_r\}_{r=1}^k$ z.B. als Gauss'sche Punkte wählen [19].
Dann gilt der

Satz 11.7: *Die Lösung* u *von* (15) *sei aus* $C^{m+k+n}[a,b]$ *und* (21)-(26) *seien erfüllt. Dann gibt es keine weitere Lösung* $\hat{u}$ *von* (15) *mit* $\|D^m(u-\hat{u})\|_\infty < \varepsilon$ *für genügend kleines* ε. *Das Newtonverfahren* (20) *konvergiert für eine genügend gute Anfangsnäherung* $s_{\Delta,0}$ *und genügend kleine* $\overline{\Delta}$ *quadratisch gegen die Kollokationsfunktion* s_Δ *und mit den Kollokationspunkten nach* (26) *gibt es für genügend kleines* $\overline{\Delta}$ *eine von* $\overline{\Delta}$ *und* u *unabhängige Konstante* K_{11} *mit*

$$|D^i(u-s_\Delta)(x_j)| \leqq K_{11}\cdot(\overline{\Delta})^{k+n},\ i = 0(1)m-1$$

und den Knoten x_j, $j = 0(1)\mu+1$

und global ist

$$\|D^i(u-s_\Delta)\|_\infty \leqq K_{11}(\overline{\Delta})^{k+\min\{n,m-i\}},\ i = 0(1)m-1 .$$

Nach [100] ist es zweckmäßig, beim Kollokationsverfahren auszugehen von einem äquidistanten Gitter Δ_1: $a < x_1^{(1)} < \ldots < x_{\mu_1}^{(1)} < b$, $x_o^{(1)} := a$, $x_{\mu+1}^{(1)} := b$. Nachdem die Kollokation einmal durchgerechnet ist, bestimmt man $s_1 \in Sp(k+m,\Delta_1,\omega_1^{(k)})$

$$\int_{x_i^{(1)}}^{x_{i+1}^{(1)}} |D^k s_1|^{\frac{1}{k}} dx \;, \quad i = O(1)\mu_1,$$

In NEWNOT werden nun die Knoten so umverteilt, daß mit dem die Lösung approximierenden Spline s_1 für das neue Gitter Δ_2: $x_1^{(2)} < \ldots < x_{\mu_2}^{(1)}$, $x_o^{(2)} := a$, $x_{\mu_2+1}^{(2)} := b$,

$$\int_{x_i^{(2)}}^{x_{i+1}^{(2)}} |D^k s_1|^{\frac{1}{k}} dx$$

konstant ist für alle Intervalle $[x_i^{(2)}, x_{i+1}^{(2)}]$, $i = O(1)\mu_2$. Ausgehend von dem durch diese Bedingung neudefinierten Gitter Δ_2 bestimmt man in einem neuerlichen Kollokationsschritt $s_2 \in Sp(k+m,\Delta_2,\omega_2^{(k)})$.

Im Hauptprogramm wird NEQUAL-mal ein Gitter mit gleicher Knotenzahl $\mu_1 = \mu_2 = \ldots = \mu_{NEQUAL}$ gewählt. Anschließend wird die Knotenzahl um eins erhöht und wiederum NEQUAL-mal mit μ_1+1 Knoten gerechnet. Die gewünschte Gesamtzahl der Kollokationsschritte ist durch NTIMES anzugeben.

Aufgaben:

I) Man zeige: Das Randwertproblem (1),(2), $D^j u(a) = \alpha_j$, $D^j u(b) = \beta_j$, $j = O(1)n-1$, kann man durch eine Substitution $u = u^* + p_{2n-1}$ mit einem geeigneten Polynom p vom Grad 2n-1 zurückführen auf (1),(2), (3). Dabei bleiben die Voraussetzungen (4) - (8) unverändert.

II) Man zeige: Die Lösung u_o von (1),(2) sei aus $W^{3n,2}[a,b]$ und die in (6) definierte Funktion g sei aus $W^{n,2}[a,b]$ für Lösung $u_o \in W^{3n,2}[a,b]$. Dann ist jede verallgemeinerte Lösung von (1),(2) eine Carathéodory-Lösung für $u \in C^{3n}[a,b]$ eine Lösung im klassischen Sinn.

<u>Anleitung:</u> Unter den Voraussetzungen der Aufgabe ist $(u_o(x)) + f(x,u_o(x)) \in W^{n,2}[a,b]$ und mit den Polynomen $p(x) := (x-a)^n/\varepsilon^n$, $q(x) := (b-x)^n/\varepsilon^n$ für $\varepsilon \in \mathbb{R}_+$ ist

$$v_o(x) := \left\{ \begin{array}{lr} p(x)\cdot(N(u_o(x))+f(x,u_o(x))) & \text{für } x \in [a,a+\varepsilon] \\ N(u_o(x))+f(x,u_o(x)) & \text{für } x \in (a+\varepsilon,b-\varepsilon) \\ q(x)\cdot(N(u_o(x))+f(x,u_o(x))) & \text{für } x \in [b-\varepsilon,b] \end{array} \right\} \in W_o^{n,2}[a,b]$$

und $a(u_o,v_o) = 0$. Was folgt daraus nach (9) ?

III) a) Man zeige, daß das Randwertproblem [196]

$$D^2u = e^u, \; u(0) = u(1) = 0, \; x \in [0,1]$$

mit der exakten Lösung $u_o(x) = -\ln 2 + 2\ln\{c\cdot\sec[c(x-\frac{1}{2})/2]\}$ mit $c = 1{,}3360557$ die Bedingungen (4) - (8) erfüllt. (Man wende die Ungleichung von Rayleigh-Ritz-Wirtinger an.)

b) Man wende die Theorie aus Satz 10.2 auf dieses Polynom an, indem man mit Δ: $0 = x_o < x_1 < \ldots < x_\mu < x_{\mu+1} = 1$ und dem Inzidenzvektor $\omega^T := (1,1,\ldots,1)$ den Splineraum $Sp(D,\Delta,\omega)$ für B^k wählt. Als Basis sind besonders gut die in 5.5 besprochenen B-Splines $N_{i,2}$ geeignet.

c) In Übereinstimmung mit Satz 11.3 und $u_o \in C^4[0,1]$ wähle man $n = q = 1$, $m = 2$, $L_o = D$. Der nach dem oben angegebenen Verfahren zu bestimmende Splineraum ist hier $\hat{S}p(D^3,\Delta,\omega)$ zum Inzidenzvektor $\omega^T := (\omega_1,\ldots,\omega_\mu)$, $\omega_1 = \ldots = \omega_\mu = 2$. Mit diesen Vereinbarungen bestimme man die Näherung $\hat{u}$ für u_o gemäß Satz 11.3.

IV) Ähnlich wie in Aufgabe III bearbeite man die Randwertprobleme [129,I;196]

$$\left\{ \begin{array}{l} D^2u(x) = 4u(x) + 4\cosh 1, \; 0 \leqq x \leqq 1 \\ u(0) = u(1) = 1 \\ u_o(x) = \cosh(2x-1) - \cosh 1 \end{array} \right.$$

$$\begin{cases} D^4u(x) = -u(x) + g(x), \; 0 \leqq x \leqq 1 \\ u(0) = u(1) = u'(0) = u'(1) = 0 \\ g(x) = \begin{cases} -6x^4+5x^3-144 & \text{für } 0 \leqq x \leqq \frac{1}{2} \\ 945(2x-1)^{1/2} + (2x-1)^{9/2} + 5x^3-6x^4-144 & \text{für } \frac{1}{2} \leqq x \leqq 1 \end{cases} \\ u_o(x) = \begin{cases} -6x^4+5x^3 & \text{für } 0 \leqq x \leqq \frac{1}{2} \\ -6x^4+5x^3+(2x-1)^{9/2} & \text{für } \frac{1}{2} \leqq x \leqq 1 . \end{cases} \end{cases}$$

$$\begin{cases} D^4u(x) = g(x) \quad \text{für } 0 \leqq x \leqq 1, \; u(0) = u(1) = u'(0) = u'(1) = 0 \\ g(x) = \begin{cases} 24.0 & \text{für } 0 \leqq x \leqq 1/2 \\ 48.0 & \text{für } 1/2 \leqq x \leqq 1 \end{cases} \\ u_o(x) = \begin{cases} x^4 - \frac{19}{8}x^3 + \frac{21}{16}x^2 & \text{für } 0 \leqq x \leqq 1/2 \\ 2(x-1)^4 + \frac{29}{8}(x-1)^3 + \frac{27}{16}(x-1)^2 & \text{für } 1/2 \leqq x \leqq 1 . \end{cases} \end{cases}$$

12 Numerische Behandlung von Eigenwertproblemen mit Splines

Nachdem die Rayleigh-Ritz-Methoden für Randwertprobleme gute Ergebnisse gezeigt haben, liegt die Anwendung auf Eigenwertprobleme nahe (vgl. [42,80,129.III,196,238,249,250,347]).

12.1 Theoretische Grundlagen

Wir betrachten das Problem (N ist hier nicht Nullraum eines Operators, sondern ein Operator selbst!)

(1) $$(Nu)(x) = \lambda(Lu)(x) \text{ für } a < x < b,\ a,b \in \mathbb{R}$$

(2) $$B_j u := \sum_{k=0}^{n-1} (\alpha_{j,k} D^k u(a) + \beta_{j,k} D^k u(b)),\ j = 1(1)2n$$

mit

(3) $$Nu := \sum_{k=0}^{n} (-1)^k D^k (p_k D^k u)$$

(4) $$Lu := \sum_{k=0}^{\ell} (-1)^k D^k (q_k D^k u),\ 0 \leqq \ell < n\ ,$$

und

(5) $$\begin{cases} p_k \in C^k[a,b],\ k = 0(1)n,\ p_n \geqq \theta_1 \in \mathbb{R}_+ \\ q_k \in C^k[a,b],\ k = 0(1)\ell,\ q_\ell \geqq \theta_2 \in \mathbb{R}_+\ . \end{cases}$$

Dabei sind die Randbedingungen in (2) (über $W^{n,2}[a,b]$) linear unabhängig.

<u>Definition 12.1:</u> *Das Problem* (1),(2) *heißt <u>Eigenwertproblem</u>, ein* $\lambda \in \mathbb{R}$ ($\in \mathbb{C}$) *<u>Eigenwert</u>, wenn es ein* $u \in C^{2n}[a,b]$, $u(x) \not\equiv 0$, *gibt, das* (1) *und* (2) *löst. Dieses* u *heißt dann <u>Eigenlösung</u> und* (λ,u) *<u>Eigenpaar</u>*.

Bevor wir den zentralen Existenzsatz formulieren, werden einige Voraussetzungen eingeführt. Für

$$V := \{u \in C^{2n}[a,b] \mid B_j u = 0,\ j = 1(1)2n\},$$

den Raum der <u>Vergleichsfunktionen</u> von (1),(2), gelte

$$(6)\quad \begin{cases} \langle Nu,v\rangle_2 = \langle u,Nv\rangle_2 \text{ für alle } u,v \in V \\ \langle Lu,v\rangle_2 = \langle u,Lv\rangle_2 \text{ für alle } u,v \in V \end{cases}$$

und es mögen Konstanten $C_1, C_2 \in \mathbb{R}_+$ existieren mit

$$(7)\quad \begin{cases} \langle Nu,u\rangle_2 \geqq C_1\langle Lu,u\rangle_2 \quad \text{und} \\ \langle Lu,u\rangle_2 \geqq C_2\langle u,u\rangle_2 \quad \text{für alle } u \in V\ . \end{cases}$$

Dann sind für $u,v \in V$ durch

$$(8)\quad \begin{array}{l} \langle u,v\rangle_N := \langle Nu,v\rangle_2, \quad \|u\|_N := (\langle u,u\rangle_N)^{1/2} \\ \langle u,v\rangle_L := \langle Lu,v\rangle_2, \quad \|u\|_L := (\langle u,u\rangle_L)^{1/2} \end{array}$$

in V Innenprodukte und die entsprechenden Normen erklärt.
Nun seien

$$H_N := \{u \in L^2[a,b] \mid \{u_\nu\}_{\nu=1}^\infty \subset V \text{ mit } \lim_{\nu\to\infty} \|u-u_\nu\|_N = 0\}$$

und analog H_L die abgeschlossenen Hüllen von V bez. der Normen (8).
D.h. H_N und H_L sind Hilberträume. Aus (7) folgt unmittelbar

$$H_N \subseteq H_L \quad .$$

<u>Satz 12.1:</u> *Das Eigenwertproblem* (1),(2) *erfülle die Voraussetzungen* (6),(7). *Dann gibt es zu* (1),(2) *abzählbar viele reelle Eigenwerte (und nur reelle Eigenwerte)*

$$0 < \lambda_1 \leqq \lambda_2 \leqq \cdots \leqq \lambda_{j-1} \leqq \lambda_j \leqq \cdots$$

ohne einen Häufungspunkt im Endlichen. Die entsprechenden Eigenfunktionen $\{f_i\}_{i=1}^\infty \subset H_N$

$$Nf_i = \lambda_i Lf_i, \quad i = 1,2,3,\ldots$$

können bez. $\langle\cdot,\cdot\rangle_L$ *orthonormal ausgewählt werden, d.h.*

$$\langle f_i,f_j\rangle_L = \delta_{i,j}, \quad i,j = 1,2,3,\ldots.,$$

und die $\{f_i\}_{i=1}^\infty$ *bilden eine Orthonormalbasis für* H_L.

Ähnlich wie in Kapitel 11 kann man die Eigenwerte als Lösungen eines Extremalproblems bestimmen.

<u>Definition 12.2:</u> *Für eine Vergleichsfunktion* $u \in V$ *heißt*

$$(9)\quad R[u] := \frac{\langle Nu,u\rangle_2}{\langle Lu,u\rangle_2} = \frac{\|u\|_N^2}{\|u\|_L^2} \quad (\in \mathbb{R}_+ \cup \{0\})$$

Rayleigh-Quotient.

Satz 12.2: *Das Eigenwertproblem* (1),(2) *genüge* (6),(7). *Dann ist*

$$\lambda_1 = \min \{R[u] \mid u \in H_N \text{ und } u(x) \not\equiv 0\}$$

$$\lambda_j = \min \{R[u] \mid u \in H_N \text{ und } u(x) \not\equiv 0,\ \langle u,f_i\rangle_L = 0 \text{ für die ersten } j-1 \text{ Eigenfunktionen } f_i,\ i = 1(1)j-1\}.$$

12.2 Rayleigh-Ritz-Methoden

Da die in Satz 12.2 auftretenden f_i, $i = 1(1)j-1$, i.a. nicht bekannt sein werden, ist es zweckmäßig,daneben andere Extremaleigenschaften heranzuziehen. Dazu seien

(10) $w_1,\ldots,w_{j-1} \in L^2[a,b]$, linear unabhängig,

$$V(w_1,\ldots,w_{j-1}) := \{u \in V \mid \langle u,w_i\rangle_L = 0,\ i = 1(1)j-1\}$$

und

$$M(w_1,\ldots,w_{j-1}) := \min_{u \in V(w_1,\ldots,w_{j-1})} \{R[u]\}.$$

Dann gilt

Satz 12.3 (Courants-Maximum-Minimum-Prinzip): *Es ist*

(11) $$\lambda_j = \max \{M(w_1,\ldots,w_{j-1}) \mid w_1,\ldots,w_{j-1} \text{ nach (10)}\}.$$

Dieser Satz ist der Ausgangspunkt für die numerische Bestimmung von Eigenpaaren. Dazu geht man aus von einem endlichdimensionalen Raum S_ν, der von den Elementen $w_1,\ldots,w_\nu \in V$ aufgespannt wird,

$$S_\nu := [w_1,\ldots,w_\nu] \subset V.$$

Mit

$$\tilde{u} := \sum_{i=1}^{\nu} u_i w_i,\quad \hat{u}^T := (u_1,\ldots,u_\nu),\quad \hat{u}^T_{(j)} = (u_{j,1},\ldots,u_{j,\nu})$$

ist $R[u] = R[\sum_{i=1}^{\nu} u_i w_i] =: R^*(u_1,\ldots,u_\nu)$. Notwendige Bedingung für die Extrema von $R[u] = R^*(u_1,\ldots,u_\nu)$, d.h. für die Berechnung der angenäherten Eigenwerte, ist das Verschwinden der partiellen Ableitungen nach den u_i. Dadurch ergibt sich das folgende lineare Gleichungssystem:

(12) $\quad A_\nu \hat{u} = \hat{\lambda} B_\nu \hat{u}$

mit

$$A_\nu := (\alpha_{i,j}^{(\nu)})_{i,j=1}^{\nu}, \quad \alpha_{i,j}^{(\nu)} := \langle w_i, w_j \rangle_N$$

$$B_\nu := (\beta_{i,j}^{(\nu)})_{i,j=1}^{\nu}, \quad \beta_{i,j}^{(\nu)} := \langle w_i, w_j \rangle_L .$$

Nach Satz 3.13 und (6),(7) sind A_ν und B_ν reelle symmetrische positiv definite Matrizen. Danach hat (12) ν positive reelle Eigenwerte $0 < \hat{\lambda}_1 \leqq \hat{\lambda}_2 \leqq \ldots \leqq \hat{\lambda}_\nu$ und ν Eigenvektoren $\hat{u}_1, \ldots, \hat{u}_\nu$. Die $\hat{\lambda}_i$ sind Approximationen für die Eigenwerte λ_i von (1),(2) und die

(13) $$\hat{f}_j := \sum_{i=1}^{\nu} \hat{u}_{j,i} w_i \; , \quad j = 1(1)\nu \; ,$$

Approximationen für die Eigenfunktionen f_j von (1),(2). Man kann die $\hat{f}_j$ so wählen, daß

$$\langle \hat{f}_i, \hat{f}_j \rangle_L = \delta_{i,j} \; , \quad i,j = 1(1)\nu \; .$$

Weiter ist

$$\hat{\lambda}_j = \min \{ R[w] \mid w \in S_\nu \text{ mit } w(x) \not\equiv 0 \text{ und } \langle w, \hat{f}_i \rangle_2 = 0, \; i = 1(1)j-1 \}.$$

Nun gilt analog zu Satz 11.1 der

<u>Satz 12.4:</u> S_ν *sei ein* ν*-dimensionaler Unterraum von* H_N *mit* $\nu \geqq j-1$, $\{\tilde{f}_i\}_{i=1}^{j-1} \subset S_\nu$ *seien Approximationen für die ersten* $j-1$ *Eigenfunktionen* $\{f_i\}_{i=1}^{j-1}$ *von* (1),(2) *mit*

$$\sum_{i=1}^{j-1} \| f_i - \tilde{f}_i \|_L^2 < 1$$

und (6),(7) *seien erfüllt. Dann gilt für die nach* (12) *bestimmten Approximationen* $\hat{\lambda}_i$, $i = 1(1)j-1$

$$\lambda_i \leqq \hat{\lambda}_i \leqq \lambda_i + \frac{\sum_{\kappa=1}^{j-1} \| f_\kappa - \tilde{f}_\kappa \|_N^2}{\left(1 - \sqrt{\sum_{\kappa=1}^{j-1} \| f_\kappa - \tilde{f}_\kappa \|_L^2}\right)^2} \; , \quad i = 1(1)j-1 \; .$$

Sind die Eigenwerte λ_i *einfach, d.h.* $0 < \lambda_1 < \lambda_2 < \ldots < \lambda_{j-1}$, *dann existiert eine von der Wahl von* S_ν *unabhängige Konstante* $K_1 \in \mathbb{R}_+$ *mit*

$$\| f_i - \hat{f}_i \|_N \leqq K_1 \Big\{ \sum_{\kappa=0}^{j-1} (\hat{\lambda}_\kappa - \lambda_\kappa) \Big\}^{1/2} \; .$$

Zur Anwendung der bisherigen Ergebnisse auf Spline-Räume seien ein Gitter Δ, ein Inzidenzvektor ω und ein Differentialoperator L ($\neq L$!)

$$\Delta: a = x_0 < x_1 < \dots < x_\mu < x_{\mu+1} = b$$

$$\omega^T = (\omega_1, \dots\dots, \omega_\mu) \text{ mit } 1 \leqq \omega_i \leqq \max \{1, \ell\}$$

$$L := \sum_{\kappa=0}^{m} a_j D^j,\ m \geqq n,\ a_\kappa \in W^{\kappa,2}[a,b] \cap C[a,b],\ a_m \geqq \theta \in \mathbb{R}_+$$

gegeben. Der Raum

$$Sp_0(L,\Delta,\omega) := \{u \in Sp(L,\Delta,\omega) \mid B_\kappa u = 0,\ \kappa = 1(1)2n\}$$

ist ein Teilraum von H_N und Satz 12.4 ist für dim $Sp_0(L,\Delta,\omega) \geqq j-1$ anwendbar, wenn man die folgende Bedingung (14) stellt:

(14) $\quad \|w\|_\infty \leqq C\,\|w\|_N$ für alle $w \in H_N$ und eine feste Konstante C.

<u>Satz 12.5:</u> $(\hat{\lambda}_i, \hat{\phi}_i)$ *seien die mit* $Sp_0(L,\Delta,\omega)$, dim $Sp_0(L,\Delta,\omega) \geqq j-1$, *nach* (12),(13) *bestimmten Approximationen für die Eigenpaare* (λ_i, ϕ_i) *von* (1),(2). *Unter der Voraussetzung* (6),(7) *und*

$$\phi_i \in W^{t,2}[a,b] \text{ mit } m \leqq t \leqq 2m$$

gibt es eine von Δ *unabhängige Konstante* $K_2 \in \mathbb{R}_+$, *so daß für genügend kleines* $\overline{\Delta}$ *gilt:*

$$\lambda_i \leqq \hat{\lambda}_i \leqq \lambda_i + K_2 (\overline{\Delta})^{2(t-n)} \quad \text{für } i = 1(1)j-1.$$

Sind die ersten j-1 *Eigenwerte einfach* $(0 < \lambda_1 < \lambda_2 < \dots < \lambda_{j-1})$ *und ist* (14) *erfüllt, so gibt es eine von* Δ *unabhängige Konstante* $K_3 \in \mathbb{R}_+$ *mit*

$$\|\hat{\phi}_i - \phi_i\|_\infty \leqq K_3 (\overline{\Delta})^{t-n},\ i = 1(1)j-1\ .$$

Bei den in der Praxis sehr oft auftretenden Eigenwertproblemen der Ordnung $\leqq 4$ (d.h. n = 1 oder 2) hat man mit kubischen Lagrange- und Hermite-Splines sehr gute Erfahrungen gemacht (vgl. Programm in Teil 7).

<u>Aufgabe:</u>

Man teste die angegebenen Prozeduren an den Eigenwertproblemen:

$$D^2u(x) + \lambda u(x) = 0,\ 0 < x < 1,\ u(0) = u(1) = 0$$

$$D^4u(x) - 10D(xDu(x)) = \lambda u(x),\ u(0) = D^2u(0) = 0,\ u(1) = Du(1) = 0.$$

1. PROZEDUREN FUER KUBISCHE SPLINES

(<= STEHT IMMER FUER ≦)

```
DIE PROZEDUR  L G S T D S  DIENT ZUR AUFLOESUNG
DER BEI DER KUBISCHEN SPLINE-INTERPOLATION ENT-
STEHENDEN GLEICHUNGSSYSTEME. DIE FAST TRIDIAGO-
NALE KOEFFIZIENTENMATRIX
   A(I,J)        I,J=N1(1)N2
IST IN DREI VEKTOREN ZU SPEICHERN :
   AD(I) = A(I,I)            I=N1(1)N2
   AO(I) = A(I,I+1)          I=N1(1)N2-1
   AU(I) = A(I,I-1)          I=N1+1(1)N2
   AU(N1) = A(N1,N2) ,   AO(N2) = A(N2,N1)   .
( AU(N1)  UND  AO(N2)  SIND NUR IM PERIODISCHEN
FALL VON  0  VERSCHIEDEN; FUER GLEICHUNGSSYSTE-
ME VOM TYP (1.16), (1.25) LAESST SICH EIN EIN-
FACHERER ALGORITHMUS ANGEBEN; VGL. [3].)
DIE RECHTE SEITE IST
   B(I)        I=N1(1)N2
UND DIE LOESUNG
   X(I)        I=N1(1)N2  ;
DABEI KOENNEN DIE AKTUELLEN PARAMETER FUER  B
UND  X  UEBEREINSTIMMEN.

ZUR AUFSTELLUNG DER GLEICHUNGSSYSTEME IST JE-
WEILS DAS GITTER
   X(I)        I=I1(1)I2
UND DIE ZU INTERPOLIERENDEN WERTE
   Y(I)        I=I1(1)I2
(MIT Y(I1)=Y(I2) IM PERIODISCHEN FALL) ANZUGE-
BEN. BERECHNET WERDEN (MIT M1=I1+1 IM PERIODI-
SCHEN FALL UND M1=I1 SONST) DIE DIAGONALE
   AD(I)            I=M1(1)I2   ,
DIE KOEFFIZIENTENVEKTOREN
   LAMBDA(I)        I=M1(1)I2   ,
   RHO(I)           I=M1(1)I2
SOWIE DIE RECHTE SEITE
   D(I)             I=M1(1)I2
DER GLEICHUNGSSYSTEME (1.16) BZW. (1.25).

DAS PROGRAMM  S P L S 2 I  ERSTELLT DAS
GLEICHUNGSSYSTEM (1.16) MIT DEN RANDBEDINGUNGEN
(1.15). MIT  Y2I1  BZW.  Y2I2  WERDEN DIE
SCHAETZWERTE FUER DIE ZWEITE ABLEITUNG IN DEN
RANDPUNKTEN BEZEICHNET. SOLLEN RANDBEDINGUNGEN
DER ALLGEMEINEN FORM (1.13) AUFERLEGT WERDEN,
SO KANN ZUNAECHST DIESES PROGRAMM AUFGERUFEN
WERDEN, UND ANSCHLIESSEND (IM HAUPTPROGRAMM)
KOENNEN DIE WERTE LAMBDA(I1), D(I1), RHO(I2)
UND D(I2) PASSEND VERAENDERT WERDEN. ZUR BE-
RECHNUNG DES STEIGUNGSVEKTORS
   S(I)        I=I1(1)I2
KANN DANN LGSTDS VERWENDET WERDEN.

DIE PROZEDUR  S P L M N I  STELLT FUER DEN
FALL DER NATUERLICHEN SPLINE-INTERPOLATION
EIN GLEICHUNGSSYSTEM VOM TYP (1.25) AUF (MIT
SPEZIELLEN RANDBEDINGUNGEN DER FORM (1.23)).
BEZUEGLICH DER ALLGEMEINEN RANDBEDINGUNGEN
(1.22) GILT DAS GLEICHE WIE BEI SPLS2I. MIT DEM
PROGRAMM LGSTDS KANN DER MOMENTENVEKTOR
   M(I)        I=I1(1)I2
ERMITTELT WERDEN.

DIE AUFSTELLUNG DER GLEICHUNGSSYSTEME FUER DEN
PERIODISCHEN FALL ERFOLGT IN DEN PROZEDUREN
S P L S P I  BEIM ANSATZ UEBER DIE STEIGUNGEN
BZW.  IN  S P L M P I ,  FALLS DIE MOMENTE ZU
ERMITTELN SIND. DIE VEKTOREN
   S(I)        I=I1+1(1)I2        BZW.
   M(I)        I=I1+1(1)I2
KOENNEN MITTELS LGSTDS BESTIMMT WERDEN. IM
HAUPTPROGRAMM IST ZU SETZEN
   S(I1):=S(I2)      BZW.    M(I1):=M(I2)   .

DIE PROZEDUREN  S P L S P P  ,  S P L M P P
BERECHNEN DIE KOEFFIZIENTEN
```

```
   C(I,J)      I=I1(1)I2-1 ,  J=0(1)3
DER PP-DARSTELLUNG (VGL. (6.52), (6.53)) AUS
DEN STEIGUNGEN BZW. MOMENTEN.
DANN KOENNEN DIE SPLINES AUSGEWERTET WERDEN MIT
DEN PROZEDUREN INTERV UND PPVALU (SIEHE 2.) .

ZUR UNMITTELBAREN AUSWERTUNG EINES SPLINES AN
EINER STELLE  T  MITTELS DER VEKTOREN  X,Y,M
DIENT  S P L M K 0  ,   WOBEI GELTEN MUSS
   X(I) <= T < X(I+1)   .
ES WIRD DABEI (1.17) VERWENDET; ANALOGE PROZE-
DUREN KOENNEN FUER DIE ABLEITUNSWERTE UND FUER
DIE AUSWERTUNG MITTELS X,Y,S GESCHRIEBEN WER-
DEN (VGL. (1.8)).

DIE PROZEDUR  S P L K N A   ERMITTELT BEI VOR-
GABE DES GITTERS X(I), DER AUSZUGLEICHENDEN
WERTE Y(I) UND DER RELATIVEN GEWICHTE
   DY(I)       I=I1(1)I2
SOWIE DES AUSGLEICHPARAMETERS  S  DIE PP-KOEF-
FIZIENTEN C(I,J) DES KUBISCHEN NATUERLICHEN
AUSGLEICHSSPLINES. (ZUR WAHL VON S SIEHE ENDE
VON 6.3.)
DAS PROGRAMM WURDE VON REINSCH [259] ANGEGEBEN.
```

```
'PROCEDURE' LGSTDS (N1,N2,AD,AO,AU,B,X);

'VALUE'   N1,N2;

'INTEGER' N1,N2;
'ARRAY'   AD,AO,AU,B,X;

'BEGIN'
   'INTEGER' N;
   'REAL'    P;

   P:=AD(N1);
   AO(N1):=-AO(N1)/P;
   B(N1):=B(N1)/P;
   AU(N1):=-AU(N1)/P;

   'FOR' N:=N1+1 'STEP' 1 'UNTIL' N2-1 'DO'
   'BEGIN'
      P:=AU(N)*AO(N-1)+AD(N);
      AO(N):=-AO(N)/P;
      B(N):=(B(N)-AU(N)*B(N-1))/P;
      AU(N):=-AU(N)*AU(N-1)/P;
   'END' N;

   AU(N2-1):=AO(N2-1)+AU(N2-1);
   AO(N2-1):=B(N2-1);

   'FOR' N:=N2-2 'STEP' -1 'UNTIL' N1 'DO'
   'BEGIN'
      AU(N):=AO(N)*AU(N+1)+AU(N);
      AO(N):=AO(N)*AO(N+1)+B(N);
   'END' N;

   X(N2):=(B(N2)-AO(N2)*AO(N1)-AU(N2)*AO(N2-1))
        /(AD(N2)+AO(N2)*AU(N1)+AU(N2)*AU(N2-1));

   'FOR' N:=N2-1 'STEP' -1 'UNTIL' N1 'DO'
      X(N):=AU(N)*X(N2)+AO(N);

'END';
```

```
'PROCEDURE' SPLS2I
     (I1,I2,X,Y,Y2I1,Y2I2,AD,LAMBDA,RHO,D);

'VALUE'    I1,I2;

'INTEGER' I1,I2;
'REAL'     Y2I1,Y2I2;
'ARRAY'    X,Y,AD,RHO,LAMBDA,D;

'BEGIN'
   'INTEGER' I;
   'REAL'     HIM1,HI,FIM1,FI;

   AD(I1):=2.0;
   RHO(I1):=0.0;
   LAMBDA(I1):=1.0;

   HI:=X(I1+1)-X(I1);
   FI:=(Y(I1+1)-Y(I1))/HI;
   D(I1):=3*FI-0.5*HI*Y2I1;

   'FOR' I:=I1+1 'STEP' 1 'UNTIL' I2-1 'DO'
   'BEGIN'
      HIM1:=HI;
      HI:=X(I+1)-X(I);
      FIM1:=FI;
      FI:=(Y(I+1)-Y(I))/HI;

      AD(I):=2.0;
      RHO(I):=HI/(HIM1+HI);
      LAMBDA(I):=1.0-RHO(I);
      D(I):=3.0*RHO(I)*FIM1 + 3*LAMBDA(I)*FI;
   'END' I;

   AD(I2):=2.0;
   RHO(I2):=1.0;
   LAMBDA(I2):=0.0;
   D(I2):=3*FI+0.5*HI*Y2I2;

'END';
```

```
'PROCEDURE' SPLMNI (I1,I2,X,Y,AD,LAMBDA,RHO,D);

'VALUE'    I1,I2;

'INTEGER' I1,I2;
'ARRAY'    X,Y,AD,LAMBDA,RHO,D;

'BEGIN'
   'INTEGER' I;
   'REAL'     HIM1,HI,FIM1,FI;

   AD(I1):=2.0;
   LAMBDA(I1):=0.0;
   RHO(I1):=0.0;
   D(I1):=0.0;

   HI:=X(I1+1)-X(I1);
   FI:=(Y(I1+1)-Y(I1))/HI;

   'FOR' I:=I1+1 'STEP' 1 'UNTIL' I2-1 'DO'
   'BEGIN'
      HIM1:=HI;
      HI:=X(I+1)-X(I);
      FIM1:=FI;
      FI:=(Y(I+1)-Y(I))/HI;

      AD(I):=2.0;
      LAMBDA(I):=HI/(HIM1+HI);
      RHO(I):=1.0-LAMBDA(I);
      D(I):=6.0*(FI-FIM1)/(HIM1+HI);
   'END' I;

   AD(I2):=2.0;
   LAMBDA(I2):=0.0;
   RHO(I2):=0.0;
   D(I2):=0.0;

'END';
```

```
'PROCEDURE' SPLSPI (I1,I2,X,Y,AD,LAMBDA,RHO,D);

'VALUE'   I1,I2;

'INTEGER' I1,I2;
'ARRAY'   X,Y,AD,RHO,LAMBDA,D;

'BEGIN'
  'INTEGER' I;
  'REAL'    HIM1,HI,FIM1,FI;

  HI:=X(I1+1)-X(I1);
  FI:=(Y(I1+1)-Y(I1))/HI;

  'FOR' I:=I1+1 'STEP' 1 'UNTIL' I2 'DO'
  'BEGIN'
    HIM1:=HI;
    HI:='IF'I'EQUAL'I2'THEN'(X(I1+1)-X(I1))
        'ELSE'(X(I+1)-X(I));
    FIM1:=FI;
    FI:=('IF'I'EQUAL'I2'THEN'(Y(I1+1)-Y(I1))
          'ELSE'(Y(I+1)-Y(I)))/HI;

    AD(I):=2.0;
    RHO(I):=HI/(HIM1+HI);
    LAMBDA(I):=1.0-RHO(I);
    D(I):=3.0*RHO(I)*FIM1 + 3.0*LAMBDA(I)*FI;
  'END' I;

'END';
```

```
'PROCEDURE' SPLMPI (I1,I2,X,Y,AD,LAMBDA,RHO,D);

'VALUE'   I1,I2;

'INTEGER' I1,I2;
'ARRAY'   X,Y,AD,LAMBDA,RHO,D;

'BEGIN'
  'INTEGER' I;
  'REAL'    HIM1,HI,FIM1,FI;

  HI:=X(I1+1)-X(I1);
  FI:=(Y(I1+1)-Y(I1))/HI;

  'FOR' I:=I1+1 'STEP' 1 'UNTIL' I2 'DO'
  'BEGIN'
    HIM1:=HI;
    HI:='IF'I'EQUAL'I2'THEN'(X(I1+1)-X(I1))
        'ELSE'(X(I+1)-X(I));
    FIM1:=FI;
    FI:=('IF'I'EQUAL'I2'THEN'(Y(I1+1)-Y(I1))
          'ELSE'(Y(I+1)-Y(I)))/HI;

    AD(I):=2.0;
    LAMBDA(I):=HI/(HIM1+HI);
    RHO(I):=1.0-LAMBDA(I);
    D(I):=6.0*(FI-FIM1)/(HIM1+HI);
  'END' I;

'END';
```

```
'PROCEDURE' SPLSPP (I1,I2,X,Y,S,C);

'VALUE'   I1,I2;

'INTEGER' I1,I2;
'ARRAY'   X,Y,S,C;

'BEGIN'
  'INTEGER' I;
  'REAL'    HI,D1,D2;

  'FOR' I:=I1 'STEP' 1 'UNTIL' I2 'DO'
  'BEGIN'
     C(I,0):=Y(I);
     C(I,1):=S(I);
  'END';

  'FOR' I:=I1 'STEP' 1 'UNTIL' I2-1 'DO'
  'BEGIN'
     HI:=X(I+1)-X(I);
     D1:= (C(I+1,1)-C(I,1))/HI;
     D2:= (C(I+1,0)-C(I,0)-C(I,1)*HI)/(HI*HI);
     C(I,2):= (3*D2 - D1)*2;
     C(I,3):= 6*(D1-2*D2)/HI;
  'END' I;

'END';



'PROCEDURE' SPLMPP (I1,I2,X,Y,M,C)

'VALUE'   I1,I2;

'INTEGER' I1,I2;
'ARRAY'   X,Y,M,C
```

```
'BEGIN'
  'INTEGER' I;
  'REAL'    HI;

  'FOR' I:=I1 'STEP' 1 'UNTIL' I2 'DO'
  'BEGIN'
     C(I,0):=Y(I);
     C(I,2):=M(I)
  'END';

  'FOR' I:=I1 'STEP' 1 'UNTIL' I2-1 'DO'
  'BEGIN'
     HI:=X(I+1)-X(I);
     C(I,3):=(C(I+1,2)-C(I,2))/HI;
     C(I,1):=(C(I+1,0)-C(I,0))/HI
          -(HI*C(I,3)/6+C(I,2)/2)*HI;
  'END' I;

'END';



'REAL' 'PROCEDURE' SPLMK0 (X,Y,M,T,I);

'VALUE'   I,T;

'INTEGER' I;
'REAL'    T;
'ARRAY'   X,Y,M;

'BEGIN'
  'REAL' HI,DTXI,DTXIP1;
  HI:=X(I+1)-X(I);
  DTXI:=T-X(I);
  DTXIP1:=X(I+1)-T;
```

```
   SPLMK0:= M(I)*DTXIP1*DTXIP1*DTXIP1/(6.0*HI)
      +M(I+1)*DTXI*DTXI*DTXI/(6.0*HI)
      +(Y(I)-M(I)*HI*HI/6.0)*DTXIP1/HI
      +(Y(I+1)-M(I+1)*HI*HI/6.0)*DTXI/HI;

'END';




'PROCEDURE' SPLKNA (I1,I2,X,Y,DY,S,C)

'INTEGER' I1,I2;
'REAL'    S;
'ARRAY'   X,Y,DY,C

'BEGIN'
   'INTEGER' I,M1,M2;
   'REAL'    P,F1,F2,E,G,FS,
             HIM1,HI,FIM1,FI,RH1,RH2,
             VS1,VS2,WS1,WS2,WIM2,WIM1,WI;
   'ARRAY'   T,T1(I1+1:I2-1),
             R,R1,R2(I1-1:I2+1),
             U,V(I1-1:I2+1);

   M1:=I1+1;
   M2:=I2-1;

   HI:=X(I1+1)-X(I1);
   FI:=(Y(I1+1)-Y(I1))/HI;

   'FOR' I:=M1 'STEP' 1 'UNTIL' M2 'DO'
   'BEGIN'
         HIM1:=HI;
         HI:=X(I+1)-X(I);
         FIM1:=FI;
         FI:=(Y(I+1)-Y(I))/HI;
         C(I,0):=FI-FIM1;
         T(I):=2.0*(HIM1+HI)/3.0;
         T1(I):=HIM1/3.0;
         R(I):=DY(I+1)/HI;
         R1(I):=DY(I)*(-1.0/HIM1-1.0/HI);
         R2(I):=DY(I-1)/HIM1;
   'END' I;

   T1(M1):=0.0;

   R(M1-2):=0.0;
   R(M1-1):=0.0;
   R1(M1-1):=0.0;

   'FOR' I:=M1 'STEP' 1 'UNTIL' M2 'DO'
   'BEGIN'
         C(I,1):=R(I)*R(I)+R1(I)*R1(I)+
               R2(I)*R2(I);
         C(I,2):=R(I-1)*R1(I)+R1(I-1)*R2(I);
         C(I,3):=R(I-2)*R2(I);
   'END' I;

   P:=0.0;
   F2:=-S;

IT :
   'FOR' I:=M1 'STEP' 1 'UNTIL' M2 'DO'
   'BEGIN'
         R(I):=P*C(I,1)+T(I);
         R1(I):=P*C(I,2)+T1(I);
         R2(I):=P*C(I,3);
   'END' I;

   'FOR' I:=M1 'STEP' 1 'UNTIL' M2 'DO'
   'BEGIN'
         RH2:=R2(I);
         R2(I):=RH2*R(I-2);
         RH1:=R1(I)-RH2*R1(I-1);
```

```
      R1(I):=RH1*R(I-1);
      R(I):=1.0/(R(I)-RH1*R1(I)-RH2*R2(I));
'END' I;

U(M1-2):=0.0;
U(M1-1):=0.0;

'FOR' I:=M1 'STEP' 1 'UNTIL' M2 'DO'
      U(I):=C(I,0)-R1(I)*U(I-1)-R2(I)*U(I-2);

U(M2+1):=0.0;
U(M2+2):=0.0;

'FOR' I:=M2 'STEP' -1 'UNTIL' M1 'DO'
      U(I):=R(I)*U(I)-R1(I+1)*U(I+1)-


E:=0.0;
VS2:=0.0;

'FOR' I:=I1 'STEP' 1 'UNTIL' M2 'DO'
'BEGIN'
      HI:=X(I+1)-X(I);
      VS1:=VS2;
      VS2:=(U(I+1)-U(I))/HI;
      V(I):=(VS2-VS1)*DY(I)*DY(I);
      E:=E+V(I)*(VS2-VS1);
'END' I;

V(I2):=-VS2*DY(I2)*DY(I2);
E:=E-V(I2)*VS2;

F1:=F2;
F2:=E*P*P;

'IF' F2 'NOTLESS' S 'OR' F2 'NOTGREATER' F1
'THEN' 'GOTO' FIN;

G:=0.0;
WIM1:=0.0;
WI:=0.0;
HI:=X(I1+1)-X(I1);
WS2:=(V(I1+1)-V(I1))/HI;

'FOR' I:=M1 'STEP' 1 'UNTIL' M2 'DO'
'BEGIN'
      WIM2:=WIM1;
      WIM1:=WI;
      HI:=X(I+1)-X(I);
      WS1:=WS2;
      WS2:=(V(I+1)-V(I))/HI;
      WI:=WS2-WS1;
      WI:=WI-R1(I)*WIM1-R2(I)*WIM2;
      G:=G+WI*R(I)*WI;
'END' I;

FS:=E-P*G;
'IF' FS 'NOTGREATER' 0.0 'THEN' 'GOTO' FIN;
P:=P+(S-F2)/((SQRT(S/E)+P)*FS);
'GOTO' IT;


'FOR' I:=I1 'STEP' 1 'UNTIL' I2 'DO'
'BEGIN'
      C(I,0):=Y(I)-P*V(I);
      C(I,2):=U(I)*2;
'END' I;

'FOR' I:=I1 'STEP' 1 'UNTIL' M2 'DO'
'BEGIN'
      HI:=X(I+1)-X(I);
      C(I,3):=(C(I+1,2)-C(I,2))/HI;
      C(I,1):=(C(I+1,0)-C(I,0))/HI-
            (HI*C(I,3)/6+C(I,2)/2)*HI;
'END' I;

'END';
```

2. PROZEDUREN FUER B - SPLINES

DIE ANGEGEBENEN PROZEDUREN (MIT AUSNAHME VON LGSGBM) STAMMEN VON DE BOOR [96]. EIN B-SPLINE DER ORDNUNG K IST BESTIMMT DURCH DIE KNOTEN

    T(I)   I=1(1)P+K   VGL. (5.54)

UND DIE KOEFFIZIENTEN

    A(I)   I=1(1)P   VGL. (6.32) .

DIE PP-DARSTELLUNG EINES POLYNOMSPLINES VOM GRAD K-1 AUF DEM GITTER

    X(I)   I=0(1)N+1   VGL. (5.51)

IST GEGEBEN DURCH DIE KOEFFIZIENTEN

    C(I,J)   I=0(1)N , J=0(1)K-1

VGL. (6.52), (6.53).

DIE PROZEDUR B S P L D R ERSTELLT DIE TABELLE

    ADIF(I,J)   I=1(1)P , J=0(1)NDERIV

DIVIDIERTER DIFFERENZEN ZU DEN KOEFFIZIENTEN A(I) , DIE ZUR BERECHNUNG VON ABLEITUNGSWERTEN DES SPLINES BENOETIGT WIRD (0<NDERIV<K) .

B S P L E V SPEICHERT DEN WERT DES SPLINES UND SEINER ABLEITUNGEN BIS ZUM GRAD NDERIV AN DER STELLE Z IN DAS FELD

    SVALUE(J)   J=0(1)NDERIV   ;

DABEI MUSS GELTEN

    0 <= NDERIV <= K-1   .

IM FALLE NDERIV=0 KANN ALS AKTUELLER PARAMETER FUER ADIF DER VEKTOR A GENOMMEN WERDEN, ANDERNFALLS IST ZUVOR MITTELS BSPLDR DAS FELD ADIF AUS A ZU BERECHNEN.

B S P L V N BERECHNET DIE WERTE SAEMTLICHER AN DER STELLE Z MOEGLICHERWEISE NICHT VERSCHWINDENDEN BASIS-SPLINES DER ORDNUNG

    J = MAX (JHIGH , (J+1)*INDEX)   .

ES MUSS GELTEN (VGL. INTERV)

    T(ILEFT) <= Z <= T(ILEFT+1)
    T(ILEFT)   <   T(ILEFT+1)   .

ERRECHNET WERDEN DIE FUNKTIONSWERTE DER BASIS-SPLINES N (VGL. (5.58))

    VNIKX(I) : N(ILEFT-J+I,J)(Z)   I=1(1)J   .

FUER Z=T(ILEFT) ODER Z=T(ILEFT+1) WIRD DER RECHTS- BZW. LINKSSEITIGE GRENZWERT GENOMMEN. BEIM ERSTEN AUFRUF MUSS IMMER

    INDEX = 0

SEIN; IM FALLE

    INDEX = 1

WIRD DER (BEIM LETZTEN AUFRUF VON BSPLVN GUELTIGE) WERT VON J UM 1 ERHOEHT, UND SPLINES DIESER ORDNUNG WERDEN BERECHNET; BIS AUF JHIGH UND INDEX DUERFEN DANN JEDOCH ZWISCHEN DEN AUFRUFEN VON BSPLVN DIE WERTE DER AKTUELLEN PAPAMETER NICHT VERAENDERT WERDEN. DELTAM UND DELTAP SIND TRANSIENTE PARAMETER, DIE NUR INTERN ALS HILFSGROESSEN BENUTZT WERDEN.

DIE PROZEDUR B S P L V D ERMITTELT DIE FUNKTIONS- UND ABLEITUNGSWERTE BIS ZUM GRAD

    0 <= NDERIV <= K-1

ALLER BASIS-SPLINES, DIE AN DER STELLE Z MOEGLICHERWEISE NICHT VERSCHWINDEN. BEZUEGLICH ILEFT UND DER GRENZWERTBILDUNG GILT DAS GLEICHE WIE BEI BSPLVN. BERECHNET WIRD

    VNIKX(I,J) : J-TE ABL. VON N(ILEFT-K+I,K)
                  AN DER STELLE Z
    I=1(1)K , J=0(1)NDERIV .

DIE PROZEDUR B S P L P P BERECHNET AUS DEN WERTEN T, A, P DER B-SPLINE-DARSTELLUNG DIE WERTE X, C, N DER PP-DARSTELLUNG.

DIE AUSWERTUNG DER IDERIV -TEN ABLEITUNG AN DER STELLE Z EINES SPLINES IN PP-DARSTELLUNG GESCHIEHT MITTELS P P V A L U .

I N T E R V BESTIMMT BEI VORGEGEBENEN PUNKTEN

    XI(I)   I=I1(1)I2

ZU Z DIE GROESSEN ILEFT UND MFLAG :

```
        Z < XI(I1)   : ILEFT = I1 , MFLAG = -1
XI(I)  <= Z < XI(I+1) : ILEFT = I  , MFLAG =  0
XI(I2) <= Z           : ILEFT = I2 , MFLAG =  1
DER PARAMETER  ILO  STEUERT (WIE IN BSPLEV,
PPVALU) DEN SUCHVORGANG. ER IST ZU INITIALISIE-
REN AUF EINEN WERT ZWISCHEN  I1  UND  I2 ;
DER WERT DES ZUGEHOERIGEN AKTUELLEN PARAMETERS
SOLLTE JEDOCH ZWISCHEN ZWEI AUFRUFEN IN DERSEL-
BEN AUSWERTUNGSSERIE NICHT VERAENDERT WERDEN.

B S P I N T  BERECHNET DIE KOEFFIZIENTEN A(I)
FUER EINE INTERPOLATION DURCH B-SPLINES DER
ORDNUNG K. ANZUGEBEN SIND DAS GITTER X(I) UND
   Y(I,J)      I=1(1)N+K ,  J=-1,0  .
GENERIERT WIRD EIN KNOTENVEKTOR MIT EINFACHEN
KNOTEN X(I) (0<I<N+1) UND K-FACHEN KNOTEN X(0)
BZW. X(N+1). DER DURCH T,A,P (P=N+K) BESTIMMTE
B-SPLINE S HAT DIE EIGENSCHAFT
   S(Y(I,-1))=Y(I,0)       I=1(1)N+K  .

DIE PROZEDUR  L G S G B M  LOEST EIN LINEARES
GLEICHUNGSSYSTEM MIT DER  2*M+1 -BAND-MATRIX
   D(I,J)      I,J=N1(1)N2
UND DER RECHTEN SEITE
   B(I)      I=N1(1)N2
NACH DEM GAUSS'SCHEN ELIMINATIONSVERFAHREN
MIT SPALTENPIVOTISIERUNG. FUER DAS FELD  A
MUSS GELTEN
   A(I,J) = D(I,I+J)       I=N1(1)N2 ,  J=-M(1)M
   A(I,J) = 0        I=N1(1)N2 ,  J=M+1(1)2*M  .
(FUER I+J<N1 UND I+J>N2 MUSS A(I,J)=0 SEIN.)
DER AKTUELLE PARAMETER FUER DIE LOESUNG
   X(I)      I=N1(1)N2
KANN MIT DEM AKTUELLEN PARAMETER FUER B UEBER-
EINSTIMMEN. DIE MATRIX A WIRD ZERSTOERT.
```

```
'PROCEDURE' BSPLDR (T,A,P,K,ADIF,NDERIV) ;
'VALUE'   P,K,NDERIV;
'INTEGER' P,K,NDERIV;
'ARRAY'   T,A,ADIF;
'COMMENT' T(1:P+K),A(1:P),ADIF(1:P,0:NDERIV) ;
'BEGIN'
  'INTEGER' I,J;
  'REAL'    DIFF;
  'FOR' I:=1 'STEP' 1 'UNTIL' P 'DO'
     ADIF(I,0):=A(I);
  'FOR' J:=1 'STEP' 1 'UNTIL' NDERIV 'DO'
    'FOR' I:=J+1 'STEP' 1 'UNTIL' P 'DO'
    'BEGIN'
       DIFF:=T(I+K-J)-T(I);
       'IF' DIFF 'NOT EQUAL' 0.0 'THEN'
          ADIF(I,J):=(K-J)*(ADIF(I,J-1)-
                     ADIF(I-1,J-1))/DIFF;
    'END';
'END';

'PROCEDURE' BSPLEV
            (T,ADIF,P,K,Z,SVALUE,NDERIV,ILO);
'VALUE'   P,K,Z,NDERIV;
'INTEGER' P,K,NDERIV,ILO;
'REAL'    Z;
'ARRAY'   T,ADIF,SVALUE;
'COMMENT' T(1:P+K),ADIF(1:P,0:NDERIV),
          SVALUE(0:NDERIV);
'BEGIN'
  'INTEGER' ND,I,MFLAG,KN,LEFT,L;
  'ARRAY'   VNIKX(1:K);
  'EXTERNAL' 'PROCEDURE' INTERV;
  'EXTERNAL' 'PROCEDURE' BSPLVN;
  'INTEGER' J;
  'ARRAY'   DELTAM(1:K),DELTAP(1:K);
```

```
   ND:='IF' K-1 'LESS' NDERIV 'THEN' K-1
        'ELSE' NDERIV;
   ND:='IF' 0 'GREATER' ND 'THEN' 0 'ELSE' ND;
   'FOR' L:=0 'STEP' 1 'UNTIL' ND 'DO'
      SVALUE(L):=0.0;
   INTERV (T,K,P+1,Z,I,MFLAG,ILO) ;
   'IF' MFLAG 'EQUAL' 0 'THEN' 'GOTO' IF;
   'IF' MFLAG 'EQUAL' -1 'THEN' 'GOTO' RT;
   'IF' Z 'GREATER' T(I) 'THEN' 'GOTO' RT;
VI :
   'IF' I 'EQUAL' K 'THEN' 'GOTO' RT;
   I:=I-1;
   'IF' Z 'EQUAL' T(I) 'THEN' 'GOTO' VI;
IF :
   KN:=K-ND;
   BSPLVN (T,KN,0,Z,I,VNIKX,J,DELTAM,DELTAP);
CS :
   LEFT:=I-KN;
   'FOR' L:=1 'STEP' 1 'UNTIL' KN 'DO'
      SVALUE(ND):=SVALUE(ND)+
                  ADIF(LEFT+L,ND)*VNIKX(L);
   ND:=ND-1;
   'IF' ND 'LESS' 0 'THEN' 'GOTO' RT;
   KN:=KN+1;
   BSPLVN (T,0,1,Z,I,VNIKX,J,DELTAM,DELTAP) ;
   'GOTO' CS;
RT :
'END';


'PROCEDURE' BSPLVN
      (T,JHIGH,INDEX,Z,ILEFT,
      VNIKX,J,DELTAM,DELTAP);
'VALUE'    JHIGH,INDEX,Z,ILEFT;
'INTEGER'  JHIGH,INDEX,ILEFT,J;
'REAL'     Z;
'ARRAY'    T,VNIKX,DELTAM,DELTAP;
'COMMENT' T(1:P+K),VNIKX(1:K),
          DELTAM(1:K),DELTAP(1:K);
'BEGIN'
   'INTEGER' L;
   'REAL'    VP,VM;
   'IF' INDEX 'EQUAL' 1 'THEN' 'GOTO' LB;
   J:=1;
   VNIKX(1):=1.0;
   'IF' J 'NOT LESS' JHIGH 'THEN' 'GOTO' RT;
LB :
   DELTAP(J):=T(ILEFT+J)-Z;
   DELTAM(J):=Z-T(ILEFT+1-J);
   VP:=0.0;
   'FOR' L:=1 'STEP' 1 'UNTIL' J 'DO'
   'BEGIN'
      VM:=VNIKX(L)/(DELTAP(L)+DELTAM(J+1-L));
      VNIKX(L):=VP+DELTAP(L)*VM;
      VP:=DELTAM(J+1-L)*VM;
   'END';
   J:=J+1;
   VNIKX(J):=VP;
   'IF' J 'LESS 'JHIGH 'THEN' 'GOTO' LB;
RT :
'END';


'PROCEDURE' BSPLVD (T,K,Z,ILEFT,VNIKX,NDERIV) ;
'VALUE'    K,Z,ILEFT,NDERIV;
'INTEGER'  K,ILEFT,NDERIV;
'REAL'     Z;
'ARRAY'    T,VNIKX;
'COMMENT'  T(1:P+K),VNIKX(1:K,0:NDERIV) ;
'BEGIN'
   'INTEGER'  IDERIV,M,L,I,JLOW,LLOW;
   'REAL'     FACTOR,V;
   'ARRAY'    B(1:K),A(1:K,1:K);
   'EXTERNAL' 'PROCEDURE' BSPLVN;
```

```
'INTEGER' J;
'ARRAY'   DELTAM(1:K),DELTAP(1:K);
IDERIV:='IF' K-1 'LESS' NDERIV 'THEN' K-1
   'ELSE' NDERIV;
IDERIV:='IF' 0 'GREATER' IDERIV 'THEN' 0
   'ELSE' IDERIV;
BSPLVN (T,K-IDERIV,0,Z,ILEFT,
       B,J,DELTAM,DELTAP);
'FOR' L:=1 'STEP' 1 'UNTIL' K-IDERIV 'DO'
   VNIKX(IDERIV+L,IDERIV):=B(L);
'IF' IDERIV 'EQUAL' 0 'THEN' 'GOTO' RT;
'FOR' M:=IDERIV 'STEP' -1 'UNTIL' 1 'DO'
'BEGIN'
   BSPLVN (T,0,1,Z,ILEFT,B,J,DELTAM,DELTAP);
   'FOR' L:=1 'STEP' 1 'UNTIL' K+1-M 'DO'
      VNIKX(M-1+L,M-1):=B(L);
'END';
JLOW:=1;
'FOR' I:=1 'STEP' 1 'UNTIL' K 'DO'
'BEGIN'
   'FOR' J:=JLOW 'STEP' 1 'UNTIL' K 'DO'
      A(I,J):=0.0;
   A(I,I):=1.0;
   JLOW:=I;
'END';
'FOR' M:=1 'STEP' 1 'UNTIL' IDERIV 'DO'
'BEGIN'
   I:=ILEFT;
   J:=K;
   'FOR' LLOW:=K-M 'STEP' -1 'UNTIL' 1 'DO'
   'BEGIN'
      FACTOR:=(K-M)/(T(I+K-M)-T(I));
      'FOR' L:=1 'STEP' 1 'UNTIL' J 'DO'
         A(L,J):=(A(L,J)-A(L,J-1))*FACTOR;
      I:=I-1;
      J:=J-1;
   'END';
   'FOR' I:=1 'STEP' 1 'UNTIL' K 'DO'
   'BEGIN'
      V:=0.0;
      JLOW:='IF' I 'GREATER' M+1 'THEN' I
         'ELSE' M+1;
      'FOR' J:=JLOW 'STEP' 1 'UNTIL' K 'DO'
         V:=V+A(I,J)*VNIKX(J,M);
      VNIKX(I,M):=V;
   'END';
  'END';
RT :
'END';


'PROCEDURE' BSPLPP (T,A,P,K,X,C,N) ;
'VALUE'    P,K;
'INTEGER'  P,K,N;
'ARRAY'    T,A,X,C;
'COMMENT'  T(1:P+K),A(1:P),
           X(0:N+1),C(0:N,0:K-1);
'BEGIN'
   'INTEGER'  I,J;
   'ARRAY'    SCRTCH(1:P,0:K-1),CH(0:K-1);
   'EXTERNAL' 'PROCEDURE' BSPLDR;
   'EXTERNAL' 'PROCEDURE' BSPLEV;
   'INTEGER'  ILO;
   BSPLDR (T,A,P,K,SCRTCH,K-1) ;
   N:=-1;
   X(0):=T(K);
   ILO:=K;
   'FOR' I:=K 'STEP' 1 'UNTIL' P 'DO'
   'BEGIN'
      'IF' T(I+1) 'EQUAL' T(I) 'THEN''GOTO' LE;
      N:=N+1;
      X(N+1):=T(I+1);
      BSPLEV (T,SCRTCH,P,K,X(N),CH,K-1,ILO) ;
      'FOR' J:=0 'STEP' 1 'UNTIL' K-1 'DO'
         C(N,J):=CH(J);
LE :
   'END';
'END';
```

```
'REAL''PROCEDURE' PPVALU(X,C,N,K,Z,IDERIV,ILO);
'VALUE'    N,K,Z,IDERIV;
'INTEGER' N,K,IDERIV,ILO;
'REAL'     Z;
'ARRAY'    X,C;
'COMMENT' X(0:N+1),C(0:N,0:K-1) ;
'BEGIN'
   'INTEGER' I,J;
   'REAL'     DX,P;
   'EXTERNAL' 'PROCEDURE' INTERV;
   INTERV (X,0,N,Z,I,J,ILO) ;
   DX:=Z-X(I);
   P:=0.0;
   'FOR' J:=K-1 'STEP' -1 'UNTIL' IDERIV 'DO'
      P:=P*DX/(J+1-IDERIV)+C(I,J);
   PPVALU:=P;
'END';
```

```
'PROCEDURE' INTERV(XI,I1,I2,Z,ILEFT,MFLAG,ILO);
'VALUE'    I1,I2,Z;
'INTEGER' I1,I2,ILEFT,MFLAG,ILO;
'REAL'     Z;
'ARRAY'    XI;
'COMMENT' XI(N1:N2) : N1.LE.I1,N2.GE.I2 ;
'BEGIN'
   'INTEGER' IHI,ISTEP,MIDDLE;
   IHI:=ILO+1;
   'IF' IHI 'LESS' I2 'THEN' 'GOTO' T1;
   'IF' Z 'NOTLESS' XI(I2) 'THEN' 'GOTO' R3;
   'IF' I2 'NOTGREATER' I1 'THEN' 'GOTO' R1;
   ILO:=I2-1;    'GOTO' T2;
T1 :
   'IF' Z 'NOTLESS' XI(IHI) 'THEN' 'GOTO' F2;
T2 :
   'IF' Z 'NOTLESS' XI(ILO) 'THEN' 'GOTO' R2;
F1 :
   ISTEP:=1;
F11 :
   IHI:=ILO;
   ILO:=IHI-ISTEP;
   'IF' ILO 'NOTGREATER' I1 'THEN' 'GOTO' F12;
   'IF' Z 'NOTLESS' XI(ILO) 'THEN' 'GOTO' M;
   ISTEP:=ISTEP*2;
   'GOTO' F11;
F12 :
   ILO:=I1;
   'IF' Z 'LESS' XI(I1) 'THEN' 'GOTO' R1;
   'GOTO' M;
F2 :
   ISTEP:=1;
F21 :
   ILO:=IHI;
   IHI:=ILO+ISTEP;
   'IF' IHI 'NOTLESS' I2 'THEN' 'GOTO' F22;
   'IF' Z 'LESS' XI(IHI) 'THEN' 'GOTO' M;
   ISTEP:=ISTEP*2;
   'GOTO' F21;
F22 :
   'IF' Z 'NOTLESS' XI(I2) 'THEN' 'GOTO' R3;
   IHI:=I2;
M :
   MIDDLE:=(ILO+IHI)//2;
   'IF' MIDDLE 'EQUAL' ILO 'THEN' 'GOTO' R2;
   'IF' Z 'NOT LESS' XI(MIDDLE)
   'THEN' ILO:=MIDDLE
   'ELSE' IHI:=MIDDLE;
   'GOTO' M;
R1 :
   MFLAG:=-1;  ILEFT:=I1;  'GOTO' RT;
R2 :
   MFLAG:=0;  ILEFT:=ILO;  'GOTO' RT;
R3 :
   MFLAG:=1;  ILEFT:=I2;  'GOTO' RT;
RT :
'END';
```

```
'PROCEDURE' BSPINT (X,N,Y,T,A,P,K) ;
'VALUE'   N,P,K;
'INTEGER' N,P,K;
'ARRAY'   X,Y,T,A;
'COMMENT' P=N+K;
'COMMENT' X(0:N+1),Y(1:P,-1:0),T(1:P+K),A(1:P);
'BEGIN'
   'INTEGER' I,J,L,ILEFT,MFLAG,ILO;
   'ARRAY'   Q(1:P,-(K-1):2*(K-1)),B(1:K,0:0);
   'EXTERNAL' 'PROCEDURE' INTERV;
   'EXTERNAL' 'PROCEDURE' BSPLVD;
   'EXTERNAL' 'PROCEDURE' LGSGBM;
   'FOR' I:=1 'STEP' 1 'UNTIL' K 'DO'
      T(I):=X(0);
   'FOR' I:=1 'STEP' 1 'UNTIL' N 'DO'
      T(K+I):=X(I);
   'FOR' I:=P+1 'STEP' 1 'UNTIL' P+K 'DO'
      T(I):=X(N+1);
   ILO:=K;
   'FOR' I:=1 'STEP' 1 'UNTIL' P 'DO'
   'BEGIN'
      'FOR' J:=-(K-1) 'STEP' 1 'UNTIL'
              2*(K-1) 'DO'  Q(I,J):=0.0;
      INTERV (T,K,P+1,Y(I,-1),ILEFT,MFLAG,ILO);
      'IF' MFLAG 'EQUAL' 0 'THEN' 'GOTO' CB;
      'IF' MFLAG 'EQUAL' -1 'THEN' 'GOTO' RT;
      'IF' I 'LESS' P 'THEN' 'GOTO' RT;
      ILEFT:=P;
CB :  BSPLVD (T,K,Y(I,-1),ILEFT,B,0) ;
      L:=ILEFT-I-K;
      'FOR' J:=1 'STEP' 1 'UNTIL' K 'DO'
      'BEGIN'
         L:=L+1;
         Q(I,L):=B(J,0);
      'END';
      'IF' Q(I,0) 'EQUAL' 0.0 'THEN' 'GOTO' RT;
      A(I):=Y(I,0);
   'END';
   LGSGBM (1,P,K-1,Q,A,A) ;
RT :  'END';
```

```
'PROCEDURE' LGSGBM (N1,N2,M,A,B,X) ;

'VALUE'   N1,N2,M;
'INTEGER' N1,N2,M;
'ARRAY'   A,B,X;

'BEGIN'
'INTEGER' I,J,J2,K,K2,KMAX;
'REAL'    SMAX,AH,BH;

'FOR' I:=N1 'STEP' 1 'UNTIL' N2 'DO'
'IF' I 'EQUAL' N2
'THEN'  B(I):=B(I)/A(I,0)
'ELSE'
'BEGIN'
   K2:=N2-I;
   K2:= 'IF' K2 'LESS' M 'THEN' K2 'ELSE' M ;
   SMAX:=ABS(A(I,0));
   KMAX:=0;
   'FOR' K:=1 'STEP' 1 'UNTIL' K2 'DO'
   'IF' ABS(A(I+K,-K)) 'GREATER' SMAX
   'THEN'
   'BEGIN'
      SMAX:=ABS(A(I+K,-K));
      KMAX:=K;
   'END';

   'IF' KMAX 'EQUAL' 0 'THEN' 'GOTO' M1;

   'FOR' J:=0 'STEP' 1 'UNTIL' 2*M 'DO'
   'BEGIN'
      AH:=A(I,J);
      A(I,J):=A(I+KMAX,J-KMAX);
      A(I+KMAX,J-KMAX):=AH;
   'END';

   BH:=B(I);
   B(I):=B(I+KMAX);
   B(I+KMAX):=BH;
```

```
M1:    J2:=N2-I;
   J2:='IF' J2 'LESS' 2*M 'THEN' J2 'ELSE' 2*M;

   'FOR' J:=1 'STEP' 1 'UNTIL' J2 'DO'
      A(I,J):=A(I,J)/A(I,0);
   B(I):=B(I)/A(I,0);

   'FOR' K:=1 'STEP' 1 'UNTIL' K2 'DO'
   'BEGIN'
            'FOR' J:=1 'STEP' 1 'UNTIL' J2 'DO'
            A(I+K,J-K):=A(I+K,J-K)-
                        A(I+K,-K)*A(I,J);
      B(I+K):=B(I+K)-A(I+K,-K)*B(I);
   'END';

'END';

'FOR' I:=N2 'STEP' -1 'UNTIL' N1 'DO'
'IF' I 'EQUAL' N2
'THEN'  X(I):=B(I)
'ELSE'
'BEGIN'
   J2:=N2-I;
   J2:='IF' J2 'LESS' 2*M 'THEN' J2 'ELSE' 2*M;
   X(I):=B(I);
   'FOR' J:=J2 'STEP' -1 'UNTIL' 1 'DO'
      X(I):=X(I)-A(I,J)*X(I+J);
'END';
'END';
```

3. N A T U E R L I C H E - SPLINES

DIE ANGEGEBENEN PROZEDUREN STAMMEN VON T. LYCHE UND L. L. SCHUHMAKER [222].
DIE PROZEDUREN M I D B A S I S UND E N D B A S I S BERECHNEN DIE WERTE VON B-SPLINES ENTSPRECHEND (5.63) UND (5.64) (VGL. AUCH BSPLEV). DAS ARGUMENT ARG GEHT EIN UEBER T: T(J) = ABS(X(J)-ARG).
NACH DEM AUFRUF ENTHAELT NJK DIE WERTE
N(J,K)(ARG)   J=MAX(1,L+1-K)(1)L.

DIE PROZEDUR S P L I N E D E R BESTIMMT DIE FUNKTIONS- UND ABLEITUNGSWERTE DER ORDNUNG V 0<=V<=2M-1 EINES SPLINES MIT DEN KOEFFIZIENTEN C(I) I=1(1)N FUER DAS ARGUMENT ARG. DIE C(I) ENTSPRECHEN DEN ALPHA(I), BETA(I) UND GAMMA (I) AUS SATZ 5.22 . DIE BERECHNUNG DER KOEFFIZIENTEN C(I;V) NACH (5.67) UEBERNIMMT DIE REKURSIVE PROZEDUR CV.

DIE PROZEDUR S P L I N E C O E F F LOEST ABHAENGIG VON DER WAHL VON Q DREI VERSCHIEDENE PROBLEME:

Q=0   INTERPOLATION
Q=1   AUSGLEICH (6.45)
Q=2   AUSGLEICH (6.47)

X(1:N) IST DAS GITTER, Y(1:N) DIE ORDINATENMENGE UND W(1:N) DAS FELD DER GEWICHTE. IM FALL Q=1 GEHT RHO UEBER S EIN. EPS IST EIN STEUERPARAMETER FUER DIE ITERATION BEI Q=2. EINE GUENSTIGE WAHL FUER EPS IST 0.1. MACH IST DIE GROESSTE MASCHINENZAHL FUER DIE GILT 1+MACH=1. MAXIT GIBT EINE OBERE SCHRANKE FUER DIE ANZAHL DER ITERATIONEN.
NACH DER TERMINIERUNG ENTHAELT Q INFORMATIONEN UEBER DIE AUSGEFUEHRTE RECHNUNG:

Q=0,1,2 NORMALE TERMINIERUNG
Q=3   INTERPOLATION ANSTELLE VON AUSGLEICH

```
        WURDE AUSGEFUEHRT.
Q=4     (6.47) WURDE GELOEST MIT DEM (NEUEN)
        WERT S.
Q=5     S IST ZU GROSS GEWAEHLT.
Q=6     MAXIT WURDE UEBERSCHRITTEN.
Q=7     RHO IST ZU KLEIN (FUER Q=1).
```

```
'PROCEDURE'  MIDBASIS(K,L,N,T,XX,NIK);
'VALUE'     K,L,N;
'INTEGER'   K,L,N;
'ARRAY'     T,XX,NIK;

'BEGIN'
'INTEGER'   I,J,I1,I2;
NIK(L):= 1;     NIK(L+1):= 0;
I1:= I2:= L;
'FOR' I:=2 'STEP' 1 'UNTIL' K 'DO'
'BEGIN'
   'IF' I 'NOTGREATER' L 'THEN'
   'BEGIN'
      I1:= I1-1;  NIK(I1):= 0;
   'END';
   'IF' N-I 'LESS' L 'THEN' I2:= I2-1;
   'FOR' J:=I1 'STEP' 1 'UNTIL' I2 'DO'
      NIK(J):= T(J)*NIK(J)/XX(J,I-1)
              +T(I+J)*NIK(J+1)/XX(J+1,I-1);
   'END'
'END'  MIDBASIS;
```

```
'PROCEDURE'  ENDBASIS(K,L,N,T,XX,NIK);
'VALUE'     K,L,N;
'INTEGER'   K,L,N;
'ARRAY'     T,XX,NIK;

'BEGIN'
'INTEGER'   I,J,K1,L1,L2;
'REAL'      TEMP1,TEMP2;
'ARRAY'     Q(0:K,-1:K+L);
K1:= K-1;
'FOR' I:=0 'STEP' 1 'UNTIL' K 'DO'
  'FOR' J:=L-2 'STEP' 1 'UNTIL' L+I 'DO'
     Q(I,J):= 0;
Q(1,L):= 1/XX(L,1);   Q(0,-1):= T(2)/XX(1,1);
'FOR' I:=2 'STEP' 1 'UNTIL' K 'DO'
  'BEGIN'
  'FOR' J:=L 'STEP' 1 'UNTIL' I-2 'DO'
  'BEGIN'
     TEMP1:= T(J+1);
     Q(I,J):= Q(I-2,4-2)+(TEMP1+T(J))*
              Q(I-2,J-1)+TEMP1*TEMP1*Q(I-2,J);
  'END';
  'IF' I 'GREATER' L 'THEN'
  'BEGIN'
     TEMP1:= T(I);
     TEMP2:= TEMP1*TEMP1/XX(1,I-1);
     Q(I,I-1):= Q(I-2,I-3)+(TEMP1+T(I-1)
                -TEMP2)*Q(I-2,I-2)
                +TEMP2*Q(I-2,I-1);
  'END';
  L1:= 'IF' I 'GREATER' L 'THEN' I 'ELSE' L;
  L2:= 'IF' L+I-1 'GREATER' N-1 'THEN' N-1
       'FLSE' L+I-1;
  'FOR' J:=L1 'STEP' 1 'UNTIL' L2 'DO'
     Q(I,J):= (T(J-I+1)*Q(I-1,J-1)+T(J+1)
              *Q(I-1,J))/XX(J-I+1,I);
'END'  I;
'IF' L 'GREATER' 1 'THEN' NIK(L-1):= 0;
'FOR' J:=L 'STEP' 1 'UNTIL' K1 'DO'
  NIK(J):= Q(K,J);
```

```
L2:= 'IF' K+L-1 'GREATER' N-1 'THEN' N-1
    'ELSE' K+L-1;
'FOR' J:=K 'STEP' 1 'UNTIL' L2 'DO'
   NIK(J):= Q(K,J)*XX(J-K+1,K);
'END'    ENDBASIS;


'REAL''PROCEDURE'  SPLINEDER
      (V,X,L,C,M,N,ARG)TEMP:(XX,XXR);
'VALUE'      V,L,M,N,C,ARG;
'INTEGER'    V,L,M,N;
'REAL'       ARG;
'ARRAY'      X,C,XX,XXR;

'BEGIN'
'INTEGER'  K;
K:= M+M-V;
'BEGIN'
   'ARRAY'     T,NIK(0:N);
   'REAL'      S;
   'INTEGER'   I,J,PVL,QVL,L1;
   'EXTERNAL''PROCEDURE'  ENDBASIS,MIDBASIS;


   'PROCEDURE'  CV(C,X,R,S,N,M,V);
   'VALUE'     R,S,N,M,V;
   'INTEGER'   R,S,N,M,V;
   'ARRAY'     C,X;

   'BEGIN'
      'INTEGER'  J,R1,S1;
      'IF' V 'EQUAL' 0 'THEN' 'GOTO' EXIT
      'ELSE'  'IF' V 'NOTGREATER' M 'THEN'
      'BEGIN'
         CV(C,X,R,S+1,N,M,V-1);
         'FOR' J:=R 'STEP' 1 'UNTIL' S 'DO'
            C(J):= 'IF' J 'NOTGREATER' M-V
            'THEN'  -C(J)   'ELSE'
            'IF' J 'NOTGREATER' N-M 'THEN'
            (C(J+1)-C(J))/(X(M+J)-X(J-M+V))
            'ELSE'  C(J+1)
      'END'    'ELSE'
      'BEGIN'
         R1:= 'IF' R 'GREATER' 1 'THEN' R-1
            'ELSE' 1;
         S1:= 'IF' S 'LESS' N+V-2*M 'THEN' S
            'ELSE' S-1;
         CV(C,X,R1,S1,N,M,V-1);
         'IF' S 'EQUAL' N+V-2*M 'THEN'
            C(S):= 0;
         'FOR' J:=S 'STEP' -1 'UNTIL' R 'DO'
            C(J):= (C(J)-C(J-1))/
                   (X(J+2*M-V)-X(J))
      'END';
EXIT:
   'END'   CV;


   'IF' V 'LESS' M 'THEN'
   'BEGIN'
      PVL:= 'IF' L 'LESS' M 'THEN' 1
            'ELSE' L-M+1;
      QVL:= 'IF' N 'LESS' L+M 'THEN' N-V
            'ELSE' L+M-V;
   'END'  'ELSE'
   'BEGIN'
      PVL:= 'IF' L 'LESS' K 'THEN' 1
            'ELSE' L-K+1;
      QVL:= 'IF' L 'LESS' N-K 'THEN' L
            'ELSE' N-K;
   'END';
   C(0):= 0;
```

```
    CV(C,X,PVL,QVL,N,M,V);
    S:= 0;
    'IF' V 'LESS' M 'THEN'  'GOTO' VML;
    'FOR' J:=PVL 'STEP' 1 'UNTIL' QVL+K 'DO'
       T(J):= ABS(ARG-X(J));
    MIDBASIS(K,L,N,T,XX,NIK);
    'FOR' J:=PVL 'STEP' 1 'UNTIL' QVL 'DO'
       S:= S+C(J)*NIK(J);
    'GOTO'  EXIT;
VML:
    'IF' L 'LESS' K 'THEN'
    'BEGIN'
       'FOR' J:=1 'STEP' 1 'UNTIL' L+K 'DO'
          T(J):= ABS(X(J)-ARG);
       ENDBASIS(K,L,N,T,XX,NIK);
       'FOR' J:= PVL 'STEP' 1 'UNTIL' QVL 'DO'
          S:= S+C(J)*NIK(J+M-1);
    'END'   'ELSE'
    'IF' L 'GREATER' N-K 'THEN'
    'BEGIN'
       'FOR' J:=1 'STEP' 1 'UNTIL' N-L+K+1 'DO'
          T(J):= ABS(ARG-X(N-J+1));
       L1:= 'IF' ARG 'GREATER' X(L) 'THEN' N-L
            'ELSE'  N-L+1;
       ENDBASIS(K,L1,N,T,XXR,NIK);
       'FOR' J:=PVL 'STEP' 1 'UNTIL' QVL 'DO'
          S:= S+C(J)*NIK(N+M-V-J);
    'END'  'ELSE'
    'BEGIN'
    'END';
EXIT:
    'FOR' I:=1 'STEP' 1 'UNTIL' V 'DO'
       S:= S*(M+M-I);
    SPLINEDER:= S
    'END'   INNERER  BLOCK
'END'   SPLINEDER;
```

```
'PROCEDURE'  SPLINECOEFF
      (M,N,X,Y,W,C,Q,S,EPS,MACH,MAXIT)
      EXIT:(FAIL)TEMP:(XX,XXR);

'VALUE'  M,N,MAXIT;
'INTEGER'  M,N,Q,MAXIT;
'REAL'     S,EPS,MACH;
'ARRAY'    X,Y,W,C,XX,XXR;
'LABEL'    FAIL;

'COMMENT'  DIMENSION DER FELDER:
      X,Y,W,C(1:N),XX,XXR(1:N,1:2*M);


'BEGIN'
'INTEGER'  K,K1;
'EXTERNAL''PROCEDURE'  LGSGBM,ENDBASIS,MIDBASIS;

'INTEGER' 'PROCEDURE' MIN(A,B);
'VALUE' A,B;      'INTEGER' A,B;

MIN:= 'IF' A 'GREATER' B 'THEN' B 'ELSE' A;

'INTEGER' 'PROCEDURE' MAX(A,B);
'VALUE'  A,B;   'INTEGER' A,B;

MAX:= 'IF' A 'GREATER' B 'THEN' A 'ELSE' B;

K:= M+M;  K1:= K-1;
'BEGIN'
   'INTEGER'  A,I,J,L,I1,I2,M1,M2,
              R,V,L1,L2;
   'REAL'     F,FF,F1,S2,P,D;
   'ARRAY'    E,B,BWE(1:N,-M:M),
              NIK,T(0:N);
   L:= N;  A:=K+K;
   R:= MIN(N,A);
```

```
'FOR' J:=1 'STEP' 1 'UNTIL' K 'DO'
'BEGIN'
   L:= L-1;  R:= R-1;
   'FOR' I:=1 'STEP' 1 'UNTIL' L 'DO'
      XX(I,J):= X(I+J) - X(I);
   'FOR' I:=1 'STEP' 1 'UNTIL' R 'DO'
      XXR(I,J):= XX(N-I-J+1,J);
'END'  J;
'FOR' I:=1 'STEP' 1 'UNTIL' N 'DO'
   'FOR' J:=-M 'STEP' 1 'UNTIL' M 'DO'
      B(I,J):= 0;
'FOR' L:=1 'STEP' 1 'UNTIL' K1 'DO'
'BEGIN'
   'FOR' J:=1 'STEP' 1 'UNTIL' L-1 'DO'
      T(J):= XX(J,L-J);
   T(L):= 0;
   L2:= MIN(N,L+K1);
   'FOR' J:= L+1 'STEP' 1 'UNTIL' L2 'DO'
      T(J):= XX(L,J-L);
   ENDBASIS(K,L,N,T,XX,NIK);
   L1:= MAX(L,M);
   'FOR' J:= L1 'STEP' 1 'UNTIL' L2 'DO'
      B(L,J-M-L+1):= NIK(J);
'END'  LEFTPOINTS;

'FOR' L:=K 'STEP' 1 'UNTIL' N-K 'DO'
'BEGIN'
   'FOR' J:=L-K1 'STEP' 1 'UNTIL' L-1 'DO'
      T(J):= XX(J,L-J);
   T(L):= 0;
   'FOR' J:=L+1 'STEP' 1 'UNTIL' L+K1 'DO'
      T(J):= XX(L,J-L);
   MIDBASIS(K,L,N,T,XX,NIK);
'FOR' J:=L-K1 'STEP' 1 'UNTIL' L-1 'DO'
   B(L,J+M-L):= NIK(J);
'END'  MIDPOINTS;
'FOR' L:=1 'STEP' 1 'UNTIL' K1 'DO'
'BEGIN'
   'FOR' J:=1 'STEP' 1 'UNTIL' L-1 'DO'
      T(J):= XXR(J,L-J);
   T(L):= 0;
   L2:= MIN(L+K1,N);
   'FOR' J:= L+1 'STEP' 1 'UNTIL' L2 'DO'
      T(J):= XXR(L,J-L);
   ENDBASIS(K,L,N,T,XXR,NIK);
   L1:= MAX(L,M);
   'FOR' J:=L1 'STEP' 1 'UNTIL' L2 'DO'
      B(N-L+1,M+L-J-1):= NIK(J)
'END'  RIGHTPOINTS;
INTERPOL:
   'IF' Q 'EQUAL' 0 'OR' Q 'EQUAL' 3 'THEN'
   'BEGIN'
      M1:= M-1;
      'FOR' I:=1 'STEP' 1 'UNTIL' N 'DO'
         'FOR' J:=-M1 'STEP' 1 'UNTIL' M1 'DO'
            BWE(I,J):= B(I,J);
      'GOTO'  LINSOL
   'END';
   F1:= -1;  V:= K-1;  I1:= 1;  I2:= M;  D:=0;
   'FOR' I:=2 'STEP' 1 'UNTIL' M 'DO'
      F1:= -F1*I;
   'FOR' I:=M+1 'STEP' 1 'UNTIL' V 'DO'
      F1:= F1*I;
   'FOR' J:=1 'STEP' 1 'UNTIL' N 'DO'
   'BEGIN'
      'IF' J 'GREATER' N-M 'THEN'
      'BEGIN'
         F1:= -F1;   F:= F1
      'END'
      'ELSE'
         'IF' J 'NOTGREATER' M 'THEN' F:= F1
            'ELSE' F:= F1*XX(J-M,K);
      'IF' J 'GREATER' M+1 'THEN' I1:= I1+1;
      'IF' I2 'LESS' N 'THEN'  I2:= I2+1;
      'FOR' L:= I1 'STEP' 1 'UNTIL' I2 'DO'
      'BEGIN'
         FF:= F;  V:= L-1;
         'FOR' I:=I1 'STEP' 1 'UNTIL' V 'DO'
            FF:= FF/XX(I,L-I);
         'FOR' I:=L+1 'STEP' 1 'UNTIL' I2 'DO'
```

```
            FF:= -FF/XX(L,I-L);
          E(L,J-L):= FF/W(L);
          D:= D + ABS(E(L,J-L))
       'END'  L;
    'END'  E  MATRIX;
    D:= D/N;
    M1:= M;  R:= -1;  S2:= SQRT(S);  M2:= M-1;
    'IF' Q 'EQUAL' 2 'THEN' P:= 10*MACH*D
       'ELSE'
       'IF' S 'LESS' 10*D*MACH 'THEN'
       'BEGIN'
          Q:= 7;  'GOTO' FAIL
       'END'
       'ELSE'  P:= S;
NEXTIT:
    'IF' P 'GREATER' D/10/MACH 'THEN'
    'BEGIN'
       Q:= 3;  'GOTO' INTERPOL
    'END';
    R:= R+1;
    'IF' R 'GREATER' MAXIT 'THEN'
    'BEGIN'
       Q:= 6;  'GOTO'  FAIL;
    'END';
    'FOR' I:=1 'STEP' 1 'UNTIL' N 'DO'
       'FOR' J:=-M 'STEP' 1 'UNTIL' M 'DO'
          BWE(I,J):= B(I,J)+E(I,J)/P;
LINSOL:
    'FOR' I:=1 'STEP' 1 'UNTIL' N 'DO'
       C(I):= Y(I);
    'BEGIN'
       'INTEGER' I,J;
       'ARRAY'   BWEH(1:N,-M:2*M);
       'FOR' I:=1 'STEP' 1 'UNTIL' N 'DO'
       'BEGIN'
          'FOR' J:=-M 'STEP' 1 'UNTIL' M 'DO'
             BWEH(I,J):= BWE(I,J);
          'FOR' J:=M+1 'STEP' 1 'UNTIL' 2*M
             'DO'  BWEH(I,J):= 0;
       'END';
       LGSGBM(1,N,M,BWEH,C,C);
    'END';
    'IF' Q 'LESS' 2 'OR' Q 'EQUAL' 3 'THEN'
       'GOTO'  EXIT;
    F:= 0;  L:= M2;  I1:= 1;
    'FOR' I:=1 'STEP' 1 'UNTIL' N 'DO'
    'BEGIN'
       'IF' I 'GREATER' N-M2 'THEN' L:= L-1;
       'IF' I1 'GREATER' -M2 'THEN' I1:= I1-1;
       FF:= -Y(I);
       'FOR' J:=I1 'STEP' 1 'UNTIL' L 'DO'
          FF:= FF+B(I,J)*C(I+J);
       F:= F+FF*FF*W(I);
       T(I):= FF;
    'END';
    'IF' ABS(F-S) 'LESS' EPS*SQRT(N)*ABS(S)
       'THEN'
       'BEGIN'
          S:= F;   'GOTO'  EXIT
       'END';
    'IF' F 'LESS' S 'THEN'
    'BEGIN'
       'IF' R 'EQUAL' 0 'THEN'
       'BEGIN'
          Q:= 5;  'GOTO'  FAIL
       'END'
       'ELSE'
       'BEGIN'
          Q:= 4;  S:= F;  'GOTO'  EXIT
       'END'
    'END';
    'FOR' I:=1 'STEP' 1 'UNTIL' N 'DO'
       C(I):= W(I)*T(I);
    'BEGIN'
       'INTEGER'  I,J;
       'ARRAY'    BWEH(1:N,-M:2*M);
       'FOR' I:=1 'STEP' 1 'UNTIL' N 'DO'
       'BEGIN'
          'FOR' J:=-M 'STEP' 1 'UNTIL' M 'DO'
             BWEH(I,J):= BWE(I,J);
```

```
         'FOR' J:=M+1 'STEP' 1 'UNTIL' 2*M
            'DO'  BWEH(I,J):= 0;
      'END';
      LGSGBM(1,N,M,BWEH,T,T);
   'END';
   FF:= 0;  L:= M2;  I1:= 0;
   'FOR' I:=1 'STEP' 1 'UNTIL' N 'DO'
   'BEGIN'
      'IF' I 'GREATER' N-M2 'THEN' L:= L-1;
      'IF' I1 'GREATER' -M2 'THEN' I1:= I1-1;
      F1:= 0;
      'FOR' J:=I1 'STEP' 1 'UNTIL' L 'DO'
         F1:= F1+B(I,J)*T(I+J);
      FF:= FF-C(I)*F1;
   'END';
   P:= P*(1+F*(S2-SQRT(F))/S2/FF);
   'GOTO'  NEXTIT;
EXIT:
   'END'
'END'  SPLINECOEFF;
```

```
4.  ANFANGSWERTPROBLEME
------------------------------------------------

AUSGEGANGEN WIRD JEWEILS VON EINEM AEQUIDISTAN-
TEN GITTER
   X(I)      I=0(1)N  .
H  SEI DIE GITTER-SCHRITTWEITE.
DIE RECHTE SEITE  F(X,U)  DER DGL (VGL. (10.1))
IST ALS PARAMETER  F  ANZUGEBEN.
EPS  IST IN ALLEN FAELLEN EINE GENAUIGKEITS-
SCHRANKE FUER DIE ITERATION.

DIE PROZEDUR  E U L C A U  ERMITTELT ZU DEM
WERT  U0  DER NAEHERUNGSLOESUNG IN EINEM BELIE-
BIGEN GITTERPUNKT  X0  UND ZU  F0 = F(X0,U0)
DIE WERTE  (U1,F1)  IM GITTERPUNKT  X1=X0+H
NACH DEM TRAPEZ-VERFAHREN.
(U0 IST NUR FUER X0=0 GLEICH DEM U0 IN (10.2).)

DIE PROZEDUR  M I L S I M  BENOETIGT ALS AUS-
GANGSWERTE  (X0,U0,F0), (X1=X0+H,U1,F1) UND
(X2=X1+H,U2,F2)  UND BERECHNET  (U3,F3)  AN
DER STELLE  X3=H2+H  NACH DEM MILNE-SIMPSON-
VERFAHREN.

AUS  (X0,U0,F0,FX0)  MIT  FX0 = FX(X0,U0)  UND
(X1=X0+H,U1,F1,FX1)  BERECHNET DIE PROZEDUR
H E R M I 2  DIE WERTE  (U2,F2,FX2)  AN DER
STELLE  X2=X1+H  NACH DER HERMITE-FORMEL FUER
M=2 GEMAESS TABELLE 1. BENOETIGT WIRD DIE ERSTE
ABLEITUNG  FX(X,U)  VON F NACH X.

EINE LOESUNG NACH DEM VERFAHREN VON CALLENDER
ERMITTELT DIE PROZEDUR  C A L L E N .  DABEI
SIND ANZUGEBEN DIE WERTE
   X0          LINKER INTERVALL-ENDPUNKT
   XN          RECHTER INTERVALL-ENDPUNKT
   F(X,U)      RECHTE SEITE DER DGL
   FU(X,U)     PARTIELLE ABLEITUNG VON F NACH U
   A           ANFANGSWERT
```

```
   N            ANZAHL DER GITTERPUNKTE   ( - 1 )
   M            INTERVALL-ANZAHL
   EPS          (RELATIVE) GENAUIGKEIT              .
BERECHNET WERDEN
   X(0:N)       GITTERPUNKTE
   U(0:N)       FUNKTIONSWERTE
   US(0:N)      ABLEITUNGSWERTE
   C(0:(N-1)/(M-1),2:M)    TAYLOR-KOEFFIZIENTEN.
VGL. (10.15) .



'PROCEDURE' EULCAU (X0,U0,F0,X1,U1,F1,F,EPS) ;

'VALUE'   X0,U0,F0,X1,EPS;
'REAL'    X0,U0,F0,X1,U1,F1,EPS;
'REAL' 'PROCEDURE' F;

'BEGIN'
   'REAL'    H,UH,DU;

   H:=X1-X0;
   U1:=U0+H*F0;
   F1:=F(X1,U1);

IT :
   UH:=U0+H*0.5*(F1+F0);

   DU:=UH-U1;
   'IF' UH 'NOT EQUAL' 0.0 'THEN' DU:=DU/UH;
   DU:=ABS(DU);

   U1:=UH;
   F1:=F(X1,U1);

   'IF' DU 'NOT LESS' EPS 'THEN' 'GOTO' IT;

'END';
```

```
'PROCEDURE' MILSIM (X0,U0,F0,X1,U1,F1,X2,U2,F2,
      X3,U3,F3,F,EPS) ;

'VALUE'   X0,U0,F0,X1,U1,F1,X2,U2,F2,X3,EPS;

'REAL'    X0,U0,F0,X1,U1,F1,X2,U2,F2,
          X3,U3,F3,EPS;
'REAL' 'PROCEDURE' F;

'BEGIN'
   'REAL'    H,UH,DU;

   H:=X3-X2;

   U3:=U1+H/3.0*(F2+4.0*F1+F0);
   F3:=F(X3,U3);

IT :
   UH:=U1+H/3.0*(F3+4.0*F2+F1);

   DU:=UH-U3;
   'IF' UH 'NOT EQUAL' 0.0 'THEN' DU:=DU/UH;
   DU:=ABS(DU);

   U3:=UH;
   F3:=F(X3,U3);

   'IF' DU 'NOT LESS' EPS 'THEN' 'GOTO' IT;

'END';
```

```
'PROCEDURE' HERMI2 (X0,U0,F0,FX0,X1,U1,F1,FX1,
      X2,U2,F2,FX2,F,FX,EPS);

'VALUE'    X0,U0,F0,FX0,X1,U1,F1,FX1,X2,EPS;

'REAL'     X0,U0,F0,FX0,X1,U1,F1,FX1,
           X2,U2,F2,FX2,EPS;
'REAL' 'PROCEDURE' F,FX;

'BEGIN'
   'REAL'     H,UH,DU;

   H:=X2-X1;

   U2:=2*U1-U0+H*(F0-F1)+H*H/2*(FX0+3*FX1);
   F2:=F(X2,U2);
   FX2:=FX(X2,U2);

IT :
   UH:=U1+H/2*(F1+F2)+H*H/12*(FX1-FX2);

   DU:=UH-U2;
   'IF' UH 'NOT EQUAL' 0 'THEN' DU:=DU/UH;
   DU:=ABS(DU);

   U2:=UH;
   F2:=F(X2,U2);
   FX2:=FX(X2,U2);

   'IF' DU 'NOT LESS' EPS 'THEN' 'GOTO' IT;

'END';
```

```
'PROCEDURE' CALLEN (X0,XN,F,FU,A,N,X,
      U,US,C,M,EPS) ;

'VALUE'    X0,XN,A,N,M,EPS;

'INTEGER' N,M;
'REAL'     X0,XN,A,EPS;
'ARRAY'    X,U,US,C;
'REAL' 'PROCEDURE' F,FU;

'BEGIN'
   'INTEGER' I,J,K,L,IL,S,SP;
   'REAL'     H,PIV,NA,NN;
   'ARRAY'    P(1:M-1,1:M),Q(2:M,2:M),
              SM,CM,BM(2:M),AM(2:M,2:M);
   'EXTERNAL' 'PROCEDURE' EULCAU;

   H:=(XN-X0)/N;
   'FOR' I:=0 'STEP' 1 'UNTIL' N 'DO'
      X(I):=X0+I*H;
   'FOR' J:=1 'STEP' 1 'UNTIL' M-1 'DO'
   'BEGIN'
      P(J,1):=J*H;
      'FOR' I:=2 'STEP' 1 'UNTIL' M 'DO'
         P(J,I):=P(J,I-1)*J*H/I;
   'END';

   'FOR' J:=2 'STEP' 1 'UNTIL' M 'DO'
      'FOR' I:=2 'STEP' 1 'UNTIL' M 'DO'
         Q(J,I):=P(J-1,I-1);
   'FOR' K:=2 'STEP' 1 'UNTIL' M-1 'DO'
      'FOR' J:=K+1 'STEP' 1 'UNTIL' M 'DO'
      'BEGIN'
         Q(J,K):=Q(J,K)/Q(K,K);
         'FOR' I:=K+1 'STEP' 1 'UNTIL' M 'DO'
            Q(J,I):=Q(J,I)-Q(J,K)*Q(K,I);
      'END';

   U(0):=A;
   US(0):=F(X(0),U(0));
```

```
'FOR' L:=0 'STEP' 1 'UNTIL' (N-1)//(M-1)'DO'
'BEGIN'
   IL:=L*(M-1);
   'IF' L 'EQUAL' (N-1)//(M-1)
   'THEN' 'BEGIN'
      K:=N-IL+1;
      'FOR' J:=K+1 'STEP' 1 'UNTIL' M 'DO'
         C(L,J):=0.0;
   'END'
   'ELSE' K:=M;

   'FOR' I:=1 'STEP' 1 'UNTIL' K-1 'DO'
      EULCAU(X(IL+I-1),U(IL+I-1),US(IL+I-1),
            X(IL+I),U(IL+I),US(IL+I),
              F,1.0&&-5) ;

   'FOR' J:=2 'STEP' 1 'UNTIL' K 'DO'
      CM(J):=US(IL+J-1)-US(IL);

   'FOR' I:=2 'STEP' 1 'UNTIL' K-1 'DO'
    'FOR' J:=I+1 'STEP' 1 'UNTIL' K 'DO'
        CM(J):=CM(J)-Q(J,I)*CM(I);
   'FOR' J:=K 'STEP' -1 'UNTIL' 2 'DO'
   'BEGIN'
     'FOR' I:=K 'STEP' -1 'UNTIL' J+1 'DO'
        CM(J):=CM(J)-Q(J,I)*CM(I);
      CM(J):=CM(J)/Q(J,J);
   'END';

   NA:=1.0&&10;
   'GO' 'TO' BF;

IT : 'FOR' S:=2 'STEP' 1 'UNTIL' K 'DO'
   'BEGIN'

      PIV:=0.0;
      'FOR' J:=S 'STEP' 1 'UNTIL' K 'DO'
      'IF' ABS(AM(J,S)) 'GREATER' PIV 'THEN'
      'BEGIN'
         PIV:=ABS(AM(J,S));
         SP:=J;
      'END';
      'IF' SP 'NOT EQUAL' S 'THEN'
      'BEGIN'
        'FOR' I:=S 'STEP' 1 'UNTIL' K 'DO'
        'BEGIN'
           PIV:=AM(S,I);
           AM(S,I):=AM(SP,I);
           AM(SP,I):=PIV;
        'END';
        PIV:=BM(S);
        BM(S):=BM(SP);
        BM(SP):=PIV;
      'END';

      'FOR' I:=S+1 'STEP' 1 'UNTIL' K 'DO'
        AM(S,I):=AM(S,I)/AM(S,S);
      BM(S):=BM(S)/AM(S,S);
      'FOR' J:=S+1 'STEP' 1 'UNTIL' K 'DO'
      'BEGIN'
        'FOR' I:=S+1 'STEP' 1 'UNTIL' K'DO'
           AM(J,I):=AM(J,I)-
                    AM(J,S)*AM(S,I);
        BM(J):=BM(J)-AM(J,S)*BM(S);
      'END';

   'END';

   'FOR' J:=K-1 'STEP' -1 'UNTIL' 2 'DO'
     'FOR' I:=K 'STEP' -1 'UNTIL' J+1 'DO'
        BM(J):=BM(J)-AM(J,I)*BM(I);

   'FOR' J:=2 'STEP' 1 'UNTIL' K 'DO'
      CM(J):=C(L,J)-BM(J);

BF : 'FOR' J:=2 'STEP' 1 'UNTIL' K 'DO'
   'BEGIN'
      SM(J):=U(IL)+US(IL)*(J-1)*H;
      'FOR' I:=2 'STEP' 1 'UNTIL' K 'DO'
        SM(J):=SM(J)+CM(I)*P(J-1,I);
```

```
'END';

'FOR' J:=2 'STEP' 1 'UNTIL' K 'DO'
'BEGIN'
   BM(J):=US(IL);
   'FOR' I:=2 'STEP' 1 'UNTIL' K 'DO'
      BM(J):=BM(J)+CM(I)*P(J-1,I-1);
   BM(J):=BM(J)-F(X(IL+J-1),SM(J));
'END';

'FOR' J:=2 'STEP' 1 'UNTIL' K 'DO'
   'FOR' I:=2 'STEP' 1 'UNTIL' K 'DO'
      AM(J,I):=P(J-1,I-1)-
         FU(X(IL+J-1),SM(J))*P(J-1,I);

NN:=0.0;
'FOR' J:=2 'STEP' 1 'UNTIL' K 'DO'
   'IF' ABS(BM(J)) 'GREATER' NN
      'THEN' NN:=ABS(BM(J));
'IF' NN 'LESS' NA 'THEN'
'BEGIN'
   'FOR' J:=2 'STEP' 1 'UNTIL' K 'DO'
      C(L,J):=CM(J);
   NA:=NN;
   'GO' 'TO' IT;
'END';

'FOR' J:=1 'STEP' 1 'UNTIL' K-1 'DO'
'BEGIN'
   U(IL+J):=U(IL)+US(IL)*J*H;
   'FOR' I:=2 'STEP' 1 'UNTIL' K 'DO'
      U(IL+J):=U(IL+J)+C(L,I)*P(J,I);
   US(IL+J):=F(X(IL+J),U(IL+J));
'END';
```

5. G A L E R K I N - NAEHERUNG

```
EIN PROBLEM DER FORM (10.1), (10.2) MIT DEN
RANDBEDINGUNGEN (10.3) IST BESTIMMT DURCH
   NP  :  N  AUS (10.2)  ,
DIE KOEFFIZIENTEN-FUNKTIONEN (VGL. (10.2))
   P(J,K,T)  :  K-TE ABLEITUNG VON P(J) IN T
UND DIE RECHTE SEITE
   F(T,U)      VGL. (10.1)  .
DIE PARTIELLE ABLEITUNG VON F NACH U SEI
   FU(T,U)  .

ZU DEM (NICHT NOTWENDIG AEQUIDISTANTEN) GITTER
   X(I)       I=0(1)NX+1
UND DEM INZIDENZVEKTOR Z MIT
   Z(I) = NZI+1        I=1(1)NX  ,
   Z(0) = Z(NX+1) = NZR+1    (NP<=NZR+1)
UMFASSE DIE MENGE LAMBDA DIE FUNKTIONALE
   D**J  AN DER STELLE  X(I)
ZU DEN PAAREN
(*)   (I,J)          I=1(1)NX  UND  J=0(1)NZI
              ODER I=0,NX+1  UND  J=NP(1)NZR  .
(DER INZIDENZWERT ZU DEN INNEREN GITTERPUNKTEN
MUSS ALSO KONSTANT SEIN; JEDOCH DUERFEN AUCH
FUER DIE RANDPUNKTE (UEBEREINSTIMMENDE) INZI-
DENZWERTE ANGEGEBEN WERDEN.)
BEZUEGLICH DER TOTALEN ORDNUNG
   (I1,J1) < (I2,J2)       GDW.
   I1 < I2    ODER   I1 = I2  UND  J1 < J2
BESTEHT EINE EINEINDEUTIGE KORRESPONDENZ ZWI-
SCHEN DEN PAAREN (*) UND DEN WERTEN
   IA = 1(1)L    L = 2*(NZR-NP+1) + NX*(NZI+1) .

DIE  L  BASIS-SPLINES WERDEN DURCH PAARE DER
FORM (*) NUMMERIERT
   W(I,J,K,T,NX,X)  :
   K-TE ABLEITUNG DES (I,J)-TEN BASIS-SPLINES
   ZUM GITTER X AN DER STELLE T
FUER DEN WERT  NT  GELTE, DASS ALLE BASIS-
```

```
SPLINES MIT ERSTEM INDEX I AUSSERHALB VON
   X(I-NT) < T < X(I+NT)
VERSCHWINDEN. (I-NT<0 WERDE DURCH 0,
I+NT>NX+1 DURCH NX+1 ERSETZT.)

FUER  L I N E A R E  SPLINES GILT Z.B.
   NZR = NZI = 0   ,    NT = 1   ,
   W(I,J) :  KARDINAL-SPLINE ZUM PUNKT X(I)
   I=1(1)NX    ,   J=0    .
ZU DIESEM SPLINE-RAUM IST DIE PROZEDUR W (LINE-
AR) ANGEGEBEN; SIE IST ANWENDBAR NUR FUER NP=1.

FUER  H E R M I T E - SPLINES GILT
   NZR = NZI = 1   ,    NT = 1   ,
   W(I,J) :  KARDINAL-SPLINE ZUR J-TEN ABLEI-
             TUNG IM GITTERPUNKT X(I)
   I=1(1)NX , J=0,1  ;    I=0,NX+1 ,  J=1   .
FUER NP=1,2 ERHAELT MAN MIT (6.III) EINE ZU
W (LINEAR) ANALOGE PROZEDUR W (HERMITE).

FUER  K U B I S C H E  SPLINES WAEHLT MAN
   NZI = 0   ,    NZR = 1   ,    NT = 2   ,
   W(I,0) :  BASISFUNKTION GEMAESS (5.XII)
             I=2(1)NX-1  ,
   W(1,0) :  BASISFUNKTION GEMAESS (5.XII) FUER
             I=1 SO MODIFIZIERT, DASS GILT
             W(1,0)(X(0)) = W(1,0)'(X(0)) = 0
   W(0,1) :  BASISFUNKTION GEMAESS (5.XII) FUER
             I=0 SO MODIFIZIERT, DASS GILT
             W(0,1)(X(0))=0  ,  W(0,1)'(X(0))≠0
(FUER I=NX,NX+1 VERFAEHRT MAN ANALOG) .
DIE FUER NP=1,2 ANWENDBARE PROZEDUR W (KUBISCH)
IST ANGEGEBEN.

FUER B-SPLINES LASSEN SICH PROZEDUREN W(I,J)
MIT HILFE VON 2. SCHREIBEN.

DAS PROGRAMM  S P L W R T  BERECHNET ZU EINEM
SPLINE MIT DEN KOEFFIZIENTEN
   C(IA)      IA=1(1)L
BEZUEGLICH DER BASIS W(I,J) IN DEN PUNKTEN
   Y(N,-1)       N=1(1)NY
FUER  K=0(1)NA  DIE WERTE DER K-TEN ABLEITUNG
   Y(N,K)        N=1(1)NY   .
ES MUSS GELTEN
   Y(N,-1) <= Y(N+1,-1)        N=1(1)NY-1   ;
ZUR FEHLERMARKE  EX  WIRD GESPRUNGEN, FALLS
   Y(1,-1) < X(0)    ODER    Y(NY,-1) > X(NX+1) .

DIE PROZEDUR  S P L I N T  BESTIMMT ZU DEN
INTERPOLATIONSWERTEN  ( NZ = MAX (NZR-NP,NZI) )
   Y(I,J)      I=0(1)NX+1   ,     J=0(1)NZ
DIE KOEFFIZIENTEN-MATRIX  ( MA = NT*(NZ+1)-1 )
   A(IA,K)       IA=1(1)L  ,   K=-MA(1)2*MA
UND DIE RECHTE SEITE
   B(IA)        IA=1(1)L
EINES GLEICHUNGSSYSTEMS, DESSEN LOESUNG
   C(IA)        IA=1(1)L
MITTELS LGSGBM BESTIMMT WERDEN KANN (VGL.2.).
FUER DEN SPLINE  S  MIT DEN KOEFFIZIENTEN C(IA)
BEZUEGLICH DER BASIS W(I,J) GILT DANN
   J-TE ABLEITUNG VON S AN DER STELLE X(I) :
   Y(I,J)      I=1(1)NX   ,    J=0(1)NZI
UND FUER  I=0,NX+1
   (J-NP)-TE ABLEITUNG VON S IN X(I) :
   Y(I,J-NP)       J=0(1)NZR   .

DIE PROZEDUR  C A L P H A  BERECHNET DIE MATRIX
   ALPHA(IA,K)        IA=1(1)L   ,    K=0(1)MA
(VGL. (11.12)) UNTER BERUECKSICHTIGUNG DER SYM-
METRIE UND DER BANDGESTALT. VERWENDET WIRD DIE
GAUSS-SCHE INTEGRATIONSFORMEL VOM GRAD  NI ,
DEREN KNOTEN
   Q(I)       I=1(1)NI
UND GEWICHTE
   R(I)       I=1(1)NI
ANZUGEBEN SIND.

DIE PROZEDUR  C W E R T E  BERECHNET DAS FELD
   WERTE(I,J,K1,K2)    I=0(1)NX+1, J=0(1)NZ,
```

```
                              K1=-NT(1)NT-1, K2=1(1)NI,
DAS SAEMTLICHE, IN DER PROZEDUR SPLRWP BENOE-
TIGTEN WERTE DER BASIS-SPLINES ENTHAELT.

DIE PROZEDUR  S P L R W P  BERECHNET BEI ANGA-
BE EINER NAEHERUNGSLOESUNG C(IA) (DIE Z.B.
DURCH EINE DIFFERENZEN-APPROXIMATION UND AN-
SCHLIESSENDE ANWENDUNG VON SPLINT ERHALTEN
WERDEN KANN.) DIE KOEFFIZIENTEN C(IA) DER GA-
LERKIN-NAEHERUNG. DIE MATRIX ALPHA MUSS ZUVOR
IN CALPHA UND DAS FELD WERTE IN CWERTE BERECH-
NET WORDEN SEIN. (NI,Q,R SIND WIE BEI CALPHA
(UND CWERTE) ZU SPEZIFIZIEREN.)



'REAL' 'PROCEDURE' W(I,J,K,T,NX,X);
'VALUE'    I,J,K,T,NX;
'INTEGER' I,J,K,NX;
'REAL'     T;
'ARRAY'    X;

'COMMENT'
DIESE PROZEDUR REALISIERT DEN
LINEAREN FALL

'BEGIN'

   'IF' T 'LESS' X(I-1) 'OR' T 'GREATER' X(I+1)
   'THEN' W:=0.0
   'ELSE' 'IF' T 'LESS' X(I)
      'THEN' W:='IF'K'EQUAL'0'THEN'
         (T-X(I-1))/(X(I)-X(I-1))
         'ELSE'      1.0/(X(I)-X(I-1))
      'ELSE' W:='IF'K'EQUAL'0'THEN'
         (X(I+1)-T)/(X(I+1)-X(I))
         'ELSE'     -1.0/(X(I+1)-X(I));

   'IF' K 'EQUAL' 0 'THEN' 'GOTO' ENDE;

   'IF' T 'EQUAL' X(I-1) 'THEN'
      W:= 0.5/(X(I)-X(I-1));
   'IF' T 'EQUAL' X(I  ) 'THEN'
      W:= 0.5/(X(I)-X(I-1))-0.5/(X(I+1)-X(I));
   'IF' T 'EQUAL' X(I+1) 'THEN'
      W:=-0.5/(X(I+1)-X(I));

ENDE :
'END';



'REAL' 'PROCEDURE' W(I,J,K,T,N,X);
'VALUE' I,J,K,T,N;
'REAL' T;  'INTEGER'  I,J,K,N;
'REAL' 'ARRAY'  X;

'COMMENT'
DIESE PROZEDUR REALISIERT DEN
KUBISCHEN FALL;

'BEGIN'
'REAL' P,Q,S,XS,XI,H;
'INTEGER' KK;
'BOOLEAN' TR,VZ;
'SWITCH' F:=F0,F00,F01,F02,F1,F10,F11,F12,
               FI0,FI1,FI2;
XI:=X(I); XS:=ABS(XI-T);
KK:=N; VZ:= K 'EQUAL' 1;
H:= X(1)-X(0);
'IF' XS 'NOTLESS' 2*H 'THEN' 'BEGIN'
   S:=0; 'GOTO' OUT 'END';
TR:= T 'LESS' XI;
'IF' I 'NOTLESS' 2 'AND' I 'NOTGREATER' N-1
   'THEN' 'GOTO' F(9+K);
'IF' I 'NOTGREATER' 1 'THEN' 'GOTO' F(4*I+1);
KK:=N+1-I; TR:='NOT' TR; 'GOTO' F(KK*4+1);
```

```
F0:  'IF' XS 'NOTGREATER' H 'THEN' 'BEGIN'
     Q:=(H-XS)/H; 'GOTO' F(K+2) 'END'
     'ELSE' 'GOTO' F(9+K);
F00: S:=((-7*Q+3)*Q+3)*Q+1; 'GOTO' OUT;
F01: S:=(21*Q-6)*Q-3; 'GOTO' OUT;
F02: S:= -42*Q+6;  'GOTO' OUT;
F1:  'IF' XS 'NOTGREATER' H 'THEN' 'BEGIN'
     Q:=(H-XS)/H; P:=XS/H; 'GOTO' F(6+K); 'END'
     'ELSE' 'GOTO' F(9+K);
F10: S:= 'IF' TR 'THEN' ((-3*Q+3)*Q+3)*Q+.5+
     ((2.5*P-1.5)*P-1.5)*P
     'ELSE' ((-3.5*Q+3)*Q+3)*Q+1; 'GOTO' OUT;
F11: S:='IF' TR'THEN' (9*Q-6)*Q-4.5+(7.5*P-3)*P
     'ELSE' (10.5*Q-6)*Q-3; 'GOTO' OUT;
F12: S:='IF' TR 'THEN' -18*Q+3+15*P
     'ELSE' 6-21*Q; 'GOTO' OUT;
FI0: 'IF' XS 'NOTGREATER' H 'THEN' 'BEGIN'
      Q:=(H-XS)/H;
      S:=((-3*Q+3)*Q+3)*Q+1; 'END'
     'ELSE' 'BEGIN'
     Q:=(2*H-XS)/H; S=Q*Q*Q; 'END';
     'GOTO' OUT;
FI1: 'IF' XS 'NOTGREATER' H 'THEN' 'BEGIN'
     Q:=(H-XS)/H;
     S:=(9*Q-6)*Q-3; 'END'
     'ELSE' 'BEGIN'
     Q:=(2*H-XS)/H; S:=-3*Q*Q; 'END';
     'GOTO' OUT;
FI2: 'IF' XS 'NOTGREATER' H 'THEN'
       S:=-18*(H-XS)/H+6
     'ELSE' S:=6*(2*H-XS)/H;
OUT:
S:='IF' K 'EQUAL' 0 'THEN' S 'ELSE'
     'IF' K 'EQUAL' 1 'THEN' S/H 'ELSE' S/H/H;
'IF' KK 'NOTEQUAL' N 'AND' VZ 'THEN' S:=-S;
W:='IF' TR 'AND' VZ 'THEN' -S/4 'ELSE' S/4
'END'  PROZEDUR  W/3;
```

```
'PROCEDURE' SPLWRT
      (NX,X,NZR,NZI,NP,W,NT,C,NY,NA,Y,EX);

'VALUE'    NX,NZR,NZI,NP,NT,NY,NA;

'INTEGER' NX,NZR,NZI,NP,NT,NY,NA;
'ARRAY'   X,C,Y;
'LABEL'   EX;
'REAL' 'PROCEDURE' W;

'BEGIN'
  'INTEGER' MX,MY,K,KB,KF,IA,KI,KJ,JA,JE;

  'IF' Y(1,-1) 'LESS' X(0) 'THEN' 'GOTO' EX;

   MX:=0;
   MY:=0;

NEXT :
   MY:=MY+1;

NEWX :
  'IF' Y(MY,-1) 'NOT LESS' X(MX+1) 'THEN'
  'BEGIN'
     'IF' MX 'EQUAL' NX 'THEN' 'GOTO' LSTX;
     MX:=MX+1;
     'GOTO' NEWX;
  'END';

START :
  'FOR' K:=0 'STEP' 1 'UNTIL' NA 'DO'
     Y(MY,K):=0.0;

  KB:=MX-NT+1;
  'IF' Y(MY,-1) 'EQUAL' X(MX) 'THEN' KB:=KB-1;
  KB:='IF'KB'LESS'0'THEN'0'ELSE'KB;

  KF:=MX+NT;
  KF:='IF'KF'GREATER'NX+1'THEN'NX+1'ELSE'KF;
```

```
   IA:='IF' KB 'EQUAL' 0 'THEN' 0
      'ELSE' (NZR-NP+1)+(KB-1)*(NZI+1);

   'FOR' KI:=KB 'STEP' 1'UNTIL' KF 'DO'
   'BEGIN'
   JA:='IF' KI 'EQUAL' 0 'OR' KI 'EQUAL' NX+1
      'THEN' NP 'ELSE' 0;
   JE:='IF' KI 'EQUAL' 0 'OR' KI 'EQUAL' NX+1
      'THEN' NZR 'ELSE' NZI;

   'FOR' KJ:=JA 'STEP' 1 'UNTIL' JE 'DO'
   'BEGIN'
      IA:=IA+1;

      'FOR' K:=0 'STEP' 1 'UNTIL' NA 'DO'
        Y(MY,K):=Y(MY,K)+C(IA)
           *W(KI,KJ,K,Y(MY,-1),NX,X);

   'END';

   'END';

   'IF' MY 'NOT EQUAL' NY 'THEN' 'GOTO' NEXT;

   'GOTO' ENDE;

LSTX :
   'IF' MY 'EQUAL' NY 'AND'
     Y(MY,-1) 'EQUAL' X(NX+1)
   'THEN' 'GOTO' START
   'ELSE' 'GOTO' EX;

ENDE :
'END';
```

```
'PROCEDURE' SPLINT(NX,X,NZR,NZI,NP,Y,W,NT,A,B);

'VALUE'   NX,NZR,NZI,NP,NT;

'INTEGER' NX,NZR,NZI,NP,NT;
'ARRAY'   X,Y,A,B;
'REAL' 'PROCEDURE' W;

'BEGIN'
   'INTEGER' NZ,MA,I,J,K,IA,JA,JE,
             KA,KE,IE,KI,KJ;

   NZ:=NZR-NP;
   NZ:='IF'NZ'GREATER'NZI'THEN'NZ'ELSE'NZI;
   MA:=NT*(NZ+1)-1;

   IA:=0;

   'FOR' I:=0 'STEP' 1 'UNTIL' NX+1 'DO'
   'BEGIN'
     JA:='IF' I 'EQUAL' 0 'OR' I 'EQUAL' NX+1
        'THEN' NP 'ELSE' 0;
     JE:='IF' I 'EQUAL' 0 'OR' I 'EQUAL' NX+1
        'THEN' NZR 'ELSE' NZI;

     'FOR' J:=JA 'STEP' 1 'UNTIL' JE 'DO'
     'BEGIN'
        IA:=IA+1;
        A(IA, 0):=W(I,J,J,X(I),NX,X);

        KA:=J-1;
        K:=0;
        IE:=I-NT+1;
        'IF' IE 'LESS' 0 'THEN' IE:=0;

        'FOR' KI:=I 'STEP' -1 'UNTIL' IE 'DO'
        'BEGIN'
           KE:='IF' KI 'EQUAL' 0 'OR'
                KI 'EQUAL' NX+1
                'THEN' NP 'ELSE' 0;
```

```
        'FOR' KJ:=KA 'STEP' -1 'UNTIL' KE
        'DO'  'BEGIN'
           K:=K-1;
           A(IA, K):=W(KI,KJ,J,X(I),NX,X);
        'END';

        KA:='IF' KI 'EQUAL' 1
            'THEN' NZR 'ELSE' NZI;
     'END';

     'GOTO' M12;
M11 : A(IA, K):=0.0;
M12 : K:=K-1;
     'IF' K 'NOTLESS' -MA 'THEN' 'GOTO'M11;

     KA:=J+1;
     K:=0;
     IE:=I+NT-1;
     'IF' IE 'GREATER' NX+1,THEN' IE:=NX+1;

     'FOR' KI:=I 'STEP' 1 'UNTIL' IE 'DO'
     'BEGIN'
        KE:='IF' KI 'EQUAL' 0 'OR'
            KI 'EQUAL' NX+1
            'THEN' NZR 'ELSE' NZI;

        'FOR' KJ:=KA 'STEP' 1 'UNTIL' KE
        'DO'  'BEGIN'
           K:=K+1;
           A(IA, K):=W(KI,KJ,J,X(I),NX,X);
        'END';

        KA:='IF'KI'EQUAL'NX,THEN'NP'ELSE'0;
     'END';

     'GOTO' M22;
M21 : A(IA, K):=0.0;
M22 : K:=K+1;
     'IF' K 'NOTGREATER' 2*MA 'THEN'
        'GOTO' M21;

                          B(IA):=Y(I,J-JA);

                       'END';

                    'END';

                 'END';


PROCEDURE' CALPHA
       (NX,X,NZR,NZI,NP,P,W,NT,ALPHA,NI,Q,R);

'VALUE'   NX,NZR,NZI,NP,NT,NI;

'INTEGER' NX,NZR,NZI,NP,NT,NI;
'ARRAY'   X,ALPHA,Q,R;
'REAL' 'PROCEDURE' P,W;

'BEGIN'
  'INTEGER' NZ,MA,I,J,K,IA,JA,JE,KA,
            KE,KB,KF,IE,KI,KJ,K1,K2,K3;
  'REAL'    S1,S2,S3,F1,F2,QH;

   NZ:=NZR-NP;
   NZ:='IF'NZ,GREATER'NZI'THEN'NZ'ELSE'NZI;
   MA:=2*NT*(NZ+1)-1;

   IA:=0;

   'FOR' I:=0 'STEP' 1 'UNTIL' NX+1 'DO'
   'BEGIN'
   JA:='IF' I 'EQUAL' 0 'OR' I'EQUAL' NX+1
      'THEN' NP 'ELSE' 0;
   JE:='IF' I 'EQUAL' 0 'OR' I 'EQUAL' NX+1
      'THEN' NZR 'ELSE' NZI;
```

```
'FOR' J:=JA 'STEP' 1 'UNTIL' JE 'DO'
'BEGIN'
   IA:=IA+1;

   K:=-1;
   KA:=J;

   IE:=I+2*NT-1;
   'IF' IE 'GREATER' NX+1 'THEN' IE:=NX+1;

   'FOR' KI:=I 'STEP' 1 'UNTIL' IE 'DO'
   'BEGIN'
   KE:='IF' KI 'EQUAL' 0 'OR' KI 'EQUAL'NX+1
      'THEN' NZR 'ELSE' NZI;

   KB:=KI-NT;
   KB:='IF'KB'LESS'0'THEN'0'ELSE'KB;
   KF:=I+NT-1;
   KF:='IF'KF'GREATER'NX'THEN'NX'ELSE'KF;

   'FOR' KJ:=KA 'STEP' 1 'UNTIL' KE 'DO'
   'BEGIN'
      K:=K+1;

      S1:=0.0;

      'FOR' K1:=KB 'STEP' 1 'UNTIL' KF 'DO'
      'BEGIN'
      F1:=0.5*(X(K1+1)+X(K1));
      F2:=0.5*(X(K1+1)-X(K1));

      S2:=0.0;

      'FOR' K2:=1 'STEP' 1 'UNTIL' NI 'DO'
      'BEGIN'
         QH:=F1+F2*Q(K2);

         S3:=0.0;

         'FOR' K3:=0 'STEP' 1 'UNTIL' NP'DO'
            S3:=S3+P(K3,0,QH)
               *W(I,J,K3,QH,NX,X)
               *W(KI,KJ,K3,QH,NX,X);

         S2:=S2+R(K2)*S3;
      'END';

      S1:=S1+F2*S2;
      'END';

      ALPHA(IA,K):=S1;
   'END';

   KA:='IF'KI'EQUAL'NX'THEN'NP'ELSE'0;
   'END';

   'GO' 'TO' M2;
M1 :  ALPHA(IA,K):=0.0;
M2 :  K:=K+1;
   'IF' K 'NOTGREATER' MA 'THEN' 'GOTO' M1;

  'END';

  'END';

'END';



'PROCEDURE' CWERTE
     (NX,X,NZR,NZI,NP,W,NT,WERTE,NI,Q);

'VALUE'   NX,NZR,NZI,NP,NT,NI;

'INTEGER' NX,NZR,NZI,NP,NT,NI;
'ARRAY'   X,WERTE,Q;
'REAL' 'PROCEDURE' W;
```

```
'BEGIN'
   'INTEGER' I,J,JA,JE,KA,KE,K1,K2;
   'REAL'    F1,F2,QH;

   'FOR' I:=0 'STEP' 1 'UNTIL' NX+1 'DO'
   'BEGIN'
      JA:='IF' I 'EQUAL' 0 'OR' I 'EQUAL' NX+1
         'THEN' NP 'ELSE' 0;
      JE:='IF' I 'EQUAL' 0 'OR' I 'EQUAL' NX+1
         'THEN' NZR 'ELSE' NZI;

      KA:='IF'I-NT'LESS'0'THEN'-I'ELSE'-NT;
      KE:='IF' I+NT 'GREATER' NX+1
         'THEN' NX+1-I-1 'ELSE' NT-1;

      'FOR' J:=JA 'STEP' 1 'UNTIL' JE 'DO'
      'BEGIN'

         'FOR' K1:=KA 'STEP' 1 'UNTIL' KE 'DO'
         'BEGIN'
            F1:=0.5*(X(I+K1+1)+X(I+K1));
            F2:=0.5*(X(I+K1+1)-X(I+K1));

          'FOR' K2:=1 'STEP' 1 'UNTIL' NI'DO'
            'BEGIN'
               QH:=F1+F2*Q(K2);
               WERTE(I,J-JA,K1,K2):=
               W(I,J,0,QH,NX,X);
            'END';

         'END';

      'END';

   'END';

'END';
```

```
'PROCEDURE' SPLRWP
     (NX,X,NZR,NZI,NP,ALPHA,F,FU,
      NT,WERTE,C,NI,Q,R);

'VALUE'   NX,NZR,NZI,NP,NT,NI;

'INTEGER' NX,NZR,NZI,NP,NT,NI;
'ARRAY'   X,ALPHA,WERTE,C,Q,R;
'REAL' 'PROCEDURE' F,FU;

'BEGIN'

'INTEGER' NZ,L,MA;

'EXTERNAL' 'PROCEDURE' LGSGBM;

NZ:=NZR-NP;
NZ:='IF'NZ'GREATER'NZI'THEN'NZ'ELSE'NZI;
L:=2*(NZR-NP+1)+NX*(NZI+1);
MA:=2*NT*(NZ+1)-1;

'BEGIN'
   'INTEGER' I,J,K,IA,IB,JA,JE,JB,KA,KE,KB,KF,
             IE,KI,KJ,K1,K2;
   'REAL'    NN,NA,S0,S1,S2,F1,F2,QH;
   'ARRAY'   FUNCT(0:1,0:NX,1:NI),
             A(1:L,-MA:2*MA),B(1:L),CN(1:L);

   'FOR' I:=1 'STEP' 1 'UNTIL' L 'DO'
      CN(I):=C(I);

   NA:=1.0&&10;
   'GOTO' BF;

IT :
   LGSGBM (1,L,MA,A,B,B) ;

   'FOR' I:=1 'STEP' 1 'UNTIL' L 'DO'
      CN(I):=C(I)-B(I);
```

```
BF :
   'FOR' K1:=0 'STEP' 1 'UNTIL' NX 'DO'
   'BEGIN'
   F1:=0.5*(X(K1+1)+X(K1));
   F2:=0.5*(X(K1+1)-X(K1));

   KB:=K1-NT+1;
   KB:='IF'KB'LESS'0'THEN'0'ELSE'KB;
   KF:=K1+NT;
   KF:='IF'KF'GREATER'NX+1'THEN'NX+1'ELSE'KF;
   IA:='IF'KB'EQUAL'0'THEN'0'ELSE'
      (NZR-NP+1)+(KB-1)*(NZI+1);

   'FOR' K2:=1 'STEP' 1 'UNTIL' NI 'DO'
   'BEGIN'
      QH:=F1+F2*Q(K2);
      IB:=IA;
      S0:=0.0;

      'FOR' KI:=KB 'STEP' 1 'UNTIL' KF 'DO'
      'BEGIN'
      JA:='IF'KI'EQUAL'0'OR'KI'EQUAL'NX+1
         'THEN'NP'ELSE'0;
      JE:='IF'KI'EQUAL'0'OR'KI'EQUAL'NX+1
         'THEN'NZR'ELSE'NZI;

      'FOR' KJ:=JA 'STEP' 1 'UNTIL' JE 'DO'
      'BEGIN'
         IB:=IB+1;
         S0:=S0+CN(IB)*
            WERTE(KI,KJ-JA,K1-KI,K2);
      'END';

      'END';

      FUNCT(0,K1,K2):=F(QH,S0);
      FUNCT(1,K1,K2):=FU(QH,S0);

   'END';

'END';

IA:=0;
NN:=0.0;

'FOR' I:=0 'STEP' 1 'UNTIL' NX+1 'DO'
'BEGIN'
JA:='IF'I'EQUAL'0'OR'I'EQUAL'NX+1
   'THEN'NP'ELSE'0;
JE:='IF'I'EQUAL'0'OR'I'EQUAL'NX+1
   'THEN'NZR'ELSE'NZI;

'FOR' J:=JA 'STEP' 1 'UNTIL' JE 'DO'
'BEGIN'
   IA:=IA+1;
   K:=-1;
   KA:=J;

   IE:=I+2*NT-1;
   'IF' IE 'GREATER' NX+1 'THEN' IE:=NX+1;

   'FOR' KI:=I 'STEP' 1 'UNTIL' IE 'DO'
   'BEGIN'
   JB:='IF'KI'EQUAL'0'OR'KI'EQUAL'NX+1
      'THEN'NP'ELSE'0;
   KE:='IF'KI'EQUAL'0'OR'KI'EQUAL'NX+1
      'THEN'NZR'ELSE'NZI;

   KB:=KI-NT;
   KB:='IF'KB'LESS'0'THEN'0'ELSE'KB;
   KF:=I+NT-1;
   KF:='IF'KF'GREATER'NX'THEN'NX'ELSE'KF;

   'FOR' KJ:=KA 'STEP' 1 'UNTIL' KE 'DO'
   'BEGIN'
      K:=K+1;

      S1:=0.0;

      'FOR' K1:=KB 'STEP' 1 'UNTIL' KF 'DO'
```

```
      'BEGIN'
      F2:=0.5*(X(K1+1)-X(K1));

      S2:=0.0;

      'FOR' K2:=1 'STEP' 1 'UNTIL' NI 'DO'
         S2:=S2+R(K2)*FUNCT(1,K1,K2)*
             WERTE(I,J-JA,K1-I,K2)*
             WERTE(KI,KJ-JB,K1-KI,K2);

      S1:=S1+F2*S2;
      'END';

      A(IA,K):=ALPHA(IA,K)-S1;
      'IF' IA+K 'NOTGREATER' L 'THEN'
         A(IA+K,-K):=A(IA,K);
   'END';

   KA:='IF'KI'EQUAL'NX'THEN'NP'ELSE'0;
   'END';

   'GOTO' M2;
M1 :  A(IA,K):=0.0;
   'IF' IA+K 'NOTGREATER' L 'THEN'
      A(IA+K,-K):=A(IA,K);
M2 :  K:=K+1;
   'IF' K 'NOTGREATER' MA 'THEN' 'GOTO' M1;

   'FOR' K:=MA+1 'STEP' 1 'UNTIL' 2*MA 'DO'
      A(IA,K):=0.0;

   S0:=ALPHA(IA,0)*CN(IA);

   'FOR' K:=1 'STEP' 1 'UNTIL' MA 'DO'
   'BEGIN'
      'IF' IA-K 'NOTLESS' 1 'THEN'
         S0:=S0+ALPHA(IA-K,K)*CN(IA-K);
      'IF' IA+K 'NOTGREATER' L 'THEN'
         S0:=S0+ALPHA(IA,K)*CN(IA+K);
   'END';

      KB:=I-NT;
      KB:='IF'KB'LESS'0'THEN'0'ELSE'KB;
      KF:=I+NT-1;
      KF:='IF'KF'GREATER'NX'THEN'NX'ELSE'KF;

      S1:=0.0;

      'FOR' K1:=KB 'STEP' 1 'UNTIL' KF 'DO'
      'BEGIN'
      F2:=0.5*(X(K1+1)-X(K1));

      S2:=0.0;

      'FOR' K2:=1 'STEP' 1 'UNTIL' NI 'DO'
         S2:=S2+R(K2)*FUNCT(0,K1,K2)*
            WERTE(I,J-JA,K1-I,K2);

      S1:=S1+F2*S2;
      'END';

      B(IA):=S0-S1;

      'IF' ABS(B(IA)) 'GREATER' NN 'THEN'
         NN:=ABS(B(IA));

   'END';

   'END';

   'IF' NN 'LESS' NA 'THEN'
   'BEGIN'
      'FOR' I:=1 'STEP' 1 'UNTIL' L 'DO'
         C(I):=CN(I);
      NA:=NN;
      'GOTO' IT;
   'END';

'END';

'END';
```

```
6.  KOLLOKATIONSMETHODEN FUER RANDWERTPROBLEME
----------------------------------------------

DIE FOLGENDEN PROGRAMME STAMMEN
VON DE BOOR [96].

(MIT DEM ANGEGEBENEN PROGRAMMEN KOENNEN AUCH
ANFANGSWERTPROBLEME BEHANDELT WERDEN.)

IN DIESEM FALL WIRD EIN HAUPTPROGRAMM ANGEGEBEN.
ZUNAECHST WERDEN DIE FOLGENDEN GROESSEN
EINGELESEN:
   M           GRAD DER DGL
   K          ANZAHL DER KOLLOKATIONSPUNKTE
              JE TEILINTERVALL
   NO         ANZAHL DER INNEREN GITTERPUNKTE
              BEI DER ERSTEN GITTERWAHL
   NEQUAL     ANZAHL DER GITTERWAHLEN
              MIT KONSTANTER ZAHL VON PUNKTEN
   NTIMES     GESAMTZAHL DER GITTERWAHLEN
   NA         MAXIMALGRAD FUER DIE ABLEITUNG
              BEI BERECHNUNG DER NORM
   NZ         ANZAHL DER ZWISCHENPUNKTE
              BEI DER NORM-BERECHNUNG
   ITERMX     MAXIMALE ITERATIONSANZAHL
   RELERR     ITERATIONSGENAUIGKEIT
              FUER DIE B-SPLINE-KOEFFIZIENTEN
   ALEFT      LINKER INTERVALL-ENDPUNKT
   ARIGHT     RECHTER INTERVALL-ENDPUNKT
FUER DIE ANZAHL DER INNEREN GITTERPUNKTE BEI
DER  NT -TEN GITTERWAHL (1<=NT<=NTIMES) GILT
   N = NO + ENTIER((NT-1)/NEQUAL) .
BEI DER ERSTEN GITTERWAHL WIRD EIN AEQUIDISTAN-
TES GITTER (MIT NO+2 PUNKTEN) ERZEUGT; DIE AUS-
WAHL EINES NEUEN GITTERS ERFOLGT DURCH DIE
PROZEDUR  N E W N O T .

WIE IN 2. WIRD DAS GITTER MIT
   X(I)      I=0(1)N+1
BEZEICHNET. IN JEDEM TEILINTERVALL SIND DIE
KOLLOKATIONS-PUNKTE VERTEILT GEMAESS
   -1 <= RHO(1) < RHO(2) < ... < RHO(K) <=  1 ;
DEM VEKTOR  RHO  WERDEN WERTE ZUGEWIESEN (BEI-
SPIELSWEISE DIE GAUSS-KNOTEN) IN DER PROZEDUR
C O L P N T ,  DIE NICHT ANGEGEBEN WIRD.
ALS KOLLOKATIONSPUNKTE WERDEN DANN GEWAEHLT
   TAU(I*K+R):=RHO(R)*(X(I+1)-X(I))/2
      +(X(I+1)+X(I))/2       R=1(1)K ,  I=0(1)N .
(VGL. (11.18)).

IM FALLE  -1 < RHO(1)  ENTHAELT MIT
   KPM := K + M  ,    P := KPM + N * K
DER KNOTENVEKTOR
   T(I)       I=1(1)P+KPM
DIE INNEREN PUNKTE X(I) (0<I<N+1) JE K-MAL UND
DIE PUNKTE X(0), X(N+1) KPM-MAL. (DER FALL
-1 = RHO(1) WIRD NICHT BETRACHTET, VGL. PRO-
GRAMM.) DER VEKTOR  T  WIRD IN DER PROZEDUR
K N O T S  BESTIMMT. DER BERECHNETE B-SPLINE
IST VON DER ORDNUNG  KPM  UND AUS DER STETIG-
KEITSKLASSE  C(M-1) .  WIE IN 2. SEIEN
   A(I)       I=1(1)P
SEINE KOEFFIZIENTEN.
DIE KOEFFIZIENTEN DER PP-DARSTELLUNG SEIEN
   C(I,J)       I=0(1)N  ,   J=0(1)KPM-1  .

ZUR SPEZIFIKATION EINES PROBLEMS WERDEN DREI
PROZEDUREN BENOETIGT; FUER DAS PROBLEM AUS AUF-
GABE 11.V SIND DIESE ALS BEISPIEL ANGEGEBEN.
P R O B 1  LIEFERT DIE STARTWERTE  X, C, N
FUER DIE NEWTON-ITERATION (HIER 2*T*T-1 FUER
0<=T<=1) UND DIE ABSZISSENWERTE
   XSIDEC(ISIDEC)      ISIDEC=1(1)M
FUER DIE RANDBEDINGUNGEN (HIER 0 UND 1).
P R O B 2  BERECHNET DIE WERTE
   V(J)       J=0(1)M
DER KOEFFIZIENTEN-FUNKTIONEN DES LINEARISIERTEN
PROBLEMS (VGL. (11.20)) SOWIE DEN WERT V(M+1)
DER RECHTEN SEITE AN DER STELLE  XX  MIT HILFE
DER ALTEN NAEHERUNG  X, C, N .
```

```
P R O B 3  ERSTELLT DIE GLEICHUNG FUER DIE
ISIDEC -TE RANDBEDINGUNG; HAT DIESE DIE FORM
   W(M-1)*D**(M-1) + ... + W(0)*D**0  =  RS    ,
SO SIND DIE FOLGENDEN ANWEISUNGEN AUSZUFUEHREN
   'FOR' J:=1 'STEP' 1 'UNTIL' KPM 'DO'
   'BEGIN'
      H(J):=0.0;
      'FOR' L:=0 'STEP' 1 'UNTIL' M-1 'DO'
         H(J):=H(J)+W(L)*VNIKX(J,L);
   'END';
   B:=RS;

DIE PROZEDUR  E Q U A T E  ERSTELLT DAS KOLLO-
KATIONS-GLEICHUNGSSYSTEM (VGL. (11.19)); D.H.
DIE BAND-MATRIX DER KOEFFIZIENTEN
   Q(J,JJ)     J=1(1)P, JJ=-(KPM-1)(1)2*(KPM-1)
UND DIE RECHTE SEITE
   B(J)       J=1(1)P   .

DIE PROZEDUR  P R O B 4  BERECHNET FUER
J=0(1)NA  DEN WERT DER J-TEN ABLEITUNG  V(J)
DER EXAKTEN LOESUNG AN DER STELLE  XX   (HIER
NUR NA=0).

E R R O R  BESTIMMT DIE NORM DER FEHLERFUNKTION
UND DEREN ABLEITUNGEN BIS ZUM GRAD  NA ,  WOBEI
DIE FEHLERFUNKTION IN DEN GITTERPUNKTEN UND JE
NZ  ZWISCHENPUNKTEN AUSGEWERTET WIRD (MIT NZ=0
ERHAELT MAN DIE ABWEICHUNG IN DEN GITTERPUNK-
TEN). ERRECHNET WIRD
   NORM(J)        J=0(1)NA  .

EIN DATENSATZ HAT Z.B. DIE FORM
   2 4 3 2 6 0 100 10 1.0&&-10 0.0 1.0
```

```
'BEGIN'
'INTEGER' M,K,NO,NEQUAL,NTIMES,NA,NZ,ITERMX;
'INTEGER' N,KPM,P;
'REAL'    RELERR,ALEFT,ARIGHT;

START :
READ (M) ;
'IF' M 'EQUAL' 0 'THEN' 'GOTO' ENDE;
READ (K) ;
READ (NO,NEQUAL,NTIMES) ;
READ (NA,NZ) ;
READ (ITERMX,RELERR) ;
READ (ALEFT,ARIGHT) ;

N:=NO+(NTIMES-1)/NEQUAL;
KPM:=K+M;
P:=KPM+N*K;

'BEGIN'

  'INTEGER' LLOW,MULTIP,I,II,NT,ITER,NNEW;
  'REAL'    DX,ERR,AMAX;

   'ARRAY'  XSIDEC(1:M),RHO(1:K);
   'ARRAY'  X(0:N+1),C(0:N,0:KPM-1);
   'ARRAY'  T(1:P+KPM),A(1:P),ASAVE(1:P);
   'ARRAY'  Q(1:P,-(KPM-1):2*(KPM-1)),
            XNEW(0:N+1)
   'ARRAY'  NORM(0:NA);

  'EXTERNAL' 'PROCEDURE' LGSGBM;
  'EXTERNAL' 'PROCEDURE' BSPLPP;
  'EXTERNAL' 'PROCEDURE' EQUATE;
  'EXTERNAL' 'PROCEDURE' COLPNT;
  'EXTERNAL' 'PROCEDURE' KNOTS;
  'EXTERNAL' 'PROCEDURE' NEWNOT;
  'EXTERNAL' 'PROCEDURE' ERROR;
  'EXTERNAL' 'PROCEDURE' PROB1;

  DX:=(ARIGHT-ALEFT)/(NO+1);
```

```
      'FOR' I:=0 'STEP' 1 'UNTIL' N0+1 'DO'
         X(I):=ALEFT+I*DX;

      COLPNT (K,RHO) ;
      LLOW:='IF'RHO(1)'EQUAL'-1.0'THEN'2'ELSE'1;
      MULTIP:=K-(LLOW-1);

      KNOTS (X,N0,KPM,MULTIP,T,P) ;

      PROB1 (X,C,N,KPM,XSIDEC) ;

      'FOR' NT:=1 'STEP' 1 'UNTIL' NTIMES 'DO'
      'BEGIN'

         ITER:=0;
         ERR:=1.0;
         AMAX:=0.0;

         EQUATE (M,K,XSIDEC,RHO,T,
                 X,C,N,LLOW,Q,A)
         LGSGBM (1,P,KPM-1,Q,A,A) ;

M1 :     BSPLPP (T,A,P,KPM,X,C,N) ;

         'IF' ERR 'NOTGREATER' RELERR*AMAX
            'THEN' 'GOTO' M2
         ITER:=ITER+1;
         'IF' ITER 'GREATER' ITERMX 'THEN'
            'GOTO' M2

         'FOR' I:=1 'STEP' 1 'UNTIL' P 'DO'
            ASAVE(I):=A(I);

         EQUATE (M,K,XSIDEC,RHO,T,P,
                 X,C,N,LLOW,Q,A)
         LGSGBM (1,P,KPM-1,Q,A,A) ;

         AMAX:=0.0;
         ERR:=0.0;
         'FOR' I:=1 'STEP' 1 'UNTIL' P 'DO'
         'BEGIN'
            'IF' ABS(A(I)) 'GREATER' AMAX
            'THEN' AMAX:=ABS(A(I));
            'IF' ABS(A(I)-ASAVE(I)) 'GREATER' ERR
            'THEN' ERR:=ABS(A(I)-ASAVE(I));
         'END';

         'GOTO' M1;

M2 :     'COMMENT'
         AUSDRUCKEN VON KPM,N,ITER
         X(I)      I=0(1)N+1
         C(I,J)    I=0(1)N,    J=0(1)KPM-1;

         ERROR (X,C,N,KPM,NA,0,NORM) ;
         'COMMENT'
         AUSDRUCKEN VON  NORM;

         ERROR (X,C,N,KPM,NA,NZ,NORM) ;
         'COMMENT'
         AUSDRUCKEN VON  NORM;

         'IF' NT 'NOT EQUAL' NTIMES
         'THEN' 'BEGIN'
            NNEW:=N0+ENTIER(NT/NEQUAL);
            NEWNOT (X,C,N,KPM,XNEW,NNEW) ;

            KNOTS (XNEW,NNEW,KPM,MULTIP,T,P) ;
         'END';

      'END';

   'GOTO' START;

   'END';

   ENDE :
   'END';
```

```
'PROCEDURE' KNOTS (X,N,KPM,MULTIP,T,P) ;
'VALUE'   N,KPM,MULTIP;
'INTEGER' N,KPM,MULTIP,P;
'ARRAY'   X,T;
'COMMENT' X(0:N+1),T(1:P+KPM) ;
'BEGIN'
   'INTEGER' J,JJ;
   P:=KPM+N*MULTIP;
   'FOR' JJ:=1 'STEP' 1 'UNTIL' KPM 'DO'
      T(JJ):=X(0);
   'FOR' J:=1 'STEP' 1 'UNTIL' N 'DO'
      'FOR' JJ:=1 'STEP' 1 'UNTIL' MULTIP 'DO'
         T(KPM+(J-1)*MULTIP+JJ):=X(J);
   'FOR' JJ:=1 'STEP' 1 'UNTIL' KPM 'DO'
      T(P+JJ):=X(N+1);
'END';


'PROCEDURE' EQUATE (M,K,XSIDEC,RHO,T,P,
      X,C,N,LLOW,Q,B);
'VALUE'   M,K,P,N,LLOW;
'INTEGER' M,K,P,N,LLOW;
'ARRAY'   XSIDEC,RHO,T,X,C,Q,B;

'COMMENT' XSIDEC(1:M),RHO(1:K),
          T(1:P+KPM),X(0:N+1),C(0:N,0:KPM-1),
          Q(1:P,-(KPM-1),2*(KPM-1)),B(1:P) ;
'BEGIN'
   'INTEGER' KPM,MULTIP;
   KPM:=K+M;
   MULTIP:=K-(LLOW-1);
'BEGIN'
   'INTEGER' IBACK,ILO,ISIDEC,
             ID,I,J,JJ,LL,KK,L;
   'REAL'    XX,XM,DX;
   'ARRAY'   SCRTCH(1:KPM,0:M),
             H(1:KPM),V(0:M+1);
   'EXTERNAL' 'PROCEDURE' BSPLVD;
   'EXTERNAL' 'PROCEDURE' PROB2;
   'EXTERNAL' 'PROCEDURE' PROB3;
   'FOR' J:=1 'STEP' 1 'UNTIL' P 'DO'
     'FOR' JJ:=-(KPM-1) 'STEP' 1 'UNTIL'
             2*(KPM-1) 'DO'
       Q(J,JJ):=0.0;
   IBACK:=3-LLOW;
   ILO:=0;
   ISIDEC:=1;
   ID:=0;
   I:=KPM;
   XX:=T(I);
M1 :
   'FOR' I:=KPM 'STEP' MULTIP 'UNTIL' P 'DO'
   'BEGIN'
      XM:=(T(I+1)+T(I))*0.5;
      DX:=(T(I+1)-T(I))*0.5;
      'FOR' LL:=LLOW 'STEP' 1 'UNTIL' K 'DO'
      'BEGIN'
         'IF' IBACK 'EQUAL' 2 'THEN'
         XX:=XM+DX*RHO(LL);
         'GOTO' M3;
M2 :     BSPLVD (T,KPM,XSIDEC(ISIDEC),
               I,SCRTCH,M-1);
         PROB3 (ISIDEC,SCRTCH,KPM,H,B(ID)) ;
         'FOR' J:=1 'STEP' 1 'UNTIL' KPM 'DO'
            Q(ID,I-ID-KPM+J):=H(J);
         ISIDEC:=ISIDEC+1;
M3 :     ID:=ID+1;
         'IF' ISIDEC 'GREATER' M 'THEN'
            'GOTO' M4;
         'IF' XSIDEC(ISIDEC) 'LESS' XX 'THEN'
            'GOTO' M2;
M4 :     PROB2 (X,C,N,KPM,XX,V,ILO);
         BSPLVD (T,KPM,XX,I,SCRTCH,M) ;
         KK:=I-ID-KPM;
         'FOR' J:=1 'STEP' 1 'UNTIL' KPM 'DO'
         'BEGIN'
            KK:=KK+1;
```

```
            'FOR' L:=0 'STEP' 1 'UNTIL' M 'DO'
               Q(ID,KK):=Q(ID,KK)+V(L)*
                          SCRTCH(J,L);
         'END';
         B(ID):=V(M+1);
         'IF' IBACK 'EQUAL' 1
         'THEN' 'BEGIN'
            IBACK:=2;
            'GOTO' M1;
         'END';
      'END';
   'END';
I:=P;
M5 :
   'IF' ISIDEC 'NOT GREATER' M
   'THEN' 'BEGIN'
      ID:=ID+1;
      BSPLVD (T,KPM,XSIDEC(ISIDEC),
            I,SCRTCH,M-1);
      PROB3 (ISIDEC,SCRTCH,KPM,H,B(ID)) ;
      'FOR' J:=1 'STEP' 1 'UNTIL' KPM 'DO'
         Q(ID,I-ID-KPM+J):=H(J);
      ISIDEC:=ISIDEC+1;
      'GOTO' M5;
   'END';
'END'; 'END';



'PROCEDURE' NEWNOT (X,C,N,KPM,XNEW,NNEW) ;
'VALUE'   N,KPM,NNEW;
'INTEGER' N,KPM,NNEW;
'ARRAY'   X,C,XNEW;
'COMMENT' X(0:N+1),C(0:N,0:KPM-1),
          XNEW(0:NNEW+1);
'BEGIN'
   'INTEGER' I,J;
   'REAL'    DIFPRV,DIF,STEP,STEPI;
   'ARRAY'   SCRTCH(0:N,0:1);
   XNEW(0):=X(0);
   XNEW(NNEW+1):=X(N+1);
   'IF' N 'NOT GREATER' 0 'THEN' 'GOTO' M2;
   SCRTCH(0,0):=0.0;
   DIFPRV:=ABS(C(1,KPM-1)-C(0,KPM-1))/
           (X(2)-X(0));
   'FOR' I:=1 'STEP' 1 'UNTIL' N 'DO'
   'BEGIN'
      DIF:=ABS(C(I,KPM-1)-C(I-1,KPM-1))/
           (X(I+1)-X(I-1));
      SCRTCH(I-1,1):=(DIF+DIFPRV)'POWER'
                     (1/KPM);
      SCRTCH(I,0):=SCRTCH(I-1,0)+
                   SCRTCH(I-1,1)*(X(I)-X(I-1));
      DIFPRV:=DIF;
   'END';
   SCRTCH(N,1):=(2.0*DIFPRV)'POWER'(1/KPM);
   STEP:=(SCRTCH(N,0)+SCRTCH(N,1)*
        (X(N+1)-X(N)))/(NNEW+1);
   'IF' STEP 'NOTGREATER' 0.0 'THEN' 'GOTO' M2;
   J:=0;
   'FOR' I:=1 'STEP' 1 'UNTIL' NNEW 'DO'
   'BEGIN'
      STEPI:=I*STEP;
M1 :  'IF' J 'NOT EQUAL' N 'AND'
            STEPI 'GREATER' SCRTCH(J+1,0)
      'THEN' 'BEGIN'
         J:=J+1;
         'GOTO' M1;
      'END';
      'IF' SCRTCH(J,1) 'NOT EQUAL' 0.0
      'THEN' XNEW(I):=X(J)+(STEPI-SCRTCH(J,0))/
                      SCRTCH(J,1)
      'ELSE' XNEW(I):=0.5*(X(J)+X(J+1));
   'END';  'GOTO' RT;
M2 :
   STEP:=(X(N+1)-X(0))/(NNEW+1);
   'FOR' I:=1 'STEP' 1 'UNTIL' NNEW 'DO'
      XNEW(I):=X(0)+I*STEP;
RT :   'END';
```

```
'PROCEDURE' ERROR (X,C,N,KPM,NA,NZ,NORM) ;
'VALUE'   N,KPM,NA,NZ;
'INTEGER' N,KPM,NA,NZ;
'ARRAY'   X,C,NORM;
'COMMENT' X(0:N+1),C(0:N,0:KPM-1),NORM(0:NA) ;
'BEGIN'
  'INTEGER' ILO,L,I,J;
  'REAL'    DZ,Z,DIFF;
  'ARRAY'   V(0:NA);
  'EXTERNAL' 'PROCEDURE' PROB4;
  'EXTERNAL' 'REAL' 'PROCEDURE' PPVALU;
  'FOR' J:=0 'STEP' 1 'UNTIL' NA 'DO'
     NORM(J):=0.0;
  L:=(N+1)*(NZ+1);
  DZ:=(X(N+1)-X(0))/L;
  ILO:=0;
  'FOR' I:=0 'STEP' 1 'UNTIL' L 'DO'
  'BEGIN'
     Z:=X(0)+I*DZ;
     PROB4 (Z,V,NA) ;
     'FOR' J:=0 'STEP' 1 'UNTIL' NA 'DO'
     'BEGIN'
        DIFF:=ABS(V(J)-
             PPVALU(X,C,N,KPM,Z,J,ILO));
        'IF' DIFF 'GREATER' NORM(J)
          'THEN' NORM(J):=DIFF;
     'END';
  'END';
'END';
```

```
'PROCEDURE' PROB1 (X,C,N,KPM,XSIDEC) ;
'VALUE'   KPM;
'INTEGER' N,KPM;
'ARRAY'   X,C,XSIDEC;
'COMMENT' X(0:N+1),C(0:N,0:KPM-1),XSIDEC(1:M) ;
'BEGIN'
  'INTEGER' J;
  N:=0;
  X(0):=0.0;
  X(1):=1.0;
  'FOR' J:=0 'STEP' 1 'UNTIL' KPM-1 'DO'
      C(0,J):=0.0;
  C(0,0):=-1.0;
  C(0,2):=2.0;
  XSIDEC(1):=0.0;
  XSIDEC(2):=1.0;
'END';
```

```
'PROCEDURE' PROB2 (X,C,N,KPM,XX,V,ILO);
'VALUE'   N,KPM,XX,ILO;
'INTEGER' N,KPM,ILO;
'REAL'    XX;
'ARRAY'   X,C,V;
'COMMENT' X(0:N+1),C(0:N,0:KPM-1),V(0:M+1) ;
'BEGIN'
  'EXTERNAL' 'REAL' 'PROCEDURE' PPVALU;

  'REAL'     EPS,UN;
  EPS:=1.0&&-4;
  V(2):=EPS;
  V(1):=0.0;
  UN:=PPVALU (X,C,N,KPM,XX,0,ILO) ;
  V(0):=2.0*UN;
  V(3):=UN*UN+1.0;
'END';
```

```
'PROCEDURE' PROB3 (ISIDEC,VNIKX,KPM,H,B) ;
'VALUE'   ISIDEC,KPM;
'INTEGER' ISIDEC,KPM;
'REAL'    B;
'ARRAY'   VNIKX,H;
'COMMENT' VNIKX(1:KPM,0:M-1),H(1:KPM) ;
'BEGIN'
   'INTEGER' J;
   'FOR' J:=1 'STEP' 1 'UNTIL' KPM 'DO'
      H(J):=VNIKX(J,2-ISIDEC);
   B:=0.0;
'END';
```

```
'PROCEDURE' PROB4 (XX,V,NA) ;
'VALUE'   XX,NA;
'INTEGER' NA;
'REAL'    XX;
'ARRAY'   V;
'COMMENT' V(0:NA) ;
'BEGIN'
   'REAL'    EPS,FACTOR,S2OVEP,EP1,EP2,EP3,EP4;
   EPS:=1.0&&-4;
   FACTOR:=SQRT(2.0)+SQRT(3.0);
   FACTOR:=FACTOR*FACTOR;
   S2OVEP:=SQRT(2.0/EPS);
   EP1:=EXP(S2OVEP*(1.0-XX))*FACTOR;
   EP2:=EXP(S2OVEP*(1.0+XX))*FACTOR;
   EP3:=(1.0+EP1)*(1.0+EP1);
   EP4:=(1.0+EP2)*(1.0+EP2);
   V(0):=12.0/EP3*EP1+12.0/EP4*EP2-1.0;
'END';
```

7. E I G E N W E R T P R O B L E M E

```
DIE FUNKTIONSPROZEDUR  C B S  BERECHNET DIE
J-TE ABLEITUNG DER I-TEN BASISFUNKTION AN DER
STELLE X.   PARAMETER:
N = ANZAHL DER AEQUIDISTANTEN STUETZSTELLEN
     ( OHNE RANDPUNKTE )
X0 = UNTERE INTERVALLGRENZE
H = SCHRITTWEITE
I = NUMMER DER BASISFUNKTION
J = ABLEITUNGSORDNUNG    0<=J<=2
X = ARGUMENT ( X0<=X<=X0+(N+1)*H )
DIE PROZEDUR WIRD NICHT ANGEGEBEN;
VGL. AUCH PROZEDUR W IM CUBISCHEN FALL.

FUNKTIONSPROZEDUR  G A U S U P   BERECHNET DEN
WERT DES INTEGRALS DER FUNKTION F(X) UEBER
DEM INTERVALL A<=X<=B NACH DER GAUSS'SCHEN
QUADRATURFORMEL.
PARAMETER:
A,B INTERVALLGRENZEN
F FUNKTIONSPROZEDUR, DIE DEN WERT DES
   INTEGRANDEN AN DER STELLE F(X) BERECHNET.
EPS VORGEGEBENE TOLERANZ; DIE INTEGRATION WIRD
    ABGEBROCHEN, WENN DIE DIFFERENZ ZWEIER
    BERECHNETER INTEGRALE KLEINER ALS EPS IST.
P FELD MIT GEWICHTEN UND KNOTEN FUER QUADRATUR.

PROZEDUR  I T E R A T  BERECHNET DIE
EIGENWERTE UND EIGENVEKTOREN DES MATRIX-EIGEN=
WERTPROBLEMS A*X=L*B*X. MATRIX A MUSS
SYMMETRISCH UND POSITIV DEFINIT, B SYMMETRISCH
SEIN. A,B SIND 2*M+1 BANDMATRIZEN.
RESTLICHE PARAMETER:
MAXIT = MAXIMALE ITERATIONSANZAHL
EM = ANZAHL DER BERECHNETEN EIGENWERTE UND
     EIGENVEKTOREN
P = ANZAHL DER SIMULTAN ITERIERTEN VEKTOREN
    MIT EM<P<=N
```

```
EPS = TOLERANZ FUER DIE EIGENVEKTOREN
EV = ENTHAELT BEIM VERLASSEN DER PROZEDUR
    DIE EIGENVEKTOREN,
EW = DIE EIGENWERTE.
EV(I,K) IST DIE I-TE KOMPONENTE DES K-TEN
EIGENVEKTORS. NAEHERES ZUR PROZEDUR IFO
FINDET SICH BEI RITZIT. FALLS A NICHT POSITIV
DEFINIT ODER EM,P,N FALSCH GEWAEHLT IST, WIRD
DIE WEITERE AUSFUEHRUNG DER PROZEDUR UNTER-
BROCHEN UND IM HAUPTPROGRAMM NACH MARKE
GESPRUNGEN.

PROZEDUR  C H O L B D  LIEFERT DIE
CHOLESKY-FAKTORISIERUNG EINER N-REIHIGEN,
SYMMETRISCHEN UND POSITIV DEFINITEN BANDMATRIX
A=LR, L=R TRANSPONIERT, DER BANDWEITE M.
DAZU MUSS DEC=6 GEWAEHLT WERDEN.
FUER DEC=5 WIRD L(INV)*B, BEI DEC=3 R(INV)*B
BERECHNET, WOBEI B DIE RECHTE SEITE DES
LINEAREN GLEICHUNGSSYSTEMS A*X=B IST.
IST A NICHT POSITIV DEFINIT, WIRD ZUR MARKE
FAIL GESPRUNGEN.

PROZEDUR  R I T Z I T  BERECHNET DIE EIGENWERTE
UND EIGENVEKTOREN VON A*X=L*X. A SYMMETRISCH.
N,EM,P,EPS WIE BEI ITERAT.
X ENTSPRICHT EV, D EW VON ITERAT.
'PROCEDURE' OP(N,V,W);
'INTEGER' N; 'ARRAY' V,W;
IM PROZEDURRUMPF MUSS W=A*V BERECHNET WERDEN,
WOBEI V NICHT GEAENDERT WERDEN DARF.
DER PROZEDUR IFO VON ITERAT ENTSPRICHT
'PROCEDURE' INF(KS,G,H,F);
'INTEGER' KS,G,H; 'ARRAY' F;
MIT INF KANN MAN SICH INFORMATIONEN UEBER DEN
VERLAUF DER ITERATION VERSCHAFFEN.
PARAMETER:
KS = NUMMER DES NAECHSTEN ITERATIONSSCHRITTES
G = ANZAHL DER SCHON ANGENOMMENEN EIGENVEKTOREN
H = ANZAHL DER SCHON ANGENOMMENEN EIGENWERTE
F= EPS-WERTE DER EIGENVEKTOREN
    ( X(K) NICHT ANGENOMMEN, DANN F(K)=4.0 )

PROZEDUR  J A C O B I  WIRD VON RITZIT
AUFGERUFEN, ZUR BERECHNUNG DER EIGENPAARE VON
A*X=L*X, MIT SYMMETRISCHER N*N-MATRIX A.
WIRD EIVEC='TRUE' ANGEGEBEN, DANN WERDEN DIE
EIGENWERTE UND EIGENVEKTOREN IN DEN FELDERN
D UND V ABGESPEICHERT. IST EIVEC='FALSE'
DANN WERDEN NUR DIE EIGENWERTE BERECHNT.

DIE PROZEDUREN CHOLBD, RITZIT UND JACOBI
WERDEN NICHT ANGEGEBEN; SIE SIND BEI BEDARF
DER FOLGENDEN LITERATUR ZU ENTNEHMEN:
CHOLBD:  H. RUTISHAUSER, COMPUTING 1,(1966)
         S 77-78
RITZIT:  H. RUTISHAUSER, NUM. MATH.  16
         S 205-223 (1970).
JACOBI:  H.RUTISHAUSER, NUM. MATH. 9
         S 1-10  (1966)

'REAL' 'PROCEDURE' GAUSUP(A,B,F,EPS,P);
'VALUE' A,B,EPS;
'REAL' A,B,EPS;
'REAL' 'ARRAY' P;
'REAL' 'PROCEDURE' F;
'BEGIN'
'INTEGER' G,Q;    'REAL' S,H,R,INT;
Q:=3;  INT:=0;
NEXT: 'IF' Q 'GREATER' 13 'THEN' 'GOTO' TEXT;
S:=0;
```

```
'FOR' G:=1 'STEP' 1 'UNTIL' Q//2 'DO'
'BEGIN'  H:=(A+B+(B-A)*P(Q,G))*0.5;
       R:=F(H);  H:=A+B-H;  R:=R+F(H);
       S:=S+R*P(14-Q,8-G);
'END';
'IF' MOD(Q,2) 'EQUAL' 1 'THEN'
   S:=S+F((A+B)*0.5)*P(14-Q,7-Q//2);
S:=S*(B-A)*0.5;
'IF' ABS(INT-S) 'GREATER' EPS 'THEN'
   'BEGIN' INT:=S; Q:=Q+1; 'GOTO' NEXT; 'END';
'GOTO' OUT;
TEXT:  WRITE('' EPS-WERT NICHT ERREICHT '');
OUT:
GAUSUP:=S;
'END'   GAUSUP PROC;


'PROCEDURE' ITERAT
          (N,M,MAXIT,EM,P,EPS,A,B,EW,EV,IFO);

'VALUE'   N,M,MAXIT,EPS;
'INTEGER' N,M,MAXIT,EM,P; 'REAL' EPS;
'REAL' 'ARRAY' A,B,EW,EV;
'PROCEDURE' IFO;
'BEGIN'
'IF' P 'GREATER' N 'THEN'   P:=N;
'IF' EM 'GREATER' P-1 'THEN'
   'BEGIN'
      'IF' P-1 'GREATER' 0 'THEN' EM:=P-1
         'ELSE'
         'GOTO' MARKE;
   'END';
'BEGIN'
'INTEGER' K,L;
'REAL' 'ARRAY' X(1:N,1:P),D(1:P),Z(1-M:N+M);
'EXTERNAL''PROCEDURE' CHOLBD,RITZIT;
'PROCEDURE' OP(N,V,W);
'VALUE' N; 'INTEGER' N; 'REAL' 'ARRAY' V,W;
'BEGIN' 'INTEGER' K,L; 'REAL' S;
'FOR' K:=1 'STEP' 1 'UNTIL' N 'DO'
   Z(K):=V(K);
CHOLBD(N,M,3,A,Z,FAIL);
'FOR' K:=1 'STEP' 1 'UNTIL' N 'DO'
'BEGIN' S:=0;
'FOR' L:=-M 'STEP' 1 'UNTIL' M 'DO'
   S:=S+B(K,L)*Z(K+L);
W(K):=S;
'END';
CHOLBD(N,M,5,A,W,FAIL);
'END' OP;
CHOLBD(N,M,6,A,Z,FAIL);
'FOR' K:=1 'STEP' 1 'UNTIL' M 'DO'
   Z(1-K):=Z(N+K):=0;
RITZIT(N,P,MAXIT,EPS,OP,IFO,EM,X,D);
'FOR' K:=1 'STEP' 1 'UNTIL' EM 'DO'
'BEGIN' EW(K):=1/D(K);
'FOR' L:=1 'STEP' 1 'UNTIL' N 'DO'
   Z(L):=X(L,K);
CHOLBD(N,M,3,A,Z,FAIL);
'FOR' L:=1 'STEP' 1 'UNTIL' N 'DO'
   EV(L,K):=Z(L);
'END';
'GOTO'  PRIMA;
'END';
FAIL:
WRITE(''MATRIX A NICHT POSITIV DEFINIT.'');
PRIMA:
'END' ITERAT;
```

8. KNOTEN UND GEWICHTE FUER DIE GAUSS'SCHE QUADRATURFORMEL

DIE KNOTEN LIEGEN SYMMETRISCH ZUM NULLPUNKT, SIE WERDEN DESSHALB NUR FUER DEN FALL >= 0 ANGEGEBEN.

N	KNOTEN	GEWICHTE
N = 1	0	2.0000000000000,+00
N = 2	5.7735026918963,-01	1.0000000000000,+00
N = 3	0	8.8888888888889,-01
	7.7459666924148,-01	5.5555555555556,-01
N = 4	3.3998104358486,-01	6.5214515486255,-01
	8.6113631159405,-01	3.4785484513745,-01
N = 5	0	5.6888888888889,-01
	5.3846931010568,-01	4.7862867049937,-01
	9.0617984593866,-01	2.3692688505619,-01
N = 6	2.3861918608320,-01	4.6791393457269,-01
	6.6120938646626,-01	3.6076157304814,-01
	9.3246951420315,-01	1.7132449237917,-01
N = 7	0	4.1795918367347,-01
	4.0584515137740,-01	3.8183005050512,-01
	7.4153118559939,-01	2.7970539148928,-01
	9.4910791234276,-01	1.2948496616887,-01
N = 8	1.8343464249565,-01	3.6268378337836,-01
	5.2553240991633,-01	3.1370664587789,-01
	7.9666647741363,-01	2.2238103445337,-01
	9.6028985649754,-01	1.0122853629038,-01
N = 9	0	3.3023935500126,-01
	3.2425342340381,-01	3.1234707704000,-01
	6.1337143270059,-01	2.6061069640294,-01
	8.3603110732664,-01	1.8064816069486,-01
	9.6816023950763,-01	8.1274388361574,-02
N = 10	1.4887433898163,-01	2.9552422471475,-01
	4.3339539412925,-01	2.6926671931000,-01
	6.7940956829902,-01	2.1908636251598,-01
	8.6506336668898,-01	1.4945134915058,-01
	9.7390652851717,-01	6.6671344308688,-02

N = 11

0	2.7292508677790,-01
2.6954315595234,-01	2.6280454451025,-01
5.1909612920681,-01	2.3319376459199,-01
7.3015200557405,-01	1.8629021092773,-01
8.8706259976810,-01	1.2558036946490,-01
9.7822865814606,-01	5.5668567116174,-02

N = 12

1.2523340851147,-01	2.4914704581340,-01
3.6783149899818,-01	2.3349253653835,-01
5.8731795428662,-01	2.0316742672307,-01
7.6990267419430,-01	1.6007832854335,-01
9.0411725637047,-01	1.0693932599532,-01
9.8156063424672,-01	4.7175336386512,-02

N = 13

0	2.3255155323087,-01
2.3045831595513,-01	2.2628318026289,-01
4.4849275103645,-01	2.0781604753689,-01
6.4234933944034,-01	1.7814598076195,-01
8.0157809073331,-01	1.3887351021979,-01
9.1759839922298,-01	9.2121499837729,-02
9.8418305471859,-01	4.0484004765316,-02

Literatur

Bibliographie über Spline-Funktionen siehe [265]

Abkürzungen:

MRC Report: Mathematical Research Center Technical Summary Report, University of Wisconsin/Madison
CNA Report: Report of the Center for Numerical Analysis, University of Texas, Austin.
Originalartikel aus oft zitierten Sammelbänden (vgl. [13,33]) sind durch die Nummern der folgenden Bibliographie angegeben.

Bücher und Monographien

1 Achieser,N.J., Glasmann,J.M.: Theorie der linearen Operatoren im Hilbert-Raum, Akademie-Verlag, Berlin, 1965

2 Agmon,S.: Lectures on elliptic boundary value problems, van Nostrand Comp., Inc., Princeton, 1965

3 Ahlberg,J.H., Nilson,E.N., Walsh,J.L.: The theory of splines and their applications, Academic Press, New-York and London, 1967

4 Aubin,J.P.: Approximations des espaces des distributions et des operateurs différentiels, Bull.Soc.Math.France, Mémoire 12, 1967

5 Beckenbach,E., Bellmann,R.: Inequalities, Springer-Verlag,Berlin, 1965

6 Böhmer,K.: Theorie und Anwendungen von Splinefunktionen, Bericht des Instituts für Informatik der Universität Karlsruhe, 1971, Nr.9

7 -, Meinardus,G., Schempp,W., Herausgeber: Splinefunktionen, Bericht über eine Tagung in Oberwolfach 1973, Bibl.Institut Mannheim, 1974

8 de Boor,C.: Polynomial spline functions and extensions, Springer-Verlag, New York - Berlin, erscheint demnächst

9 Carathéodory,C.: Vorlesungen über reelle Funktionen, Teubner Verlag, Leipzig, 1927

1o Courant,R., Hilbert,D.: Methoden der mathematischen Physik, Springer-Verlag, Berlin 1937

11 Dunford,N., Schwartz,J.T.: Linear operators I,II, Interscience publishers, New York, 1963

12 Ghizzetti,A., Aliev,R.M.: Quadrature formulae, Akademie-Verlag, Berlin, 1970

13 Greville,T.N.E.,ed.: Theory and applications of spline functions, Academic Press, New York, 1969

14 Horn,J., Wittich,H.: Gewöhnliche Differentialgleichungen, Walter de Gruyter Verlag, Berlin, 1960

15 Kamke,E.: Differntialgleichungen, Lösungsmethoden und Lösungen I, 8.Aufl., Akad.Verlagsanstalt, Leipzig 1967

16 Karlin,J.S., Studden,W.J.: Tchebycheff systems: with applications in analysis and statistics, Interscience Publishers, New York, 1966

17 Laurent,P.J.: Approximation et optimisations, Hermann, Paris, 1972

18 Ljusternik,L.A., Sobolev,W.J.: Elemente der Funktionalanalysis, Akademie-Verlag, Berlin, 1955.

19 Magnus,W., Oberhettinger,F., Soni,R.P.: Formulas and theorems for the special functions of mathematical physics, Springer-Verlag, Heidelberg, 1966

20 Marguerre,K.: Technische Mechanik I,II,III, Springer-Verlag, Berlin 1967,1967, 1968

21 Markov,A.A.: Differenzenrechnung, Teubner-Verlag, Leipzig, 1896

22 Meinardus,G.: Approximation of functions: Theory and numerical methods, Vol. 13, Springer-Verlag, Heidelberg, 1967

23 Meschkowski,H.: Hilbertsche Räume mit Kernfunktion, Springer-Verlag, Berlin, 1962

24 Miller,K.S.: Linear differential equations in the real domain, W.W.Norton Comp., New York, 1963

25 Milne,W.E.: Numerical solution of differential equations, J.Wiley a. Sons, New York, 1953

26 Natanson,I.P.: Konstruktive Funktionentheorie, Akademie-Verlag, Berlin, 1955
27 Nikolskij,S.M.: Quadrature formulas, 1958 Russisch, Übersetzung: International monographs on advanced Math. and Phys., Hindostan Publ.Comp., Delhi, Bd. 29, 1964
28 Prenter,P.M.: Splines and variational methods, erscheint demnächst
29 Reid,W.: Ordinary differential equations, J.Wiley a.Sons, New York, 1971
30 Rice,J.R.: The approximation of functions, vol. 1,2, Addison-Wesley Publishing Company, Reading, 1964, 1969
31 Sard,A.: Linear approximation, Amer.Math.Soc., Providence, R.I., 1963
32 -, Weintraub,S.: A book of splines, J.Wiley a.Sons, New York - London, 1971
33 Schoenberg,I.J.,ed.: Approximation with special emphasis on spline functions, Academic Press, New York, 1969
34 -: Cardinal spline interpolation, SIAM, Philadelphia, Pennsilvania, 1973
35 Schultz,M.H.: Spline analysis, Prentice Hall, Englewood Cliffs, 1973
36 Schumaker,L.L.: Lecture notes on spline functions and applications, CNA-Report, 1970
37 Singer,I.: Bases in Banach spaces, Springer-Verlag, Berlin, 1970
38 Späth,H.: Spline-Algorithmen zur Konstruktion glatter Kurven und Flächen, Oldenbourg Verlag, München, 1973
39 Stummel,F., Hainer,K.: Praktische Mathematik, Teubner-Verlag, Stuttgart, 1971
40 Taylor,A.: Introduction to functional analysis, J.Wiley a.Sons, London, 1958
41 -: General theory of functions and integration, Blaisdell Publ.Comp., Waltham 1965
42 Varga,R.S.: Functional analysis and approximation theory in numerical analysis, SIAM, Philadelphia, Pennsylvania, 1971
43 Walter,W.: Differential and integral inequalities, Springer-Verlag, Berlin, 1970
44 -: Gewöhnliche Differentialgleichungen, Springer-Verlag, Berlin, 1972
45 Werner,H.: Praktische Mathematik I, Springer-Verlag, Berlin, 1970
46 -, Schaback,R.: Praktische Mathematik II, Springer-Verlag, Berlin, 1972
47 Yosida,K.: Functional analysis, Springer-Verlag, New York, 1965

Originalarbeiten

48 Ahlberg,J.H.: Cubic splines on the real line, J.Approx.Theory 1, 5-10 (1968)
49 -: Splines in the complex plane, in [33], 1-27, 1969
50 -: Polynomial splines on the real line, J.Approx.Theory 3, 398-409 (1970)
51 -: Cardinal splines of odd degree on uniform meshes, J.Approx.Theory 5, 428-437 (1972)
52 -, Nilson,E.N.: Convergence properties of the spline fit, J.Soc.Ind.Appl.Math. 11, 95-104 (1963)
53 -,-: Orthogonality properties of spline functions, J.Math.Anal.Appl. 11, 321-337 (1965)
54 -,-: The approximation of linear functionals, SIAM J.Num.Anal. 3, 173-182 (1966)
55 -,-,Walsh,J.L.: Fundamental properties of generalized splines, Proc.Nat.Akad. Sci.USA 52, 1412-1419 (1964)
56 -,-,-: Orthogonality properties of the spline function, Notices Am.Math.Soc. 64T-338 (1964)
57 -,-,-: Complex cubic splines, Trans.Amer.Math.Soc.129, 391-413 (1967)
58 -,-,-:Properties of analytic splines (1), complex polynomial splines, J.Math. Anal.and Applic. 27, 262-278 (1969)
59 -,-,-: Complex polynomial splines on the unit circle, J.Math.Anal.Applic. 33, 234-257 (1971)
60 Aksen,M.B., Tureckij,A.H.: Über die besten Quadraturformeln gewisser Funktionenklassen, Dokl.Akad.Nauk. SSSR 166, 1019-1021 (1966)

61 Albasiny,E.L., Hoskins,W.D.: The numerical calculation of odd-degree polynomial splines with equi-spaced knots, J.Inst.Math.Appl. 7, 384-397 (1971)
62 Alexits,G.: On the characterization of functions by their best linear approximation, Acta Sci.Math. 29, 107-114 (1968)
63 Andria,G.D., Byrne,G.D., Hall,C.A.: Convergence of cubic spline interpolants of functions processing discontinuities, J.Approx.Theory 8, 150-159 (1973)
64 Anselone,P.M., Laurent,P.J.: A general method for the construction of interpolating or smoothing spline, Num.Math. 12, 66-82 (1968)
65 Aronszajn,N.: Theory of reproducing kernels, Trans.Amer.Math.Soc.68, 337-404 (1950)
66 Atteia,M.: Généralisation de la définition et des propriétés des "spline fonctions", C.R.Acad.Sc. Paris, 260, 3550-3553 (1965)
67 -: "Spline-fonctions" généralisées, C.R.Acad.Sc.Paris, 261, 2149-2152 (1965)
68 -: Etude de certains noyaux et théorie des fonctions "spline" en analyse numérique, C.R.Acad.Sc.Paris, 262, 575-578 (1966)
69 -: Fonctions "spline" avec contraintes linéaires de type inégalité. "Problemes differentiels et integraux", Session 12, 1, 42-54 (1966)
70 -: Fonctions "spline" définies sur un ensemble konvexe, Num.Math.12, 192-210 (1968)
71 -: Fonctions "spline" et noyaux reproduisants d'Aronszajn-Bergman, RIRO 4, 31-43 (1970)
72 -: Fonctions "spline" dans le champ complexe, C.R.Acad.Sc.Paris, 273, 678-681 (1971)
73 Aubin,J.P.: Best approximation of linear operators in Hilbert spaces, SIAM J. Num. Anal. 3, 518-521 (1968)
74 Barrar,R.B. Loeb,H.L.: On the convergence in measure of non-linear Chebychev approximations, Num. Math. 14, 305-312 (1970)
75 -,-: Existence of best spline approximations with free knots, J.Math.Anal. Appl. 31, 383-390 (1970)
76 Bellmann,R., Roth,R.S.: The use of splines with unknown end points in the identification of systems, J.Math.Anal.Appl. 34, 26-33 (1971)
77 Birkhoff,G.: Local spline approximation by moments, J.Math.Mech. 16, 987-990 (1967)
78 -, de Boor,C.: Error bounds for spline interpolation, J.Math.Mech.13, 827-836 (1964)
79 -,-: Piecewise polynomial interpolation and approximation, Henry L.Garabedian (editor): Approximation of functions, Elsevier Publishing Company, Amsterdam, 1965
80 -,-, Swartz,B., Wendroff,B.: Rayleigh-Ritz approximation by piecewise cubic polynomials, SIAM J.Num.Anal. 3, 188-203 (1966)
81 -, Priver,A.: Hermite interpolation error for derivatives, J.Math. and Phys. 46, 440-447 (1967)
82 -, Schultz,M.H., Varga,R.S.: Piecewise Hermite interpolation in one and two variables with applications to partial differential equations, Num.Math. 11, 232-256 (1968)
83 Blair,J.J.: Error bounds for the solution of nonlinear two-point boundary value problems by Galerkin's method, Num.Math.19, 99-109 (1972)
84 Böhmer,K.: Wachstumsuntersuchungen der Lösungen linearer Differentialgleichungen, Dissertation, Karlsruhe, 1969
85 -: Eine verallgemeinerte Fuchssche Theorie, man.math. 3, 343-356 (1970)
86 -: Über Ausgleichssplines, Interner Bericht des Instituts für Informatik, Karlsruhe, 1971, Nr. 5
87 -: Über die Existenz, Eindeutigkeit und Berechnung von Splinefunktionen, in [7], 1974
88 de Boor,C.: Bicubic spline interpolation, J.Math.Phys. 41, 212-218 (1962)
89 -: Best approximation properties of spline functions of odd degree, J.Math. Mech. 12, 747-749 (1963)
90 -: The method of projections as applied to the numerical solution of two point boundary value problems using cubic splines, Dissertation, University of Michigan, Ann Arbor, 1966

91 -: On the convergence of odd-degree spline interpolation, J.Approx.Theory 1, 452-463 (1968)
92 -: On uniform approximation by splines, J.Approx.Theory 1, 219-235 (1968)
93 -: On local spline approximation by moments, J.Math.Mech. 17, 729-236 (1968)
94 -: On the approximation by γ-polynomials, in [34], 157-183, 1969
95 -: On calculating with B-splines, J.Approx.Theory 6, 50-62 (1972)
96 -: Package for calculating with B-splines, MRC Report 1333, 1973
97 -: Bounding the error in spline interpolation, MRC Report 1337, 1973
98 -: Appendix to "splines and histograms" by I.J.Schoenberg, ISNM 21, Birkhäuser Basel - Stuttgart 1973
99 -: The quasi-interpolant as a tool in elementary polynomial spline theory, "Approximation theory" ed. G.G.Lorentz, Proc.1973 Austin Conf., Acad.Press, 1973
100 -: Good approximation by splines with variable knots, ISNM 21, Birkhäuser Basel-Stuttgart 1973
101 -, Fix,G.J.: Spline approximation by quasiinterpolants, Inst.f.Fluid Dynam. and Appl.Math., Univ. of Maryland (1971)
102 -, Lynch,R.E.: General spline functions and their minimum properties,Notices Am.Math.Soc. 64T-456 (1964)
103 -,-: On splines and their minimum properties, J.Math.Mech. 15, 953-969 (1966)
104 -, Swartz,B.: Collocation at Gaussian points, SIAM J.Num.Anal. 10, 582-606 (1973)
105 Braess,D.: Chebyshev approximation by spline functions with free knots, Num. Math. 17, 357-366 (1971)
106 -: Über die Mehrdeutigkeit bei der Approximation durch Spline-Funktionen mit freien Knoten. Erweiterte Fassung eines Vortrages auf der Tagung über Numer. Meth. der Approx.-theorie in Oberwolfach, Juni 1971
107 -: On the degree of approximation by spline functions with free knots, erscheint demnächst
108 -, Werner,H.: Tschebyscheff-Approximation mit einer Klasse rationaler Spline-Funktionen II, erscheint in J.Approx.Theory
109 Bramble,J.H., Hilbert,S.R.: Estimation of linear functionals on Sobolev spaces with application to Fourier transforms and spline interpolation, SIAM J.Num. Anal. 7, 112 - 124 (1970)
110 -,-: Bounds for a class of linear functionals with applications to Hermite interpolation, Num.Math. 16, 362-369 (1971)
111 Brauer,F.: Singular self-adjoint boundary value problems for the differential equation Lx = λMx, Trans.Amer.Math.Soc. 88, 331-345 (1958)
112 Browder,F.E.: Existence and uniqueness theorems for solutions of nonlinear boundary value problems, Proc.Symp.Appl.Math.Amer.Math.Soc. 17, 24-49 (1965)
113 Brown,R.C.: Adjoint domains and Lg-splines, MRC Report 1341, 1973
114 Buczkowski,L.: Mathematical construction, approximation, and design of the ship body form, J.Ship Research 13, 185-206 (1969)
115 Byrne,G.D., Chi,D.N.H.: Linear multistep formulas based on g-splines, SIAM J.Num.Anal. 9, 316-324 (1972)
116 Callender,E.D.: Single step methods and low order splines for solutions of ordinary differential equations, SIAM J.Num.Anal. 8, 61-66 (1971)
117 Carasso,C.: Obtention d'une fonction-spline d'interpolation d'ordre k par une méthode d'integration locale; Méthode pour l'obtention de fonctions-spline d'ordre deux; Obtention d'une fonction lisse passant par des points donnés et ayant en ces points des dérivées données; Obtention de la dérivée d'une fonction donnée par points; Proc.Algol en Anal.Numerique I, 288-301, Centre National de la Recherche Scientifique, Paris (1967)
118 -: Méthode générale de construction de fonctions spline, Rev.Franç.Informat. Recherche Opérat. 1, 119-127 (1967)
119 -, Laurent,P.J.: On the numerical construction and the practical use of interpolating spline functions, Inform.Proc. 68 - North-Holland Publ.Comp., Amsterdam, 86-89 (1969)
120 Case,J.R.: Extensions and generalizations of Jackson's theorem, Dissertation, Syracuse University, 1970

121 Cavaretta,A.S.,Jr.: On cardinal perfect splines of least sup-norm on the real axis, J.Approx.Theory 8, 285-303 (1973)
122 Céa,J.: Approximation variationelle des problèmes aux limites, Ann.Inst.Four. (Grenoble) 14, 345, 345-444 (1964)
123 Chan,P.P.: Singular splines, Num.Math.20, 342-349 (1973)
124 Cheney,E.W., Schurer,F.: A note on the operators arising in spline approximation, J.Approx.Theory 1, 94-102 (1968)
125 Chu,S.-C.: Piecewise polynomials and the partition method for nonlinear differential equations, J. of Engineering Math., Vol. 4, No. 1, (1970)
126 Ciarlet,P.G.: Discrete variational Green's function I,Aeq. math. 4, 74-82 (1970)
127 -, Varga,R.S.: Discrete variational Green's function II. One dimensional problem, Num.Math.16, 115-128 (1970)
128 -,-,Natterer,F.: Numerical methods for high-order accuracy for singular nonlinear boundary value problems, Num.Math. 15, 87-99 (1970)
129 -,-, Schultz,M.H.: Numerical methods of high-order accuracy for nonlinear boundary value problems, I. One dimensional problems, Num.Math. 9, 394-430 (1967), II. Nonlinear boundary conditions, Num.Math.11, 331-345 (1968), III. Eigenvalue problems, Num.Math.12, 120-133 (1968), IV. Periodic boundary conditions, Num.Math.12, 266-279 (1968), V. Monotone operator theory, Num.Math. 13, 51-77 (1969)
130 Coman,Gh.: Monospline and optimal quadrature formulae in L_p, Rendiconti die Mat. (3), 5 Ser. VI, 1-11 (1972)
131 -, Micula,Gh.: Optimal cubature formulae, Rendiconti die Mat. (2), Vol. 4, Ser. VI, 1-9 (1971)
132 Copley,P.: Structure of spline-functions, Thesis, CNA Report, 1973/74
133 Courant,R.: Variational methods for the solution of problems of equilibrium and vibrations, Bull.Amer.Math.Soc. 49, 1-23 (1943)
134 Cox,M.G.: An algorithm for approximating convex functions by means of first degree splines, The Computer Journal 14, 272-275 (1970)
135 -: Curve fitting with piecewise polynomials, J.Inst.Math.Appl. 8, 36-52 (1971)
136 -: The numerical evaluation of B-splines, J.Inst.Math.Appl. 10, 134-149 (1972)
137 Curry,H.B., Schoenberg,I.J.: On spline distributions and their limits: the Pòlya distributions, Abstr.Bull.Amer.Math.Soc. 53, 1114, 1947
138 -,-: On Pòlya frequency functions IV: The fundamental spline functions and their limits, J. d'Analyse Math. 17, 71-107 (1966) (Abstract 1947)
139 Dailey, Pierce,J.G.: Error bounds for the Galerkin method applied to singular and nonsingular boundary value problems, Num.Math. 19, 266-282 (1972)
140 Daniel,J.W.: On the approximate minimization of functionals, Math.of Computation 23, 573-582 (1969)
141 -: Convergence of a discretization for constrained spline function problems, SIAM J.Control 9, 83-96 (1971)
142 -: The Ritz-Galerkin method for abstract optimal control problems, SIAM J. Control 11, 53-63 (1973)
143 Delvos,F.-J.: Über die Konstruktion von Spline Systemen, Dissertation, Ruhr Universität Bochum, 1972
144 -, Schempp,W.: On spline systems, Monatsh.Math. 74, 399-409 (1970)
145 -,-: On spline systems: L_m-splines, Math.Z.126, 154-170 (1970)
146 -,-: Sards method and the theory of spline systems (erscheint demnächst)
147 Eidson,H.D., Schumaker,L.L.: Computation of g-splines via a factorization method, Report of the Center for Numerical Analysis, University of Texas, Austin, 1972
148 Engels,H.: Zur Anwendung kubischer Splines auf die Richardson-Extrapolation, J.-Ber. Deutsch. Math.-Verein, 74, 66-83, (1972)
149 Esch,R.E., Eastman,W.L.: Computational methods for best spline function approximation, J.Approx.Theory 2, 85-96 (1969)

150 Faber,G.:Über die interpolatorische Darstellung stetiger Funktionen, Jahresber. der DMV 23, 192-210 (1914)

151 Ferguson,D.: The question of uniqueness for Cr.D.Birkhoff interpolation problems, J.Approx.Theory 2, 1-28 (1969)

152 Fisher,S.D., Jerome,J.W.: The existence and essential uniqueness of solutions of L^∞ extremal problems, Report of the Department of Mathematics, Northwestern University Evanston, Illinois, USA

153 Fix,G.: Higher-order Rayleigh-Ritz approximations, J.Math.Mech.18, 645-657 (1969)

154 Forster,P.: Die diskrete Greensche Funktion und Fehlerabschätzungen zum Galerkin-Verfahren, Num.Math.19, 407-418 (1972)

155 Fyfe,D.J.: The use of cubic splines in the solution of certain fourth order boundary value problems, Department of Math., Woolwich Polytechnic, SE18 (1969)

156 Gaier,D.: Saturation bei Spline Approximation und Quadratur. Num. Math.16, 129-140 (1970)

157 Gauss,C.F.: Methodus nova integralium valorem per approximationem inveniendi, Werke, Vol.3, Königl. Gesellschaft der Wissenschaften, Göttingen, 163-196, 1866

158 Golomb,M.: Splines, n-widths and optimal approximations, MRC Report 784,1968

159 -: Approximation by periodic spline interpolants on uniform meshes. J.Approx. Theory 1, 26-65 (1968)

160 -: Spline interpolation near discontinuities in [34], 51-74, 1969

161 -: $H^{m,p}$ extensions by $H^{m,p}$ splines,J.Approx.Theory 5, 238-275 (1972)

162 -, Jerome,J.W.: Linear ordinary differential equations with boundary conditions on arbitrary point sets, Trans.Amer.Math.Soc. 153, 235-264 (1971)

163 -, Weinberger,H.F.: Optimal approximation and error bounds, in "On numerical approximation", ed.R.Langer, University of Wisconsin Press, Madison, 117-190, 1959

164 Greville,T.N.E.: Interpolation by generalized spline functions, MRC Report 476 (1964)

165 -: Numerical procedures for interpolation by spline-functions, SIAM, J.Num.Anal. 1, 53-68 (1964)

166 -: Data fitting by spline functions, MRC Report 893 (1968)

167 -: Introduction to spline functions, in [13], 1-36, 1969

168 -: Splinefunktionen, Interpolation und numerische Integration, in "Mathematische Methoden für Digitalrechner II", Herausgeber: A.Ralston, H.S.Wilf, Oldenburg-Verlag, München, 249-267, 1969

169 -: Table for third degree spline interpolation with equally spaced arguments, Math.Comp.24, 179-184 (1970)

170 -: Another Look at cubic spline interpolation of equidistant data. MRC Report 1148, 1971

171 Hall,C.A.: Uniform convergence of cubic spline interpolation, J.Approx. Theory 7, 71-75 (1973)

172 -: Error bounds for periodic quintie splines, Comm.ACM 12, 450-452 (1969)

173 -: On error bounds for spline interpolation, J.Approx.Theory 1,209-218 (1968)

174 Handscomb,D.C.: Spline function, S.163-167; Optimal approximation of linear functionals, S.169-176; Optimal approximation by means of spline functions, S.177-181; in "Methods of numerical approximation", D.C.Handscomb, ed., Pergamon Press, Oxford, 1966

175 Haußmann,W.: Hermite Interpolation mit Cebysev-Unterräumen, in "Numerische Methoden der Approximationstheorie", L.Collatz,G.Meinardus,Herausgeber, Intern.Ser. Num.Math. 16, Birkhäuser, Basel, 49-55 (1972)

176 -, Münch,H.J.: Topological spline systems, in [7], 1974

177 Hedstrom,G.W., Varga,R.S.: Application of Besov spaces to spline approximation, J.Approx.Theory 4, 295-327 (1971)

178 Herbold,R.J., Schultz,M.H., Varga,R.S.: The effect of quadrature errors in the numerical solution of boundary value problems by variational techniques, Aeq. Math.3, 247-270 (1970)

179 Hertling,J.: Approximation of piecewise continuous functions by a modification of piecewise Hermite Interpolation, Num.Math. 15, 404-414 (1970)
180 Holladay,J.C.: Smoothest curve approximation, Math.Tables Aids Computation 11, 233-243 (1957)
181 Holmes,R.: R-Splines, J.Math.Anal.Appl.40, 574-593 (1972)
182 Hoskins,W.D.: Table for third-degree spline interpolation using equi-spaced knots, Math.Comp. 25, 797-801 (1971)
183 -, Ponzo,P.J.: Explicit calculation of interpolating cubic splines on equidistant knots, BIT 12, 54-62 (1972)
184 Hulme,B.L.: Interpolation by Ritz Approximation, J.Math.Mech.18, 337-341 (1968)
185 -: Piecewise polynomial Taylor methods for initial value problems, Num.Math. 17, 367-381 (1971)
186 Jacobi,C.G. Über Gauss neue Methode, die Werthe der Integrale näherungsweise zu finden, J.Reine Angew.Math.1, 301-308 (1826)
187 Jerome,J.W.: Linear self-adjoint mulitpoint boundary value problems and related approximation schemes, Num. Math.15, 433-449 (1970)
188 -: Asymptotic estimates of the L_2 n-width, J.Approx.Theory 3, 449-464 (1968)
189 -: On uniform approximation by certain generalized spline functions,J.Approx. Theory 7, 143-154 (1973)
190 -: Linearization in certain nonconvex minimization problems and generalized spline projections, Report of the Department of Mathematics Northwestern University Evanston, Illinois, USA, 1973
191 -, Pierce,J.: On spline functions determined by singular self-adjoint differential - operators, J.Approx.Theory 5, 15-40 (1972)
192 -, Schumaker,L.L.: Applications of ε-entropy to the computation of n-widths, Proc.Amer.Math.Soc.22, 719-722 (1969)
193 -,-: On Lg-splines, J.Approx. Theory 2, 29-49 (1969)
194 -,-: Local bases and computation of g-splines, CNA Report (1970)
195 -,-: Characterization of absolute continuity and essential boundedness for higher order derivatives, CNA Report 1970
196 -, Varga,R.S.: Generalizations of spline functions and applications to nonlinear boundary and eigenvalue problems, in [13], 103-156, 1969
197 Johnson,O.: Error bounds for Sturm-Liouville eigenvalue approximation by several piecewise cubic Rayleigh-Ritz methods, SIAM J.Num.Anal. 6, 317-333 (1969)
198 Kammerer,W.J.: Local convergence of smooth cubic spline interpolates, SIAM J.Num. Anal.9, 687-694 (1972)
199 Karlin,S.: Best quadrature formulas and interpolation by splines satisfying boundary conditions, in [34], 447-466, 1969
200 -: The fundamental theorem algebra for monosplines, in [34], 467-484, 1969
201 -: Total positivity, interpolation by splines, and Green's functions of differential operators, J.Approx.Theory 4, 91-112 (1971)
202 -: Best quadrature formulas and splines, J.Approx.Theory 4, 59-90 (1971)
203 -,-: Karon,J.M.: A variation-diminishing generalized spline approximation method, J.Approx.Theory 1, 255-268 (1968)
204 -, Micchelli,C.: The fundamental theorem of algebra for monosplines satisfying boundary conditions, Israel J.Math. 11, 405-451 (1972)
205 -, Ziegler,Z.: Chebyshevian spline functions, SIAM J.Num.Anal.3, 514-543 (1966)
206 Kershaw,D.: A note on the convergence of interpolatory cubic splines, SIAM J.Num. Anal. 8, 67-74 (1971)
207 -: The orders of approximation of the first derivative of cubic splines at the knots, Math.Comp. 26, 191-198 (1972)
208 Kimmeldorf,G., Wahba,G.: Some results on Tchebycheffian spline functions, J.Math.Anal.Appl. 33, 82-95 (1971)
209 Langner,W.: Die Lösung des Strakproblems bei empirischen Funktionen mittels stückweise kubischer Polynome, Elektr.Rechenanlagen 12, 3-10 (1970)
210 Laurent,P.J.: Construction of spline functions in a convex set, in [34], 415-446 (1969)

211 Lipow,P.R., Schoenberg,I.J.: Cardinal Interpolation and spline functions.III. Cardinal Hermite-Interpolation, Lin.Algebra and its Appl.6, 273-304 (1973)
212 Loscalzo,F.R.: Numerical solution of ordinary differential equations by spline functions, MRC Report 842, 1968
213 -: On the use of spline functions for the numerical solution of ordinary differential equations, MRC Report 869, 1968
214 -: An introduction to the application of spline functions to initial value problems, in [13], 37-64, 1969
215 -, Schoenberg,I.J.: On the use of spline functions for the approximation of solutions of ordinary differential equations, MRC Report 723, 1967
216 -, Talbot,T.D.: Spline function approximation for solutions of ordinary differential equations, SIAM J.Num.Anal. 4, 433-445 (1967)
217 -,-: Spline function approximations for solutions of ordinary differential equations, Bull.Amer.Math.Soc. 73, 438-442 (1967)
218 Lucas,Th.R.: A generalization of L-splines, Num.Math. 15, 359-370 (1970)
219 -: M-splines, J.Approx.Theory 5, 1-14 (1972)
220 -, Reddien,G.W., Jr.: Some collocation methods for nonlinear boundary value problems, SIAM J.Num.Anal. 9, 341-356 (1972)
221 -,-: A high order projection method for nonlinear two point boundary value problems, Num.Math. 20, 257-270 (1973)
222 Lyche,T.,Schumaker,L.L.: ALGOL procedures for computing smoothing and interpolating natural splines, CNA Report 1971 und 1973
223 -,-: Computation of smoothing and interpolating natural splines via local bases, CNA Report 1973
224 Mangasarian,O.L., Schumaker,L.L.: Splines via optimal control, in [34], 119-145 1969
225 -,-: Discrete splines via mathematical programming,SIAM J.Control 9, 174-183 (1971)
226 -,-: Best summations formulae and discrete splines, CNA Report 30, 1971
227 Marcinkiewicz,I.: Sur la divergence des polynômes d'interpolation, Acta Literarum ac Scient. Szeged 8, 131-135 (1937)
228 Marsden, M.J.: An identity for spline functions with applications to variation diminishing spline approximation, J.Approx.Theory 3, 7-49 (1970)
229 -, Schoenberg,I.J.: On variation diminishing spline approximation methods, Mathematica (Cluj) 8, 61-82 (1966)
230 Martensen,E.: Darstellung und Entwicklung des Restgliedes der Gregoryschen Quadraturformel mit Hilfe von Spline-Funktionen, Num.Math.21, 70-80 (1973)
231 Meinardus,G., Merz,G.: Zur Konstruktion periodischer Interpolationssplines mit äquidistanten Knoten (erscheint demnächst)
232 Meir,A., Sharma,A.: Convergence of a class of interpolatory splines, J.Approx. Theory 1, 243-250 (1968)
233 -,-: On uniform approximation by cubic splines, J.Approx.Theory 2, 270-274 (1969)
234 -,-: Multipoint expansions of finite differences,in [34], 389-404, 1969
235 Micula,Gh.: Spline-functions approximating the solution of nonlinear differential equations of n-th order, ZAMM 52, 189-190 (1972)
236 Milne,W.E.: A note on the numerical integration of differential equations, J.Res.Nat.Ben.Standards 43, 537-542 (1949)
237 Munteanu,M.J., Schumaker,L.L.: On a method of Carasso and Laurent for constructing interpolating splines,Math.Comp.27, 317-325 (1973)
238 Natterer,F.: Schranken für die Eigenwerte gewöhnlicher Differentialgleichungen durch Spline-Approximation, Num.Math. 14, 346-354 (1970)
239 Nielson,G.M.: Surface approximation and data smoothing using general spline functions, Dissertation, Universität Utah, 1970
240 Nikolskij, S.M.: Ein Problem zur näherungsweisen Bestimmung von Integralen (russisch), Usp.Mat.Nauk. 5, 165-177 (1956)
241 Nitsche,J.: Ein Kriterium für die Quasioptimalität des Ritzschen Verfahrens, Num.Math.11, 346-348 (1968)

242 -: Verfahren von Ritz und Spline-Interpolation bei Sturm-Liouville Randwertproblemen, Num.Math.13, 260-265 (1969)
243 -: Orthogonalreihenentwicklung nach linearen Spline-Funktionen, J.Approx. Theory 2, 66-78 (1969)
244 Nord,S.: Approximation properties of the spline fit, BIT 7, 132-144 (1967)
245 Okada,Y.: A numerical experiment on the fairing free-form curves, Information Processing in Japan 9, 69-74 (1969)
246 Ortega, J.M., Rockoff,M.L.: Nonlinear difference equations and Gauss-Seidel type iterative methods, SIAM J.Num.Anal.3, 497-513 (1966)
247 Perrin,F.M.: An application of monotone operators to differential and partial differential equations on infinite domains, Doctoral thesis, Ca Institute of Technology 1967
248 -, Price,H.S., Varga,R.S.: On higher-order numerical methods for nonlinear two-point boundary value problems, Num.Math.13, 180-198 (1969)
249 Pierce,J.G., Varga,R.S.: Higher order convergence results for the Rayleigh-Ritz Method applied to eigenvalue problems: I Estimates relating Rayleigh-Ritz and Galerkin approximations to eigenfunctions, SIAM J.Num.Anal.9, 137--151 (1972)
250 -: II Improved error bounds for eigenfunctions, Num.Math. 19, 155-169 (1972)
251 Pòlya,G.: On the mean value theorem corresponding to a given linear homogeneous differential equation, Trans.Amer.Math.Soc. 492, 312-324 (1922)
252 Popov,V.A., Sendov,B.H.: Classes characterized by best possible approximation by spline functions (1970 Russisch) übersetzt als Math.Notes 8, 550-557 (1970)
253 Powell,M.J.D.: The local dependence of least squares cubic splines, SIAM J.Num. Anal.6, 398-413 (1969)
254 -: Curve fitting by splines in one variable, in "Numerical approximation to functions and data",J.Q.Hayes, ed., Athlone Press, London, 65-83 (1970)
255 Price,H., Varga,S.: Error bounds for semidiscrete Galerkin approximations of parabolic problems with applications to petroleum reservoir mechanics, in "Numerical solution of field problems in continuum physics", ed.G.Birkhoff, R.S.Varga, SIAM-AMS Proc.Vol.2, 74-94 (1970)
256 Priver,A.S.: Data smoothing in intuactive computer graphics, Dissertation, Havard University, Cambridge, Mass., 1970
257 Quade,W., Collatz,L.: Zur Interpolationstheorie der reellen periodischen Funktionen, S.-B.Preuss.Akad.Wiss.Phys.-Math.Kl. 30, 383-429 (1938)
258 Radau,R.: Étude sur les formulas d'approximation qui servent à calculer la valeur numérique d'une intégrale définie, J.Math.Pures Appl. (3), 5, 283-336 (1879)
259 Reinsch,C.H.: Smoothing by spline functions I,II, Num.Math. 10, 177-183 (1967) und Num.Math. 16, 451-454 (1970/71)
260 Reiter,A.: Automatic generation of Taylor coefficients (TAYLOR), MRC Report 830, 1967
261 Rice,J.R.: On the degree of convergence of nonlinear spline approximation, in [34], 349-365, 1969
262 Richards,F.B.: Best bounds for the uniform periodic spline interpolation error, J.Approx.Theory 7, 302-318 (1973)
263 Richter-Dyn,N.: Minimal interpolation and approximation in Hilbert spaces, SIAM J.Num.Anal.8, 583-597 (1971)
264 Ritter,K.: Generalized spline interpolation and nonlinear programming, in [34], 75-117, 1969
265 Rooij,P.L.J.van, Schurer,F.: A bibliography on spline functions I,II,III, Technical University Eindhoven, Netherlands, Dept. of Mathematics 1971/1973 und in
266 Rosman,B.H.: Extension of results by Rice and Schumaker on spline approximation, SIAM J.Num. Anal. 7, 314-316 (1970)

267 Runge,C.:Über empirische Funktionen und die Interpolation zwischen äquidistanten Ordinaten, Z.Math.u.Physik 46, 224-243 (1901)
268 Russel,R.D., Shampine,L.F.: A collocation method for boundary value problems, Num.Math. 19, 1-28 (1972)
269 Sakai,M.: Spline interpolation and two-point boundary value problems, Memoirs of the Faculty of Science, Kyushu University Ser. A, Vol.24, 17-34 (1970)
270 -: Piecewise cubic interpolation and two-point boundary value problems, Publ. Res.Inst.Math.Sci. 7, 345-362 (1971)
271 -: Piecewise cubic interpolation and deferred correction, Memoirs of the Faculty of Science, Kyushu University Ser. A, 26, 339-350 (1972)
272 -: Ritz method for two-point boundary value problem, Memoirs of the Faculty of Science, Kyushu University Ser. A, 27, 83-97 (1973)
273 Sard,A.: Best approximate integration formulae; best approximation formulae, Am.J.Math.71, 80-91 (1949)
274 -: Optimal approximation, J.Functional Anal. 1, 222-244 (1967) und 2, 368-369 (1968)
275 -: Approximation based on nonscalar approximation, J.Approx.Theory, 8, 315-334 (1973)
276 -: Instances of generalized splines, erscheint demnächst
277 Schaback,R.: Anwendungen der konvexen Optimierung auf Approximationstheorie und Splinefunktionen, Meth.u.Verf. d. Math.Physik, Bibliograph.Institut AG Mannheim, Wien, Zürich, Band 6 (1972)
278 -: Optimale Interpolations- und Approximationssysteme, Math.Z. 130, 339-349 (1973)
279 -: Spezielle rationale Splinefunktionen, J.Approx.Theory 7, 281-292 (1973)
280 -: Konstruktion und algebraische Eigenschaften von M-Spline-Interpolierenden, Num.Math.21, 166-180 (1973)
281 -: Interpolation mit nichtlinearen Klassen von Spline-Funktionen, J.Approx. Theory 8, 173-188 (1973)
282 Schecter, S.: Iteration methods for nonlinear problems, Trans.Amer.Math.Soc. 104, 179-189 (1962)
283 -: Relaxation methods for convex problems, SIAM J.Num.Anal. 5, 601-612 (1968)
284 Schempp,W.: On spaces of distributions related to Schoenberg's approximation theory, Math.Z.114, 340-348 (1970)
285 Scherer,K.: On the best approximation of continuous functions by splines, SIAM Num.Anal. 7, 418-423 (1970)
286 Şchiop,A.I.: Stability of Ritz procedure for nonlinear two point boundary value problems, Num.Math.20, 208-212 (1973)
287 Schoenberg,I.J.: Contributions to the problem of approximation of equidistant data by analytic functions, Quart.Appl.Math.4, 45-99, 112-141 (1946)
288 -: On Pólya frequency function II: Variation diminishing integral operators of the convolution type, Acta Sci.Math. (Szeged) 12, 97-106 (1950)
289 -: On Pólya frequency functions and their Laplace transforms, J.Anal.Math. 1, 331-374 (1951)
290 -: On smoothing operations and their generating functions, Bull.Amer.Math. Soc. 59, 199-230 (1953)
291 -: On best approximation of linear operators, Koninkl.Nederl.Akad.Wetensch. -Amsterdam Proc. Ser. A, 67, 155-163 (1964)
292 -: Spline functions and the problem of graduation, Proc.Nat.Acad.Sci.USA, 59, 947-950 (1964)
293 -: Spline interpolation and best quadrature formulae, Bull.Amer.Math.Soc.70, 143-148 (1964)
294 -: On trigonometric spline interpolation, J.Math.Mech. 13, 795-825 (1964)
295 -: Spline interpolation and the higher derivatives, Proc.Nat.Acad.Sci. USA 51, 24-28 (1964)
296 -: On best approximation of linear operators, Koninkl.Nederl.Akad.Wetensch. -Amsterdam Proc. Ser. A 67 und Indag.Math. 26, 155-163 (1964)
297 -: On the Ahlberg-Nilson extension of spline interpolation: The g-splines and their optimal properties, J.Math.Anal.Appl. 21, 207-231 (1968)

298 -: Spline interpolation and the higher derivatives, Abhandlungen aus Zahlentheorie und Analysis, VEB Deutscher Verlag der Wissenschaften, Berlin, 281-295 (1968)

299 -: Monosplines and quadrature formulae, in [13], 157-207, 1969

300 -: Cardinal interpolation and spline function, J.Approx.Theory 2, 167-206 (1969)

301 -: A second look at approximate quadrature formulae and spline interpolation. Advances in Mathematics 4, 277-300 (1970)

302 -: On equidistant cubic spline interpolation, Bull.Amer.Math.Soc.77, 1039-1044 (1971)

303 -: The perfect B-splines and a time-optimal control problem, Israel J. of Math. 10, 261-274 (1971)

304 -: Notes on spline functions I. The limits of the interpolating periodic spline functions as their degree tends to infinity, Konink.Nederl.Akad. Wetensch.-Amsterdam Proc. Ser. A, 75, 412-422 (1972)

305 -: Spline functions and differential equations I. First order equations, MRC Report 1267, 1972

306 -: Cardinal interpolation and spline functions: II interpolation of data of power growth, J.Approx.Theory 6, 404-420 (1972)

307 -: Cardinal interpolation and spline functions: IV: the exponential Euler splines, in "Linear operators and approximation" ed. P.L.Butzer, J.-P.Kahane, B. Sz.-Nagy, Birkhäuser Verlag, Basel (1972)

308 -, Sharma,A.: Cardinal interpolation and spline functions V. The B-splines for cardinal Hermite-interpolation, Linear Algebra and its Application 7, 1-42 (1971)

309 -,-: The interpolatory background of the Euler-Maclaurin quadrature formula. Bull.Amer.Math.Soc.77, 1034-1038 (1971)

310 -, Whitney,A.: On Pòlya frequency function III: The possibility of translation determinants with an application to an interpolation problem by spline curves, Trans.Amer.Math.Soc. 74, 246-259 (1952)

311 -, Ziegler,Z.: On cardinal monosplines of least L_∞-norm on the real axis. J.d'Analyse Mathématique 23, 409-436 (1970)

312 Schultz,M.H.: L^∞-multivariate approximation theory, SIAM J.Numer.Anal.6, 161-183, 1969

313 -: L^2-multivariate approximation theory, SIAM J.Num. Anal.6, 184-209 (1969)

314 -: Error bounds for the Rayleigh-Ritz-Galerkin method, J.Math.Anal.Appl. 27, 524-533 (1969)

315 -: The Galerkin method for nonselfadjoint differential equations, J.Math. Anal.Appl. 28, 647-651 (1969)

316 -: The condition number of a class of Rayleigh-Ritz-Galerkin matrices, Bull. Amer.Math.Soc. 76, 840-844 (1970)

317 -: Error bounds for polynomial spline interpolation, Math.Comp. 24, 507-515 (1970)

318 -: Elliptic spline functions and the Rayleigh-Ritz-Galerkin method, Math. Comp. 24, 65-80 (1970)

319 -: Quadrature-Galerkin approximations to solutions of elliptic differential equations, Res.Rep.Nr. 71-8, Department of Computer Science Yale Univ. (1971)

320 -: L^2 error-bounds for the Rayleigh-Ritz-Galerkin method, SIAM J.Num.Anal. 8, 737-748 (1971)

321 -, Varga,R.S.: L-splines, Num.Math.10, 345-369 (1967)

322 Schumaker,L.L.: Uniform approach by Tchebysheffian spline functions, I.Fixed Knots, MRC Report 768, 1967

323 -: II Free Knots, MRC Report 810, 1967

324 -: Uniform approximations by Tchebycheffian spline functions. J.Math.Mech. 18, 369-378 (1968)

325 -: Uniform approximation by Chebyshev spline functions. II. Free knots. SIAM J. Num.Anal. 5, 647-656 (1968)

326 -: On the smoothness of best spline approximations, J.Approx.Theory 2, 410-418 (1969)

327 -: Approximation by splines, in [13], 65-85, 1969

328 -: Some algorithms for the computing of interpolating and approximating spline functions, in [13], 87-102, 1969
329 Schurer,F.: A note on interpolating periodic quintic splines with equally spaced nodes, J.Approx.Theory 1, 493-500 (1968)
330 -: A note on interpolating periodic quintic spline functions, in "Approximation Theory", A.Talbot ed., Acad.Press, London, 71-81, 1970
331 Sharma,A., Meir,A.: Degree of approximation of spline interpolation, J.Math. Mech. 15, 759-767 (1966)
332 -, Prasad,J.: On Abel-Hermite-Birkhoff interpolation, SIAM J.Num.Anal. 5, 4 (1968)
333 Späth,H.: Die numerische Berechnung von interpolierenden Spline-Funktionen mit Blockunterrelaxation. Kernforschungszentrum Karlsruhe KFK 1132, 1970
334 -: The numerical calculation of high degree Lidstone splines with equidistant knots by blockunderrelaxation, Computing 7, 65-74 (1971)
335 -: Rationale Spline-Interpolation, Angew.Informatik 8, 357-360 (1971)
336 -: The numerical calculation of quintic splines by blockunderrelaxation, Computing 7, 75-82 (1971)
337 -: Zur Glättung empirischer Häufigkeitsverteilungen, Computing 10, 353-357 (1972)
338 Strang,G.: Approximation in the finite element method. Num.Math. 19, 81-98 (1972)
339 Swartz,B.K.: $O(h^{2n+2-1})$ bounds on some spline interpolation errors, Bull. Amer.Math.Soc. 74, 1072-1078 (1968)
340 -: $O(h^{2n+2-1})$ bounds on some spline interpolation errors, LA-3886 Los Alamos Scientific Laboratory (1968)
341 -, Varga,R.S.: Error bounds for spline and L-spline interpolation, J.Approx. Theory 6, 6-49 (1972)
342 Turán,P.: On the theory of mechanical quadrature, Acta Sci.Math. (Szeged) 12, 30-37, 1950
343 Varga,R.S.: Hermite interpolation-type Ritz methods for two-point boundary value problems, in "Numerical solution of partial differential equations (J.H.Bramble,ed.) 365-373, New York, Acad.Press, 1966
344 -: Error bounds for spline interpolation, in [34], 367-388, 1969
345 -: Accurate numerical methods for nonlinear boundary value problems, in "Numerical solution of field problems in continuum physics" (G.Birkhoff and R.S.Varga, ed.) 152-167, SIAM-AMS Proc. Vol. 2, 1970
346 Walsh,J.L., Ahlberg,J.H., Nilson,E.N.: Best approximation properties of the spline fit, J.Math.Mech. 11, 225-234 (1962)
347 Wendroff,B.: Bounds for eigenvalues of some differential operators by the Rayleigh-Ritz method, Math.Comp. 19, 218-224 (1965)
348 Werner,H.: Tschebyscheff-Approximation mit einer Klasse rationaler Splinefunktionen, erscheint in J.Approx.Theory
349 -: Tschebyscheff-Approximation mit nichtlinearen Spline-Funktionen, erscheint in [7]
350 Whiten,W.J.: The use of periodic spline function for regression and smoothing, Austral. Computer J. 4, 31-34, 1972
351 Whittaker,E.T.: On a new method of graduation, Proc.Edinburgh Math.Soc.41, 63-75 (1923)
352 Woodford,C.H.: An algorithm for data smoothing using spline functions, BIT 10, 501-510 (1970)
353 Wulbert,D.: A note on polynomial splines with free knots, Num.Math. 21, 181-184 (1973)
354 Ziegler,Z.: One-sided L_1-approximation by splines of an arbitrary degree, in [34], 405-414, 1969

Stichwortverzeichnis: